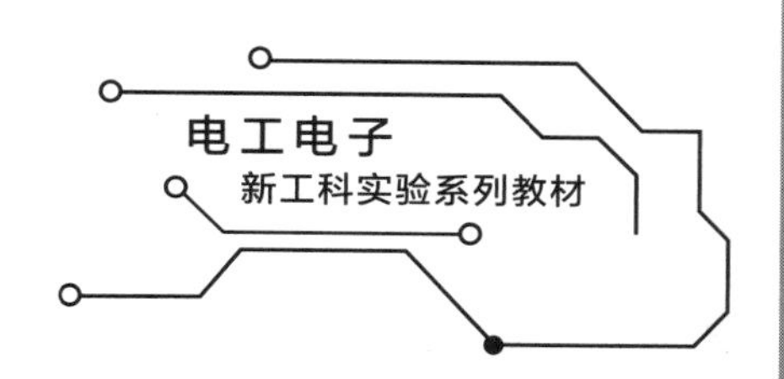

数字逻辑电路
实验与实践

王淑艳 主编 / 孙佳慧 倪健民 副主编

清華大學出版社
北京

版权所有，侵权必究。举报：010-62782989，beiqinquan@tup.tsinghua.edu.cn。

图书在版编目（CIP）数据

数字逻辑电路实验与实践 / 王淑艳主编 ；孙佳慧，倪健民副主编. -- 北京 ：清华大学出版社，2024. 8.
（电工电子新工科实验系列教材）. -- ISBN 978-7-302-67019-3

Ⅰ. TN79-33

中国国家版本馆 CIP 数据核字第 2024F1S834 号

责任编辑：王　欣
封面设计：常雪影
责任校对：欧　洋
责任印制：刘海龙

出版发行：清华大学出版社
　　网　　址：https://www.tup.com.cn，https://www.wqxuetang.com
　　地　　址：北京清华大学学研大厦 A 座　　**邮　　编**：100084
　　社 总 机：010-83470000　　**邮　　购**：010-62786544
　　投稿与读者服务：010-62776969，c-service@tup.tsinghua.edu.cn
　　质量反馈：010-62772015，zhiliang@tup.tsinghua.edu.cn
印 装 者：三河市东方印刷有限公司
经　　销：全国新华书店
开　　本：185mm×260mm　　**印　　张**：18.5　　**字　　数**：449 千字
版　　次：2024 年 8 月第 1 版　　**印　　次**：2024 年 8 月第 1 次印刷
定　　价：62.00 元

产品编号：102547-01

电工电子新工科实验系列教材
编委会

主　编：樊智勇

副主编：赵世伟　郭晓静　王淑艳

编　委：黄建宇　王玉松　韩绍程　韩　征

霍丽华　马垠飞　王　博　曹芸茜

前言

“数字逻辑电路实验”课程是电类专业基础课。通过数字逻辑电路的分析与设计、调试与测试，观察实验现象、分析实验结果以及实验探索等环节，培养学生积极的劳动精神和严、实、能、用的工作作风。

传统的数字逻辑电路实验呈现“自底向上”的特点，偏重对底层元器件的分析和设计，较少涉及系统级的集成与设计。为此，我们将现场可编程门阵列（FPGA）引入数字逻辑电路实验中（FPGA具有灵活性高、并行计算和开发周期短等优点，可对复杂的数字系统进行设计与开发，在云计算、大数据及人工智能等领域得到广泛应用），目的是培养具有扎实的基础知识和宽广的专业技能，兼顾“基础”和“系统”的新兴电子信息技术人才。

本书在实验内容编排上力求实用，由浅入深，层层递进，循序渐进地培养学生的系统设计与测试能力。实例中给出的实验电路和程序都经过编者的调试与测试，将实验原理、功能测试与应用相结合，注重系统观念的培养和综合应用能力的训练。全书共分为7章，介绍如下：

第1章介绍了集成电路基础知识，包括集成电路发展概述、集成电路封装和设计方法等基础知识。集成电路发展遵循摩尔定律给出的发展路线，大约每隔18个月集成电路可容纳的元器件数目就翻一番，集成电路的高速发展推动FPGA应运而生。

第2章简单介绍了典型FPGA的可编程逻辑模块、布线资源及时钟网络等基本结构，介绍了反熔丝技术、可擦编程只读存储器技术、闪存技术、静态随机存储器技术等常用的可编程技术。然后从静态CMOS反相器的电路结构出发，编写了D触发器、静态随机存储器与查找表的逻辑实现方法。使学生能够从FPGA最基本的逻辑单元和最底层的结构出发，加深对FPGA技术的理解，从而对FPGA的硬件结构和设计开发有初步的认识，以提高复杂数字系统的设计与调试能力。

第3章介绍了支持Cyclone Ⅳ系列FPGA芯片设计的集成开发软件Quartus Prime。Cyclone Ⅳ系列FPGA采用优化的低功耗工艺，对于通用逻辑设计开发是很好的选择。该章以实验案例形式详细介绍了Quartus Prime 17.1的使用，包括工程项目创建、源文件输入、设计文件分析与综合、分配引脚与编译、下载与测试等操作流程。并且还介绍了FPGA片上调试与测试工具即嵌入式逻辑分析仪（SignalTap Ⅱ）的使用，以及仿真软件ModelSim和大学计划VWF的操作过程。

第4章首先从数字系统角度介绍了数字逻辑电路实验基础知识，包括数字信号、数字信号输入方式、逻辑门与逻辑模块、逻辑电路分析与设计以及逻辑电路调试与测试方法，让学生建立起数字系统设计、调试与测试的概念。然后以原理图的方式给出17个基础实验项目，包括经典组合逻辑电路和时序逻辑电路的实验项目，还有面向行为级的状态机实验项目，以及基于IP核的ROM、RAM与数字锁相环（PLL）的功能测试实验。

第5章首先介绍了综合实践项目的模块化设计理念、工程规范性要求、通用模块和模块接口制作方法等重要工程实践经验，使学生可以更加方便灵活地开展项目开发、维护与升级。然后以数字电子钟、简易电子琴和智能交通灯等6个综合实践项目为案例，引导学生开展项目设计与综合测试，让学生逐步理解数字系统设计及综合测试方法，积累工程实践经验，开发出具有稳定性、精确性和可靠性的数字系统。最后给出6个待开发的实用性选题，包括智能售货机控制、电梯控制、电动机控制、民航机场客流量统计和模拟飞机照明灯控制电路设计等综合实践项目，拓展学生综合实践项目开发空间。

第6章首先介绍了Verilog HDL语言中最常用的语法知识，包括数字表示、标识符、运算符和程序框架等，给出编程规范，以便让初学者能够编写出整洁美观、易于调试与维护的实用程序代码。然后以编程案例形式给出18个实验项目，包括一位全加器实验、译码器实验、按键消抖实验、分频器设计实验、数码管动态显示实验、简易电子琴设计、简易抢答器控制设计、直接数字频率合成器(DDS)、高速A/D数据采集测试和FIR数字滤波器等基础与综合实验项目。在编程案例中，循序渐进地给出Verilog HDL常用语法知识和编程方法，使学生深入理解Verilog HDL语言在复杂数字系统行为级与寄存器传输级描述中的实现本质，提高其灵活运用Verilog HDL语言构建复杂数字系统的能力。

第7章梳理了在工程设计、综合编译、仿真调试与实验板卡下载测试以及FPGA片上调试与测试工具SignalTap Ⅱ中学生遇到的常见实验问题，按照“问题概述或报错信息—原因—解决方法—经验积累”的要素总结，注重学生工程实践能力的培养和系统思维的养成，可帮助学生在遇到问题时快速寻找解决办法。

本书由王淑艳主编，其中第1～5章由王淑艳编写，第6章由倪健民编写，第7章和附录由孙佳慧编写；另外孙佳慧对本书进行了校对。在本书的编写过程中，还得到了邢东洋和张磊等老师的帮助，在此表示衷心感谢！

本书相关数字资源可通过扫描书中的二维码获得。

由于编者水平有限，加之编写时间仓促，书中难免有疏漏之处，敬请读者批评指正，提出宝贵意见！

编　者

2023年7月

第1章 集成电路基础

自从20世纪60年代集成电路投入市场以来,集成电路就不断高速发展着,其集成度即一块半导体芯片上元件和器件的数量一直以每三年翻一番的速度增长,形成了集成电路产业。现代日常生活中的智能手机、笔记本电脑、网络设备、液晶电视等设备都离不开集成电路。集成电路是电子信息产业的基础,推动了现代信息社会的发展。

集成电路是将电路中所需晶体管、电阻器和电容器等元器件以及电路连线集成于同一半导体芯片上而制成的电路或系统。它可分为数字集成电路、模拟集成电路和数模混合集成电路等类型,其中数字集成电路是用于处理数字信号的集成电路,是数字逻辑电路设计的基石。

1.1 集成电路发展概述

1958年9月,世界上第一块集成电路在德州仪器公司(Texas Instruments,TI)研发成功。自此以后,集成电路经历了小规模集成(small scale integration,SSI)电路、中规模集成(medium scale integration,MSI)电路、大规模集成(large scale integration,LSI)电路、超大规模集成(very large scale integration,VLSI)电路和甚大规模集成(ultra large scale integration,ULSI)电路的发展过程。将各种功能模块集成到一个芯片上,如数字电路(digital circuit)、模拟电路(analog circuit)、存储器(memory)和输入/输出接口电路(input/output interface circuit)等模块集成到一个芯片上,实现片上系统(system on a chip,SOC),形成集成电路产业,促进现代信息技术发展。

特别是在1963年,仙童半导体公司的Frank Wanlass首次采用了MOSFET(金属氧化物半导体场效应晶体管)逻辑门,这种逻辑门同时采用NMOS(N型金属氧化物半导体)和PMOS(P型金属氧化物半导体)晶体管,从而形成CMOS(互补金属氧化物半导体)集成电路,它可以很好地解决双极型TTL(晶体管-晶体管逻辑)集成电路的功耗大、很难大规模集成等问题。由于具备静态功耗低、输出动态范围大以及抗干扰能力强等优点,CMOS工艺迅速成为主流的集成电路生产工艺。而CMOS技术、光刻技术、离子注入机等的发展,推动了集成电路从大规模到超大规模发展。如1972年Intel公司推出的4004微处理器采用6μm的NMOS工艺,仅集成了几千个晶体管;而2012年Intel公司推出的四核酷睿i7 Ivy Bridge处理器采用22nm工艺,集成了14.8亿个晶体管,最高时钟频率为3.5GHz。

近几年,随着光刻技术、3D封装技术等先进工艺的推出,集成电路已由21世纪初

0.35μm 的 CMOS 工艺发展至纳米级的 FinFET 工艺，FinFET 为新型互补金属氧化物半导体晶体管(Fin field-effect transistor)的英文缩写。

在过去的 50 多年里，半导体技术的发展一直遵循着 1965 年提出的摩尔定律给出的发展路线。摩尔定律的主要内容为：当价格不变时，每隔 18 个月，集成电路上可容纳的元器件数目就翻一番，性能也将提升一倍。这一经验法则成为半导体工艺不断发展的指南。

1.2 集成电路封装

当集成电路设计完成，在晶片上经过沉积、掩模、光刻、注入、切片等加工工艺后，就可进行芯片封装。芯片引脚 I/O 间距单位用 mil 表示，1mil＝0.001in＝25.4μm。一般芯片封装类型如表 1-1 所示。

表 1-1 集成电路芯片封装类型

芯片封装类型	英文名称	芯片描述	芯片封装图例
DIP 型 (双列直插封装)	dual inline package	外形为长方形，引脚数小于 100，适合印制电路板(PCB)穿孔焊接	
SOP 型 (小外形封装)	small out-line package	采用表面贴装技术，引脚从两侧引出，呈翼状	
QFP 型 (扁平封装)	quad flat package	四脚扁平，引脚从四侧引出，呈翼状，引脚数可达 300 多	
PGA 型 (针脚栅格阵列封装)	pin grid array	采用针脚栅格阵列封装技术，以 100mil 间距居中放置穿孔式引脚阵列，具有低热电阻和较多引脚数量	
BGA 型 (球栅阵列封装)	ball grid array	PGA 改良型，在管壳底部放置球形焊点阵列，具有较高的 I/O 引脚密度和低寄生参数	
Flip-Chip 型 (倒装片封装)	flip-chip	在芯片最顶层的金属层通过球形焊点直接将芯片和印刷电路板相连，比 BGA 具有更高的 I/O 端口密度和更低的寄存参数	

1.3 集成电路设计方法

随着集成电路硬件的发展，集成电路的设计方法不断改进，经历了三个发展时期。

1.3.1 中小规模集成电路的设计方法

中小规模集成(MSI/SSI)电路设计,就是利用各种逻辑门、触发器、计数器和寄存器等逻辑器件,实现具有一定逻辑功能的系统。设计出的逻辑电路需在印制电路板(printed-circuit board,PCB)上组装并进行整机电路联调。通常情况下,系统整机电路逻辑门不超过万门,集成度不能太高。

1.3.2 电子设计自动化技术

随着集成电路制造业的飞速发展,出现了集成电路计算机辅助设计(computer aided design,CAD)和电子设计自动化(electronic design automation,EDA)技术。

CAD 使集成电路设计向着更广、更快、更精准和更灵活的方向发展。随着 CAD 软件的不断丰富、成熟与完善,EDA 技术应运而生。EDA 可集成逻辑图输入、逻辑模拟、测试码生成、电路模拟、行为综合、逻辑综合、版图设计与版图验证等工具于一体,构成较完整的设计系统。将人工设计工作交由设计工具完成,提高了复杂逻辑设计能力,大幅缩短了设计周期,优化了芯片布局布线和功耗等技术指标。

1.3.3 用户现场可编程技术

随着集成电路制作工艺的提高,专用集成电路中的半定制电路——现场可编程门阵列(field programmable gate array,FPGA)问世,技术开发人员无须与半导体公司的生产合作,在实验室就可利用计算机开发软件实现现场编程,开发出具有各种功能、各种用途的集成芯片和数字电子系统。

由于 FPGA 开发工具的通用性和开发语言的标准化,其设计出的逻辑电路具有很好的兼容性和可移植性,因此提高了产品的开发效率,缩短了设计周期,使 FPGA 在大数据、人工智能、云计算等领域得到广泛应用。

FPGA技术简介

2.1 FPGA概况

现场可编程门阵列(FPGA)是一种可通过编程来实现用户所需逻辑功能的半导体器件。它能够按照设计人员的需求配置指定电路结构,让客户不必依赖芯片制造商设计和制造芯片。

自从1984年Xilinx(赛灵思)推出第一款FPGA芯片以来,FPGA的集成度和性能提高得很快,其集成度可高达每片千万门以上。FPGA具有可编程灵活性好、并行计算、开发周期短与研发成本低等优点,在云计算、高速通信、大数据处理及人工智能等领域得到广泛应用。

2.2 FPGA的基本结构

FPGA是一种可编程逻辑器件(programmable logic device,PLD)芯片,可以通过编程实现任意数字逻辑电路。图2-1给出一个典型的FPGA结构示意图,它大致由三大部分组成:第一部分为可配置逻辑模块;第二部分为可编程输入/输出(input/output,I/O)逻辑模块;第三部分为布线资源,包括布线通道、开关块(switch block,SB)、连接块(connection block,CB)。另外,为便于开发与实用,FPGA芯片一般还配置块存储器、时钟树、配置/扫描链(configuration/scan chain)和测试电路等必要电路。

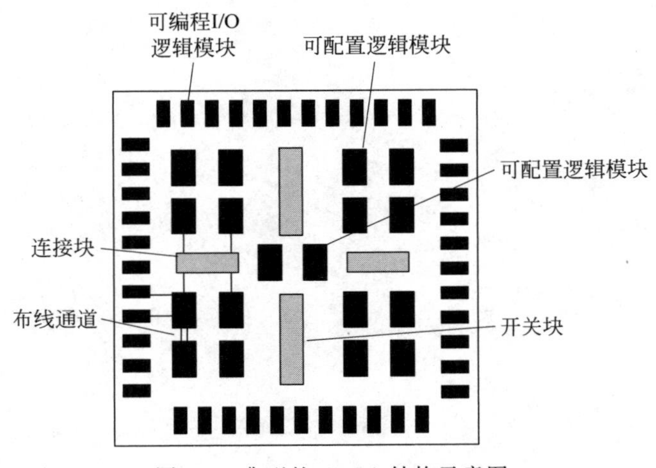

图2-1 典型的FPGA结构示意图

2.2.1 逻辑门阵列

常用的逻辑门有与门、或门、非门，它们是数字逻辑电路的基本组成单位，基于布尔代数对二进制数0和1进行操作，完成不同逻辑运算。FPGA芯片由海量的逻辑门组成，构成逻辑门阵列，并可通过编程方式对逻辑门阵列进行排列组合，实现某种特定的数字逻辑功能。

2.2.2 可配置逻辑模块

FPGA一般采用静态随机存储器(static random access memory,SRAM)工艺，其可配置逻辑块一般由查找表(look up table,LUT)和寄存器(register)组成。本书中的实验项目的电路调试与测试采用Cyclone系列FPGA芯片，其可编程逻辑单元通常称为LE(logic element)，由一个寄存器和一个查找表(LUT)构成。大多数Cyclone系列FPGA将10个LE有机联系在一起，构成逻辑阵列模块(logic array block,LAB)。一般LAB包括LE、LE之间的进位链、LAB控制信号、局部互联线资源、LUT级联链、寄存器级联链等连线和资源。

2.2.3 可编程输入/输出逻辑模块

可编程输入/输出逻辑模块就是连接I/O引脚和内部布线的模块，完成不同电气特性下对输入/输出信号的驱动与匹配需求，通常包括上拉/下拉、I/O方向和转换速率等控制电路以及触发器等数据存储电路。

2.2.4 布线资源

布线资源可连通FPGA逻辑块间及逻辑块与I/O块所有单元，主要由布线通道、连接块和开关块构成。布线通道一般为多层格子状排布的岛形构造。在实际应用中，设计者可通过开发软件中的布局布线器，根据输入逻辑网表的拓扑结构和约束条件自动布线。

2.2.5 时钟网络

时钟和时钟布线网络是FPGA硬件的重要组成部分。时钟基本上是低偏移控制信号，时钟布线网络由时钟到数字系统中的所有逻辑布线通道组成，一个时钟全局网络可以连接到所有逻辑单元。在实际应用场景中，根据逻辑设计需要，采用启用和禁用时钟布线网络中所选时钟的手段，实现功耗的动态控制。

2.3 FPGA采用的可编程技术

FPGA芯片如同一张白板，技术开发人员可通过计算机中的开发软件完成数字逻辑电路设计、调试及芯片电路擦写，使硬件电路设计如同软件编程一样灵活，弥补了定制电路的不足并克服了低密度PLD门电路数有限的缺点，大大缩短了硬件电路设计周期，提高了系统可靠性。其使用灵活的原因是FPGA采用了可编程技术。下面介绍FPGA采用的几种可编程技术。

2.3.1 反熔丝技术

反熔丝在通常状态下绝缘,加上高电压时绝缘层会打开通孔熔成连接状态。在导通时,反熔丝可编程开关接通电阻和负载电容都很小,可用来实现高速电路。但写入操作需要采用专用编程器完成,且写入操作只能进行一次,具有非易失性。

2.3.2 可擦编程只读存储器技术

可擦编程只读存储器(erasable programmable read only memory,EPROM)是一种断电后数据不会丢失的非易失性存储器,技术开发人员可进行写入操作。但 EPROM 数据擦除要利用专用设备或通过紫外线照射才能完成。数据全部清除后方可再次写入新的程序和数据,擦除数据较不方便,也不灵活。

2.3.3 闪存技术

闪存是一种电可擦编程只读存储器(electrically-erasable programmable read only memory,EEPROM),属于非易失性存储器。不同于使用紫外线照射进行擦除的 EPROM,EEPROM 可通过电子方式对闪存进行擦除和重写,但闪存重写时具有需要高电压、重写次数有限、接通电阻和负载电容均较大等缺点。

2.3.4 静态随机存储器技术

静态随机存储器(SRAM)是一种可自由进行读写操作的半导体随机存储器,断电后数据易丢失且待机功耗大。但静态随机存储器速度快,对数据重写次数无限制,可采用最先进的 CMOS 工艺,为绝大多数 FPGA 广泛应用的可编程技术。

2.4 FPGA 基本逻辑单元介绍

2.4.1 静态 CMOS 反相器

反相器是数字集成电路设计的基础。图 2-2 给出了静态 CMOS 反相器的电路图及其逻辑符号,它由 PMOS 管和 NMOS 管串联而成。

当输入 V_{in} 为"1",即 $V_{in}=V_{DD}$ 时,NMOS 管导通而 PMOS 管截止,输出 V_{out} 为"0",等效电路如图 2-3(a)所示;而当输入 V_{in} 为"0"时,NMOS 管截止而 PMOS 管导通,输出 V_{out} 为"1",等效电路如图 2-3(b)所示。显然这个电路实现了反相器功能。

静态 CMOS 反相器具有如下特性:

(1) 输出高电平和低电平分别相当于电源电压 V_{DD} 与零(地,GND),输出电压摆幅大。

(2) 逻辑电平与器件的尺寸无关,所以晶体管可以采用最小尺寸。

(3) CMOS 反相器具有低输出电阻,带载能力强。

(4) 输入阻抗高,因此稳态输入电流几乎为零。

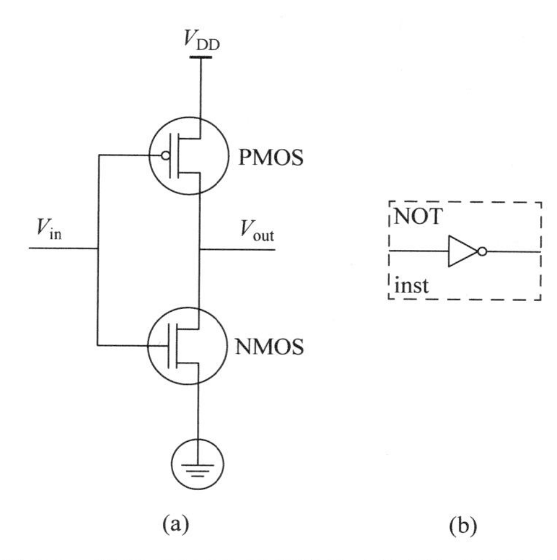

图 2-2　静态 CMOS 反相器的电路图与逻辑符号

(5) 在稳态工作时，电源与地之间没有直流通路。只有在状态转换过程中，两个 CMOS 管才可能同时导通，电路有电流通过，因此功耗较低。

门延时是指信号从逻辑门输入端到输出端的传输延迟时间。CMOS 反相器门延时时间主要受限于负载电容 C_L 充放电所需时间，如图 2-4 所示。

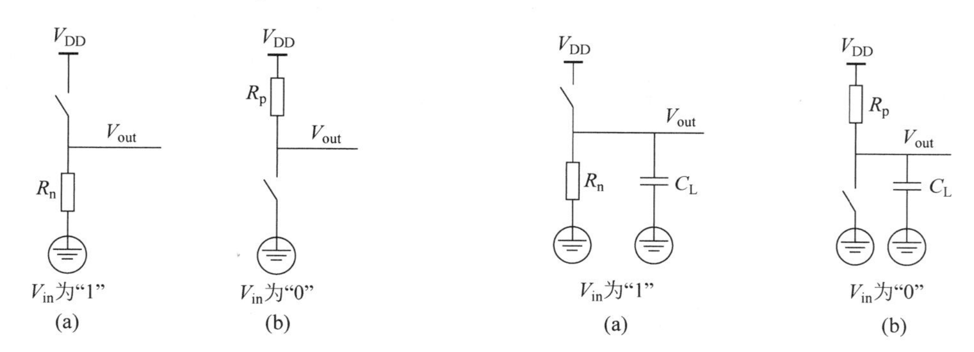

图 2-3　CMOS 反相器开关等效电路　　图 2-4　CMOS 反相器动态特性等效电路

输出负载电容 C_L 主要由 NMOS 和 PMOS 晶体管的漏极扩散电容、连线电容及扇出门的输入电容构成，CMOS 反相器的响应时间是由负载电容的充放电时间决定的。

通过一阶 RC 电路分析，从图 2-4(a)可得出反相器输出下降时间 t_{PHL} 为

$$t_{PHL} \approx 0.69 R_n C_L \tag{2-1}$$

式中，t_{PHL} 为输出下降时间；R_n 为 NMOS 导通电阻；C_L 为负载电容。

同样，从图 2-4(b)可得出 CMOS 反相器输出上升时间 t_{PLH} 为

$$t_{PLH} \approx 0.69 R_p C_L \tag{2-2}$$

式中，t_{PLH} 为输出上升时间；R_p 为 PMOS 导通电阻；C_L 为负载电容。

则反相器传输延迟时间为

$$t_p \approx 0.69 C_L \frac{R_p + R_n}{2} \tag{2-3}$$

CMOS反相器传输延迟特性示意图如图2-5所示。传输延迟时间是衡量逻辑门电路开关速度的重要参数，用于说明当给逻辑门输入信号时，需要用多长时间才能使逻辑门产生输出响应。

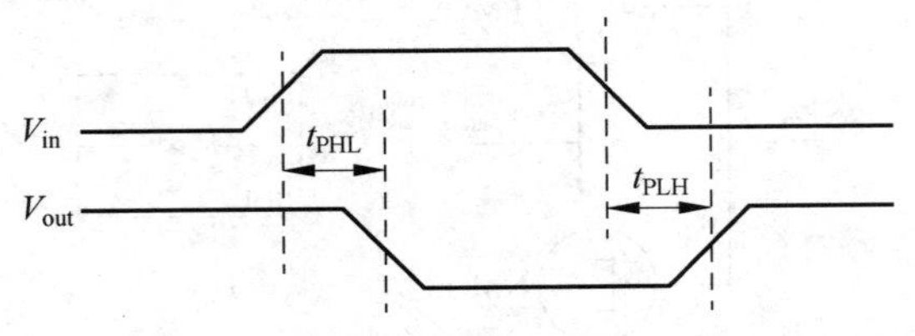

图2-5　CMOS反相器传输延迟特性

2.4.2　D触发器

FPGA逻辑单元内的D触发器是边沿触发器，就是一种在时钟的上升沿(或下降沿)将输入信号的变化传送至输出端的触发器，其逻辑示意图如图2-6所示。

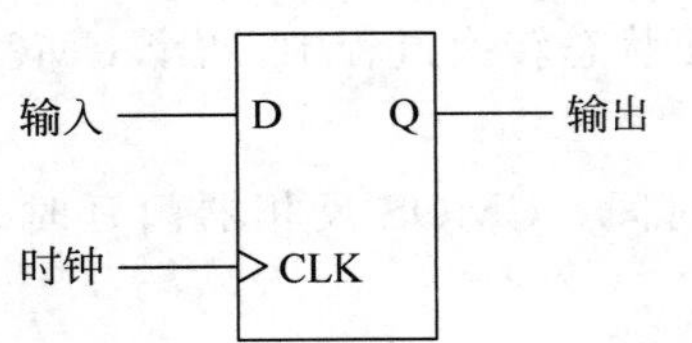

图2-6　D触发器逻辑示意图

CMOS工艺下的D触发器电路结构如图2-7所示，由传输门和两个反相器分别组成前后两级锁存器，并按主从结构连接而成。这里的CMOS传输门就是较理想的开关，由CLK状态变化切换开关。为了防止时钟信号变化时输入信号发生冒险现象，主锁存器的时钟相位应该与产生输入信号的电路时钟反相，确保稳定的输入信号进入锁存器。

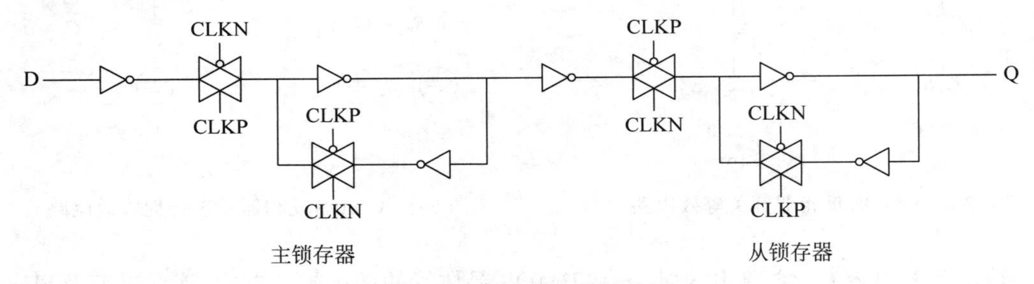

图2-7　D触发器电路结构图

D触发器工作原理图如图2-8所示，当主锁存器工作(CLK=0)时，输入信号D被保存在主锁存器中，从锁存器里存储的是上一时钟周期的数据，则输出Q为从锁存器存储的上一时钟周期数据。

当从锁存器工作(CLK=1)时，主锁存器保存的数据会传输到后级，同时D输入信号被隔离在外，则触发器输出发生改变，输出Q为传输到后级的D信号，从而实现了边沿触发功能。

在时钟变化过程中，反相器环会出现亚稳态，所以要有建立时间(setup time)约束，在时钟上升沿到来前应保持输入D稳定，并且在CLK=1之后也需要输入D维持一定时间，称之为保持时间(hold time)约束，如图2-9所示。

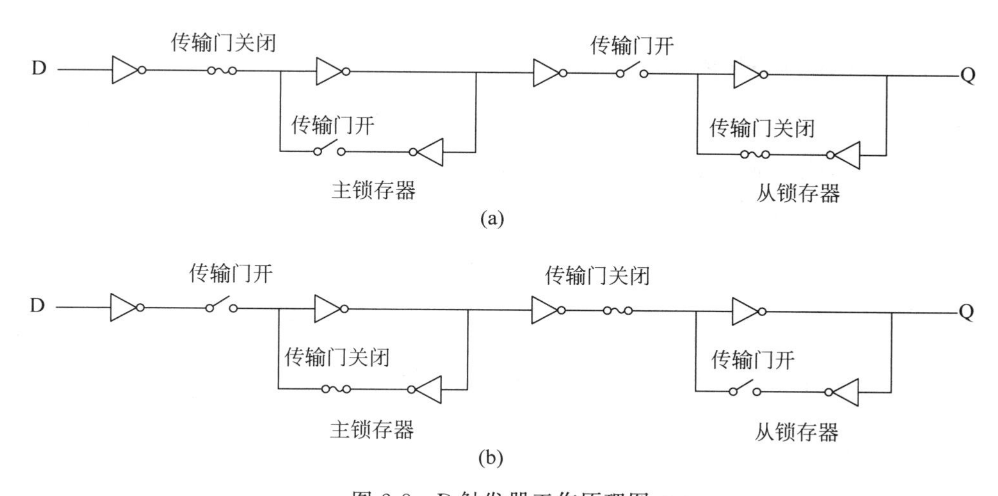

图 2-8　D 触发器工作原理图

(a) 主锁存器工作时(CLK＝0)；(b) 从锁存器工作时(CLK＝1)

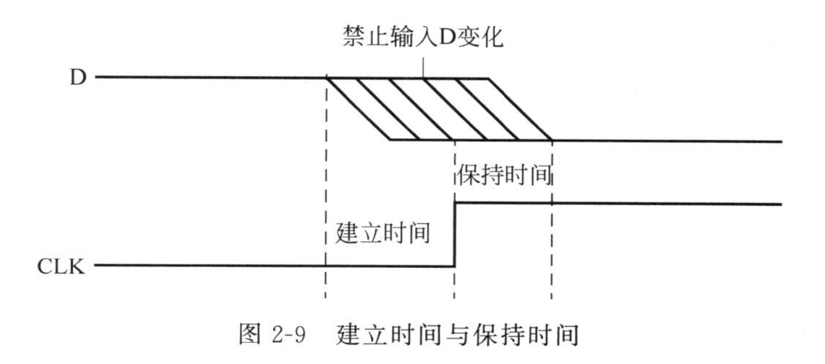

图 2-9　建立时间与保持时间

2.4.3　静态随机存储器

静态随机存储器(SRAM)是由基于 CMOS 反相器环的锁存器和传输晶体管开关构成，如图 2-10 所示。静态随机存储器利用锁存器的双稳态(0 和 1 状态)记录数据，数据写入控制信号为“Write”，通过 NMOS 晶体管控制反相器环。

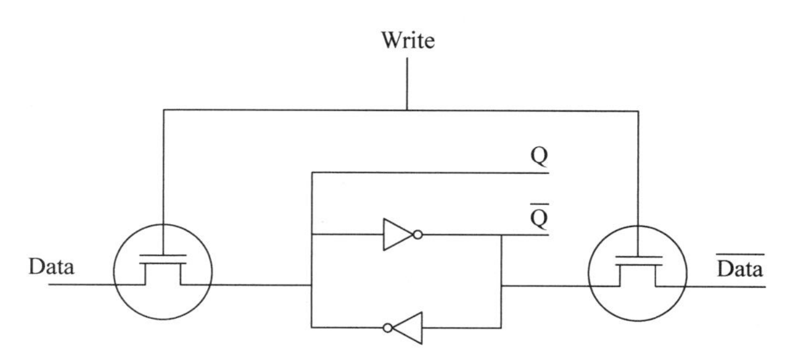

图 2-10　静态随机存储器(SRAM)基本单元

采用静态随机存储器的 FPGA 芯片大多数在逻辑块中使用查找表，并使用数据选择器等来切换布线连接。查找表的存储器中保存逻辑的真值表，由多位静态随机存储器构成。

2.4.4 查找表的逻辑实现

查找表是一个字(word)只有一位的内存表,由静态随机存储器单元和数据选择器(MUX)组成,输出就是地址信号所选择的一位数据。当所要实现的逻辑函数为多位输入时,可联合使用多个查找表来实现。如图 2-11 所示为查找表结构图。

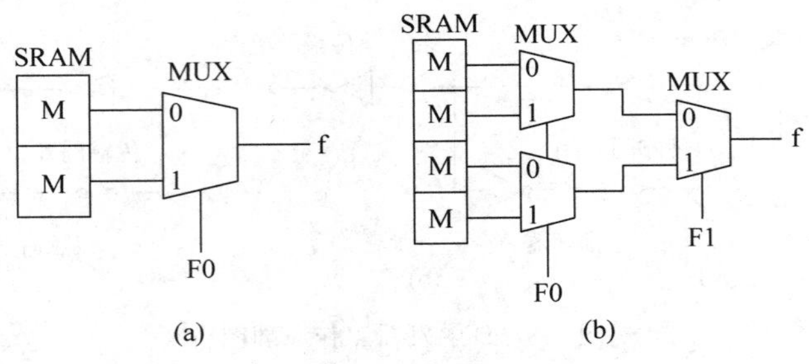

图 2-11 查找表结构图

(a) 一位;(b) 多位

采用查找表法实现一个半加器逻辑电路的案例如图 2-12 所示。其中,S、C 分别为本位和进位输出。

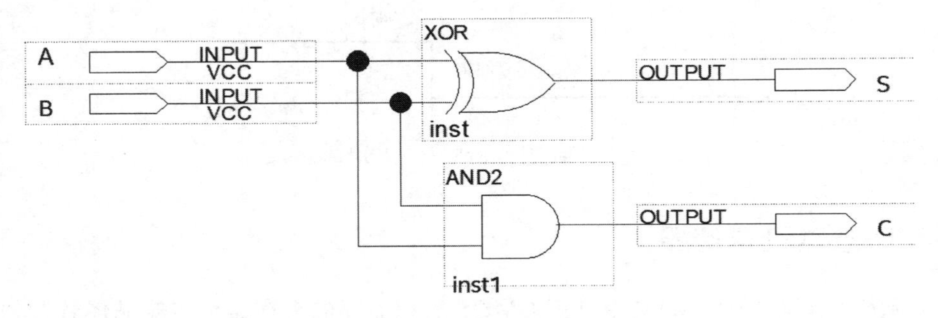

图 2-12 半加器逻辑电路

使用查找表时,利用 EDA 软件将半加器逻辑电路编译生成可配置的数据表,如表 2-1 所示。然后把输出的本位和 S 数值直接写入 SRAM 中,通过输入 A 和 B 数据选择实现了本位和 S 逻辑输出,如图 2-13 所示。进位输出 C 的查找表原理与此相同,这里不再列出。

表 2-1 半加器数据表

输入		输出	
A	B	S	C
0	0	0	0
0	1	1	0
1	0	1	0
1	1	0	1

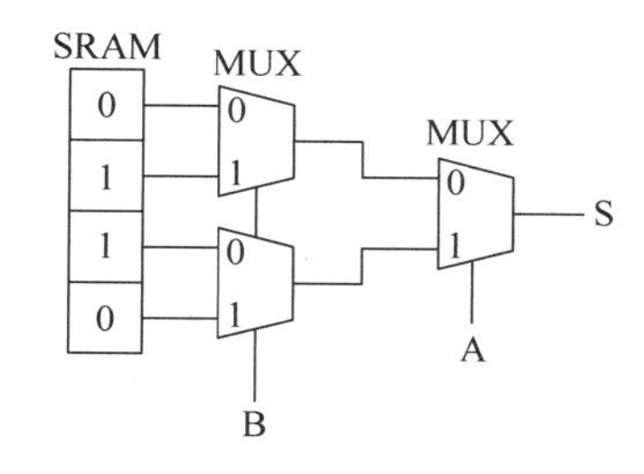

图 2-13 本位和 S 查找表结构图

2.5 FPGA 开发软件和设计流程

Intel FPGA 开发软件 Quartus Prime 提供更多灵活的设计方法和分析综合，并支持新进 Intel FPGA 架构和层次化设计流程。编译器提供强大的可定制设计过程，以在 FPGA 芯片中实现可能的最优设计。

在 FPGA 上开发数字逻辑电路实验项目，包括实验项目设计、工程创建、设计输入、功能仿真、设计综合、布局与布线、下载测试等环节。具体操作流程如下。

1. 实验项目设计

项目开发者根据实验项目目的、技术指标及约束条件等，将自己构想的逻辑功能、模块、时序关系及架构编写成代码或画出原理图。

2. 工程创建

FPGA 综合开发环境一般以工程(project)为单位管理设计对象，工程文件管理对象有源程序或电路、设置文件、约束文件、编译生成中间文件、仿真调试文件、下载测试文件等。设置文件包括器件设置型号、封装以及引脚数等，引脚配置用来定义顶层模块输入/输出信号对应的 FPGA 引脚序号、输入/输出方向等。

3. 设计输入

常用设计输入方法有硬件描述语言(hardware description language，HDL)如 Verilog HDL、原理图输入与状态机输入法等。原理图输入法虽然受限于元器件库资源，但它具有直观、便于理解及容易上手等优点，对初学者是不错的选择。这些输入法的共同特点是利于自顶向下设计，利于模块划分与复用，可移植性好，通用性高，便于电路开发设计。

4. 功能仿真

设计电路输入完成并编辑通过后，就要进行功能仿真，验证逻辑功能是否正确。

5. 设计综合

设计综合(synthesize)是将设计输入转换成适合 FPGA 的逻辑网表(寄存器传输级，register transfer level，RTL)。逻辑网表包括与或非门逻辑阵列、触发器和 SRAM 等

FPGA 基本逻辑单元和逻辑连接信息等。

6. 布局与布线

所谓布局，就是依据设计综合生成逻辑网表数据，适配 FPGA 器件内部硬件结构，在物理层面上确定逻辑块位置。而布线是指根据逻辑块布局，利用 FPGA 内部的各种连线资源，合理正确地连接各个逻辑单元，对逻辑块间的连接进行布线。

7. 下载测试

通过 JTAG 接口，在线调试或将生成的配置文件写入 FPGA 芯片进行测试。Quartus Prime 内嵌 SignalTap Ⅱ，可对设计电路进行在线逻辑分析，它通过 JTAG 接口，在线实时地读取 FPGA 的内部信号，在计算机屏幕上显示出时序波形，以方便观察与测试。

JTAG 为联合测试行动小组(joint test action group)的英文缩写，它是一种国际标准测试协议(IEEE 1149.1 兼容)，主要用于测试芯片的内部，现在常用于实现在系统编程(in-system programming，ISP)。Quartus Prime 软件生成一个 SRAM 对象文件——SOF(SRAM object file)，设计者可通过 JTAG 接口直接配置随机访问存储器，实现在系统编程。

第3章 Quartus Prime 17.1软件的使用

3.1 Quartus Prime 17.1软件简介

Quartus Prime 17.1软件集成了更新、更严格的语言分析工具，具有层次化工程结构，对于每个设计实例，保留了独立的综合后、布局后和布局布线后的结果；增量适配器优化，递增地运行和优化适配器阶段；采用更快、更准确的I/O布局；基于块的设计流程，在编译的不同阶段保留和重用设计块。Quartus Prime 17.1分为专业版(pro edition)、标准版(standard edition)和轻量版(lite edition)，支持Cyclone Ⅳ系列FPGA芯片设计。

3.2 Quartus Prime 17.1软件的操作

在介绍Quartus Prime 17.1软件的操作之前，先给出该软件基本使用流程，如图3-1所示。它包括新建工程、设计输入、保存和置顶、分析与综合、仿真调试、分配引脚与编译、下载与测试等环节。

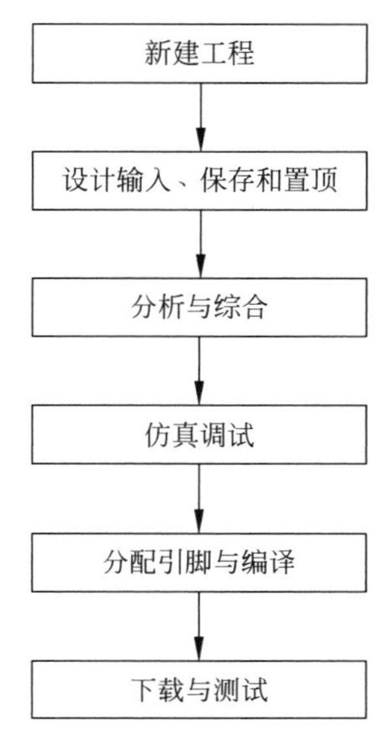

图3-1 Quartus Prime软件基本使用流程

下面以项目案例的形式，在Quartus Prime软件使用流程的引导下，详细介绍Quartus Prime 17.1软件的操作过程。

3.2.1 新建工程项目

在创建工程项目前，建议新建一个文件夹，用于存放 Quartus Prime 工程文件。命名这个工程文件夹时最好只用英文字母、数字和下画线，注意不要包含一些特殊符号(如%)。这里在桌面创建一个新文件夹“book”，以方便后面使用。

下面给出新建工程项目实验操作步骤。

1. 打开软件

在 Windows 操作系统中，双击桌面上的 Quartus Prime 17.1 软件图标，打开软件界面，如图 3-2 所示。

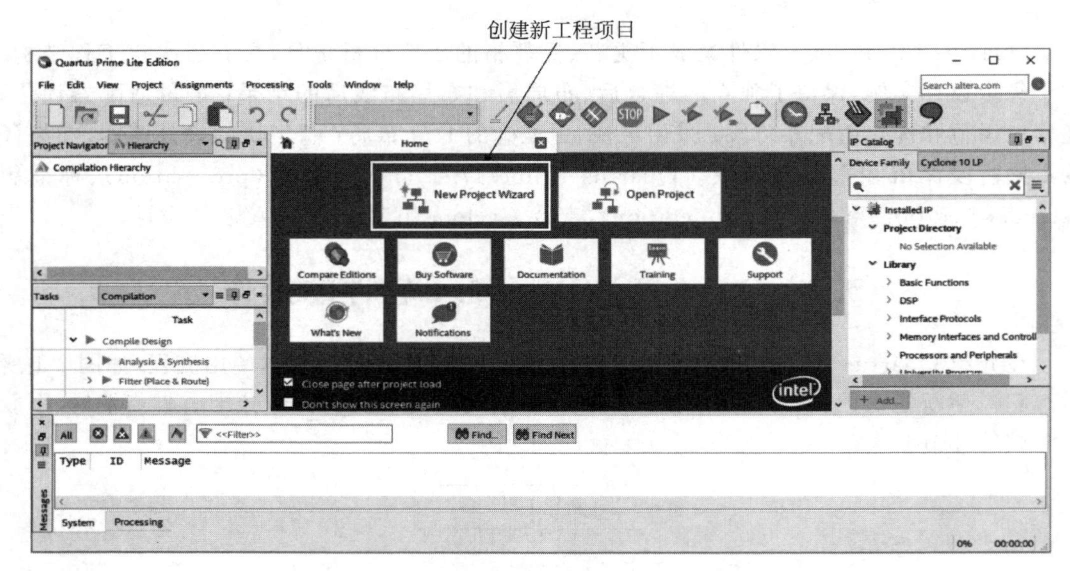

图 3-2 打开 Quartus Prime 17.1 软件界面

在“Home”标签页中，利用“New Project Wizard”按钮创建新工程项目，如图 3-2 中方框处所示。或者在主菜单“File”中选择子菜单“New Project Wizard”创建新工程项目。

2. 创建新工程项目

点击“Home”标签页中的“New Project Wizard”创建新工程项目，会弹出“New Project Wizard：Introduction”界面，如图 3-3 所示。

该界面给出工程项目设置的内容，包括：新工程命名和路径设置“Project name and directory”、项目中顶层设计实体名称“Name of the top-level design entity”、工程文件和库“Project files and libraries”、目标器件系列和器件“Target device family and device”与 EDA 工具设置“EDA tool settings”项。

3. 设置工程路径、工程项目名称和顶层实体名称

点击“New Project Wizard：Introduction”界面中的按钮“Next”，弹出“New Project

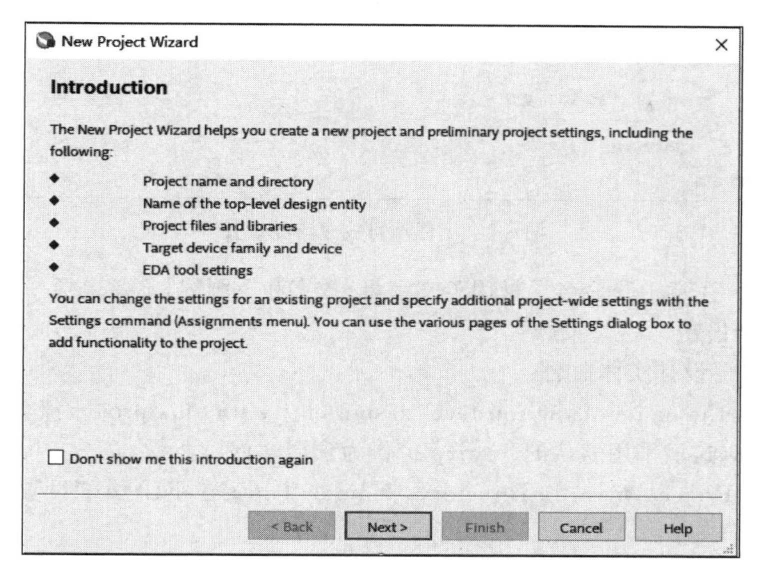

图 3-3　创建新项目“New Project Wizard：Introduction”界面

Wizard：Directory，Name，Top-Level Entity”界面，设置工程路径、工程项目名称和顶层实体名称，如图 3-4 所示。

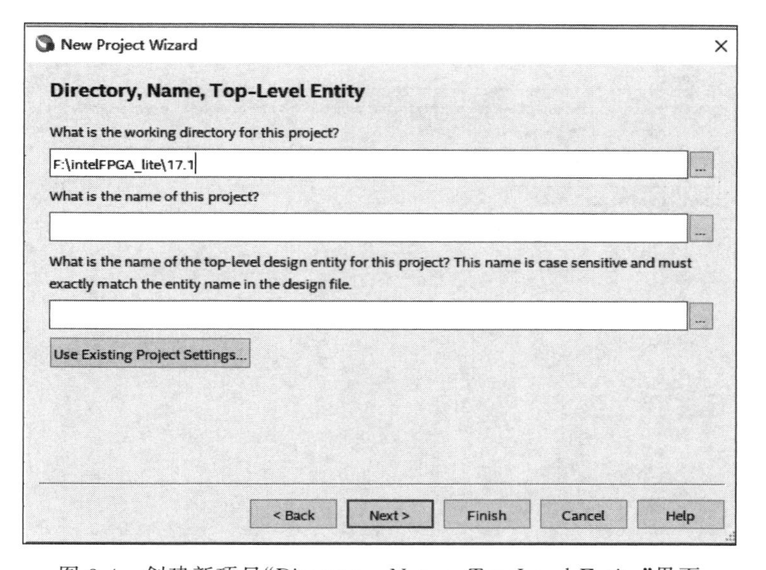

图 3-4　创建新项目“Directory，Name，Top-Level Entity”界面

对于图 3-4 所示操作界面要进行如下设置。

（1）工程项目放置路径设置

在“What is the working directory for this project?”文本框中，设置工程项目放置路径。这里设置为前面在桌面创建的“book”文件夹，具体操作为点击此文本框右边的“...”按钮，弹出路径选择对话框，点选在桌面创建的“book”文件夹，如图 3-5 所示。

（2）新建工程项目命名

在“What is the name of this project?”文本框中输入新建工程名称，这里新工程命名为

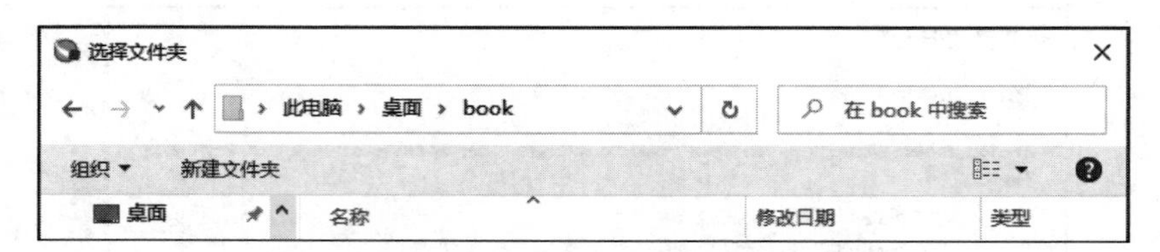

图 3-5 工程项目放置路径设置

“example. qpf”。注意工程命名尽量用英文字母、数字和下画线，不要包括一些特殊符号，否则后面编译时会报错。

(3) 新建顶层设计实体命名

在“What is the name of the top-level design entity for this project?”文本框中输入顶层设计实体名称，这里采用默认的“example”作为顶层文件。

完成“New Project Wizard: Directory, Name, Top-Level Entity”设置界面，如图 3-6 所示。

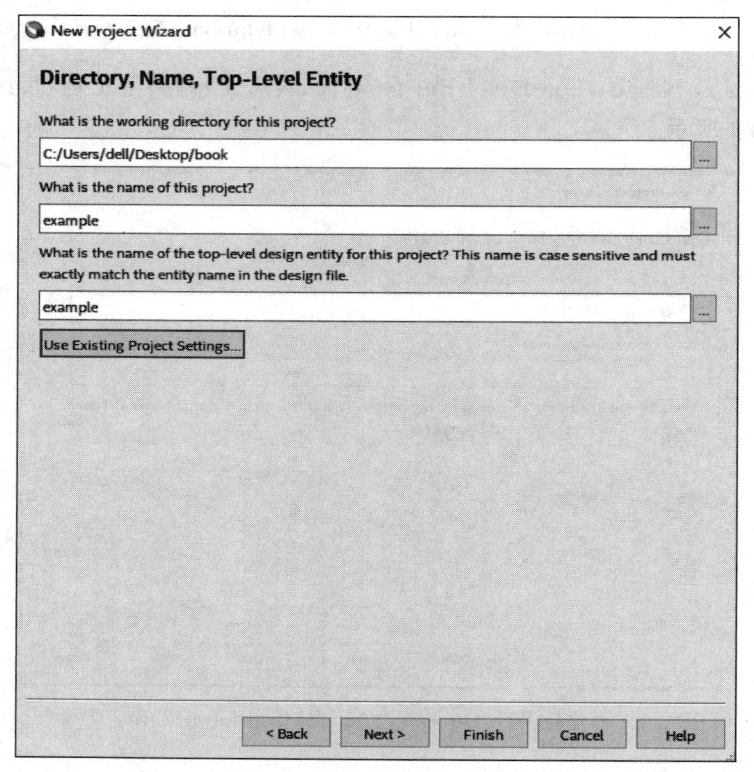

图 3-6 创建新项目“Directory, Name, Top-Level Entity”设置完成界面

4. 新建工程项目类型

点击“New Project Wizard: Directory, Name, Top-Level Entity”界面中的按钮“Next”，弹出“New Project Wizard: Project Type”对话框，选择默认“Empty project”单选框，表示新建一个空工程项目，如图 3-7 所示。

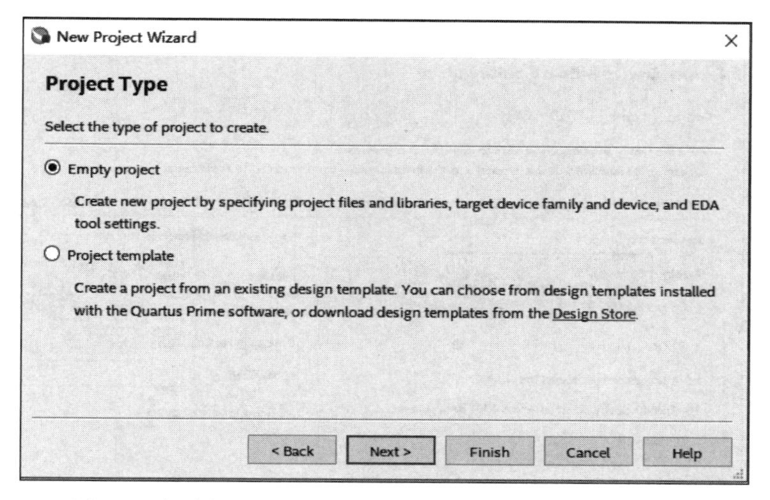

图 3-7 创建新项目“New Project Wizard:Project Type”界面

5. 在新建项目中添加文件

点击“New Project Wizard: Project Type”界面中的按钮“Next”，弹出“New Project Wizard:Add Files”对话框，提示“Select the design files you want to include in the project.”表示在创建的新工程文件中，可以添加现有的设计文件。这里不添加任何设计文件，如图 3-8 所示。

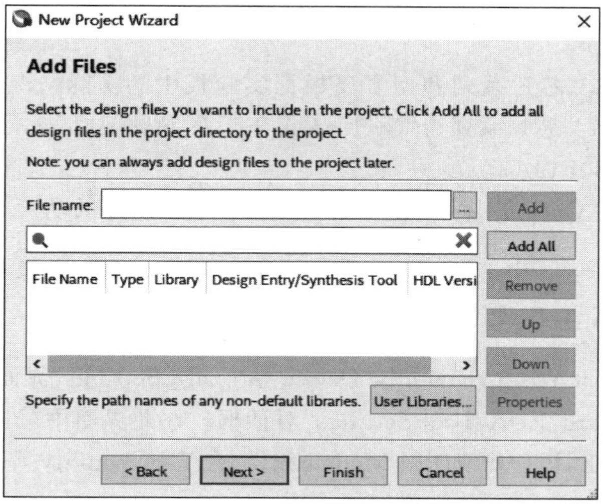

图 3-8 创建新项目“New Project Wizard:Add Files”界面

6. FPGA 芯片设置

点击“New Project Wizard: Add Files”界面中的按钮“Next”，弹出“New Project Wizard: Family,Device & Board Settings”对话框，如图 3-9 所示。

在“New Project Wizard: Family,Device & Board Settings”对话框中，设置 FPGA 芯

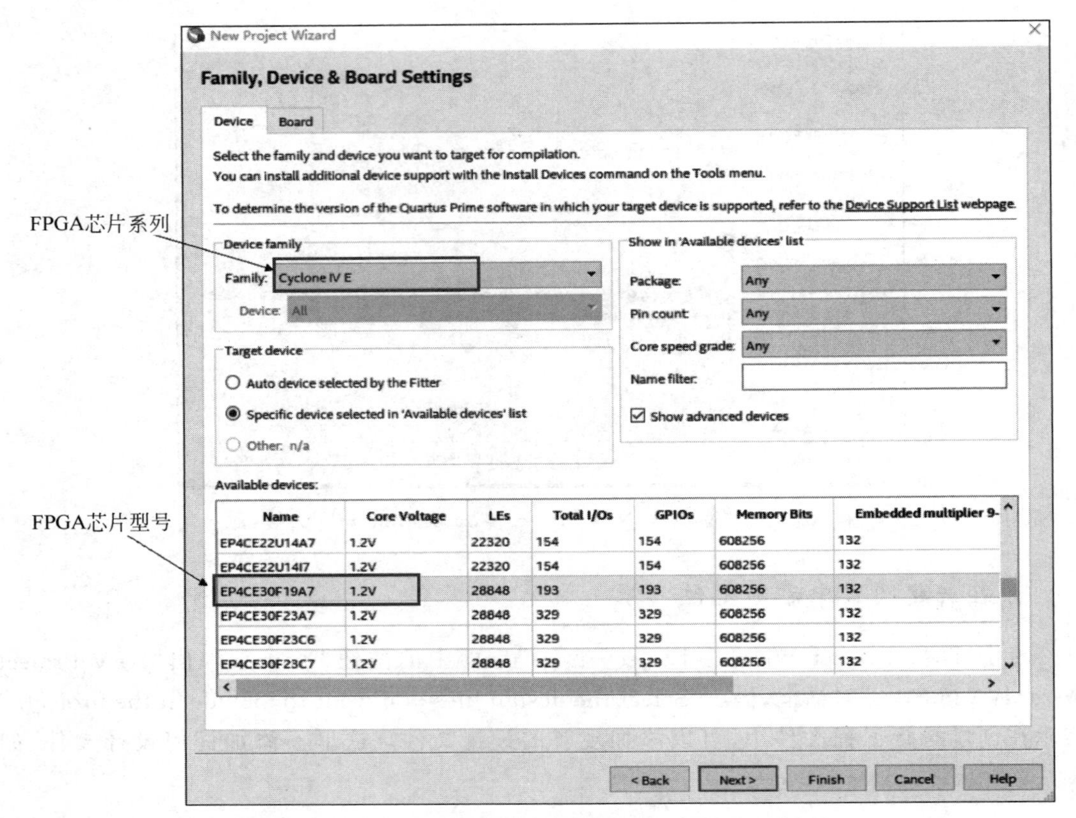

图 3-9 “New Project Wizard:Family,Device & Board Settings”对话框

片系列和型号。FPGA 芯片系列和型号要根据实验板中的实际情况选择,这里在文本框“Family”中选择 FPGA 芯片系列为“Cyclone Ⅳ E”,在“Available devices”栏中选择 FPGA 芯片型号为“EP4CE30F19A7”。

Cyclone Ⅳ E 是 Cyclone 系列第四代 FPGA 产品,具有低功耗、低成本和高性能等特点。

7. 第三方 EDA 工具设置

点击“New Project Wizard: Family,Device & Board Settings”界面中的按钮“Next”,弹出“New Project Wizard:EDA Tool Settings”对话框。在此界面中可以设置工程开发需要用到的第三方 EDA 工具,如仿真工具 Modelsim、综合工具 Synplify 等。这里新建的工程项目案例没有使用任何 EDA 工具,选择默认选项。

8. 创建新工程信息界面

点击“New Project Wizard: EDA Tool Settings”界面中的按钮“Next”,弹出“New Project Wizard: Summary”创建新工程信息界面,如图 3-10 所示。

在“New Project Wizard: Summary”界面可以看出新工程项目放置路径、工程项目名称、顶层设计实体名称、目标芯片系列和型号等创建新工程信息。如果发现设置错误,可以点击按钮“Back”进行修改；如果检查确认设置无误，就可以点击按钮“Finish”，完成新工程创建，进入 Quartus Prime 软件设计主界面。

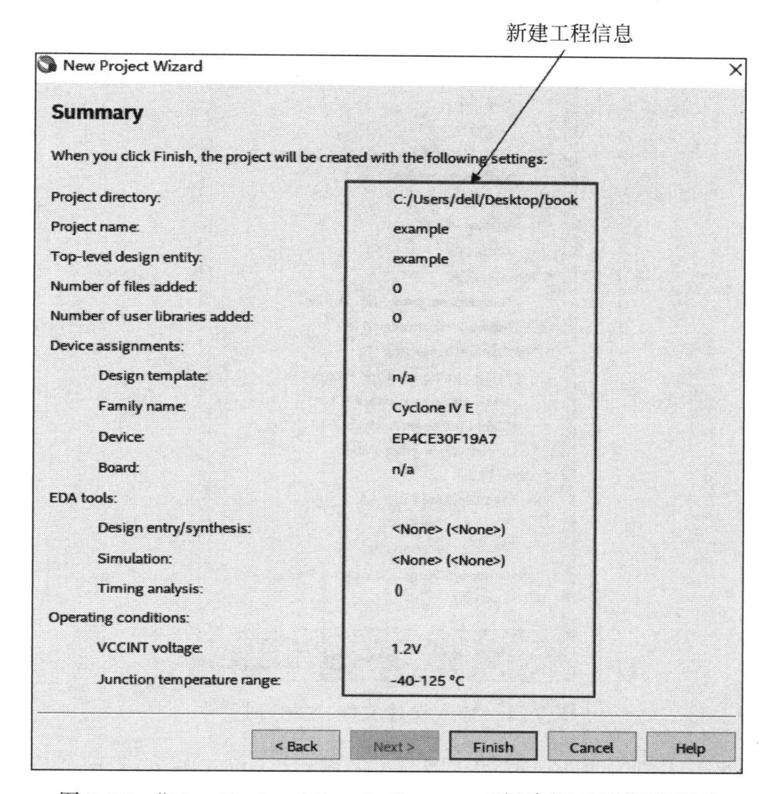

图 3-10　“New Project Wizard：Summary”创建新工程信息界面

3.2.2　输入设计文件

在前面创建的工程项目“example.qpf”中添加设计文件，在菜单栏选择“File”→“New”子菜单或者点击工具栏中的快捷图标“□”，弹出“New”对话框，如图 3-11 所示。

可创建的各类文件类型有：

(1) 设计文件(Design Files)类型：有 AHDL File(AHDL 文件)、Block Diagram/Schematic File(原理图文件)、EDIF File(电子设计交换格式文件)、Qsys System File(Qsys 系统文件)、State Machine File(状态机文件)、SystemVerilog HDL File(SystemVerilog HDL 文件)、Tcl Script File(Tcl 脚本文件)、Verilog HDL File(Verilog HDL 文件)和 VHDL File(VHDL 文件)。

(2) 存储文件(Memory Files)类型：有 Hexadecimal(Intel-Format) File(十六进制格式文件)和 Memory Initialization File(存储器初始化文件)。

(3) 验证/调试文件(Verification/Debugging Files)类型：有 In-System Sources and Probes File(系统电源和探针文件)、Logic Analyzer Interface File(逻辑分析仪接口文件)、Signal Tap Logic Analyzer File(嵌入式逻辑分析仪文件)和 University Program VWF(大学计划 VWF 仿真文件)。

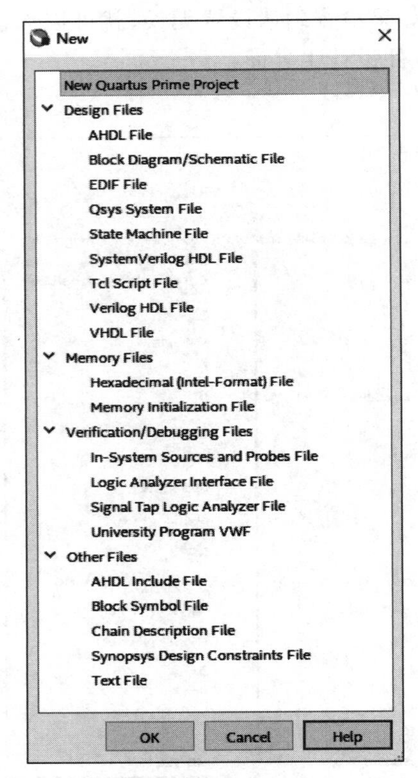

图 3-11 输入设计文件“New”对话框

(4) 其他文件(Other Files)类型：有 AHDL Include File(AHDL 包含文件)、Block Symbol File(模块符号文件)、Chain Description File(链描述文件)、Synopsys Design Constrains File(Synopsys 设计约束文件)和 Text File(文本文件)。

这里设计文件给出两种类型输入样例，分别为常用的原理图文件和 Verilog HDL 文件。

1. 原理图设计文件输入

点击图 3-11 对话框中的选项“Design Files”→“Block Diagram/Schematic File”，新建原理图设计文件，如图 3-12 所示。

下面以一个简单反相器测试为例进行原理图输入操作介绍，如图 3-13 所示。

(1) 插入电路元器件

在模块编译工具栏中点击“ ”或者在输入界面任一点双击鼠标左键，弹出“Symbol”元件库对话框，如图 3-14 所示。

点击“Symbol”对话框中的“Libraries”元件库，查找元件，选出非门“ ”，或者直接在“Name”文本框中输入元件名字，非门为“not”，如图 3-15 所示。选好以后点击按钮“OK”，插入非门。

同样，插入图 3-13 反相器测试电路中的输入引脚“INPUT”和输出引脚“OUTPUT”，如图 3-16 所示。

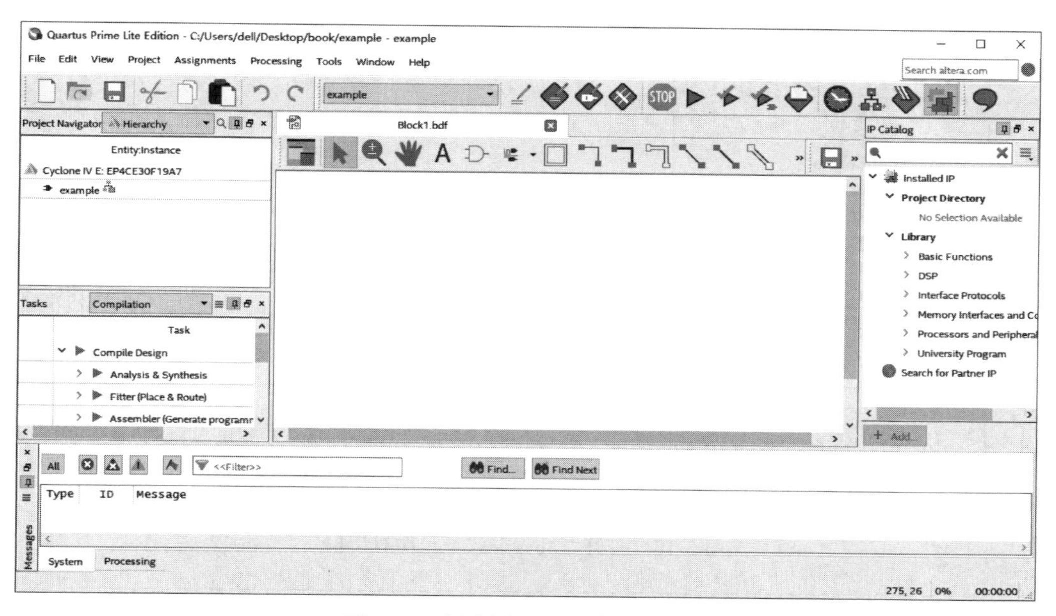

图 3-12　新建原理图设计文件界面

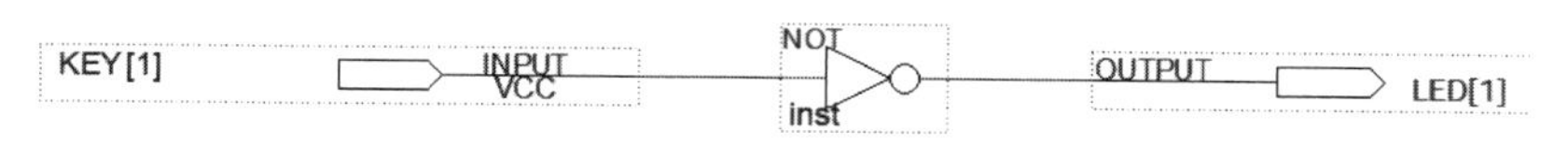

图 3-13　反相器测试电路

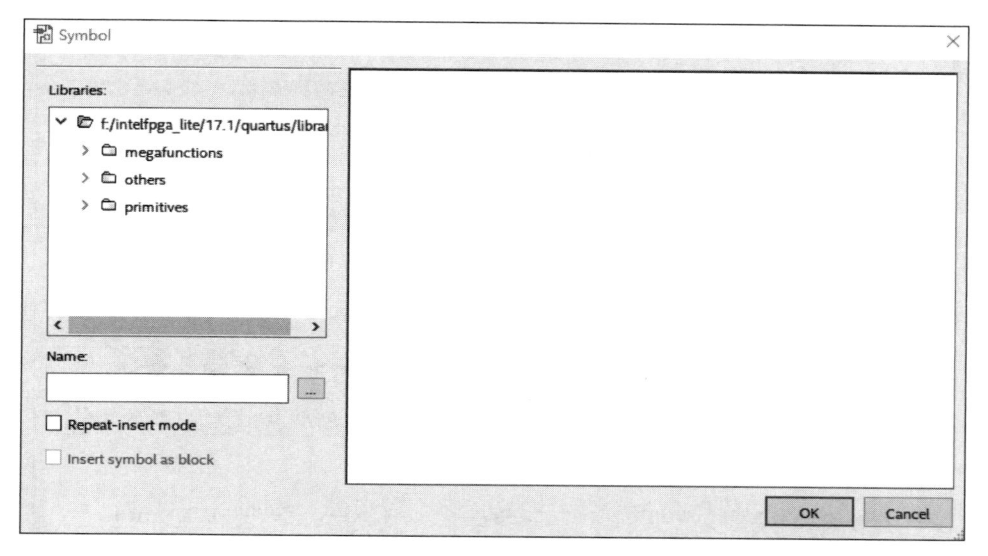

图 3-14　添加"Symbol"元件库对话框

(2) 输入/输出引脚命名

双击引脚符号，进行引脚命名，本案例中输入引脚命名为"KEY[1]"，输出引脚命名为"LED[1]"，如图 3-17 所示。引脚命名应符合工程规范性，且有一定含义，一般用英文字母、数字和下画线命名，不要包含一些特殊符号，否则编译时会报错。

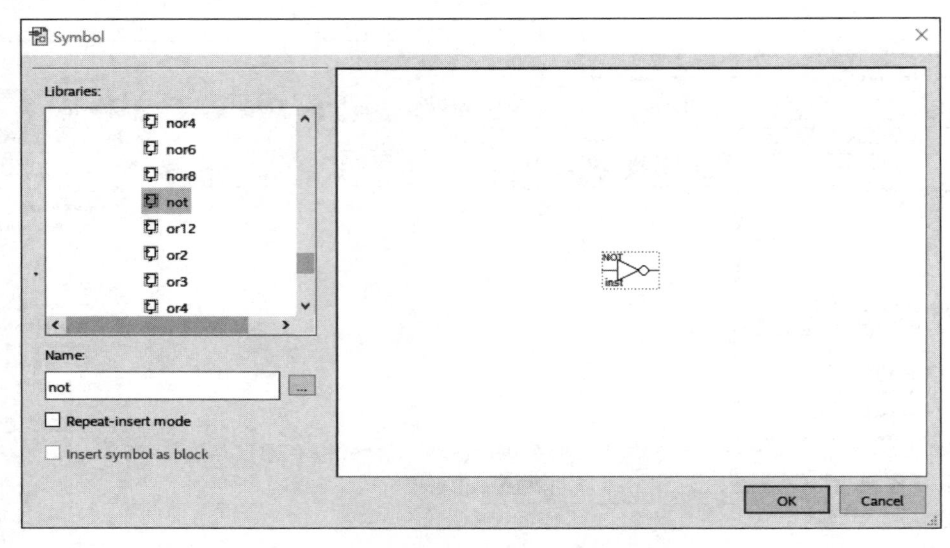

图 3-15　打开“Libraries”库元件对话框

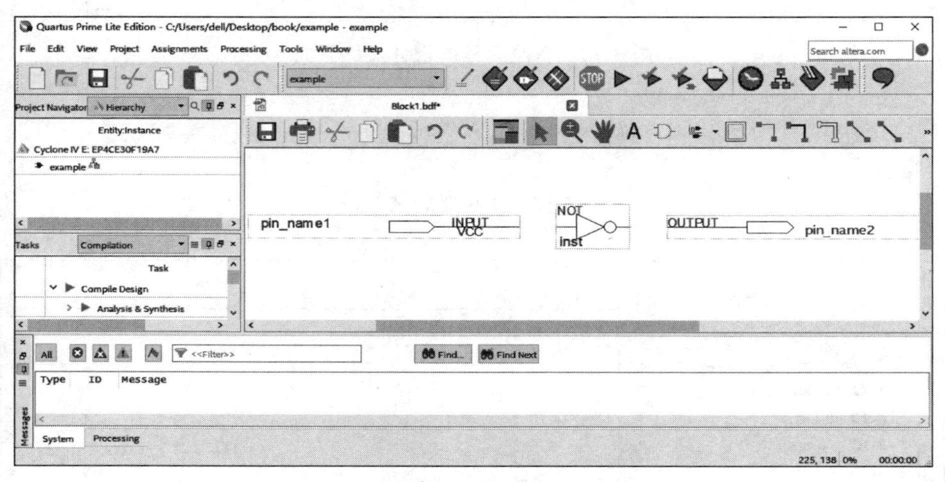

图 3-16　插入电路元件的文件界面

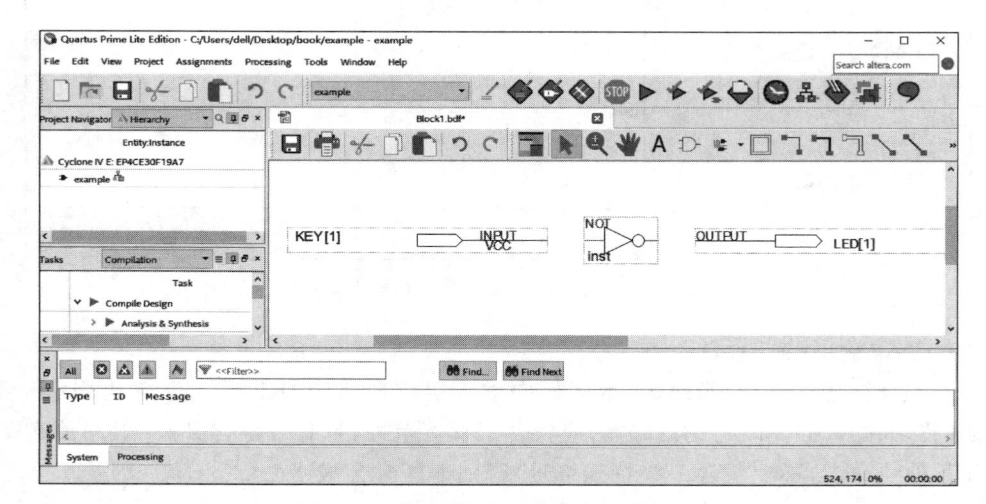

图 3-17　输入/输出引脚命名文件界面

(3) 电路连线

放置好电路元件后，要进行电路连线。移动鼠标到元件引脚处，鼠标显示“十”字时，按住鼠标左键并拖动鼠标到所要连接的另一个元件引脚，再释放鼠标，这就完成一条连接导线。如图 3-18 所示，完成电路输入。

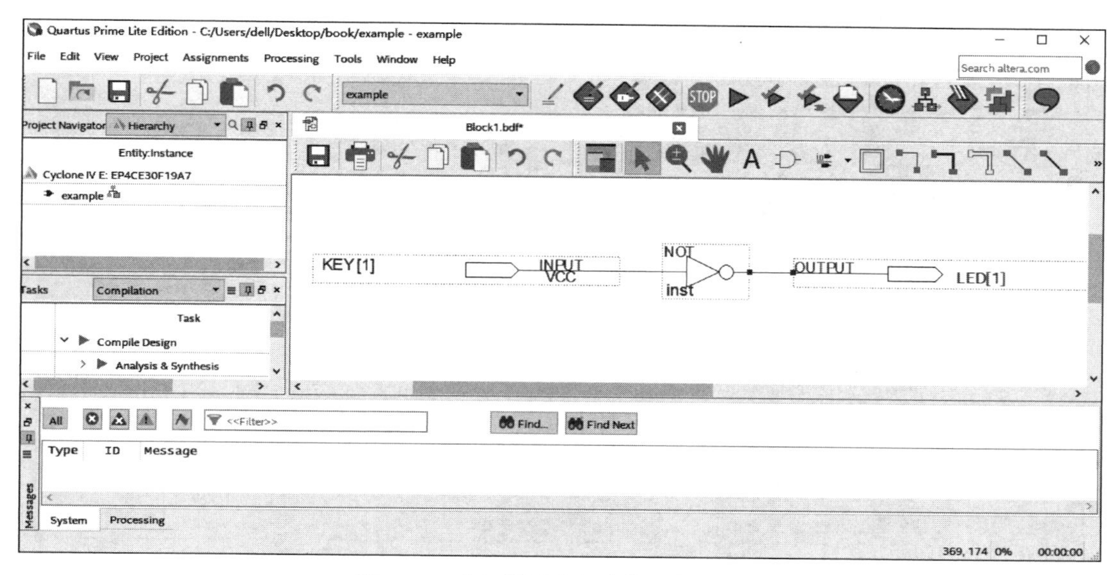

图 3-18　反相器测试电路输入完成界面

(4) 文件保存

完成电路输入后，点击菜单“File”→“Save”或点击工具栏按钮“💾”进行文件保存。注意文件命名要符合工程规范性，有一定含义，且易于识别。如图 3-19 所示，这里文件命名为“Inverter_test.bdf”。

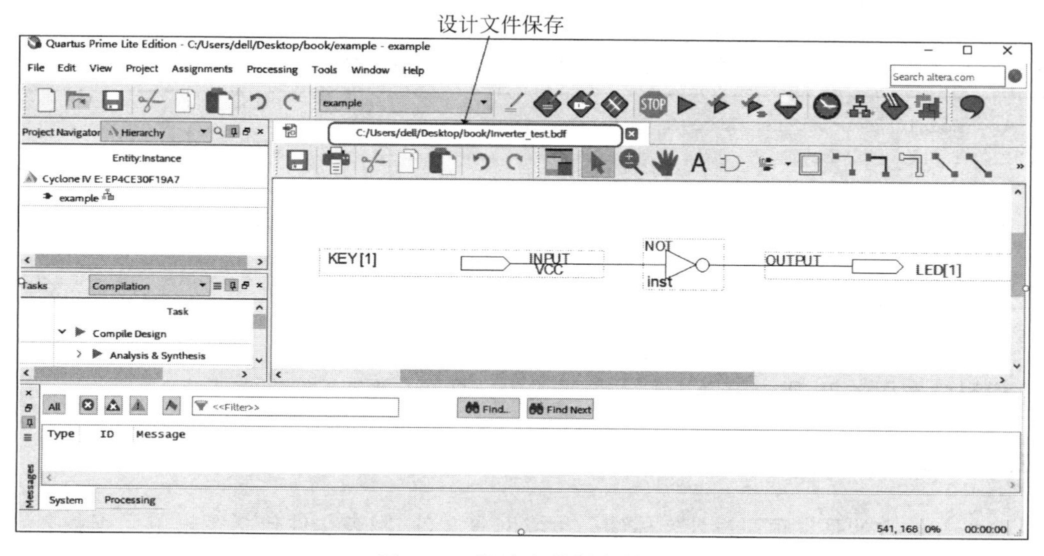

图 3-19　设计文件保存界面

2. Verilog HDL 文件输入

前面介绍了原理图文件输入方式，下面给出常用 Verilog HDL 文件输入操作流程。

点击图 3-11 所示“New”对话框中的“Design Files”→“Verilog HDL File” 选项，出现 Verilog HDL 文件输入界面，如图 3-20 所示。

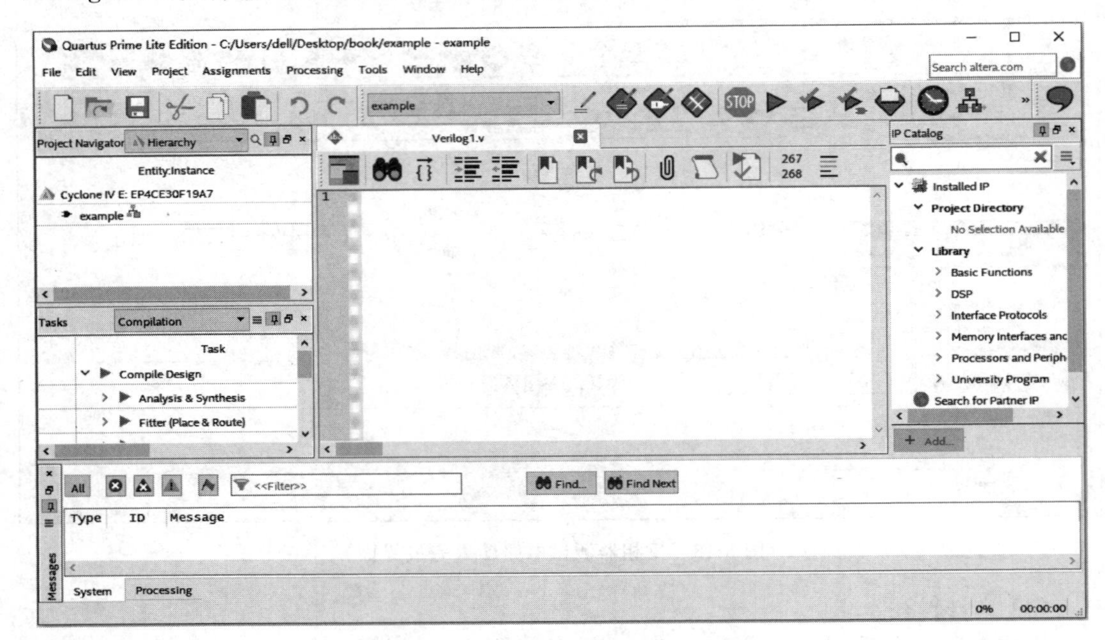

图 3-20　Verilog HDL 文件输入界面

下面仍然以反相器测试为例进行 Verilog HDL 文件输入操作介绍，程序代码清单 3-1 如下所示。有关 Verilog HDL 语言编程的详细介绍请查看本书第 6 章，这里不再赘述。

代码清单 3-1　反相器测试 Verilog HDL 文件

```
1    module inverter_test1(key1,led1);
2    input       key1;
3    output      led1;
4
5    assign led1 = ～key1;
6    endmodule
```

上面的程序代码清单 3-1 中，前面的数字为程序行号，后面为该行对应的 Verilog HDL 程序代码。在图 3-20 所示界面中输入程序代码并保存，如图 3-21 所示。

3.2.3　设计文件分析与综合

分析与综合就是将顶层设计实体编译生成网表文件，网表文件包括逻辑单元查找表、I/O 引脚、D 触发器模块、存储资源和逻辑布局布线等编译数据，用于器件资源映射，如图 3-22 所示。

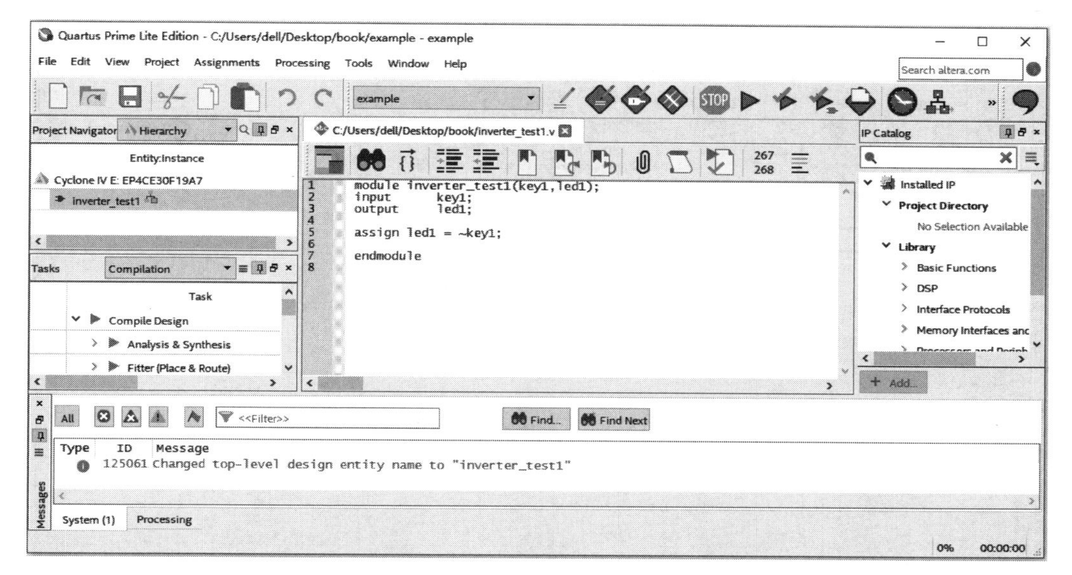

图 3-21 输入 Verilog HDL 程序代码并保存界面

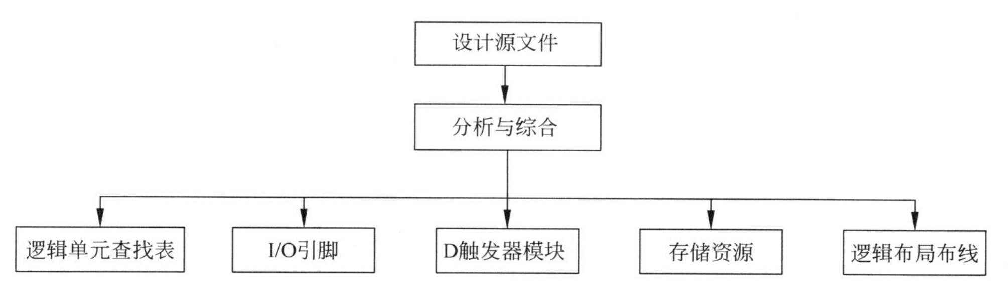

图 3-22 设计文件的分析与综合后的结果

下面介绍对设计文件进行分析与综合的操作步骤。

1. 设计文件置顶

这里仍然以前面保存的原理图设计文件“Inverter_test.bdf”为例。首先在工程项目中打开文件“Inverter_test.bdf”，然后对它进行置顶操作，将其设置为顶层实体。

一种置顶操作方法就是先打开要置顶的设计文件，然后点击“Project”→“Set as Top-Level Entity”菜单完成；另一种置顶操作方法是在“Project Navigator”窗口“Files”选项中，在要置顶的“Inverter_test.bdf”文件上右击鼠标，在弹出的菜单中单击“Set as Top-Level Entity”选项，将文件置顶。如图 3-23 所示为置顶设计文件界面。

2. 分析与综合

在主界面下选择菜单“Processing”→“Start”→“Start Analysis &Synthesis”或者点击工具栏中的按钮“ ”进行分析与综合，如图 3-24 所示，对工程项目中的顶层设计文件进行分析与综合处理。若在综合时报错，要根据信息栏中的红色错误“Error”信息提示，找出错误之处并修改，直到综合成功。在分析与综合过程中，界面上可能会产生很多警告

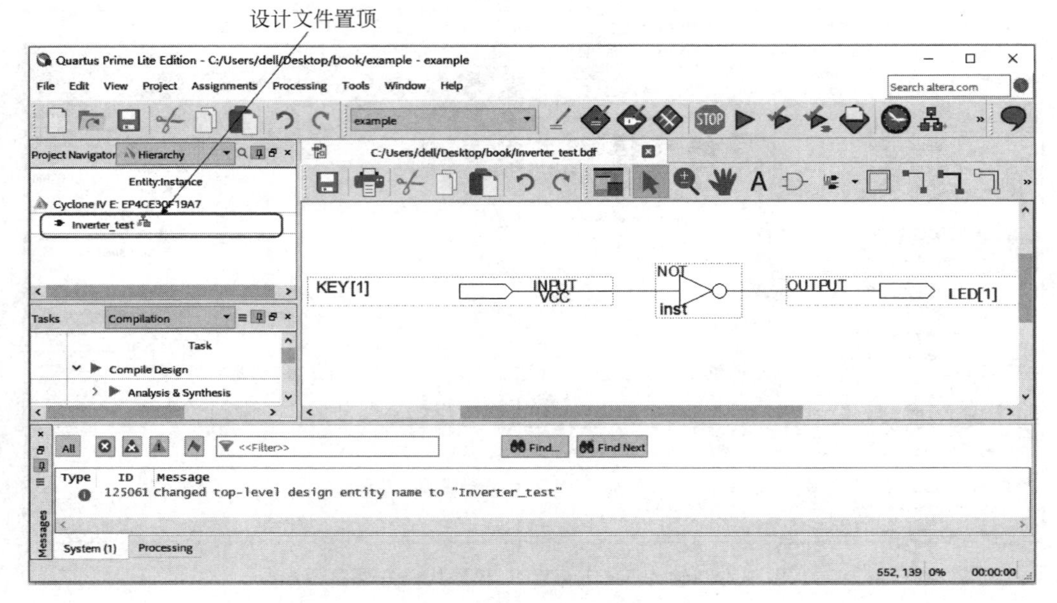

图 3-23　置顶设计文件界面

“Warning”信息，应根据信息栏中提示，对有些潜在问题要修改，有些对设计没什么影响的警告可忽略。

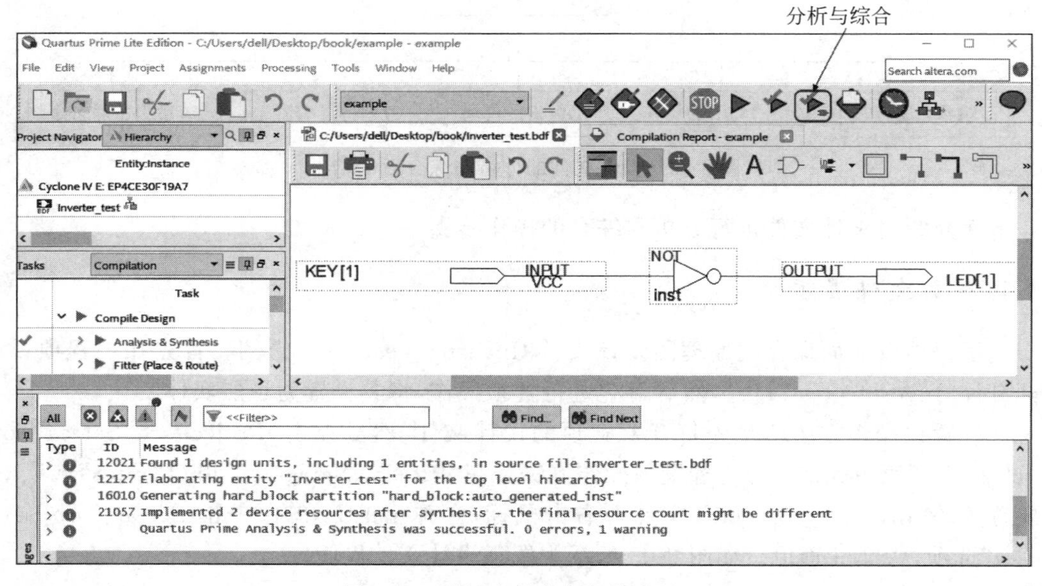

图 3-24　设计文件分析与综合界面

顶层设计文件综合成功后，可通过主菜单“Tools”→“Netlist Viewers”→“RTL Viewer”操作观察综合出的网表 RTL 视图，如图 3-25 所示。特别是对于 Verilog HDL 语言编写的设计文件，通过观察综合出的网表 RTL 视图，能更好地理解设计电路输入与输出之间的逻辑关系。

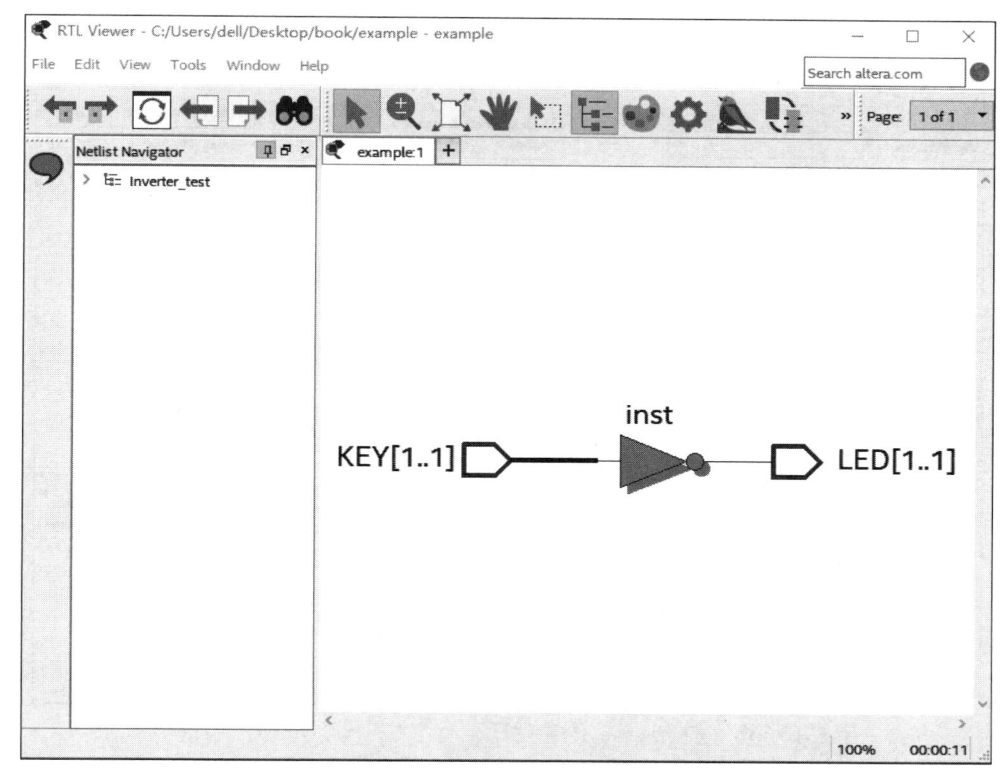

图 3-25　综合出的网表 RTL 视图

3.2.4　分配引脚与编译

工程设计文件通过分析与综合后，需要对输入端、输出端等分配引脚。在菜单栏中选择"Assignments"→"Pin Planner"或者点击工具栏中的图标"◆"进行引脚分配，如图 3-26 所示。

下面介绍引脚分配与编译的具体操作步骤。

1. 引脚分配

在打开的"Pin Planner"窗口中，在"Location"栏输入引脚号来快速定位，分配完所有输入与输出引脚后，直接关闭引脚分配窗口，软件 Quartus Prime 会在工程项目中生成引脚信息存放文件。

输入与输出引脚号在实验板制作过程中已经确定，与硬件电路密切相关，可查厂商给的引脚分配表。

2. 项目编译

在主界面下选择菜单"Processing"→"Start Compilation"或者点击工具栏中的按钮"▶"进行全编译，编译完成后编译流程窗口全部显示对勾，如图 3-27 所示。对工程项目中分配引脚的设计文件进行编译，生成下载文件。

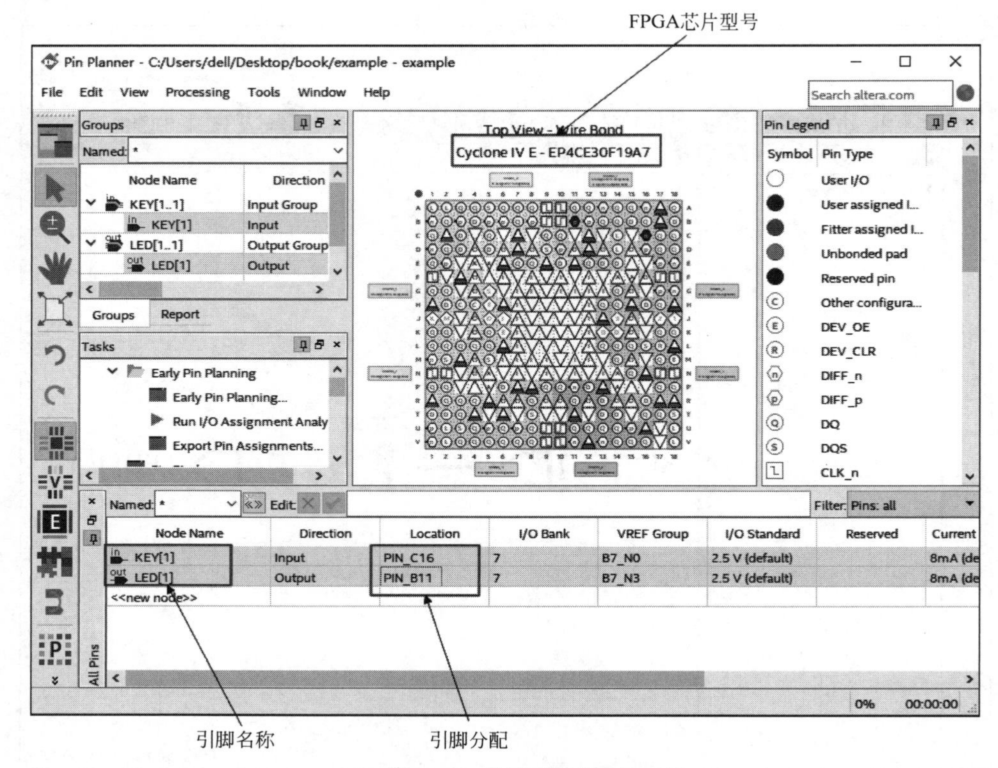

图 3-26　分配引脚界面

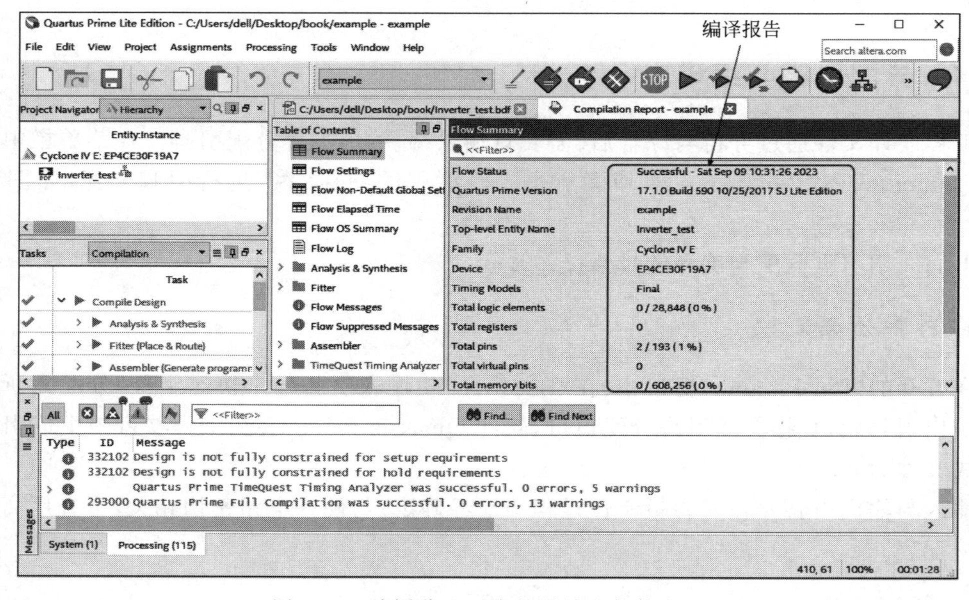

图 3-27　编译分配引脚的设计文件信息图

3.2.5　下载与测试

对于设计文件，引脚分配并编译完成后，在本案例中生成项目下载文件为“example. sof”。

可通过 JTAG 接口下载到 FPGA 实验板中，进行测试。具体过程按以下步骤操作。

1. 连接 USB Blaster 下载器

将 USB Blaster 下载器一端接计算机 USB 接口，另一端接到 FPGA 实验板上的 JTAG 接口。打开电源，如果计算机出现新硬件提示，就需要安装 USB Blaster 下载器驱动程序，驱动程序在 Quartus Prime 17.1 软件安装目录“\quartus\drivers\usb-blaster”的文件夹中。

2. 设置 USB Blaster 下载器

在主菜单中选择“Tools”→“Programmer”菜单或者点击工具栏中的按钮“ ”，打开程序下载窗口。如果没有出现 USB-Blaster 下载器，如图 3-28(a)所示，先进行 USB-Blaster 下载器设置，然后才能下载程序。

进行 USB-Blaster 下载器设置时，首先点击硬件设置按钮“Hardware Setup...”，然后在图 3-28(b)所示对话框中双击“USB-Blaster”下载器，或者在“Currently selected hardware”栏点击右边倒三角形“ ”，选择 USB-Blaster 下载器。选好下载器后，点击按钮“Close”关闭窗口，如图 3-28(c)所示。

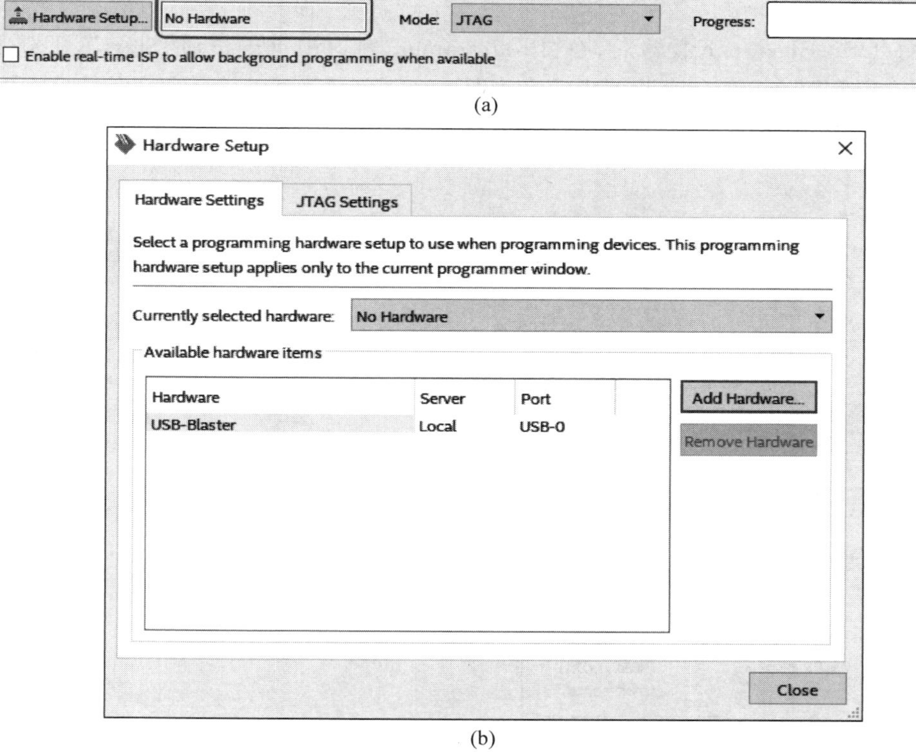

图 3-28　USB-Blaster 下载器设置

(a) 无下载器；(b) 硬件设置窗口；(c) 点选 USB-Blaster 下载器

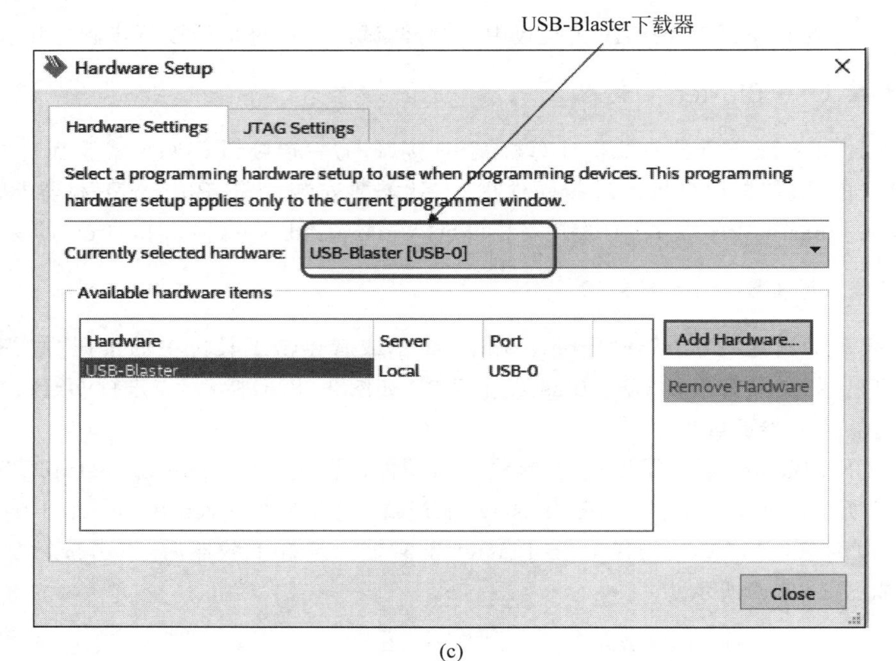

(c)

图 3-28(续)

3. 下载程序

设置好 USB-Blaster 下载器后，在“Programmer”窗口中点击按钮“Start”，下载程序。“Progress”进程条显示 100%，表明下载成功，如图 3-29 所示，就可以进行实验板调试与测试。

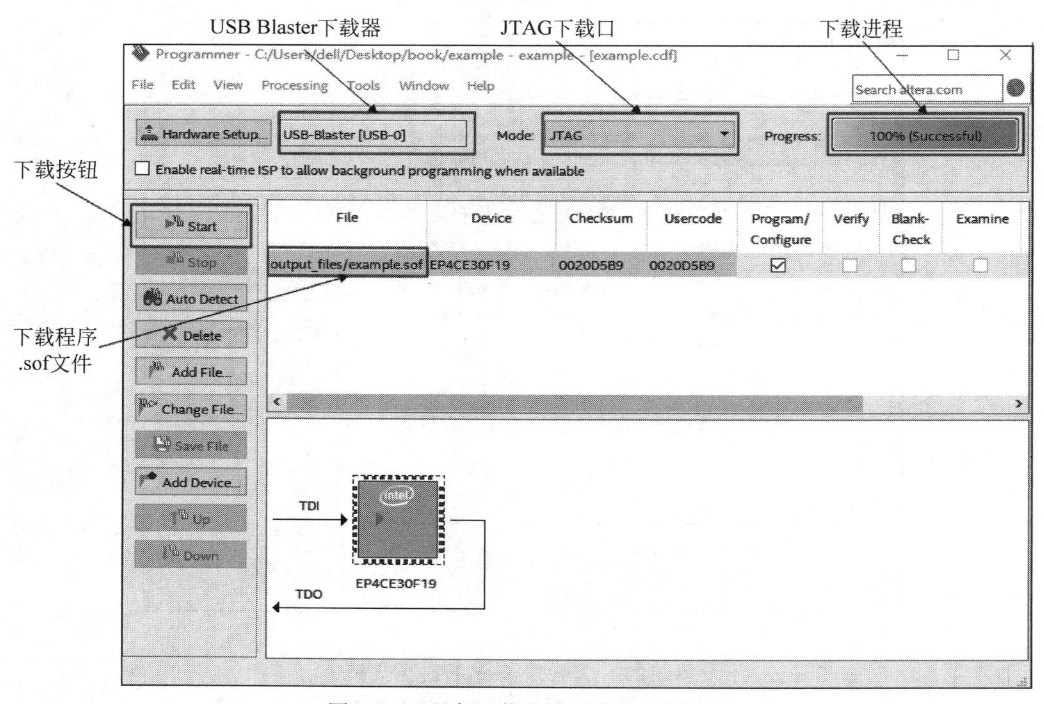

图 3-29　程序下载“Programmer”窗口

3.3　修改 FPGA 芯片配置

如在创建新工程项目时选错 FPGA 芯片型号，或下载调试时需要更换不同型号 FPGA 实验板卡，都需要重新配置工程项目中的 FPGA 目标芯片，如图 3-30 所示。

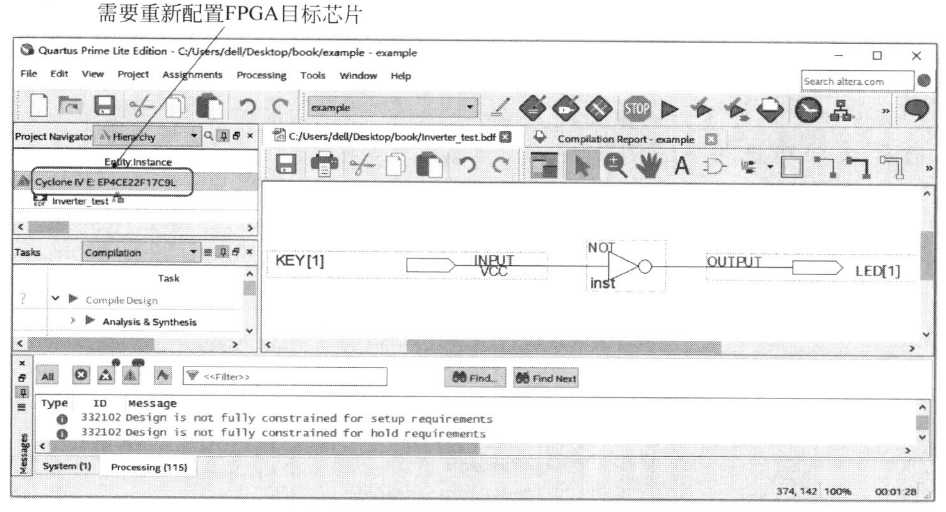

图 3-30　重新配置 FPGA 目标芯片

重新配置 FPGA 目标芯片的具体操作过程为：双击“Project Navigator”窗口中的 FPGA 芯片型号或者点击主菜单“Assignments”→“Device”打开芯片配置对话框，如图 3-31 所示，重新选择 FPGA 目标芯片，点击“OK”按钮完成目标芯片重新配置。

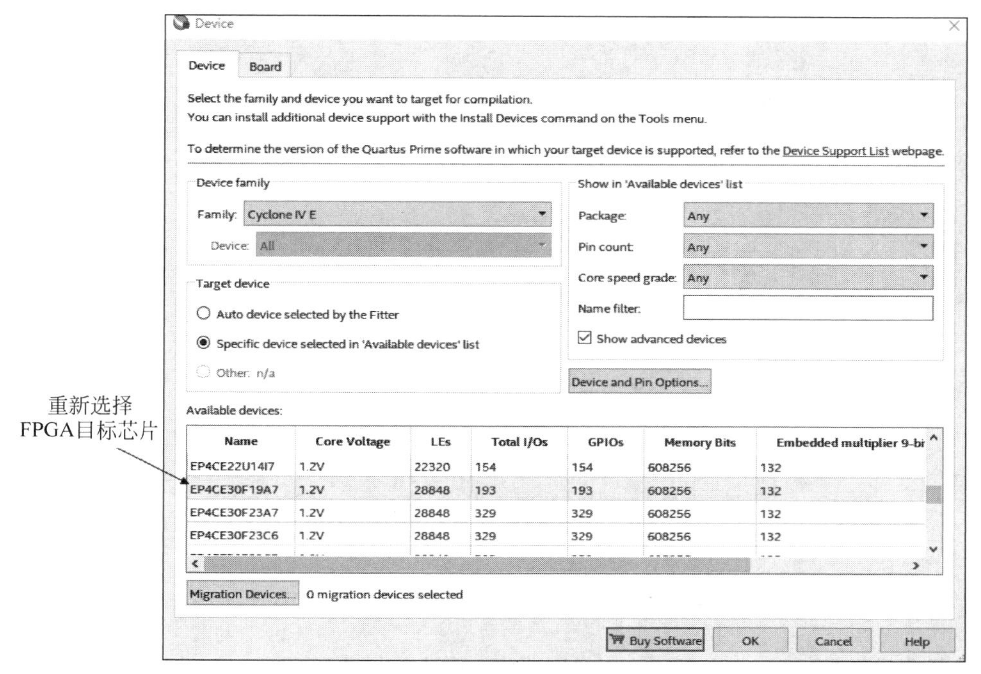

图 3-31　重新选择 FPGA 目标芯片

对于修改FPGA目标芯片的工程文件，要重新分配引脚和编译、下载程序操作，才能完成实验板卡测试。

3.4 基于IP核创建锁相环(PLL)模块

锁相环(phase locked loop，PLL)是一种反馈控制电路，具有时钟倍频、分频、相位偏移和可控占空比的功能。Quartus Prime软件提供了用于实现PLL功能的IP核ALTPLL模块，具体操作步骤如下。

1. 打开锁相环模块ALTPLL

在前面创建的example.qpf工程项目中，新建原理图文件，点击工具菜单“Tool”→“IP Catalog”打开IP核窗口，输入“pll”，选择锁相环模块ALTPLL，如图3-32所示。

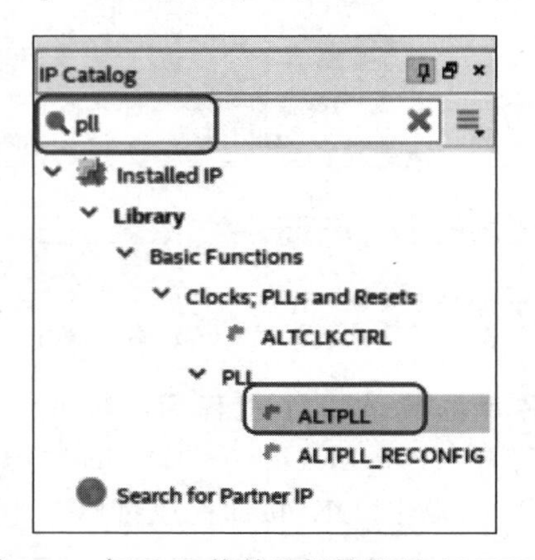

图3-32 打开IP核并选择锁相环ALTPLL

2. 输入要创建的锁相环名称

点击锁相环模块ALTPLL，输入要创建的锁相环名称，比如这里命名为“Sample_200MHz”，如图3-33所示。

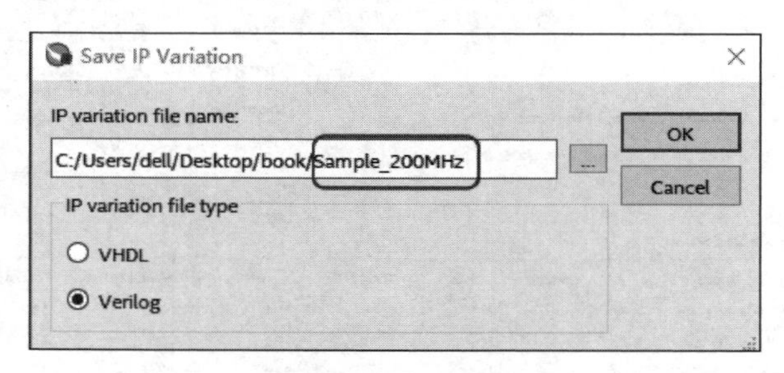

图3-33 输入要创建的锁相环名称

3. 设置PLL输入信号频率

在参数设置“Prarameter Settings”界面中，项目栏“What is the frequency of the inclk0 input?”设置 PLL 输入信号频率，因本书介绍的电路测试的实验板系统时钟频率为 50MHz，所以这里输入 50MHz，如图 3-34 所示。

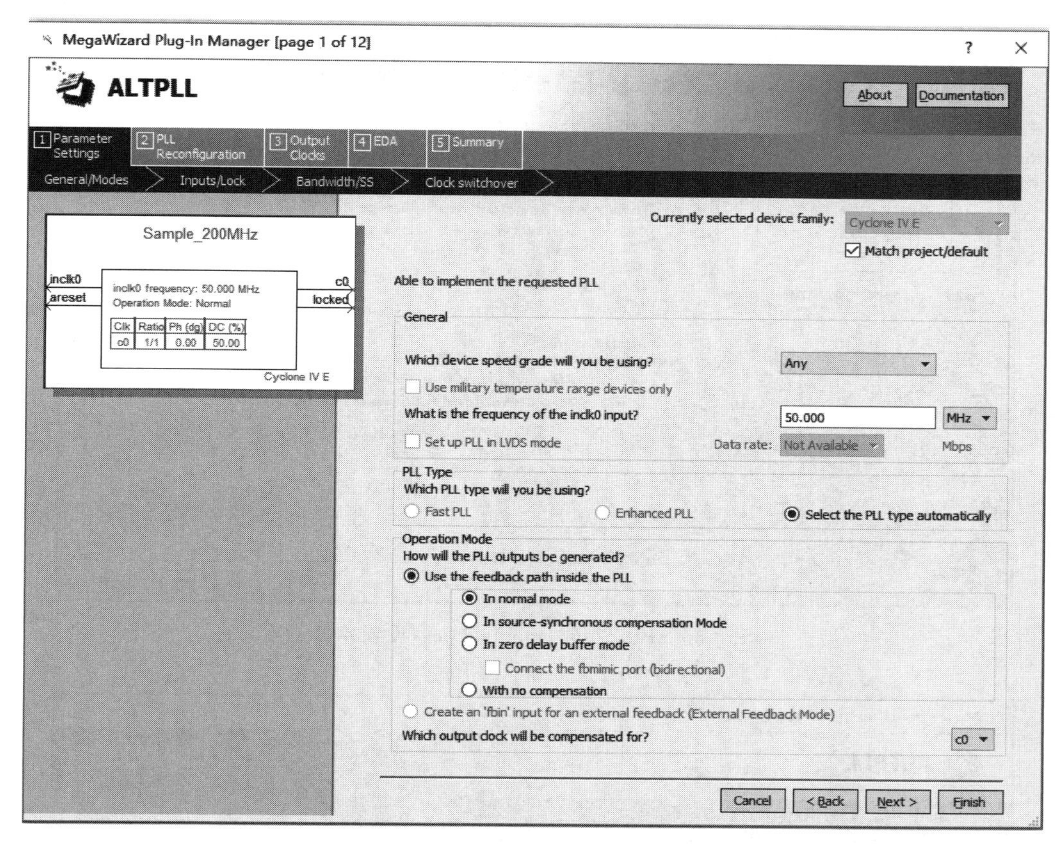

图 3-34 PLL 参数“General/Modes”设置界面

4. 设置 PLL 引脚

这里创建一个只有时钟输入和输出的简单锁相环，因而把默认的输入选项“Create an ‘areset’ input to asynchronously reset the PLL”和输出选项“Create ‘locked’ output”都去除，如图 3-35 所示。

5. 设置 PLL 输出信号 c0

本次实验 c0 输出为 200MHz 信号，因此在输出时钟“Output Clocks”界面，项目栏“Clock multiplication factor”填入“4”，那么 c0 输出信号频率为 50MHz×4=200MHz。在“Actual Settings”处显示为 200MHz，实现了信号倍频。在占空比“Clock duty cycle(%)”处输入“1.00”，但是实际设置输出占空比为 17%的(界面中显示 17.00)窄脉冲信号，如图 3-36 所示。

6. 设置生成 PLL 模块

在“Summary”界面中选择“Sample_200MHz.bsf”项，如图 3-37 所示。这样，当 PLL 模块创建完成后，就会生成扩展名为“.bsf”的文件。

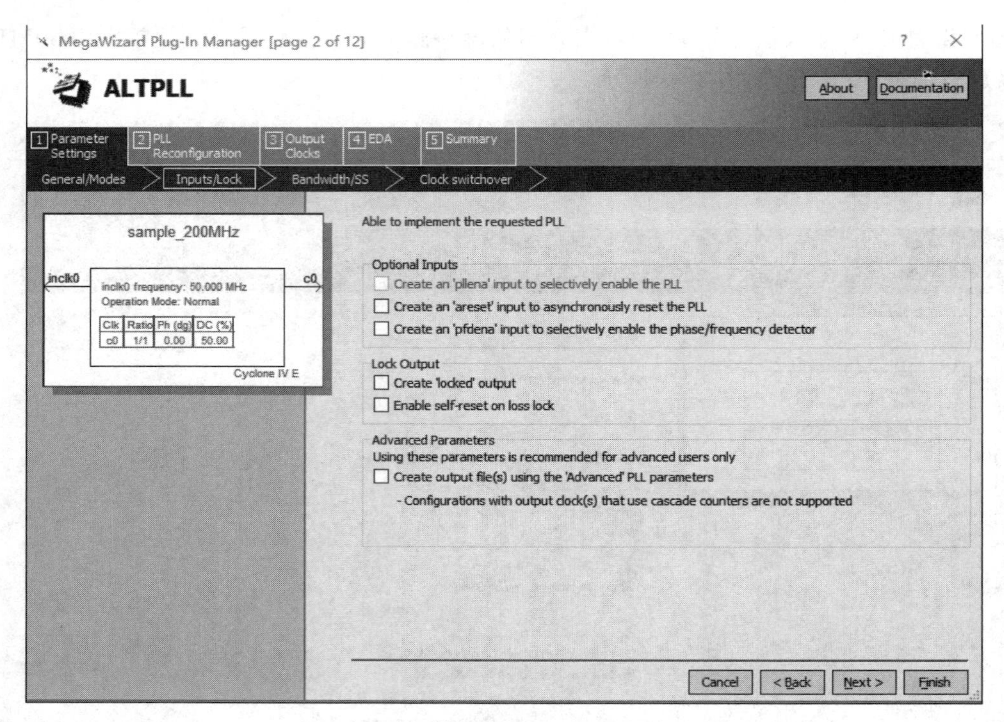

图 3-35　PLL 参数“Inputs/Lock”设置界面

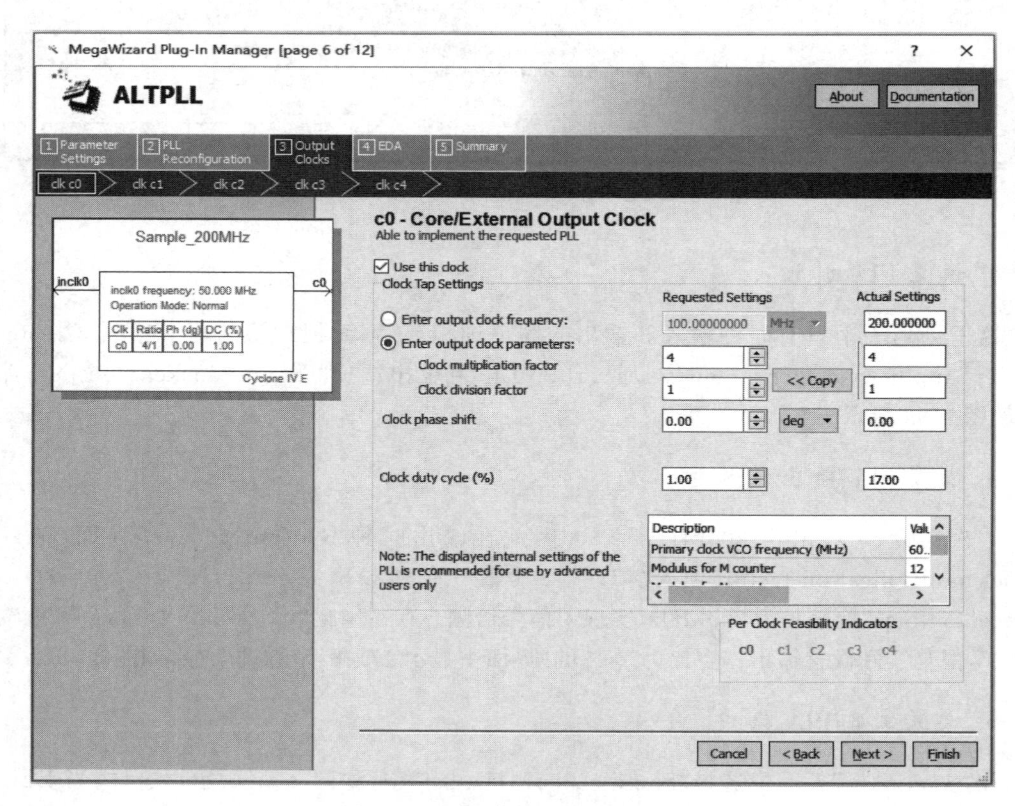

图 3-36　PLL 倍频输出设置界面

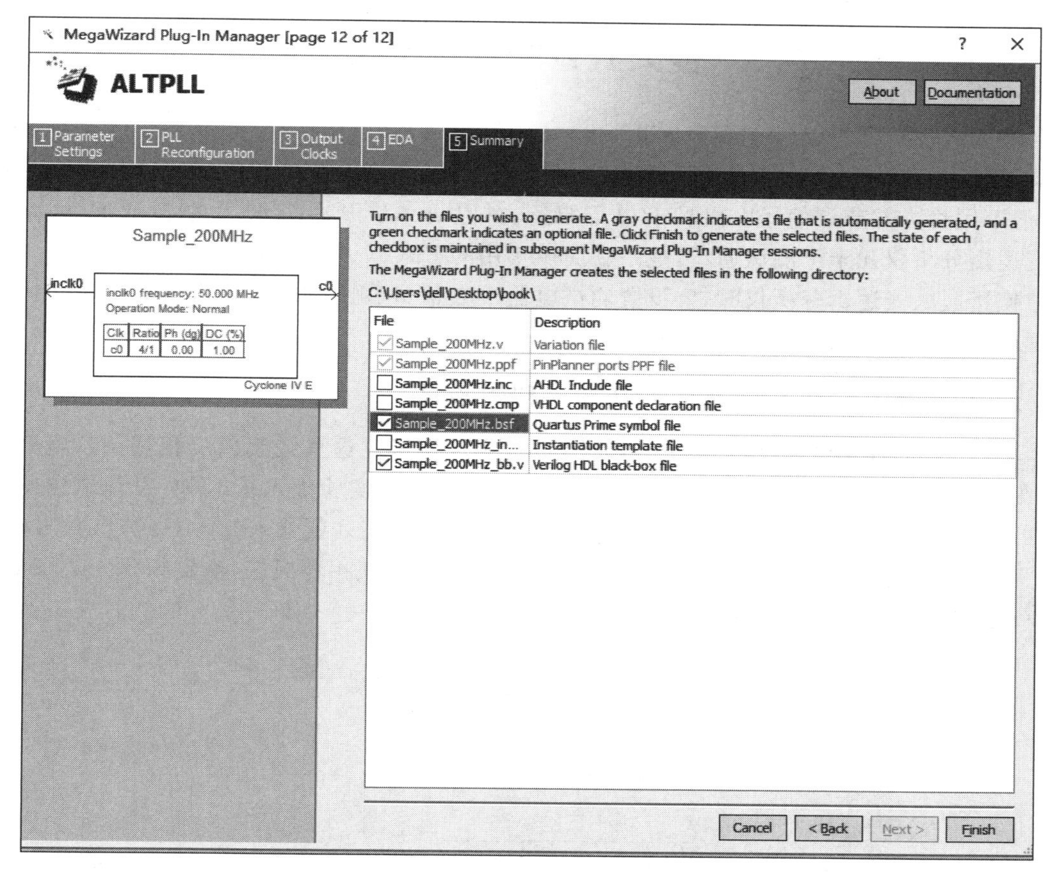

图 3-37　生成 PLL 模块“.bsf”文件设置界面

经以上创建和设置，就可在工程项目原理图设计文件中添加锁相环模块，如图 3-38 所示。

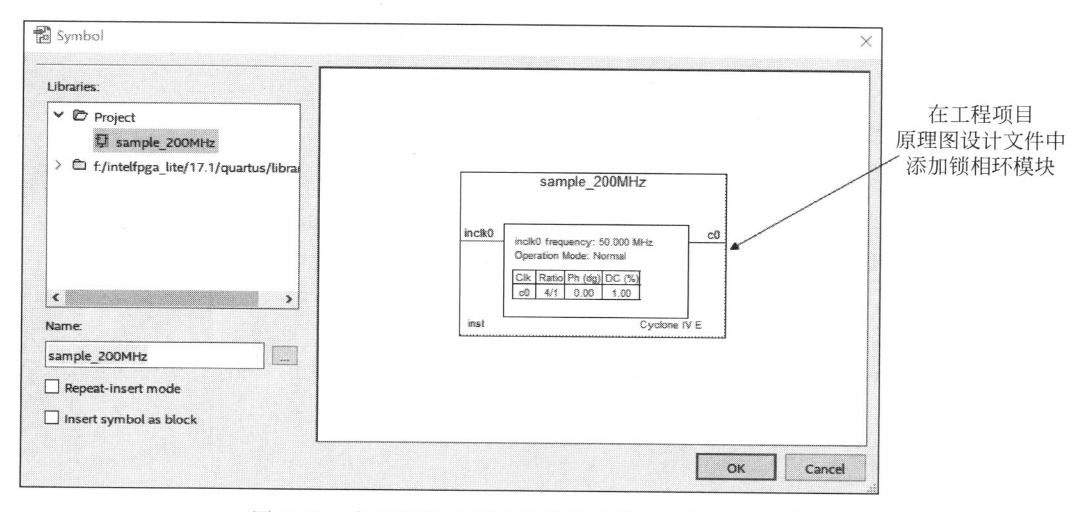

图 3-38　在工程项目原理图设计文件中添加锁相环模块

3.5 嵌入式逻辑分析仪的使用

嵌入式逻辑分析仪(SignalTap Ⅱ logic analyzer,简称 SignalTap Ⅱ)为第二代系统调试工具,用于捕获并显示 FPGA 设计中的实时信号。SignalTap Ⅱ具有传统逻辑分析仪的功能,但不用将内部节点信号引出到 I/O 引脚上,并且可一次开通 2048 个测试通道,远高于传统逻辑分析仪几十个测试通道,是一款简单实用的 FPGA 片上调试与测试工具。

使用嵌入式逻辑分析仪时,要设置测试电路节点信号、触发方式、采样时钟信号和捕获数据样本深度等参数,具体操作步骤如下。

1. 基于嵌入式逻辑分析仪的反相器测试电路

在打开的工程项目中输入设计电路并置顶,完成编译。这里继续以反相器测试电路为例,如图 3-39 所示。这里反相器 KEY[1]节点输入信号为实验板系统时钟,设计电路编译成功后,KEY[1]需要分配为实验板的系统时钟引脚,反相器才能输入 50MHz 方波信号。

图 3-39 中,模块“sample_200MHz”为基于 IP 核创建的锁相环模块,输出频率为 200MHz 的窄脉冲信号,作为嵌入式逻辑分析仪的采样信号。

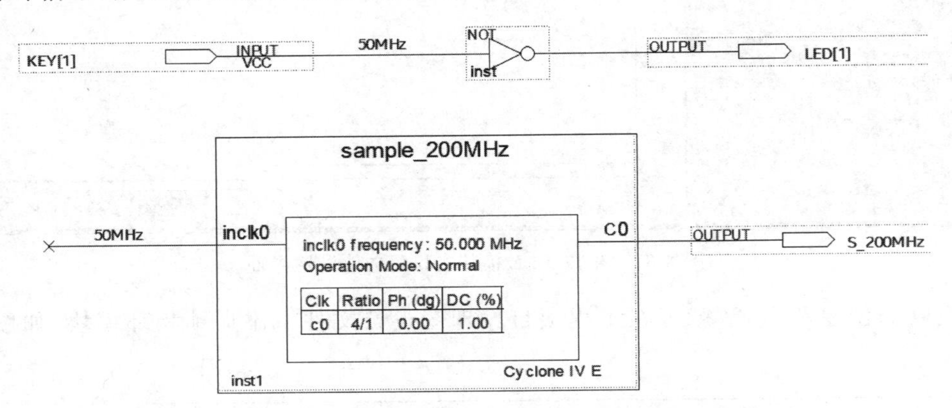

图 3-39 基于嵌入式逻辑分析仪的反相器测试电路图

2. 新建嵌入式逻辑分析仪

在菜单栏选择“File”→“New”子菜单或点击工具栏中的图标“ ”,弹出“New”对话框,点选“Verification/Debugging Files”→“Signal Tap Logic Analyzer”项,新建嵌入式逻辑分析仪;或者点选工具菜单“Tools”→“Signal Tap Logic Analyzer”直接创建逻辑分析仪,如图 3-40 所示。

3. 嵌入式逻辑分析仪硬件连接

将 USB Blaster 下载器一端接计算机 USB 接口,另一端接到 FPGA 实验板上的 JTAG 接口。做好硬件连接后打开电源。

4. JTAG 链配置

在嵌入式逻辑分析仪界面右上部的“Hardware”对话栏设置为“USB Blaster”下载器;在“SOF Manager”对话栏选择 SOF 下载文件,如本章工程项目下载文件“example. sof”;在

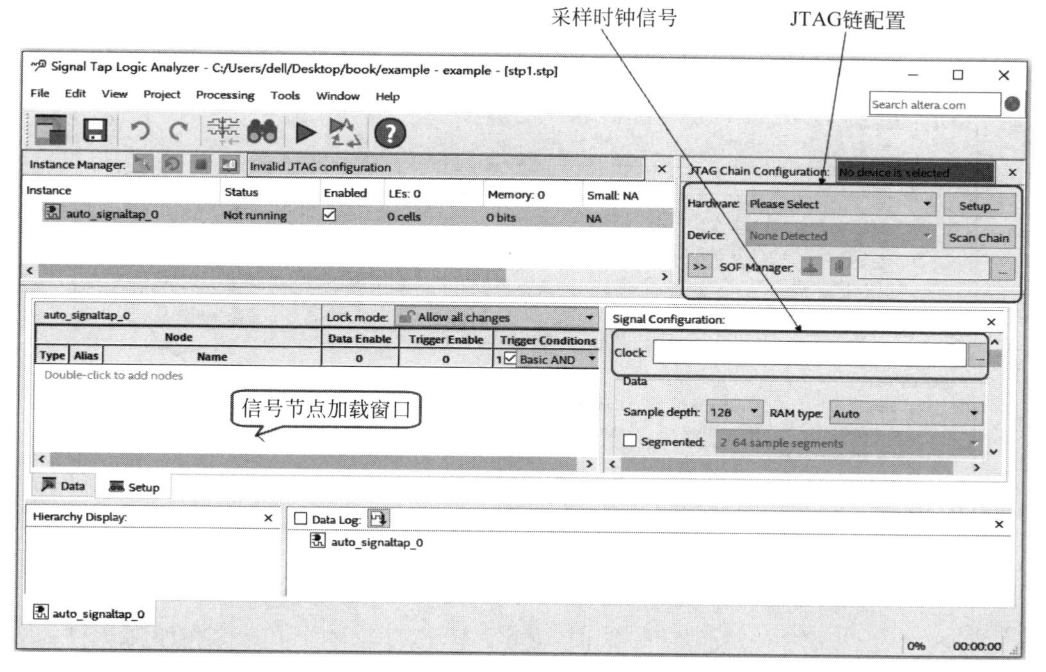

图 3-40　新建 SignalTap Ⅱ 嵌入式逻辑分析仪界面

"Device"对话栏自动链接工程项目中设定的 FPGA 目标芯片，如果没有自动链接，要点击按钮"Scan Chain"手动链接，完成 JTAG 链配置。

5. 添加需观察节点信号

在"Setup"信号节点加载窗口空白处双击鼠标，弹出信号节点发现器"Node Finder"界面，在"Filter"对话栏点击右边倒三角形"▾"，下拉选项中选择"Signal Tap：pre-synthesis"，如图 3-41 所示。

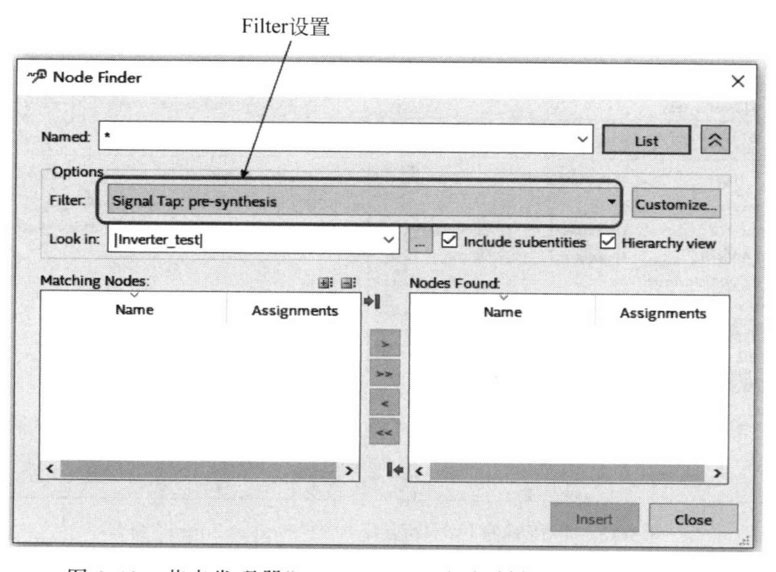

图 3-41　节点发现器"Node Finder"及对话栏"Filter"设置界面

(1) 列出信号节点

点击节点发现器“Node Finder”界面中的按钮“List”，列出所有节点，如图 3-42 所示。

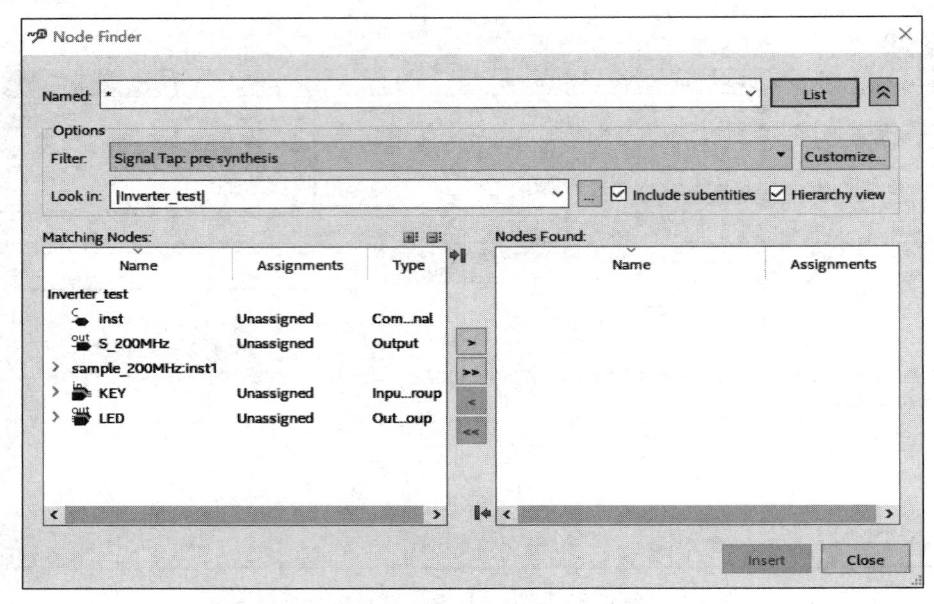

图 3-42　在“Matching Nodes”窗口中列出节点

(2) 选择待观察信号节点

在“Matching Nodes”窗口中打开总节点“KEY”和“LED”，然后分别双击节点“KEY[1]”和“LED[1]”添加到“Nodes Found”窗口中，或者选择节点再点击按钮“>”添加，选出待观察信号，如图 3-43 所示。

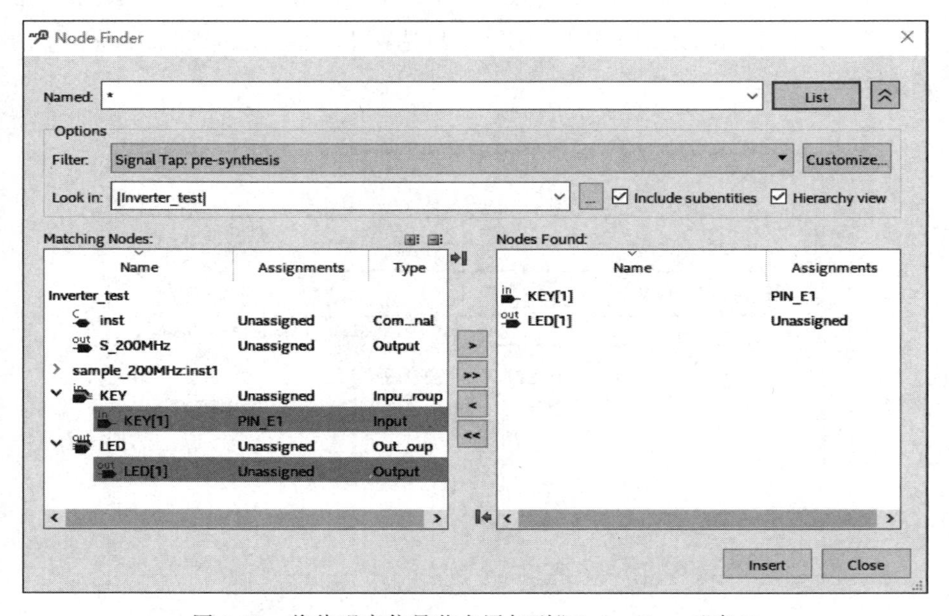

图 3-43　将待观察信号节点添加到“Nodes Found”窗口

(3) 插入待观察信号节点

点击节点发现器“Node Finder”界面右下角的按钮“Insert”，插入选好的待观察信号，然后点击按钮“Close”关闭节点发现器。在 SignalTap Ⅱ 逻辑分析仪界面中的“Setup”窗口就添加了待观察节点，如图 3-44 所示。

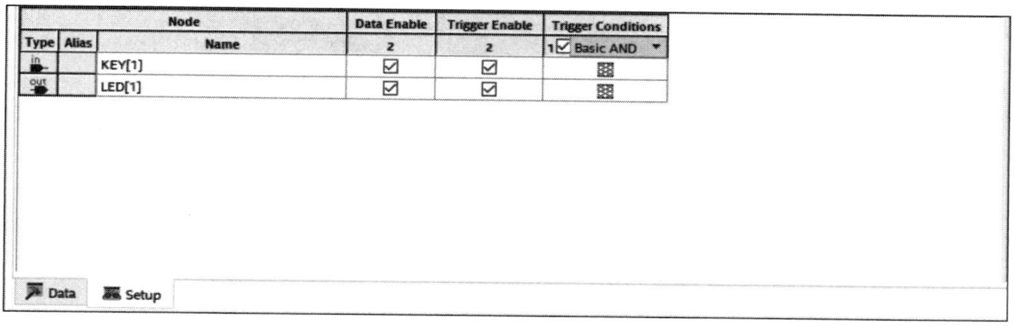

Node			Data Enable	Trigger Enable	Trigger Conditions
Type	Alias	Name	2	2	1☑ Basic AND
in		KEY[1]	☑	☑	
out		LED[1]	☑	☑	

Data　Setup

图 3-44　在 SignalTap Ⅱ 逻辑分析仪界面添加待观察节点信号

6. 添加采样时钟

由于在图 3-39 所示的反相器测试电路图中，反相器“KEY[1]”节点输入为实验测试板 50MHz 系统时钟信号，因此在 SignalTap Ⅱ逻辑分析仪界面的“Signal Configuration”窗口中添加采样时钟为锁相环输出的 200MHz 窄脉冲信号，实现 4 倍频采样。

具体操作过程为：首先点击“Clock”对话栏右边的按钮“ ”，如图 3-45(a)所示；然后打开节点发现器“Node Finder”界面，选择锁相环模块“sample_200MHz”输出的窄脉冲“S_200MHz”作为采样信号，如图 3-45(b)所示；最后点击“Node Finder”界面中的按钮“OK”，添加采样时钟信号，如图 3-45(c)所示。

7. 设置采样深度

因为采样信号频率为 200MHz，反相器输入信号为 50MHz 系统时钟，所以每周期采样点数为：$N=\frac{200\text{MHz}}{50\text{MHz}}=4$ 点。那么，在 SignalTap Ⅱ 逻辑分析仪界面的“Signal Configuration”窗口中，点击“Sample depth”右边的倒三角形，选择最小采样深度“64”。如图 3-46 所示。

8. 文件保存与编译

点击 SignalTap Ⅱ 逻辑分析仪界面中的工具栏中的保存按钮，嵌入式逻辑分析仪生成文件扩展名为“.stp”，然后点击菜单“Processing”→“Start compilation”或者工具栏中的编译按钮“▶”进行编译，如图 3-47 所示。

9. 文件下载

点击 SignalTap Ⅱ 逻辑分析仪界面的“SOF Manager”右侧的按钮“ ”，下载 SOF 文件，或者在 Quartus Prime 软件工程项目主界面中选择“Tools”→“Programmer”菜单或者

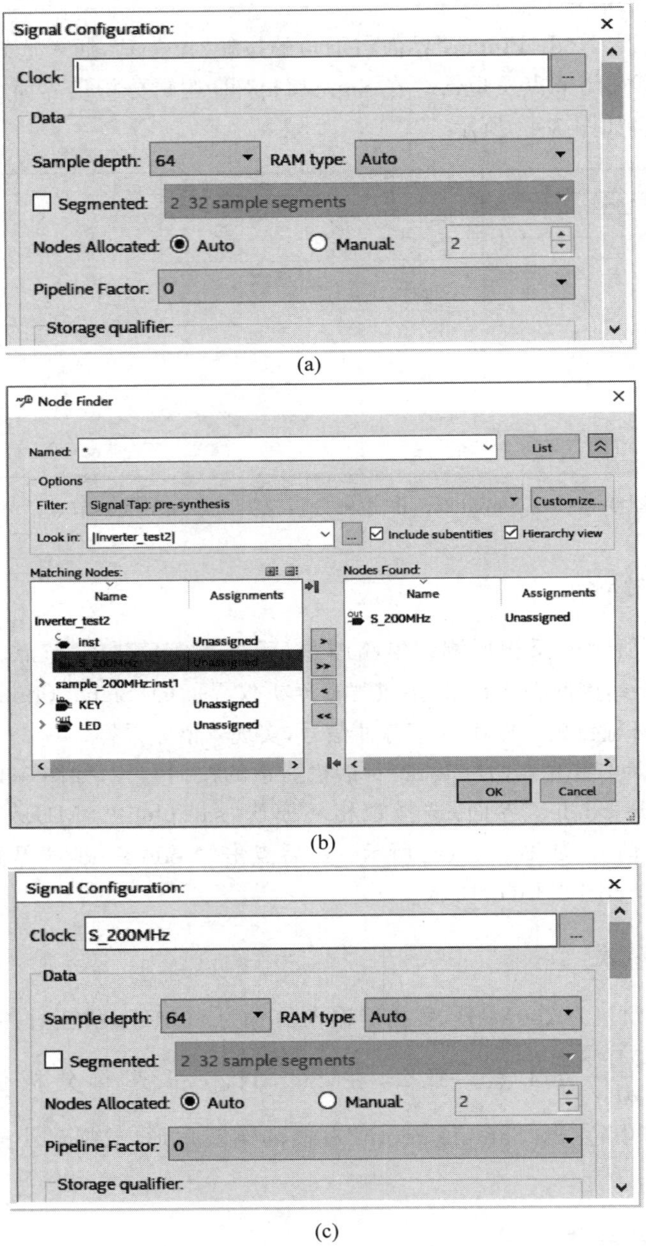

Signal Configuration:
Clock:
Data
Sample depth: 64　RAM type: Auto
Segmented: 2 32 sample segments
Nodes Allocated: Auto　Manual: 2
Pipeline Factor: 0
Storage qualifier:

(a)

Node Finder
Named: *　List
Options
Filter: Signal Tap: pre-synthesis　Customize...
Look in: |Inverter_test2|　Include subentities　Hierarchy view
Matching Nodes:
Name　Assignments
Inverter_test2
inst　Unassigned
S_200MHz　Unassigned
sample_200MHz:inst1
KEY　Unassigned
LED　Unassigned
Nodes Found:
Name　Assignments
S_200MHz　Unassigned
OK　Cancel

(b)

Signal Configuration:
Clock: S_200MHz
Data
Sample depth: 64　RAM type: Auto
Segmented: 2 32 sample segments
Nodes Allocated: Auto　Manual: 2
Pipeline Factor: 0
Storage qualifier:

(c)

图 3-45　在 SignalTap Ⅱ 逻辑分析仪界面添加采样时钟信号

点击工具栏按钮“ ”下载程序，操作过程同 3.2.5 节介绍，这里不再赘述。

10. 观察节点信号波形

在 SignalTap Ⅱ 逻辑分析仪界面中点击“Instance Manger”右侧的按钮“ ”，观察节点波形。如让波形停止，可点击“Instance Manger”右侧的按钮“ ”。在“Data”窗口可观察到 SignalTap Ⅱ 采集的节点波形，如图 3-48 所示。

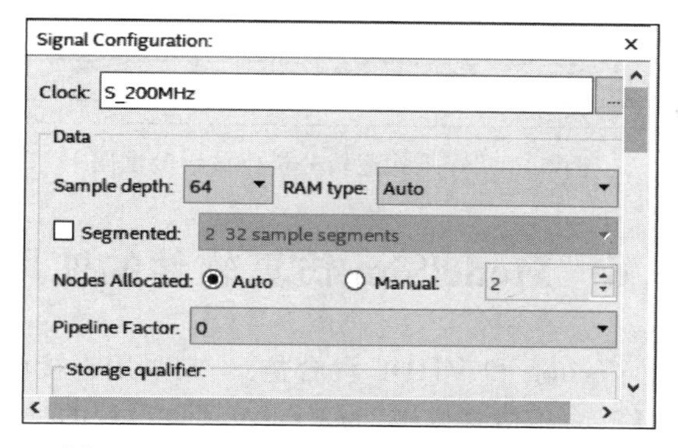

图 3-46　设置采样深度“Sample depth”窗口

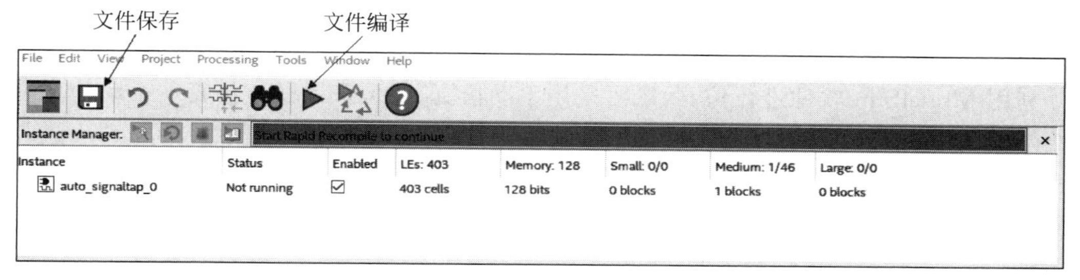

图 3-47　SignalTap Ⅱ文件保存与编译

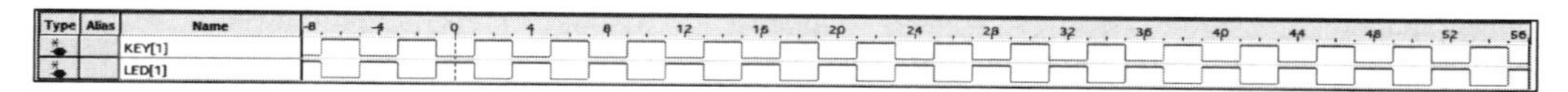

图 3-48　SignalTap Ⅱ采集的节点波形图

11. 波形周期测试

在图 3-48 中，节点波形标尺为测试采样点数。为便于测量信号周期，将其转换成时间标尺，在节点波形上方灰白“click to insert time bar”处点击鼠标右键，选择菜单“Time Units”。因为本实验中的采样信号频率为 200MHz，所以这里“Time”处设置 $T_s=\frac{1}{200\text{MHz}}=5\text{ns}$，如图 3-49 所示。

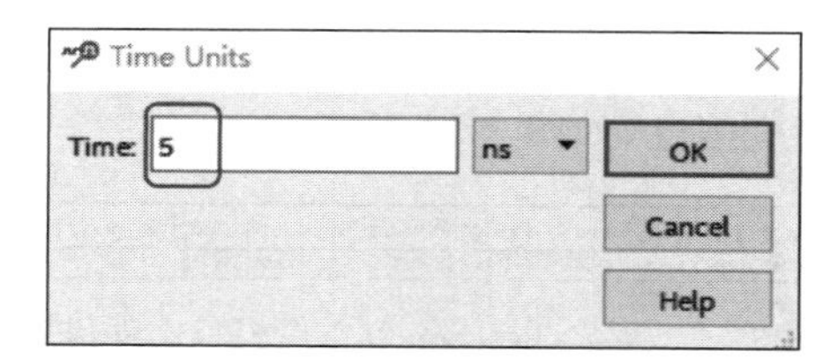

图 3-49　采样周期设置对话框

将鼠标移到红色波形上方灰白“click to insert time bar”处，点击鼠标左键，插入测试线，35ns 粗线为测试基准线，+20ns 是与基准线的时间差，20ns 就是反相器输出信号的周期 T，转换成频率 $f=\frac{1}{T}=\frac{1}{20\text{ns}}=50\text{MHz}$，如图 3-50 所示。

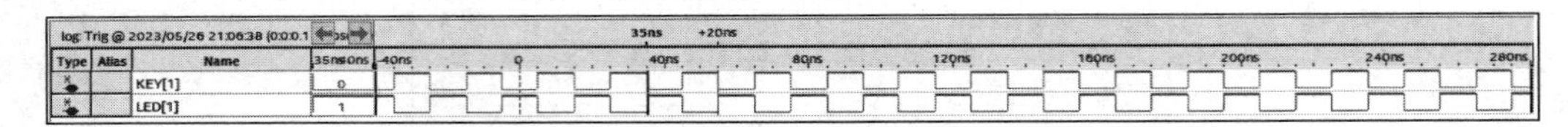

图 3-50 嵌入式逻辑分析仪波形测试图

3.6 ModelSim 仿真软件的使用

ModelSim 软件支持 Verilog 和 VHDL 混合仿真，它采用直接优化编译技术，编译仿真速度快，用户图形界面友好，易于仿真调试，为 FPGA 项目设计的重要仿真工具。

ModelSim 仿真分为前仿真和后仿真。前仿真就是功能仿真，验证项目设计的逻辑功能是否符合设计要求；后仿真就是时序仿真，可以真实地反映逻辑功能和时延，是否存在时序问题。

利用 ModelSim 软件进行仿真，既可采用手动仿真，也可采用联合仿真。手动仿真就是直接使用 ModelSim 软件进行仿真，而联合仿真是用 Quartus Prime 调用 ModelSim 进行仿真。这里从熟悉的 Quartus Prime 软件入手，介绍联合仿真方法。

下面以项目案例形式介绍 ModelSim 联合仿真操作方法，具体操作过程如下。

1. 基于 Verilog HDL 反相器设计

在打开的工程项目中输入 Verilog HDL 设计文件并置顶完成编译。这里继续以反相器测试为例，Verilog HDL 程序见代码清单 3-1。

2. 仿真测试激励代码

仿真测试激励代码就是 TestBench 文件，它是对使用硬件描述语言（Verilog HDL 或 VHDL）设计的电路进行仿真验证。仿真激励程序根据逻辑电路设计要求编写，测试设计电路的逻辑功能是否符合设计要求。

TestBench 文件可利用 Quartus Prime 软件自动生成 TestBench 空白模板，然后在此模板上进行编写，简洁方便。

（1）生成 TestBench 空白模板

具体操作过程为：点击菜单"Processing"下的子菜单"Start"，选择"Start TestBench Template Writer"栏。Quartus Prime 软件会自动生成 TestBench 空白模板，生成的空白模板文件会在信息栏中给出相应信息，如图 3-51 所示。

```
201000 Generated Verilog Test Bench File C:/Users/dell/Desktop/book/simulation/modelsim/inverter_test0.vt for simulation
       Quartus Prime EDA Netlist Writer was successful. 0 errors, 1 warning
```

图 3-51 生成 TestBench 空白模板文件信息

可见，TestBench 模板保存在"/simulation/modelsim/"文件夹下，文件的扩展名为".vt"，此文件就是 Quartus Prime 软件自动生成的 TestBench 空白模板文件，在此基础上编写仿真测试程序，方便快捷。

（2）编写 TestBench 仿真测试代码

首先利用生成的空白模板文件信息打开模板，然后根据逻辑电路设计情况编写 TestBench

仿真文件。在本案例中，编写的仿真测试程序如代码清单 3-2 所示。

代码清单 3-2　反相器仿真测试代码

```
1   //声明仿真的单位和精度
2   'timescale 1 us/ 1 us
3   // 定义仿真测试模块名称,生成空白模板文件已给出
4   module inverter_test0_vlg_tst();
5   //信号或变量定义,生成空白模板文件已给出
6   reg key1;
7   wire led1;
8   //实例化被测试模块,生成空白模板文件已给出
9   inverter_test0 i1 (
10  .key1(key1),
11  .led1(led1)
12  );
13  //使用 initial 或 always 语句产生激励波形,生成空白模板文件已给出
14  initial
15  begin
16  $ display("Running testbench");
17  //初始化输入信号,根据逻辑电路设计情况编写
18  key1 <= 1'b0;
19  end
20  //设置输入信号随机变化过程,根据逻辑电路设计情况编写
21  always  #10  key1 <= { $ random} % 2;
22  endmodule
```

上面的反相器仿真测试代码中，前面加有“//”标识符的行为程序注释，注释增加了程序的可读性，熟练后可以少加。前面标的数字为程序行号，方便理解程序和讨论，程序输入时不要加入，否则程序调试会报错。

3. 联合仿真

联合仿真就是在 Quartus Prime 软件中调用 ModelSim 进行仿真，具体操作步骤如下：

(1) 联合仿真设置

在 Quartus Prime 软件中，点击菜单“Assignments”，选择“Settings”，然后选择“EDA Tool Settings”下的“Simulation” 进行联合仿真设置，如图 3-52 所示。

在仿真设置“Settings”界面中的“Tool name”栏选择“ModelSim”仿真工具；在“Format for output netlist”栏选择仿真语言“Verilog HDL”；在“Time scale”栏选择仿真单位和精度为“1μs”；在“Output directory”栏选择仿真输出路径，就是 TestBench 仿真测试扩展名为“.vt”的文件所保存的“/simulation/modelsim/”文件夹。

在“Compile test bench”栏设置仿真测试文件，点击“Test Benches...”按钮会弹出如图 3-53 所示的对话框。

在“Test Benches”对话框中点击按钮“New...”，在弹出的“New Test Bench Settings”对话框中设置和加载 TestBench 仿真测试文件，如图 3-54 所示。

在“Edit Test Bench Settings”对话框中的“Test bench name”栏中输入用 Verilog HDL

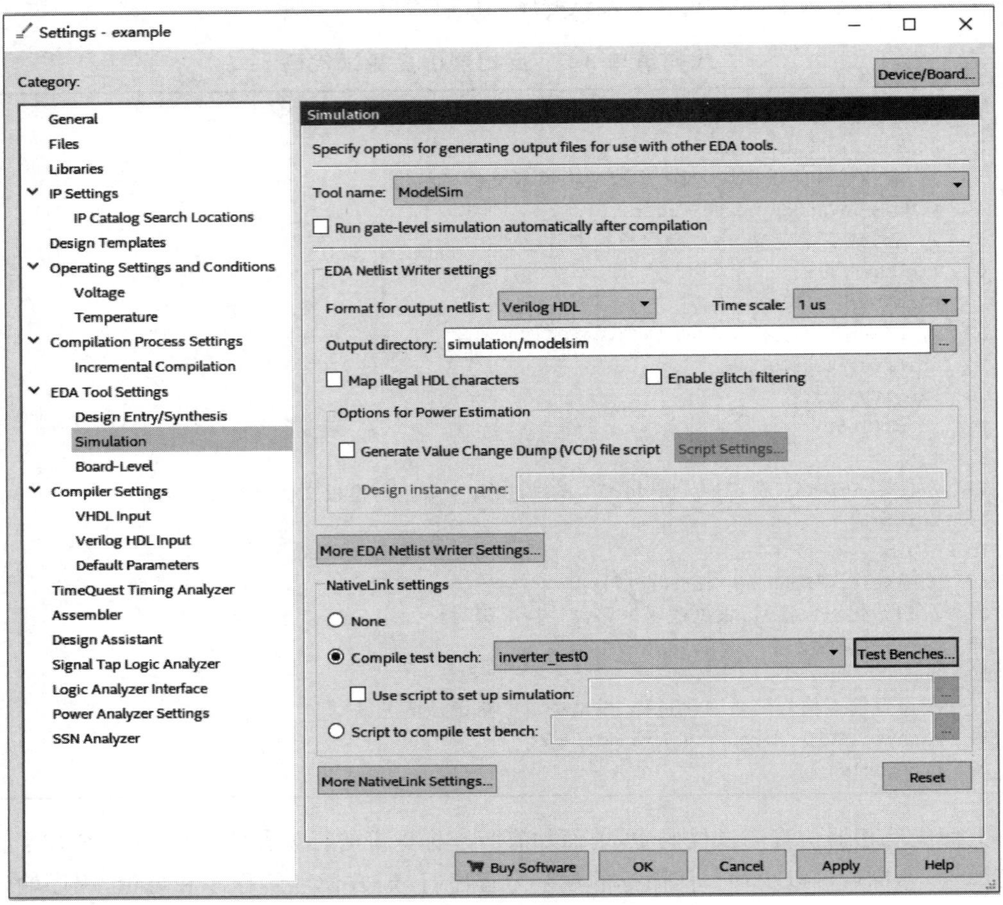

图 3-52　联合仿真设置界面

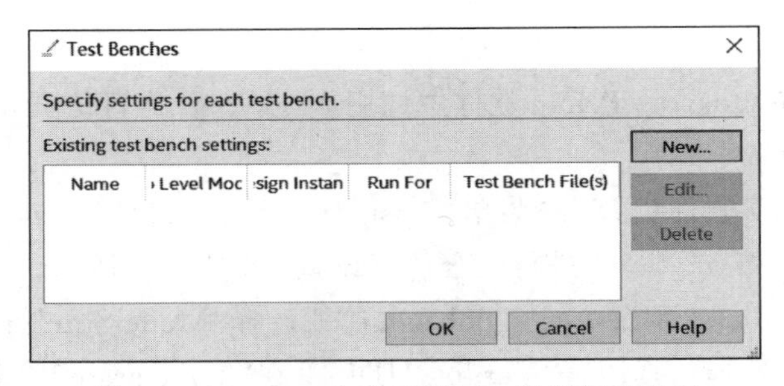

图 3-53　TestBench 仿真测试文件设置对话框

语言设计电路的模块名称，这里输入反相器模块名称“inverter_test0”；在“Top level module in test bench”栏中输入 TestBench 仿真测试模块名称，这里输入反相器仿真测试模块名称“ inverter_test0_vlg_tst”；在“End simulation at”栏输入仿真测试时长，这里设为“100μs”；在“Test bench and simulation files”栏，点击“File name”栏右侧的按钮“...”，加载仿真测试文件，这里选择“/simulation/modelsim/inverter_test0. vt”反相器仿真测试文件，然后通过点击按钮“Add”添加选好的仿真测试文件，最后点击按钮“OK”完成 TestBench 仿

New Test Bench Settings

Create new test bench settings.

Test bench name: inverter_test0

Top level module in test bench: inverter_test0_vlg_tst

☐ Use test bench to perform VHDL timing simulation

Design instance name in test bench: NA

Simulation period

○ Run simulation until all vector stimuli are used

◉ End simulation at: 100 us

Test bench and simulation files

File name: ... Add

File Name	Library	HDL Version
simulation/modelsim/inverter_test0.vt		

Remove　Up　Down　Properties...

OK　Cancel　Help

图 3-54　设置和加载 TestBench 仿真测试文件对话框

真测试文件设置。

（2）运行仿真

在 Quartus Prime 软件中点选菜单“Tool”下的“Run Simulation Tool”子菜单，选择“RTL Simulation”功能仿真菜单，Quartus Prime 软件会调用并跳转到 ModelSim 界面，仿真结果如图 3-55 所示。可看出 led1 输出为按键输入 key1 的反相，实现了反相器逻辑功能。

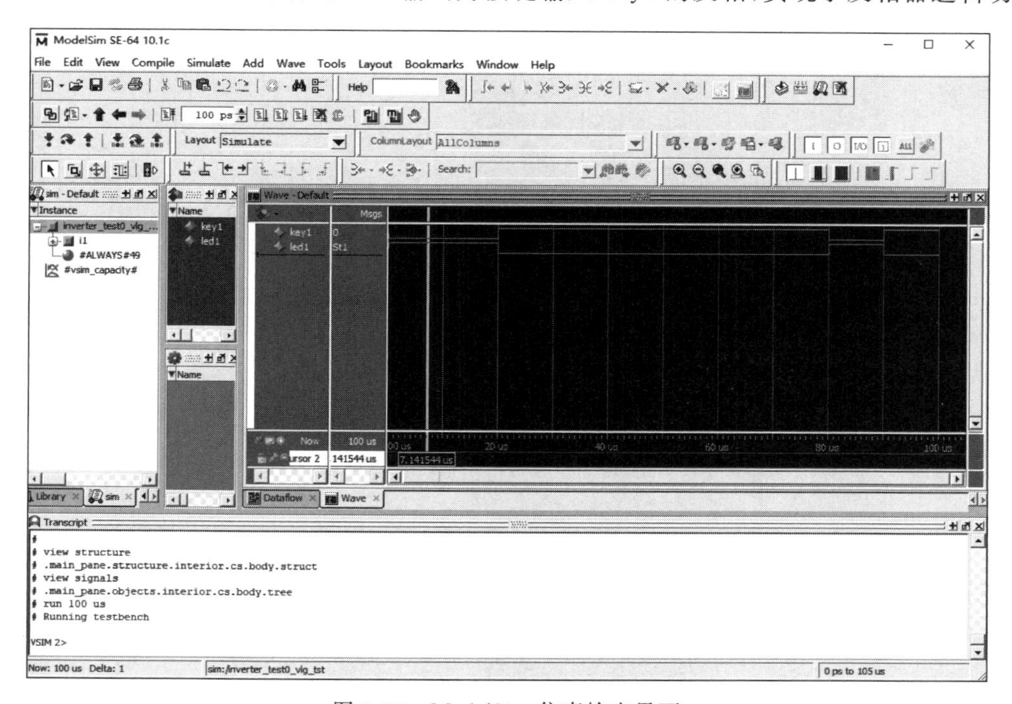

图 3-55　ModelSim 仿真输出界面

通过 ModelSim 仿真输出波形不仅可看出输出与输入之间的时序逻辑关系，还可用游标卡尺进行波形测量，测出波形周期。

3.7 大学计划 VMF 仿真

大学计划 VWF(university program VWF)可进行功能仿真和时序仿真，它是 Quartus Prime 软件提供的 VWF 文件生成测试向量。下面介绍使用波形文件生成测试向量并执行仿真的过程，具体操作步骤如下。

1. 反相器测试电路

在打开的工程项目中输入设计电路并置顶，完成编译。这里继续以反相器测试电路为例，如图 3-13 所示。

2. 创建 VWF 仿真文件

在主界面中点击菜单“File”→“New”，打开“New”对话框，在“Verification/Debugging Files”项目中选择“University Program VWF”，新建仿真文件如图 3-56 所示。

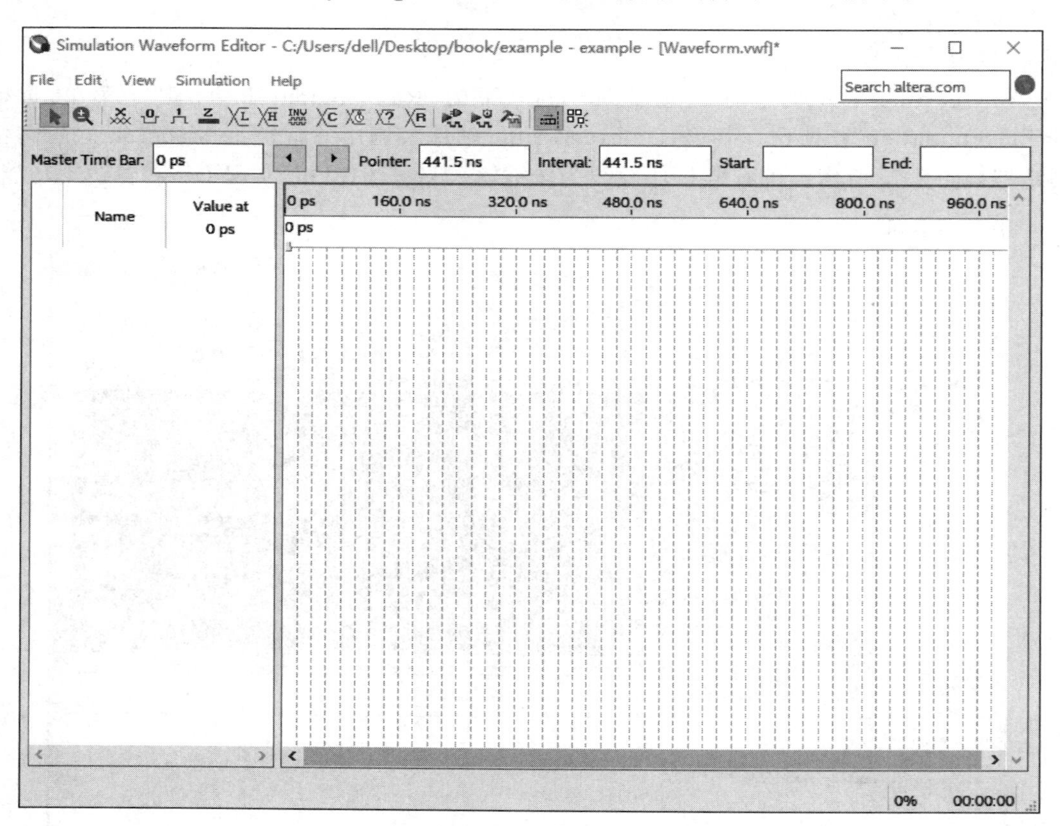

图 3-56 新建仿真文件“Simulation Waveform Editor”界面

3. 插入仿真节点

(1) 打开插入节点对话框

在新建仿真文件“Simulation Waveform Editor”界面中的“Name”栏的任意位置点击鼠标，打开插入节点对话框，或者点击菜单“Edit”→“Insert”→“Insert Node or Bus”打开插入节点对话框，如图 3-57 所示。

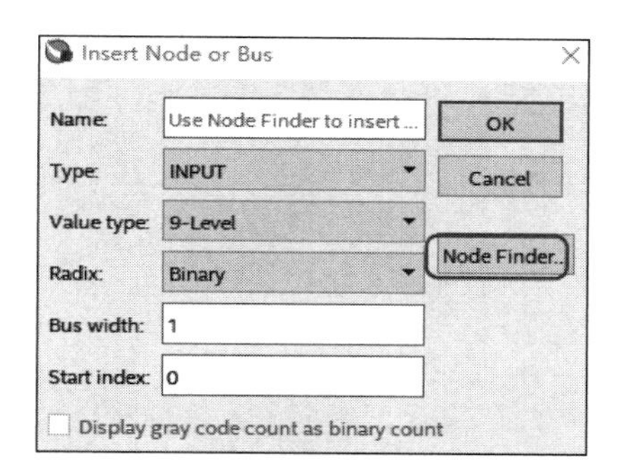

图 3-57　节点插入“Insert Node or Bus”对话框

(2) 选出插入电路节点

在“Insert Node or Bus”对话框中点击按钮“Node Finder...”，打开节点发现器“Node Finder”对话框。在“Filter”处点击倒三角形“ ▾ ”，选择“Pins: all”，然后点击按钮“List”，在窗口“Nodes Found”处会列出电路所有输入输出节点选项，这里点击选择反相器输入“KEY[1]”和输出“LED[1]”节点，加载到“Selected Nodes”窗口，如图 3-58 所示。

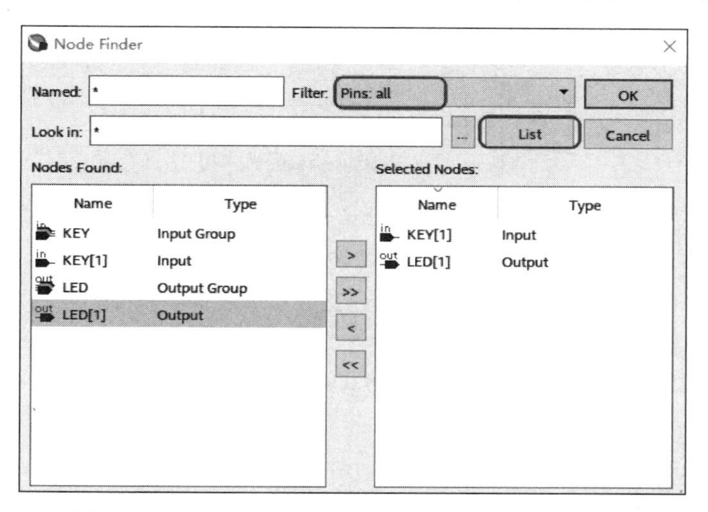

图 3-58　在“Node Finder”对话框中选出插入电路节点

(3) 插入选择节点

在“Node Finder”对话框中选好插入节点后，点击按钮“OK”，插入节点，如图 3-59 所示。

4. 添加仿真输入信号

在“Simulation Waveform Editor”界面中点击选择输入节点“KEY[1]”，然后点击仿真

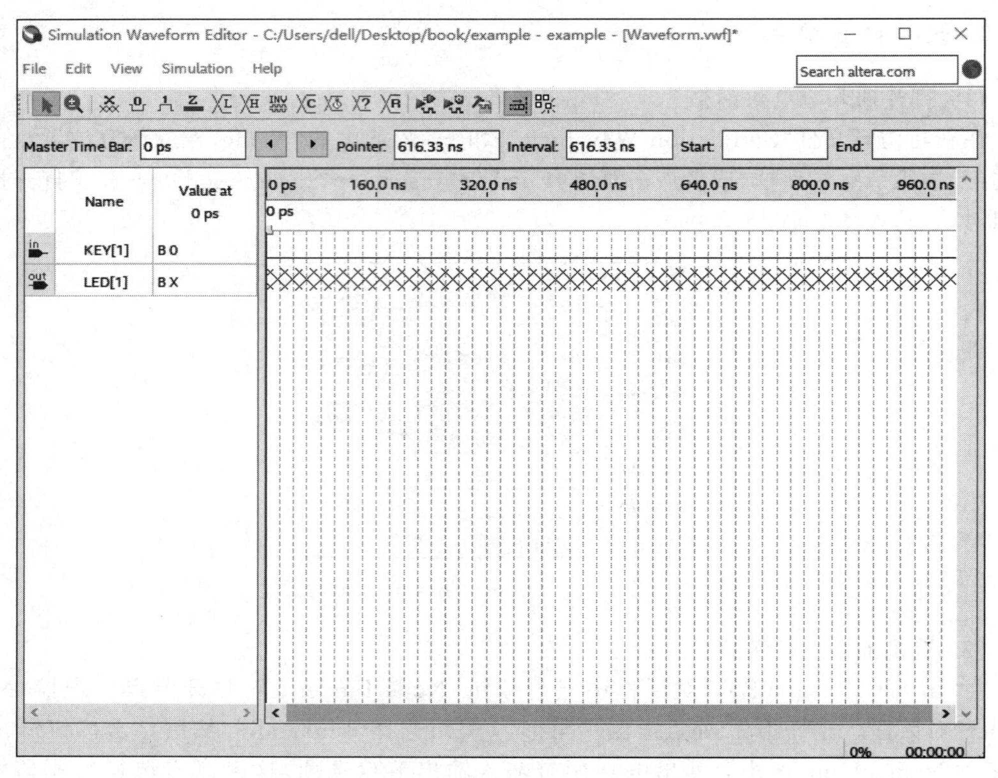

图 3-59 插入节点“Simulation Waveform Editor”界面

信号按钮“”，给输入节点“KEY[1]”添加仿真信号，如图 3-60 所示，这里设置的时钟信号是周期为 100ns 的方波。

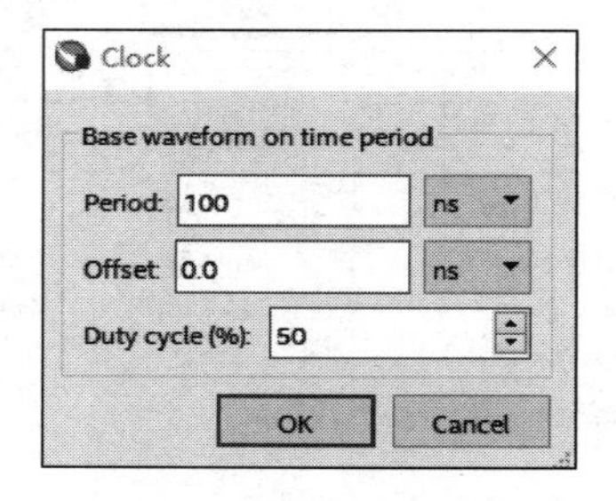

图 3-60 添加仿真输入信号对话框

5. 保存仿真文件

点击菜单“File”→“Save”，保存仿真文件，如图 3-61 所示。

6. 运行仿真并观察仿真波形

大学计划 VWF 可进行功能仿真和时序仿真，分别介绍如下。

首先进行功能仿真，在“Simulation Waveform Editor”主界面中点击菜单“Simulation”→“Run Function Simulation”或工具栏中的图标“”，开始功能仿真，仿真结果如图 3-62 所示。

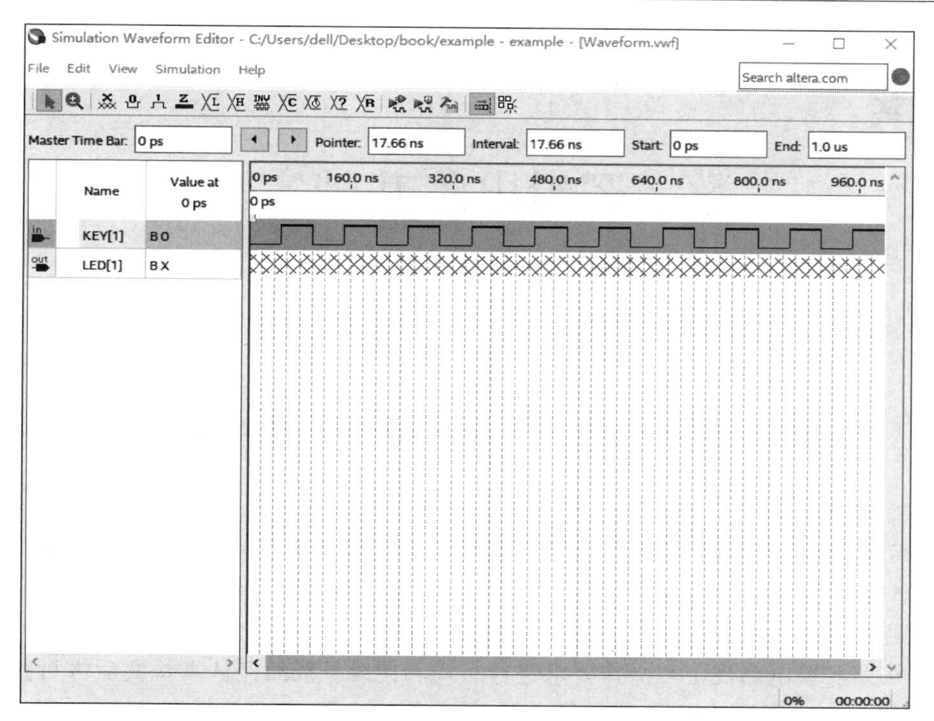

图 3-61　保存仿真文件界面

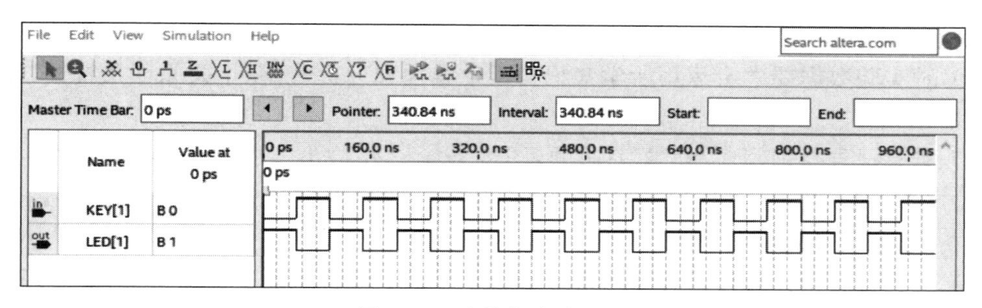

图 3-62　功能仿真波形图

然后进行时序仿真，点击菜单“Simulation”→“Run Time Simulation”或工具栏中的图标“ ”，开始时序仿真，仿真结果如图 3-63 所示。

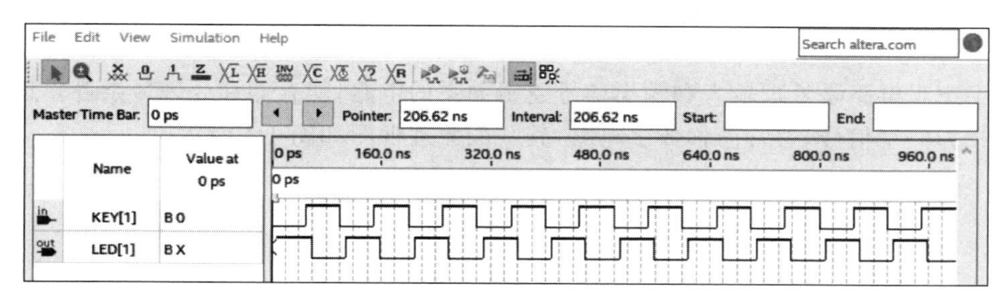

图 3-63　时序仿真波形图

从图 3-63 可以看出，信号输出与输入相比有延时现象。如果在电路设计时只关注电路逻辑功能，用功能仿真；如果需要查看电路时序关系，要用时序仿真。

数字逻辑电路基础实验

4.1 数字逻辑电路实验操作基本要求

数字逻辑电路实验为电类专业基础课，学生通过数字逻辑电路分析和设计、电路调试与测试、实验现象观察与数据测试、分析实验结果和实验探索等环节的学习，获得积极的劳动精神，掌握实事求是、尊重规律、精益求精与创新等工程实践技能。

数字逻辑电路实验的一般实验规范性操作要求有：

(1) 按照实验电路规范与操作要求进行布局和接线。线路经认真检查后方可接入电源并通电测试。实验测试结束后，先关闭电源，后拆实验电路，整理实验台。

(2) 实验测试时，选择合适的仪器仪表和量程，以减少测量误差。通过认真观察实验现象，准确读取并记录实验数据，保证测试数据精度。

(3) 对实验数据要学会运用所学知识科学地整理和分析，解释相关原理及特性，得出合理有效的结论。

(4) 实验报告要书写工整，文字通顺，图表齐全。要给出实验目的、实验仪器、实验原理、实验电路、测试方法、测试数据、数据分析与结果，以及对实验数据和结果进行必要的探讨和分析，有自己的心得体会。

(5) 实验过程中发现仪器设备不能正常工作，要及时关闭电源再排除故障。在测试电路时，如发现电路中有元器件异常发热、异味和异常声响等，也应及时关闭电源。要特别注意实验安全，包括人身安全。

4.2 数字逻辑电路实验基础知识

数字逻辑电路是处理输入和输出信号逻辑关系的电路，能存储和处理复杂逻辑运算，其输入信号为数字信号，通常简称数字电路，其一般原理框图如图 4-1 所示。

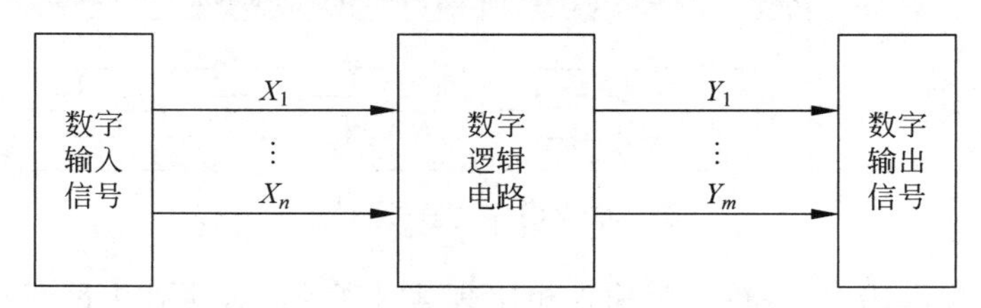

图 4-1 数字逻辑电路的一般原理框图

4.2.1 数字信号

数字逻辑电路的输入和输出信号均为数字信号。数字信号是时间离散、幅值离散的信号,其波形如图4-2所示。

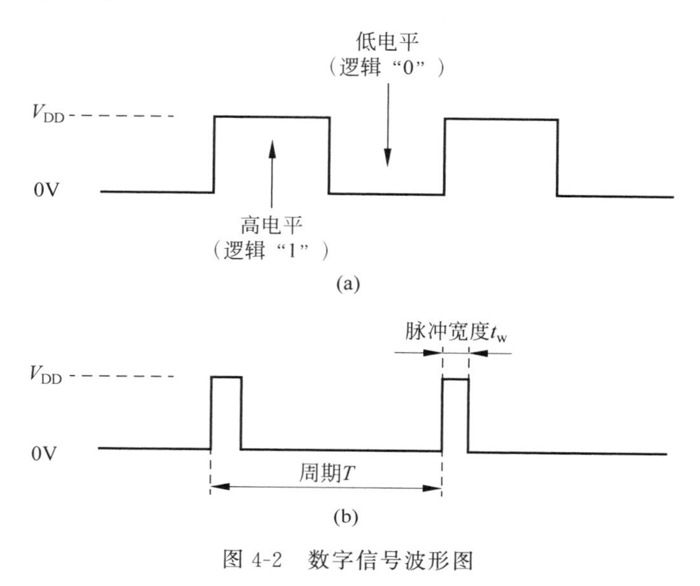

图4-2 数字信号波形图

1. 数字逻辑和逻辑电平

在数字逻辑电路中,高电平用逻辑“1”表示,低电平用逻辑“0”表示,便于进行逻辑运算。高低电平值一般取决于逻辑集成芯片供电电压 V_{CC} 或 V_{DD}。

对于TTL门电路输入信号,其电源工作电压 V_{CC} 一般为5V,一般情况下高电平的电压范围为2.4~5V,而低电平的电压范围为0~0.8V;对于工作在供电电压 V_{DD} 为5V的CMOS逻辑门,输入高电平的电压范围为3.5~5V,而低电平的电压范围为0~1.5V,CMOS电路的噪声容限要大于TTL电路。

2. 周期性数字信号的周期、脉冲宽度和占空比

对于周期性数字信号,如图4-2所示数字波形,其周期为 T,那么频率为

$$f=\frac{1}{T} \tag{4-1}$$

周期 T 的常用单位有:微秒(μs)、毫秒(ms)和秒(s)。频率的常用单位有:兆赫(MHz)、千赫(kHz)和赫兹(Hz)。

脉冲宽度 t_w 表示脉冲作用时间,图4-2(a)中波形的脉冲宽度要大于图4-2(b)中波形。

占空比 q 表示脉冲宽度 t_w 占整个周期 T 的百分数,即

$$q=\frac{t_w}{T}\times 100\% \tag{4-2}$$

可见,图4-2(b)所示为窄脉冲信号,占空比很小。

4.2.2 常用数制和8421BCD编码

1. 二进制

数字逻辑电路工作在两种电平(即高低电平)状态,因此可采用二进制数(binary,BIN)进行逻辑运算。二进制数用两个数码0和1表示,并且“逢二进一”。

比特(bit)为数字逻辑电路中的最小数据单位,也是信息量的最小计量单位。常把每一位二进制数称为1bit,1位二进制数取值为0或1。

比特数为一个二进制数的位数,如二进制数0101的比特数为4,记为4bit。而对于其他进制数,要将其转换成二进制数才能确定比特数。比如十进制数3,将其转换为二进制数,$3_{10}=11_2$,为2bit数;如需要4bit数,可在前面补零,即0011。

字节(byte,B)是信息存储中最常用的基本计量单位,1字节由8位二进制数组成,即1B=8bit。字节的常见换算关系如下:

1KB(千字节)=1024B=2^{10}B;

1MB(兆字节)=1024KB=2^{20}B;

1GB(吉字节)=1024MB=2^{30}B;

1TB(太字节)=1024GB=2^{40}B。

2. 十六进制

在数字逻辑电路中,常用的数制还有十六进制(hexadecimal,HEX)。十六进制基数为16,有16个有效数码:0,1,2,3,4,5,6,7,8,9,A,B,C,D,E,F。其进位规则是逢十六进一。十六进制数既方便书写又方便记忆,是数字逻辑电路中常用的数制之一。

3. 数制转换

二进制数和十六进制数相互转换比较容易,将二进制数转换成十六进制数,只需从小数点开始,向左、向右每4位合并1位十六进制数码对应排列。相反,将十六进制数转换成二进制数时,只需将每位十六进制数码展开为4位二进制数对应排列。

【例4-1】 二进制数与十六进制数相互转换:

二进制数转换成十六进制数　　十六进制数转换成二进制数

$\dfrac{1001}{9}\quad\dfrac{1110}{E}$　　　　$\dfrac{A}{1010}\quad\dfrac{7}{0111}$

即$(1001\ 1110)_2=(9E)_{16}$,$(A7)_{16}=(1010\ 0111)_2$。

至于我们熟悉的十进制数(decimal,DEC),将其转换成二进制数或十六进制数的方法可参考相关数字逻辑电路理论教材,这里不再赘述。

在工程实践中,可利用计算器来完成进制转换,计算器中的程序员模式就可进行进制转换,比如将十进制数78分别转换为二进制数和十六进制数如图4-3所示。

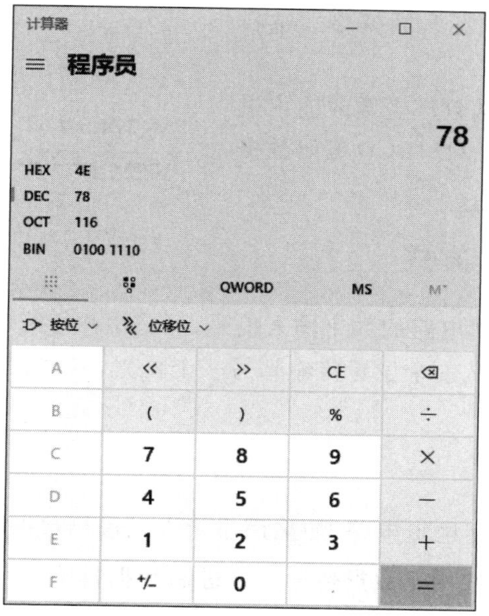

图 4-3　进制转换计算器

4. 8421BCD 编码

数码不仅可以表示数的大小，而且可用其进行编码(code)，用以表示特定信息。数字逻辑电路中，常用的编码有 8421BCD 编码、ASCII 码、补码等，这里只介绍本书常用的 8421BCD 编码。

8421BCD 编码是二进制和十进制完美结合的产物，用 4 位二进制数 $b_3b_2b_1b_0$ 来表示一位十进制数中的 0～9 十个数码。如果 4 位二进制数从高到低的权值依次为 8、4、2、1，那么这种编码称为 8421BCD 编码，是一种基本的 BCD(binary-coded decimal)码。

【例 4-2】 将十进制数 78 转换成 8421BCD 编码：

十进制数：7　　8

↓　　↓

8421BCD 编码：0111　1000

从示例中可以看出将十进制数 78 转换为 8421BCD 编码为 0111 1000，而转换为二进制数为 0100 1110，形式上一点也不相同。前者为 8421BCD 编码，而后者为二进制数，千万不要混淆。

【例 4-3】 将十六进制数 78 转换为二进制数：

十六进制数：7　　8

↓　　↓

二进制数：0111　1000

从示例中可以看出将十六进制数 78 转换成二进制数为 0111 1000，与将十进制数 78 转换为 8421BCD 编码 0111 1000 在形式上一致。因此，在进行数字逻辑电路设计时，如需要输入 8421BCD 编码数，可以采用此种办法转换一下。例如，在本书介绍的 Quartus Prime 17.1 软件中，利用参数化常数产生器输出一个 8421BCD 编码 0111 1000，我们就可以在其数值输入

“LPM_CVALUE”处输入“78”，数据格式选择十六进制，如图4-4所示。

对图4-4所示参数化常数产生器的输出进行逻辑运算时，可把它当作8421BCD编码数据或十六进制数进行处理。

Parameter	Value	Type
LPM_CVALUE	78	Hexadecimal
LPM_WIDTH	8	

LPM_CONSTANT
(cvalue) result[]
inst1

图4-4 8421BCD数据输入案例

4.2.3 数字信号输入方式

图4-1所示的数字逻辑电路的数字输入信号，可采用并行或串行数据输入，并行和串行方式均可以将二进制信息从一个位置传输到另一个位置，具体采用何种方式与数字逻辑电路数据输入端口设置有关。

1. 串行输入方式

对于图4-1所示的数字逻辑电路，如采用串行方式进行数据输入，n条数据输入线X_1，X_2，…，X_n只需留有一条线用于数据传输。二进制数据排成一行，一位接一位地进行数据输入，每位数据都占用一个独立时间。

2. 并行输入方式

对于图4-1所示的数字逻辑电路，如采用并行方式进行数据输入，需要多少条数据传输线与输入数据的比特数有关。如要输入8bit数据0111 1000，就需要8条数据线。与串行输入方式不同，8bit数据在一个时刻完成，而不是8个时刻，数据传输率提高8倍。如输入数据0111 1000，串行和并行数据输入方式对比如图4-5所示。

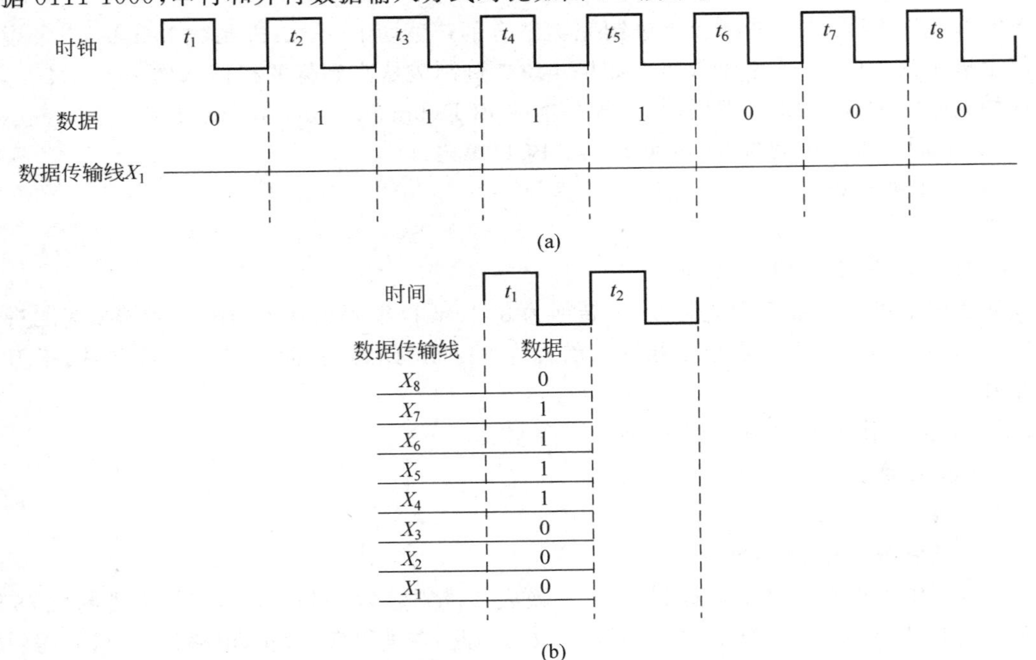

图4-5 串行和并行数据输入方式对比图
(a) 8bit数据串行输入；(b) 8bit数据并行输入

4.2.4　逻辑门和逻辑模块

1. 逻辑门

逻辑门是数字逻辑电路的基本单元，常用逻辑门有非门（也叫反相器）、与门、与非门、或门、或非门、异或门和同或门等。它们的组合可实现不同的逻辑功能，如表 4-1 所示。

表 4-1　常用逻辑门信息表

逻辑门名称	逻辑门符号	逻辑表达式	真值表
非门 (NOT)	NOT inst	$Y=\overline{A}$	A　Y 0　1 1　0
2 输入端与门 (AND2)	AND2 inst2	$Y=A\cdot B$	A　B　Y 0　0　0 0　1　0 1　0　0 1　1　1
2 输入端与非门 (NAND2)	NAND2 inst3	$Y=\overline{A\cdot B}$	A　B　Y 0　0　1 0　1　1 1　0　1 1　1　0
2 输入端或门 (OR2)	OR2 inst4	$Y=A+B$	A　B　Y 0　0　0 0　1　1 1　0　1 1　1　1
2 输入端或非门 (NOR2)	NOR2 inst5	$Y=\overline{A+B}$	A　B　Y 0　0　1 0　1　0 1　0　0 1　1　0
异或门 (XOR)	XOR inst6	$Y=A\oplus B$	A　B　Y 0　0　0 0　1　1 1　0　1 1　1　0
同或门 (XNOR)	XNOR inst7	$Y=A\odot B$	A　B　Y 0　0　1 0　1　0 1　0　0 1　1　1

这里强调一点，在列真值表时，必须要把所有输入信号的组合考虑到，每一种输入情况都要给出相应逻辑输出结果。

对于多输入逻辑门，都是并行输入方式，逻辑门输出信号为同一时刻各输入端信号的逻辑运算结果。图 4-6 所示为 2 输入端与门及其输入输出时序波形图，由图 4-6(b)可见，与门

在 t_1 时刻可输出逻辑高电平；而图 4-6(c)中的与门输出一直为低电平。

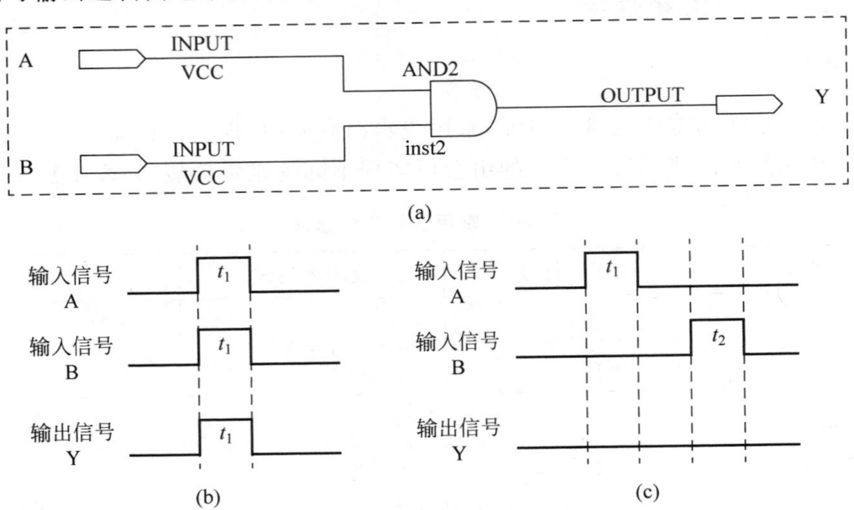

图 4-6　2 输入端与门输入输出时序波形图

在第 2 章中我们讨论了反相器(即非门)传输延时问题，实际上所有逻辑门都存在传输延时，并且不同逻辑门延时时间也不相同。因此，在设计复杂数字逻辑电路时，不仅要考虑逻辑关系，还要关注逻辑信号之间的时序关系。

2. 逻辑模块

逻辑模块就是实现一定逻辑功能的集成电路。目前它的种类越来越多，实现的逻辑功能越来越复杂，如 74138 译码器、74160 计数器等。电子工程师根据设计任务要求，合理选用逻辑模块和少量电子元器件就可完成设计工作。部分常用 74 系列模块如表 4-2 所示。

表 4-2　常用 74 系列模块表

模块名称	实现功能	模块名称	实现功能
74148	8 线-3 线优先编码器	74161	二进制加计数器
74138	3 线-8 线译码器	74160	十进制加计数器
7447	七段显示译码器，驱动共阳极数码管	74168	十进制加/减计数器
7448	七段显示译码器，驱动共阴极数码管	74175	四 D 触发器
74194	移位寄存器		

除了传统的 74 系列模块，在 Quartus Prime 17.1 软件中还有一些参数化模块，常用参数化模块如表 4-3 所示。

表 4-3　常用参数化模块表

模块名称	实现功能	模块名称	实现功能
LPM_INV	参数化反相器	LPM_CLSHIFT	参数化移位器
LPM_AND	参数化与门	LPM_COUNTER	参数化二进制计数器
LPM_MUX	参数化多路选择器	LPM_ROM	参数化只读存储器
LPM_COMPARE	参数化比较器	LPM_RAM_DQ	参数化随机存储器
LPM_CONSTANT	参数化常数产生器		

表 4-2 和表 4-3 只给出了几个常用逻辑模块，更多逻辑模块的介绍请参看附录 A。在使用逻辑模块时，要通过查阅资料，详细了解其功能及其使用方法，不仅要熟悉所选用逻辑模块的实现功能，还要关注其输出与输入的时序关系。

4.2.5　逻辑函数表达式

对于一个逻辑问题，逻辑函数表达式有多种不同形式，可通过逻辑代数运算实现逻辑表达式之间的转换，这方面知识请参考数字逻辑电路理论书籍，这里不再赘述。

若要化简包含与非门和或非门的电路，可以使用摩根定理，可将有两个或更多变量、整体上面有取反号的表达式转换为仅有单个变量上面取反号的表达式。

列举几个逻辑转换等效电路示例，如表 4-4 所示。

表 4-4　逻辑转换等效电路示例表

逻辑门名称	逻辑符号	逻辑转换等效电路	逻辑表达式
非门 (NOT)	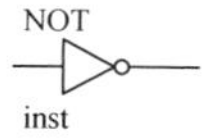 NOT inst	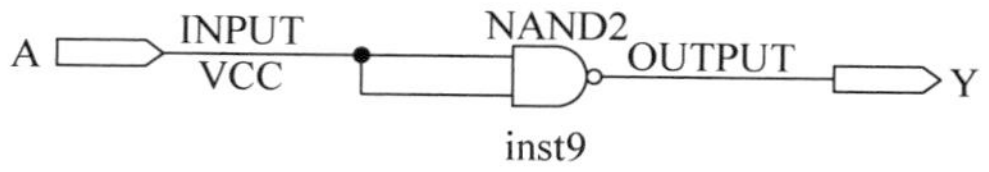 A INPUT VCC → NAND2 inst9 → OUTPUT Y	$Y=\overline{A}$
与门 (AND2)	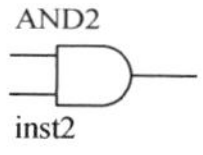 AND2 inst2	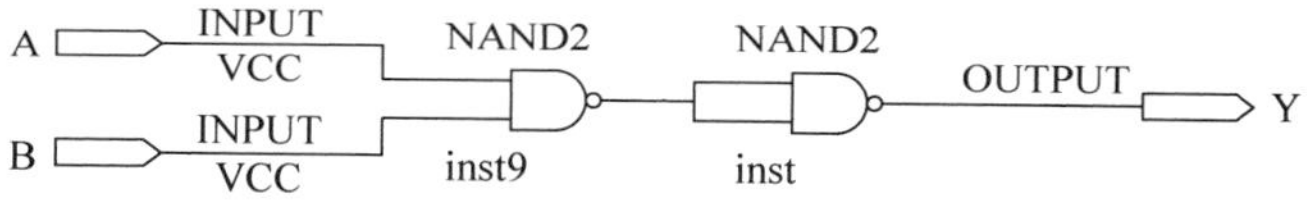 A INPUT VCC, B INPUT VCC → NAND2 inst9 → NAND2 inst → OUTPUT Y	$Y=A\cdot B$
与非门 (NAND2)	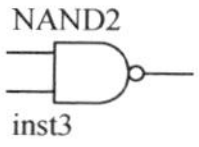 NAND2 inst3	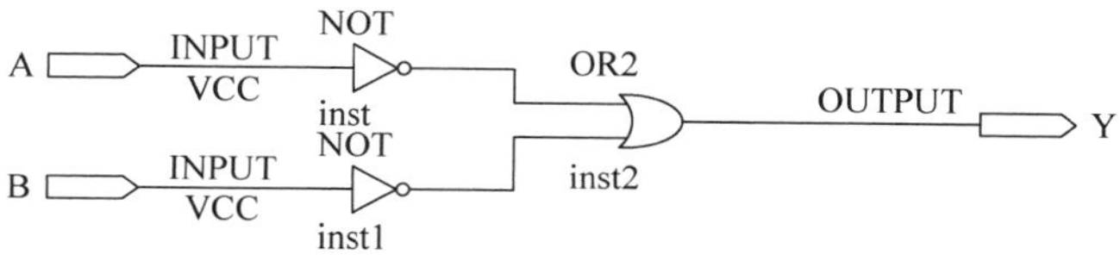 A INPUT VCC → NOT inst, B INPUT VCC → NOT inst1 → OR2 inst2 → OUTPUT Y	$Y=\overline{A\cdot B}$
或门 (OR2)	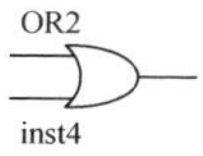 OR2 inst4	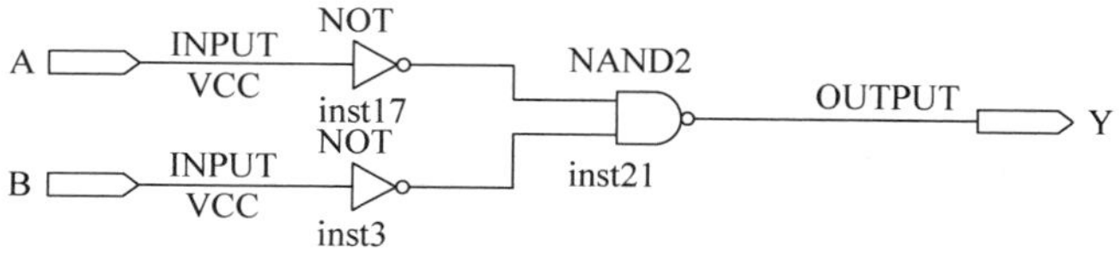 A INPUT VCC → NOT inst17, B INPUT VCC → NOT inst3 → NAND2 inst21 → OUTPUT Y	$Y=A+B$

逻辑函数最小项概念：n 个变量 $X_1,X_2,\cdots,X_n$ 的最小项就是 n 个因子的乘积，每个变量都以它的原变量或反变量的形式在乘积项中出现，且仅出现一次。任意一个逻辑函数都可以表示为一组最小项之和，这种基于最小项的与或逻辑表达式是 FPGA 中门阵列逻辑实现的基础。

由真值表直接写出的逻辑表达式即为最小项表达式，比如表 4-1 中 2 输入端与门基于真值表写出的逻辑表达式为：

$$Y=A\cdot B=m_3 \tag{4-3}$$

式(4-3)中 m_3 为最小项，下标 3 为最小项编号。一般最小项有如下性质：

(1) 对于输入变量的任意一组取值组合，必有一个最小项，而且仅有一个最小项值为 1；

(2) 同一逻辑函数的全体最小项之和为 1；

(3) 任意两个最小项的乘积为0;

(4) 只有一个变量不同的两个最小项称为相邻最小项,如 $\overline{A}\cdot\overline{B}$ 和 $A\cdot\overline{B}$、$\overline{A}\cdot B$ 均相邻。它是用卡诺图化简逻辑函数的理论基础。

可见,对于一个逻辑问题,真值表是唯一的,对应的最小项表达式是唯一的,通过真值表填写的卡诺图也是唯一的。这些唯一性正是我们设计通用性逻辑电路的基础,使大家设计出的逻辑电路不至于千差万别,影响电路的可读性。

4.2.6 数字逻辑电路分析

1. 数字逻辑电路分类

数字逻辑电路依据电路结构和工作原理可分为两大类,即组合逻辑电路和时序逻辑电路。

(1) 组合逻辑电路

组合逻辑电路:在任何时刻输出状态只取决于同一时刻各输入状态的组合,而与先前状态无关的逻辑电路。

常用的组合逻辑电路有译码器、编码器、数据选择器和数值比较器等,它们都具有如下特点:①输出与输入之间没有反馈电路;②电路中不含触发器等记忆单元。

(2) 时序逻辑电路

时序逻辑电路:在任何时刻输出信号不仅与当时的输入信号有关,还与电路原来的状态有关。因此,时序逻辑电路中必须含有存储电路,由它将某一时刻之前的电路状态保存下来。

常用的时序逻辑电路有计数器、移位寄存器和序列检测器等,它们可分为同步时序电路和异步时序电路两大类。在同步时序逻辑电路中,存储电路内所有触发器的时钟输入端都接到同一时钟脉冲源,因而所有触发器的状态(即时序逻辑电路的状态)的变化都与所加的时钟脉冲信号同步。在异步时序逻辑电路中,各触发器没有统一的时钟脉冲,不能确保所有触发器的状态变化都与时钟脉冲信号同步。

它们都具有如下特点:①时序逻辑电路由组合电路和存储电路组成;②时序逻辑电路中存在反馈,因而电路的工作状态与时间因素相关,即时序逻辑电路的输出由电路的输入和电路原来的状态共同决定。

2. 数字逻辑电路描述方法

(1) 逻辑代数

逻辑代数也称为布尔代数,利用数学逻辑表达式来描述数字逻辑电路输入/输出(I/O)关系。数字逻辑表达式既可通过代数法进行逻辑函数化简,也可通过卡诺图法进行逻辑化简,得出最简逻辑表达式。

(2) 逻辑真值表

逻辑真值表就是利用数字表格来描述数字电路输入/输出(I/O)关系,简单明了。

(3) 逻辑电路图

逻辑电路图就是利用逻辑符号来描述电路输入/输出(I/O)关系,简单直观。

(4) 时序波形图

时序波形图就是利用信号波形来描述电路输入/输出(I/O)关系。

(5) 状态图

状态图就是反映时序逻辑电路状态转换规律及相应输入与输出取值关系的图形。

(6) 硬件描述语言

硬件描述语言就是利用编程语言来描述电子系统硬件行为、结构和数据流,反映电路输入/输出(I/O)关系,可用来表述电路系统的设计内容。

3. 数字逻辑电路常用分析方法

组合逻辑电路分析方法就是根据逻辑电路图写出各输出端的逻辑表达式,再利用逻辑表达式列出真值表,最后根据真值表和逻辑表达式,得出该电路实现的逻辑功能。

时序逻辑电路常用分析方法就是根据逻辑电路图写出各输出端的逻辑表达式,同时写出各触发器时钟信号的逻辑关系式和触发器驱动方程,将驱动方程代入相应触发器的特性方程,得到时序逻辑电路的状态方程。利用状态方程和输出方程,列出该时序电路的状态表,画出状态转移图或时序波形图,最后得出该电路实现的逻辑功能。

4.2.7　数字逻辑电路设计

本节内容为数字逻辑电路基础实验,主要涉及逻辑单元电路的设计问题。逻辑单元电路设计就是针对给定的逻辑问题,根据逻辑功能要求设计出能够实现的数字逻辑电路。逻辑电路设计方法很多,这里给出四种常用的逻辑单元电路设计方法,至于数字逻辑电路综合实践设计问题,将在第 5 章进行讨论。

1. 经典设计方法

一般数字逻辑电路经典设计方法是首先根据给出的逻辑问题进行逻辑抽象,给出输入信号与输出信号之间的逻辑关系,列出逻辑真值表或者画出状态转移图,再填写卡诺图,通过卡诺图圈定化简得出逻辑表达式,最后画出逻辑电路图。经典逻辑电路设计流程如图 4-7 所示。

2. 基于逻辑模块的设计方法

基于逻辑模块的设计方法是首先根据逻辑问题,通过查阅资料选出所需逻辑模块;再依照逻辑模块功能及其使用方法完成逻辑电路设计。该方法要比经典逻辑电路设计方法简单,但逻辑电路设计受限于所选模块功能。基于逻辑模块的电路设计流程如图 4-8 所示。

3. 基于状态机的设计方法

状态机是有限状态机(finite state machine,FSM)的简称,是一种在有限个状态之间按一定规律转换的时序电路。

基于状态机的设计方法就是根据给出的逻辑问题,进行逻辑抽象,给出输入信号与输出信号之间的逻辑关系,画出状态转移图。然后在 FPGA 开发软件 Quartus 中利用状态机向导(state machine wizard),输入状态转移图信息,通过软件编译完成逻辑电路设计。本章给出相应实验案例。

利用状态机控制各个状态的跳转流程,是行为级设计方法。特别是在复杂逻辑电路设计时,可突破现有逻辑模块功能约束,又不存在卡诺图填写和化简问题。基于状态机的逻辑电路设计流程如图 4-9 所示。

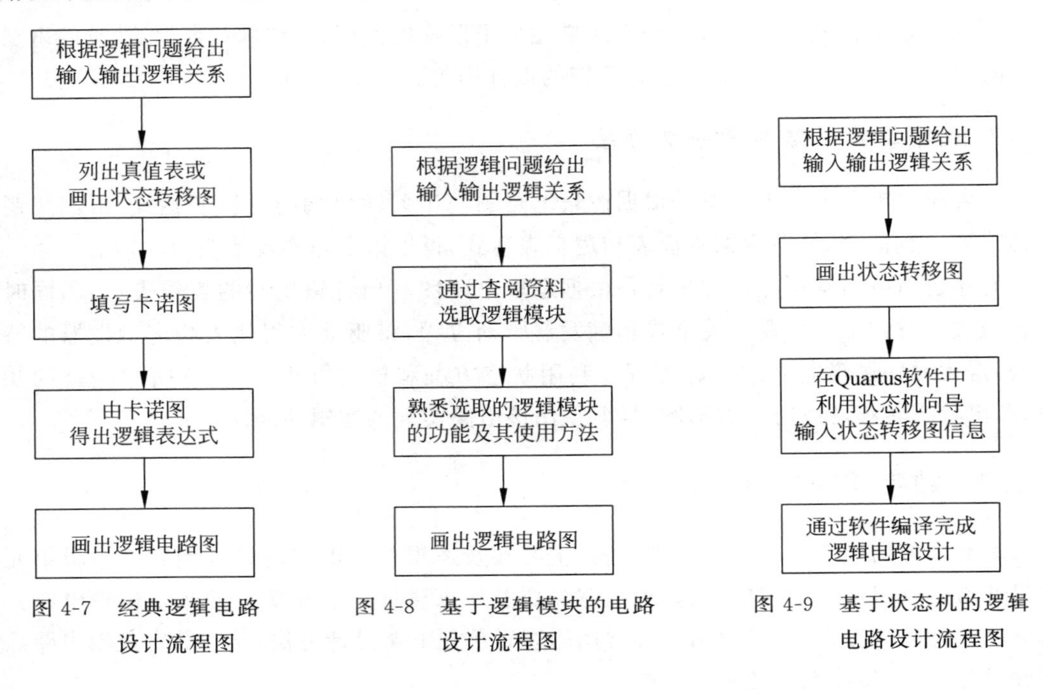

图 4-7 经典逻辑电路设计流程图

图 4-8 基于逻辑模块的电路设计流程图

图 4-9 基于状态机的逻辑电路设计流程图

4. *逆向设计方法*

在第 2 章的 FPGA 结构介绍中,给出 FPGA 逻辑单元是基于查找表实现电路逻辑,它由静态随机存储器(SRAM)单元和数据选择器组成。将逻辑输出结果存入 SRAM 单元中,通过数据选择器进行选择输出,其实就是逆向逻辑电路设计方法。

逆向设计方法就是根据给出的逻辑问题,进行逻辑抽象,给出输入信号与输出信号之间的逻辑关系,列出真值表。利用存储器先存储逻辑输出结果,再利用数据选择器根据输入信号选择相应的输出信号。逆向设计流程如图 4-10 所示。

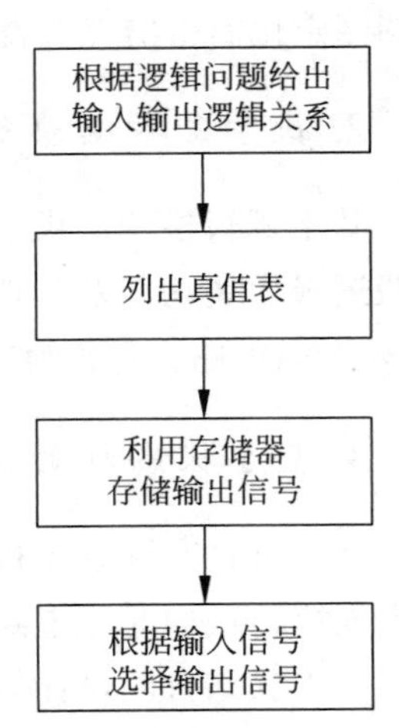

图 4-10 逆向设计流程

总之,这四种常用逻辑电路设计方法各有千秋,可根据逻辑设计实际问题选择不同的设计方法。但无论采用哪种设计方法,都需要弄清楚逻辑问题,进行逻辑抽象,给出输入信号与输出信号之间的逻辑关系,列出真值表或状态转移图,才能很好地进行逻辑电路设计。

4.2.8 数字逻辑电路调试与测试方法

数字逻辑电路调试与测试方法一般有两种:一种是仿真方

法；另一种是实验开发板实测方法。

1. ModelSim 仿真方法

ModelSim 软件可用来实现对逻辑设计程序进行仿真调试，它采用直接优化的编译技术，不但编译仿真速度快，而且提供友好的调试环境。ModelSim 仿真调试包括前仿真和后仿真。前仿真就是功能仿真，用于验证逻辑功能；后仿真就是时序仿真，验证逻辑电路能否在一定时序条件下满足设计要求，是否存在时序问题。ModelSim 仿真案例将在第 6 章详细给出。

2. 实验开发板调试与测试流程

利用 FPGA 实验开发板对设计好的数字逻辑电路进行调试与测试的步骤是：首先利用 FPGA 开发软件 Quartus Prime 创建项目文件，然后进行电路输入，通过软件进行综合编译和引脚分配，再二次编译生成下载测试文件，最后进行实验板卡下载测试。具体操作过程在第 3 章中已经详细给出，这里不再赘述。基于 FPGA 实验板的数字逻辑电路测试流程如图 4-11 所示。

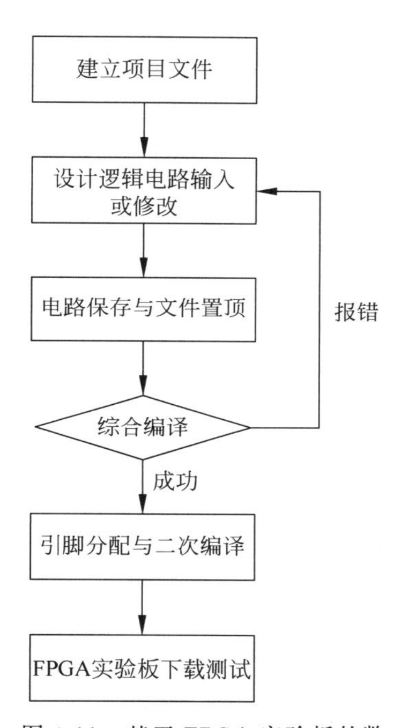

图 4-11　基于 FPGA 实验板的数字逻辑电路测试流程

3. 数字逻辑输入信号的产生

数字逻辑电路实验需要的输入信号一般有时钟信号、逻辑高低电平信号、正弦信号等，根据数字逻辑设计电路需求选择输入信号。

(1) 时钟信号

一般 FPGA 实验开发板时钟信号都由外部晶振电路产生，如本书中电路测试用实验板卡 FPGA 芯片的输入频率为 50MHz，此频率一般远高于数字逻辑电路实验的要求。此时一般要通过设计分频电路来实现降频，产生所需的较低频率的信号；当然也可以通过 FPGA 内部锁相环(PLL)进行倍频，输出更高频率的时钟信号。

(2) 逻辑电平信号

数字逻辑电路实验所需的逻辑电平可通过按键 KEY 产生，但按键 KEY 按下后产生的是高电平还是低电平信号，与实验板中按键的硬件电路有关。常用按键设计电路如图 4-12 所示。

图 4-12(a)中使用上拉电阻 R，保持向数字逻辑实验电路输入高电平逻辑信号(即逻辑“1”)。当按下按键时，开关合上才能输入低电平逻辑信号(即逻辑“0”)。

而图 4-12(b)正好相反，通常输入为低电平(即逻辑“0”)，当按下按键时输入为高电平(即逻辑“1”)。

(3) 正弦等输入信号

数字逻辑实验电路中需要正弦等输入信号，可通过信号源仪器设备或直接数字频率合成

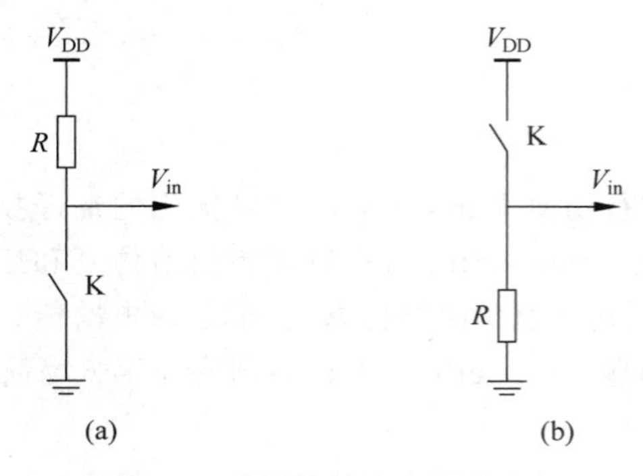

图 4-12 常用按键电路设计形式

(a) 使用上拉电阻形式；(b) 使用下拉电阻形式

器(direct digital synthesizer,DDS)产生。DDS 是一种新型的频率合成技术，具有带宽大、频率转换时间短、分辨力高和相位连续性好等优点，很容易实现频率、相位和幅度的数控调制，因而得到广泛应用。

4. 数字逻辑输出信号的测试

数字逻辑实验电路输出信号测试一般包括逻辑电平、BCD 码、音频信号及波形等输出测试，下面我们介绍这几种输出信号的测试方法。

(1) 逻辑电平输出测试

测试逻辑电路输出高/低逻辑电平，即确定输出信号为逻辑“1”还是“0”，可用发光二极管 LED 验证。LED 有红、黄、绿、蓝、白等多种颜色可供选择。FPGA 实验板卡中的 LED 连接电路一般有两种形式，如图 4-13 所示。

图 4-13 中的电阻 R 为限流电阻。LED 正常工作时正向压降一般为 1.0～2.0V，正向电流为 1.0～20mA，那么限流电阻的阻值可根据逻辑信号输出的电压/电流的大小与 LED 电压/电流范围计算出。

图 4-13(a)中的 LED“点亮”表明逻辑电路输出高电平(记为逻辑“1”)，而 LED“灭”表明逻辑电路输出低电平(记为逻辑“0”)；图 4-13(b)正好相反，LED“点亮”表明逻辑电路输出低电平(记为逻辑“0”)，而 LED“灭”表明逻辑电路输出高电平(记为逻辑“1”)。

(2) BCD 码输出测试

BCD 码输出一般用数码显示器件显示来表示。由 7 段 LED 构成的，称为七段 LED 数码管。软件中的数码管有红、橙、黄、绿、蓝、紫、白等多种颜色可供选择，实物数码管以红、绿、白、橙等颜色为主。数码管示意图如图 4-14 所示，组成数码管的 7 段 LED 分别命名为 a、b、c、d、e、f、g，右下侧有一个点为 h，可作为小数点或其他用途，方便计数使用。

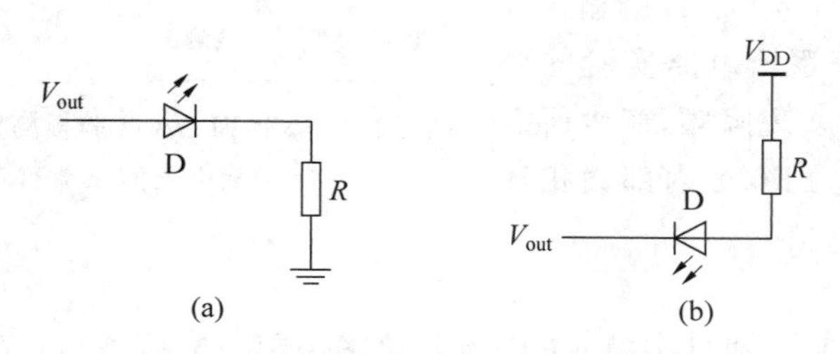

图 4-13 逻辑电平输出 LED 测试电路

(a) 逻辑输出“1”，点亮 LED；(b) 逻辑输出“0”，点亮 LED

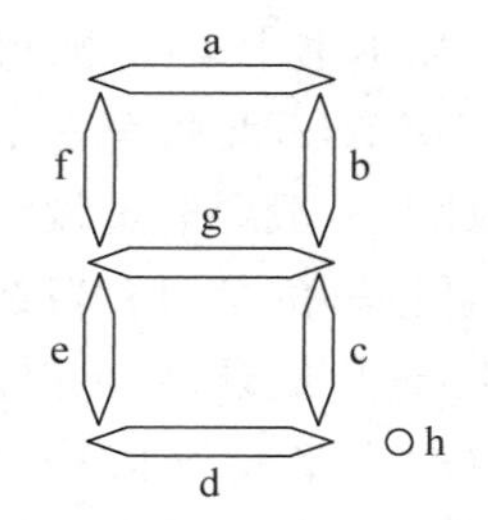

图 4-14 数码管示意图

用数码管显示 1～9 数字形状如图 4-15 所示。有时，6 的 a 段、9 的 d 段也点亮。

上面提到数码管各段都是由 LED 构成，所以根据管内的 LED 电路接法不同，可分为共阳极和共阴极两种数码管。

共阳极数码管就是各段 LED 的阳极作为公共端，电流从相应段的终端流出，各段输入低电平才能点亮相应段 LED。因 7447 七段显示译码器输出为低电平有效，则可用于驱动共阳极数码管。

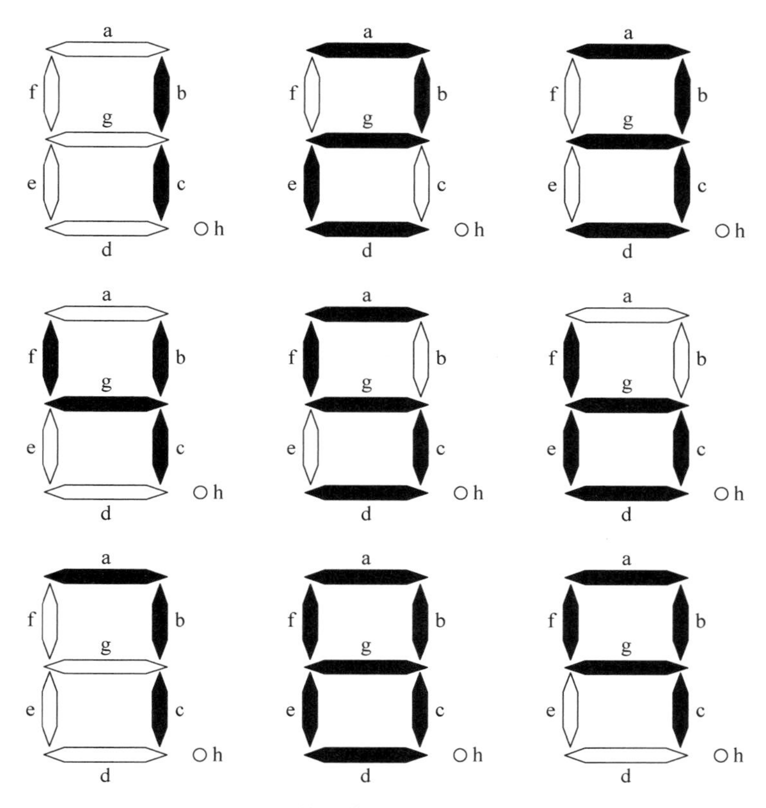

图 4-15　数码管显示 1～9 数字形状

共阴极数码管就是各段 LED 的阴极作为公共端，电流从相应段的终端流入，各段输入高电平才能点亮相应段 LED。因 7448 七段显示译码器输出为高电平有效，则可用于驱动共阴极数码管。

(3) 音频信号输出测试

向蜂鸣器(beep)输入一定频率(20Hz～20kHz)的音频信号，蜂鸣器就会将电信号转换成声音信号，利用此可进行音频信号输出测试。

(4) 波形输出测试

数字逻辑电路波形输出测试可以利用数字示波器或逻辑分析仪进行测试，这里介绍方便测试的嵌入式逻辑分析仪(SignalTap Ⅱ)方法。SignalTap Ⅱ可以捕获和显示实时信号，可观察下载到 FPGA 中的逻辑电路各节点信号波形，是一款非常实用的逻辑电路调试与测试工具，第 3 章已给出详细的操作流程。

4.3　数字逻辑电路基础实验项目

本章给出的数字逻辑电路基础实验(general experiment)项目有：

基础实验一：门电路和组合逻辑电路分析及测试；

基础实验二：译码器和数据选择器逻辑功能测试；

基础实验三：编码器与数值比较器逻辑功能测试；

基础实验四：静态显示电路分析及综合测试；

第4章 实验数字资源

基础实验五：实用分频器设计及测试；
基础实验六：触发器逻辑功能测试及应用；
基础实验七：简单时序电路分析与设计及测试；
基础实验八：集成计数器基本功能及分频应用测试；
基础实验九：动态显示电路综合设计及应用测试；
基础实验十：任意进制计数器设计及综合测试；
基础实验十一：任意进制减法计数器设计及测试；
基础实验十二：基于状态机的时序逻辑电路设计及测试；
基础实验十三：移位寄存器电路分析及综合测试；
基础实验十四：555时基电路综合测试；
基础实验十五：ROM功能测试实验；
基础实验十六：RAM功能测试实验；
基础实验十七：数字锁相环(PLL)功能测试实验。

4.3.1 基础实验一：门电路和组合逻辑电路分析及测试

1. 实验目的

(1) 熟悉门电路逻辑功能；
(2) 掌握串/并行输入概念，学会组合逻辑电路分析和测试方法；
(3) 熟悉新工科FPGA实验板使用方法；
(4) 掌握Quartus Prime 17.1软件使用方法。

2. 实验仪器设备

(1) 计算机；
(2) 新工科FPGA实验开发板；
(3) 互联网+EDA在线实验开发平台。

3. 实验原理

(1) 2输入端与非门电路

与非门(NAND2)逻辑功能介绍如表4-5所示，包括其逻辑符号、真值表和表达式。

表4-5 与非门(NAND2)逻辑功能介绍

逻辑符号	真值表			逻辑表达式
	逻辑输入		逻辑输出	
	A	B	Y	
NAND2 inst3	0	0	1	$Y=\overline{A\cdot B}$
	0	1	1	
	1	0	1	
	1	1	0	

（2）组合逻辑电路分析

本次实验的组合逻辑电路如图 4-16 所示。

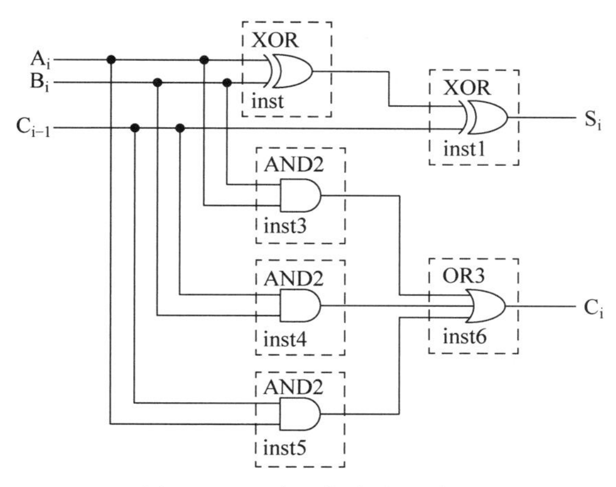

图 4-16　组合逻辑实验电路图

说明：每个单元(元件)上虚线框仅表示该单元(元件)的范围标识，不是逻辑符号的组成部分。作为其标识，后面介绍时，予以保留。

进行逻辑电路分析时，首先根据逻辑电路图写出逻辑表达式。图 4-16 所示的组合逻辑电路的输出逻辑表达式分别为：$S_i = A_i \oplus B_i \oplus C_{i-1}$，$C_i = A_i \cdot B_i + A_i \cdot C_{i-1} + B_i \cdot C_{i-1}$。

根据输出逻辑表达式填写逻辑真值表，如表 4-6 所示。

表 4-6　组合逻辑电路真值表

输 入 信 号			输 出 信 号	
A_i	B_i	C_{i-1}	C_i	S_i
0	0	0	0	0
0	0	1	0	1
0	1	0	0	1
0	1	1	1	0
1	0	0	0	1
1	0	1	1	0
1	1	0	1	0
1	1	1	1	1

最后，根据逻辑真值表得出该电路实现的逻辑功能为 1 位二进制全加器。

1 位全加器的级联可构成多位加法器。在数字逻辑中加法器是一种用于执行加法运算的功能部件，是构成计算机中微处理器内算术逻辑单元的基础。

4. 实验内容

（1）2 输入端与非门逻辑功能测试

2 输入端与非门逻辑功能实验测试电路如图 4-17 所示，与非门逻辑功能测试表如表 4-7 所示。

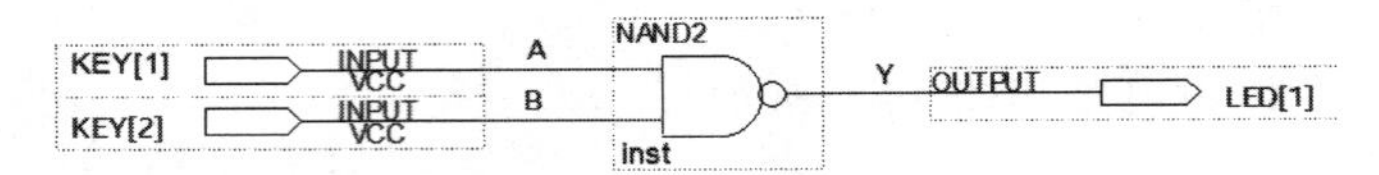

图 4-17　2 输入端与非门逻辑功能测试图

表 4-7　与非门逻辑功能测试表

操 作 项 目	并行输入信号		输 出 信 号
电路节点	B	A	Y
实验板上符号	KEY[2]	KEY[1]	LED[1]
操作	1	1	
	1	0	
	0	1	
	0	0	

(2) 组合逻辑电路逻辑功能测试

1 位全加器实验测试电路如图 4-18 所示，其测试表如表 4-8 所示。

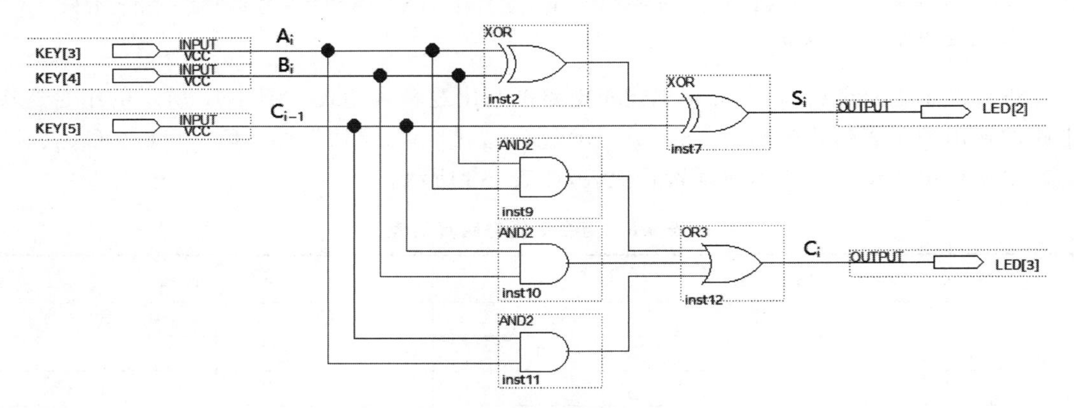

图 4-18　1 位全加器逻辑功能测试图

表 4-8　1 位全加器测试表

操作项目	并行输入信号			输出信号	
电路节点	C_{i-1}	B_i	A_i	C_i	S_i
实验板上符号	KEY[5]	KEY[4]	KEY[3]	LED[3]	LED[2]
操作	1	1	1		
	1	1	0		
	1	0	1		
	1	0	0		
	0	1	1		
	0	1	0		
	0	0	1		
	0	0	0		

5. 实验操作

(1) 启动 Quartus Prime 17.1 软件,创建一个新工程文件。

(2) 利用菜单"Block Diagram/Schematic File"新建原理图文件,输入测试电路图并保存。

(3) 利用"Set as Top_level Entity"菜单将保存的原理图文件置顶。

(4) 对设计文件进行分析与综合,若给出报错信息,要修改错误,直至综合成功。

(5) 分配引脚并进行编译,生成新工科 FPGA 实验板下载测试文件,扩展名为".sof",通过 JTAG 接口下载到 FPGA 实验板测试。而后生成互联网+EDA 在线实验开发平台线上测试文件,扩展名为".rbf",rbf 文件是 Quartus Prime 编译生成的 FPGA 配置文件的二进制数据格式文件,在本书中用于远程在线配置 FPGA 芯片、在线逻辑实验测试。

(6) 将测试结果填入实验测试表中,并得出其实现的逻辑功能。

6. 实验探索与提升

(1) 如何实现多位二进制加法器设计?

(2) 比较线下和线上逻辑电路实验测试过程的异同点。

4.3.2 基础实验二:译码器和数据选择器逻辑功能测试

1. 实验目的

(1) 掌握变量译码器 74138 和数显译码器 7447 模块的基本逻辑功能及测试方法;

(2) 掌握参数化数据选择器 LPM_MUX 模块的建立、基本逻辑功能及测试方法;

(3) 熟悉七段数码管的基本工作原理及应用;

(4) 熟悉译码器和数据选择器典型应用案例;

(5) 积累逻辑电路分析与设计、调试与测试工程经验。

2. 实验仪器设备

(1) 计算机;

(2) 新工科 FPGA 实验板;

(3) 互联网+EDA 在线实验开发平台。

3. 实验原理

(1) 变量译码器 74138 模块

译码是编码的逆过程,它将输入的每个二进制数赋予的含义"翻译"过来,给出相应的输出信号。

74138 为 3 线-8 线变量译码器,其引脚图如图 4-19 所示,逻辑功能如表 4-9 所示,表中"×"处逻辑电平可随意输入,也就是说,"×"处可以输入逻辑"1",也可以输入逻辑"0"(后序逻辑功能表中"×"的含义与此相同)。

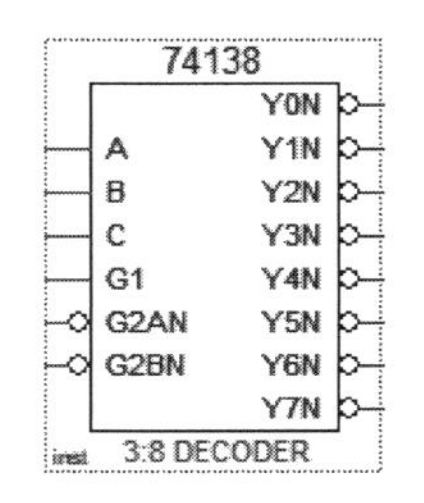

图 4-19　变量译码器 74138 模块

表 4-9 变量译码器 74138 模块的逻辑功能表

控制信号			输入信号			输出信号							
G1	G2AN	G2BN	C	B	A	Y7N	Y6N	Y5N	Y4N	Y3N	Y2N	Y1N	Y0N
×	1	1	×	×	×	1	1	1	1	1	1	1	1
0	×	×	×	×	×	1	1	1	1	1	1	1	1
1	0	0	1	1	1	0	1	1	1	1	1	1	1
1	0	0	1	1	0	1	0	1	1	1	1	1	1
1	0	0	1	0	1	1	1	0	1	1	1	1	1
1	0	0	1	0	0	1	1	1	0	1	1	1	1
1	0	0	0	1	1	1	1	1	1	0	1	1	1
1	0	0	0	1	0	1	1	1	1	1	0	1	1
1	0	0	0	0	1	1	1	1	1	1	1	0	1
1	0	0	0	0	0	1	1	1	1	1	1	1	0

由表 4-9 可得输出逻辑表达式：$\overline{Y0N}=\overline{C}\cdot\overline{B}\cdot\overline{A}$，$\overline{Y1N}=\overline{C}\cdot\overline{B}\cdot A$，其他以此类推。

(2) 七段数码管

七段数码管由 8 个 LED 段 a、b、c、d、e、f、g 和点 h 构成，其中 h 可作为小数点，COM 为公共端，LED 导通发光则相应段亮，可用于显示数字 0～9 或字符。根据发光 LED 连接方式不同，数码管分为共阳极和共阴极两种类型，其示意图如图 4-20 所示。

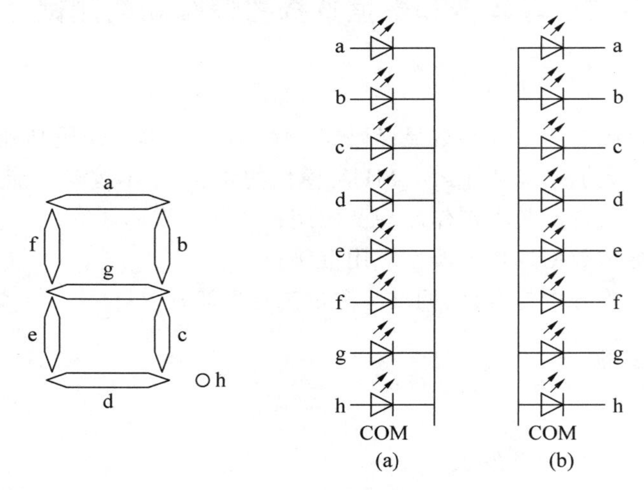

图 4-20 数码管示意图

(a) 共阴极；(b) 共阳极

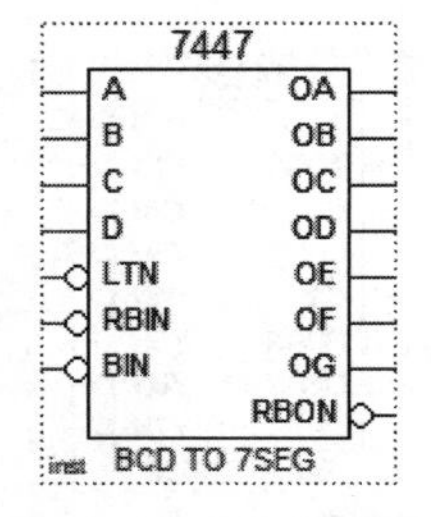

图 4-21 数显译码器 7447 模块

在实际应用时，对于图 4-20(a)所示共阴极数码管，COM 端接地，要求显示译码器输出高电平有效信号驱动；而对于图 4-20(b)所示共阳极数码管，COM 端接电源 VCC 或 VDD，要求显示译码器输出低电平有效信号驱动。

(3) 数显译码器 7447 模块

数显译码器 7447 模块输出端为低电平有效，可驱动共阳极数码管，7447 模块引脚图如图 4-21 所示。7447 模块具有一个低电平有效的灯测试输入端 LTN，当它输入有效电平时，可同时驱动所有 LED

发光，以检测数码管能否正常工作；串行灭零输入 RBIN 和串行灭零输出 RBON 可用于显示多位数字时，多个显示译码器之间的级联；而 BIN 为动态灭零输入端，低电平有效，可让数码管只显示非零数字，如 0018 显示为 18。数显译码器 7447 模块的逻辑功能表如表 4-10 所示。

表 4-10　数显译码器 7447 模块的逻辑功能表

十进制数与其他功能	输入信号						RBIN/RBON	输出信号							数显状态
	LTN	BIN	D	C	B	A		OG	OF	OE	OD	OC	OB	OA	
0	1	1	0	0	0	0	1	1	0	0	0	0	0	0	
1	1	×	0	0	0	1	1	1	1	1	1	0	0	1	
2	1	×	0	0	1	0	1	0	1	0	0	1	0	0	
3	1	×	0	0	1	1	1	0	1	1	0	0	0	0	
4	1	×	0	1	0	0	1	0	0	1	1	0	0	1	
5	1	×	0	1	0	1	1	0	0	1	0	0	1	0	
6	1	×	0	1	1	0	1	0	0	0	0	0	1	1	
7	1	×	0	1	1	1	1	1	1	1	1	0	0	0	
8	1	×	1	0	0	0	1	0	0	0	0	0	0	0	
9	1	×	1	0	0	1	1	0	0	1	1	0	0	0	
消隐	×	×	×	×	×	×	0	1	1	1	1	1	1	1	无显示
脉冲消隐	1	0	0	0	0	0	0	1	1	1	1	1	1	1	灭零
灯测试	0	×	×	×	×	×	1	0	0	0	0	0	0	0	

(4) 参数化数据选择器 LPM_MUX 模块

数据选择器也称为多路复用器，它从多路逻辑输入信号中选择其中一路输入信号进行输出。数据选择器工作原理示意图和参数化 LPM_MUX 模块如图 4-22 所示。

参数化数据选择器 LPM_MUX 模块是一款半定制模块，使用者可根据电路设计实际情况设置输入数据路数、输入数据比特数、时钟、清零端等参数，可方便、快捷地完成电路设计。

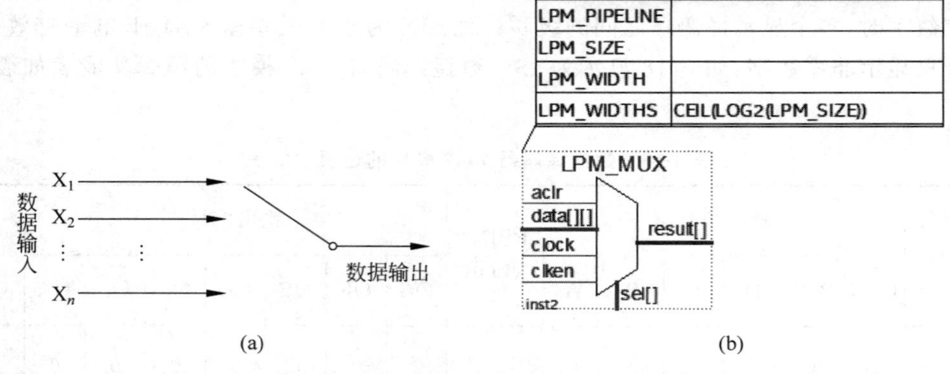

图 4-22　数据选择器示意图与 LPM_MUX 模块

(a) 工作原理示意图；(b) LPM_MUX 模块

4. 实验内容

(1) 变量译码器 74138 模块逻辑功能测试

变量译码器 74138 模块逻辑功能实验测试电路如图 4-23 所示,下载到 FPGA 实验板,记录实验结果,其逻辑功能测试表如表 4-11 所示。

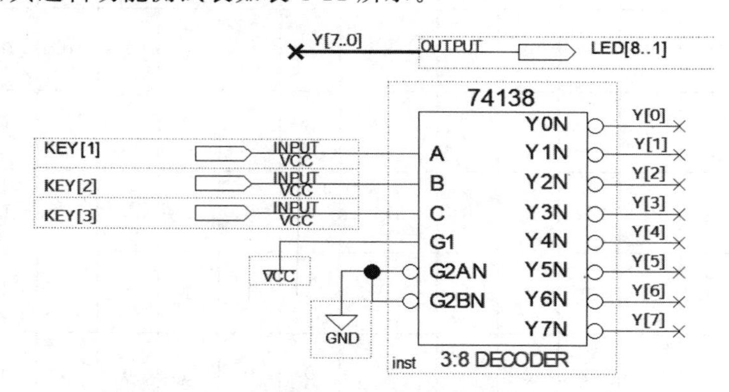

图 4-23　变量译码器 74138 模块逻辑功能测试电路

表 4-11　变量译码器 74138 模块逻辑功能测试表

输入信号			输出信号							
C	B	A	Y7N	Y6N	Y5N	Y4N	Y3N	Y2N	Y1N	Y0N
KEY[3]	KEY[2]	KEY[1]	LED[8]	LED[7]	LED[6]	LED[5]	LED[4]	LED[3]	LED[2]	LED[1]
1	1	1								
1	1	0								
1	0	1								
1	0	0								
0	1	1								
0	1	0								
0	0	1								
0	0	0								

（2）数显译码器 7447 模块逻辑功能测试

数显译码器 7447 模块逻辑功能实验测试电路如图 4-24 所示，下载到 FPGA 实验板，记录实验结果，其逻辑功能测试表如表 4-12 所示。

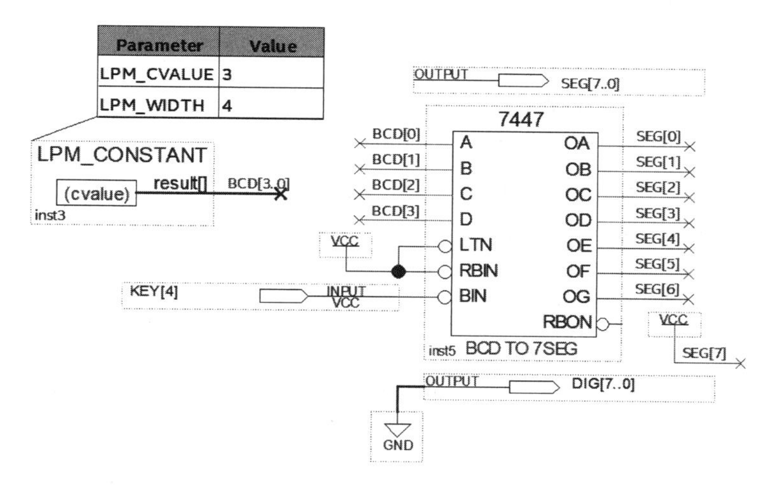

图 4-24　数显译码器 7447 模块逻辑功能测试电路

表 4-12　数显译码器 7447 模块逻辑功能测试表

操作项目	输入信号	输出信号							数显状态
模块引脚	BIN	OG	OF	OE	OD	OC	OB	OA	
实验板上符号	KEY[4]	SEG[6]	SEG[5]	SEG[4]	SEG[3]	SEG[2]	SEG[1]	SEG[0]	
操作	1								
	0								

（3）参数化数据选择器 LPM_MUX 综合测试

参数化数据选择器 LPM_MUX 实验测试电路如图 4-25 所示，下载到 FPGA 实验板，记录实验结果，其综合测试表如表 4-13 所示。

5. 实验操作积累

关于 Quartus Prime 17.1 软件的详细操作流程请参考第 3 章内容，这里不再赘述。下面给出本次实验新补充的实验操作过程。

（1）参数化常数产生器 LPM_CONSTANT 模块设置

如图 4-26 所示，在位宽设置“LPM_WIDTH”中设置输出数据位宽（即比特数），图中设置为“4”，即 4bit 数据输出；在数值设置“LPM_CVALUE”中输入数字“3”，则参数化常数产生器 result[]端口输出数据为 4bit 二进制数 0011。

（2）参数化数据选择器 LPM_MUX 模块设置

下面设置参数化数据选择器 LPM_MUX 模块，如图 4-27 所示。

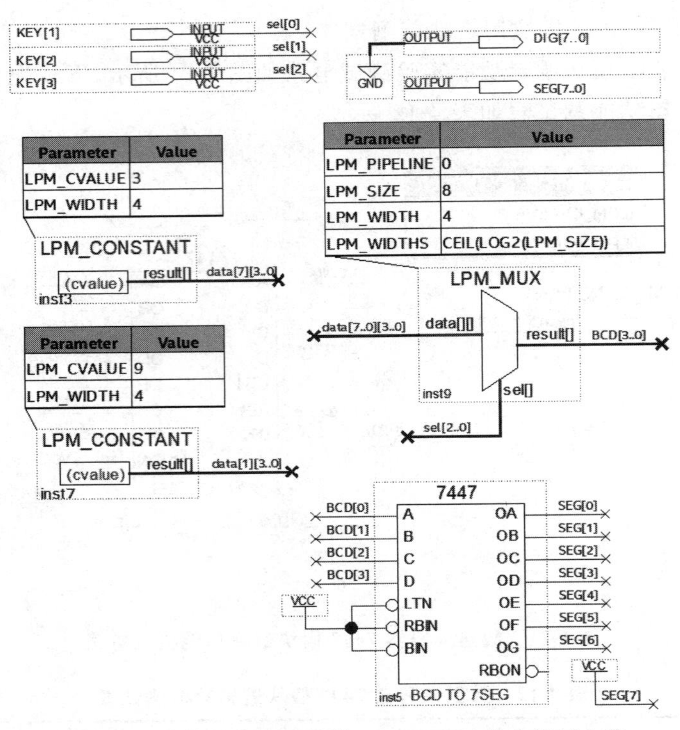

图 4-25 参数化数据选择器 LPM_MUX 综合测试电路

表 4-13 参数化数据选择器 LPM_MUX 模块综合测试表

操作项目	控制信号			LPM_MUX 输出信号	数显状态
模块引脚	sel[2]	sel[1]	sel[0]	result[]	
实验板上符号	KEY[3]	KEY[2]	KEY[1]	BCD[3..0]	
操作					

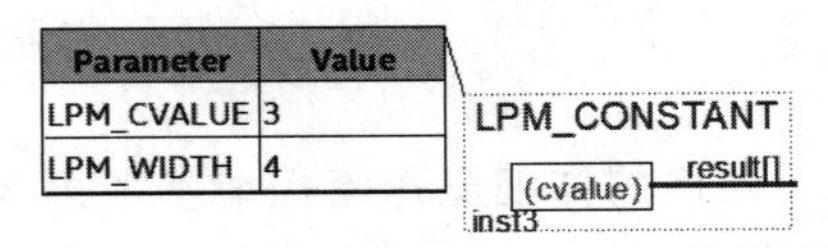

图 4-26 参数化常数产生器 LPM_CONSTANT 模块设置

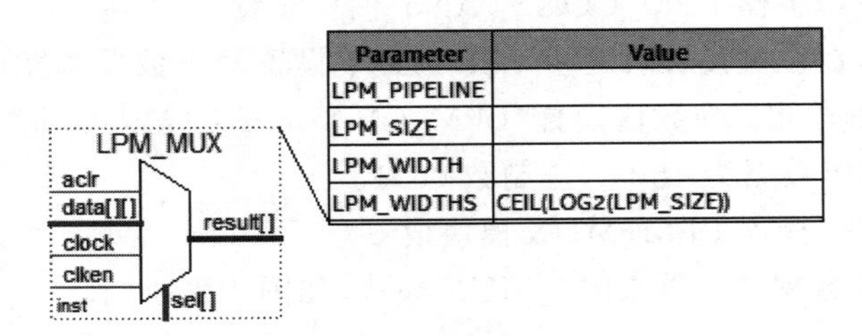

图 4-27 参数化数据选择器 LPM_MUX 模块

模块端口“Ports”的设置项有：清零端“aclr”、时钟使能端“clken”、时钟输入端“clock”、数据输入端“data[][]”、输出端“result[]”、数据选择端“sel[]”。在参数化 LPM_MUX 端口设置界面中，在状态“Status”处可设置为使用“Used”状态或未使用“Unused”状态。使用者可根据实际设计需要进行设置，并且设置为未使用状态的端口将不再显示。

在本次实验中，对于 LPM_MUX 模块设置如下：数据输入端“data[][]”、输出端“result[]”、数据选择端“sel[]”都设置为有用“Used”状态；而清零端“aclr”、时钟使能端“clken”、时钟输入端“clock”则设置为未使用“Unused”状态，也就不显示，如图 4-28 所示。

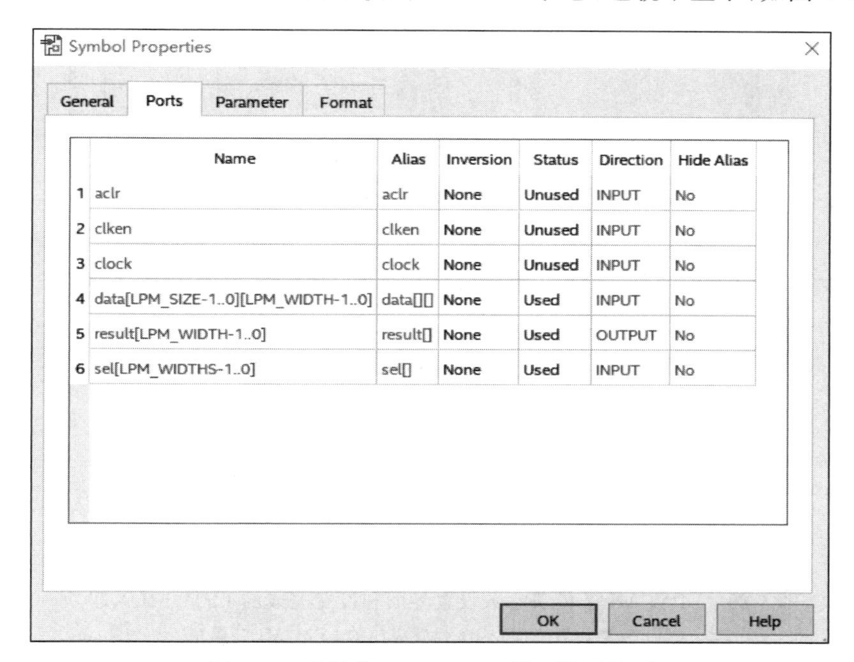

	Name	Alias	Inversion	Status	Direction	Hide Alias
1	aclr	aclr	None	Unused	INPUT	No
2	clken	clken	None	Unused	INPUT	No
3	clock	clock	None	Unused	INPUT	No
4	data[LPM_SIZE-1..0][LPM_WIDTH-1..0]	data[][]	None	Used	INPUT	No
5	result[LPM_WIDTH-1..0]	result[]	None	Used	OUTPUT	No
6	sel[LPM_WIDTHS-1..0]	sel[]	None	Used	INPUT	No

图 4-28　参数化 LPM_MUX 端口设置界面

模块参数“Parameter”设置项有：可对输出添加额外的延迟“LPM_PIPELINE”、输入数据路数“LPM_SIZE”、每路输入数据的位宽“LPM_WIDTH”。而数据选择控制信号位宽“LPM_WIDTHS”由输入数据路数“LPM_SIZE”计算得出。本次实验 LPM_MUX 模块参数设置界面如图 4-29(a)所示，参数项设置完成的 LPM_MUX 模块如图 4-29(b)所示。

在本次实验中，对于 LPM_MUX 模块参数“Parameter”设置如下：参数 LPM_PIPELINE 设置为“0”；参数 LPM_SIZE 设置为“8”，即有 8 路输入数据；参数 LPM_WIDTH 设置为“4”，即每路输入信号为 4bit；而参数 LPM_WIDTHS 计算后为“3”，即数据选择控制信号为 3bit。

6. 实验探索与提升

(1) 试着探索如何让数码管显示特殊符号如 (中间一横杠)。

(2) 试着用数据选择器 LPM_MUX 模块实现 1 位二进制全加器设计。

(3) 通过查阅资料，熟悉译码器和数据选择器典型应用案例。

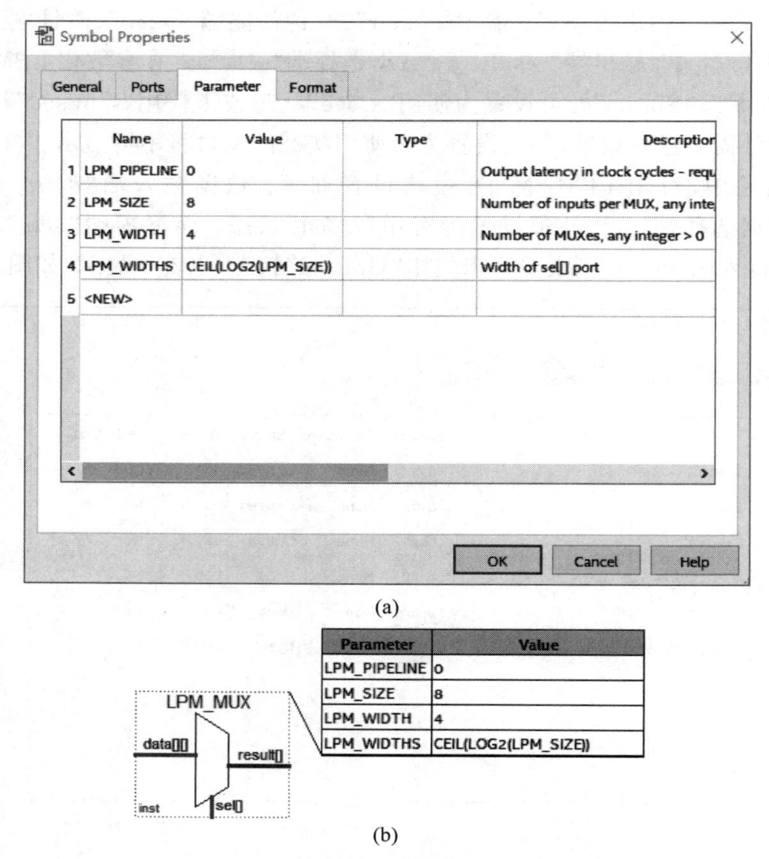

(a)

(b)

图 4-29　LPM_MUX 模块参数设置界面和设置完成的 LPM_MUX 模块

(a) 参数设置界面；(b) 设置完成的 LPM_MUX 模块

4.3.3　基础实验三：编码器与数值比较器逻辑功能测试

1. 实验目的

(1) 掌握优先编码器 74148 模块的基本逻辑功能及测试方法；

(2) 掌握参数化数值比较器 LPM_COMPARE 模块的建立、基本功能及测试方法；

(3) 积累逻辑电路分析与设计、调试与测试工程经验。

2. 实验仪器设备

(1) 计算机；

(2) 新工科 FPGA 实验开发板；

(3) 互联网+EDA 在线实验开发平台。

3. 实验原理

(1) 优先编码器 74148 模块介绍

编码器用于对原始的数字信息进行变换，本次实验采用的 74148 模块为 8 线-3 线优先编码器，其引脚图如图 4-30 所示，逻辑功能表如表 4-14 所示。

图 4-30 优先编码器 74148 模块

表 4-14 优先编码器 74148 逻辑功能表

使能	输入信号								输出信号				
EIN	0N	1N	2N	3N	4N	5N	6N	7N	A2N	A1N	A0N	GSN	EON
1	×	×	×	×	×	×	×	×	1	1	1	1	1
0	1	1	1	1	1	1	1	1	1	1	1	1	0
0	×	×	×	×	×	×	×	0	0	0	0	0	1
0	×	×	×	×	×	×	0	1	0	0	1	0	1
0	×	×	×	×	×	0	1	1	0	1	0	0	1
0	×	×	×	×	0	1	1	1	0	1	1	0	1
0	×	×	×	0	1	1	1	1	1	0	0	0	1
0	×	×	0	1	1	1	1	1	1	0	1	0	1
0	×	0	1	1	1	1	1	1	1	1	0	0	1
0	0	1	1	1	1	1	1	1	1	1	1	0	1

当使能端 EIN＝1 时，优先编码器的工作状态 GSN 为高电平输出，表明编码器处于非工作状态，输出端 A2N、A1N、A0N 均为高电平输出，输出使能端 EON 也为高电平输出。

当使能端 EIN＝0 且输入端有编码请求信号(逻辑 0)时，优先编码器的工作状态 GSN 为低电平输出，表明编码器处于正常工作状态。输入信号低电平有效，输出端采用二进制反码输出，优先级别最高的输入端为 7N，最低的输入端为 0N。输出使能端 EON 可用于多个模块级联，组成更多输入数据的优先编码器。

(2) 参数化数值比较器 LPM_COMPARE 模块介绍

数值比较器就是对输入的两个数进行比较，用以判断其大小或相等的逻辑电路。参数化数值比较器 LPM_COMPARE 模块是一款半定制模块，使用者可根据电路设计要求设置输入数据位宽、时钟、清零端等参数，如图 4-31 所示。

Parameter	Value
CHAIN_SIZE	
LPM_PIPELINE	
LPM_REPRESENTATION	
LPM_WIDTH	
ONE_INPUT_IS_CONSTANT	

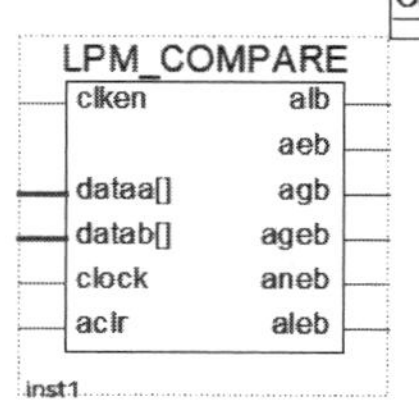

图 4-31 参数化数值比较器 LPM_COMPARE 模块

4. 实验内容

(1) 优先编码器 74148 模块综合测试

优先编码器 74148 模块实验测试电路

如图 4-32 所示，下载到 FPGA 实验板，记录实验结果，其综合测试表如表 4-15 所示。

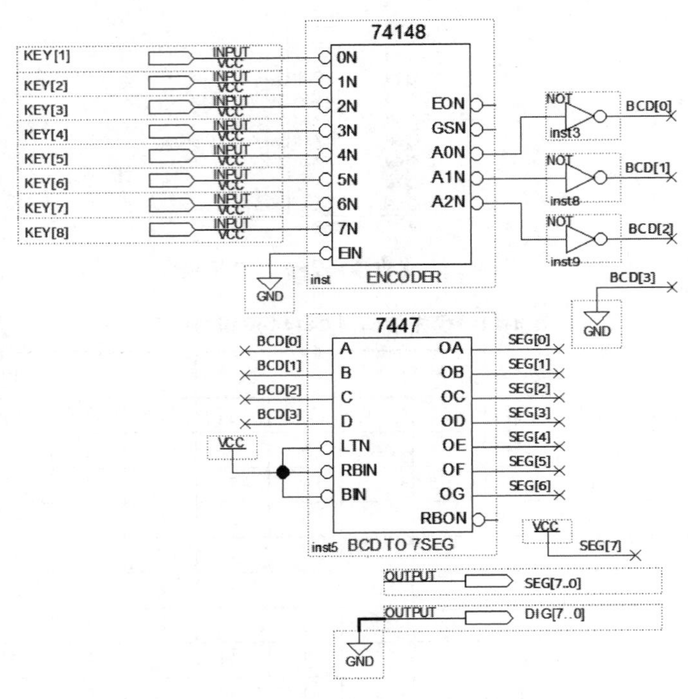

图 4-32 优先编码器 74148 模块综合测试电路

表 4-15 优先编码器 74148 模块综合测试表

操作项目	输入信号								输出信号
模块引脚	0N	1N	2N	3N	4N	5N	6N	7N	数显状态
实验板上符号	KEY[1]	KEY[2]	KEY[3]	KEY[4]	KEY[5]	KEY[6]	KEY[7]	KEY[8]	
操作	×	×	×	×	×	×	×	0	
	×	×	×	×	×	×	0	1	
	×	×	×	×	×	0	1	1	
	×	×	×	×	0	1	1	1	
	×	×	×	0	1	1	1	1	
	×	×	0	1	1	1	1	1	
	×	0	1	1	1	1	1	1	
	0	1	1	1	1	1	1	1	

(2) 参数化数值比较器 LPM_COMPARE 模块综合测试

参数化数值比较器 LPM_COMPARE 模块实验测试电路如图 4-33 所示，下载到 FPGA 实验板，记录实验结果，其综合测试表如表 4-16 所示。

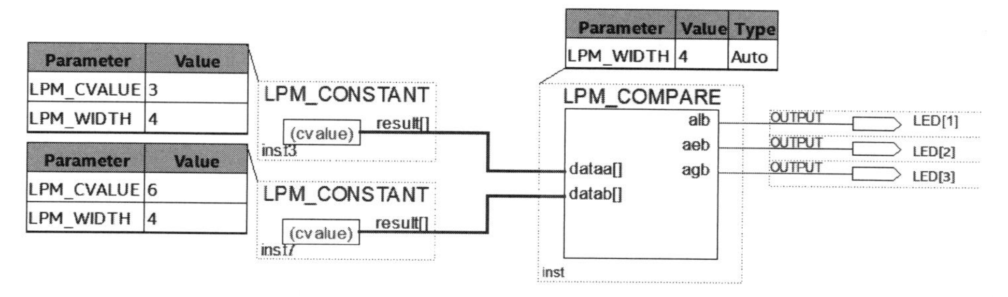

图 4-33　参数化数值比较器 LPM_COMPARE 模块综合测试电路

表 4-16　参数化数值比较器 LPM_COMPARE 模块综合测试表

操作项目	输 入 信 号		输 出 信 号		
模块引脚	dataa[]	datab[]	alb	aeb	agb
实验板上符号			LED[1]	LED[2]	LED[3]
操作	LPM _ CONSTANT 中输入数值“3”	LPM _ CONSTANT 中输入数值“6”			
	LPM _ CONSTANT 中输入数值“3”	LPM _ CONSTANT 中输入数值“3”			
	LPM _ CONSTANT 中输入数值“5”	LPM _ CONSTANT 中输入数值“3”			

5. 实验操作积累

(1) 新建参数化数值比较器 LPM_COMPARE 模块

在原理图文件中，新建参数化数值比较器 LPM_COMPARE 模块，如图 4-34 所示。

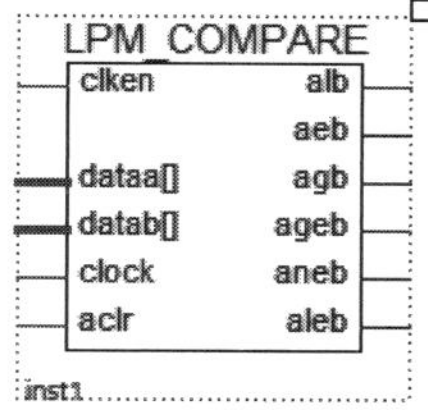

图 4-34　新建参数化数值比较器 LPM_COMPARE 模块

(2) 设置 LPM_COMPARE 模块端口

参数化 LPM_COMPARE 模块的输入端口有：时钟“clock”、时钟使能“clken”、清零“aclr”、比较数据输入端“dataa[]”和“datab[]”。

输出端口为比较输入数据 dataa[]和 datab[]的逻辑输出，如输入数据 dataa[]＝a、

datab[]＝b,则数据比较逻辑输出结果有：

若 a＜b 成立,alb 引脚逻辑输出为“1”,否则为“0”;

若 a＝b 成立,aeb 引脚逻辑输出为“1”,否则为“0”;

若 a＞b 成立,agb 引脚逻辑输出为“1”,否则为“0”;

若 a≥b 成立,ageb 引脚逻辑输出为“1”,否则为“0”;

若 a≠b 成立,aneb 引脚逻辑输出为“1”,否则为“0”;

若 a≤b 成立,aleb 引脚逻辑输出为“1”,否则为“0”。

如图 4-35 所示的参数化 LPM_COMPARE 模块端口设置界面,在状态“Status”处,同本章基础实验二中参数化 LPM_MUX 模块设置一样,使用者可根据电路设计情况设置为使用“Used”或未使用“Unused”状态。

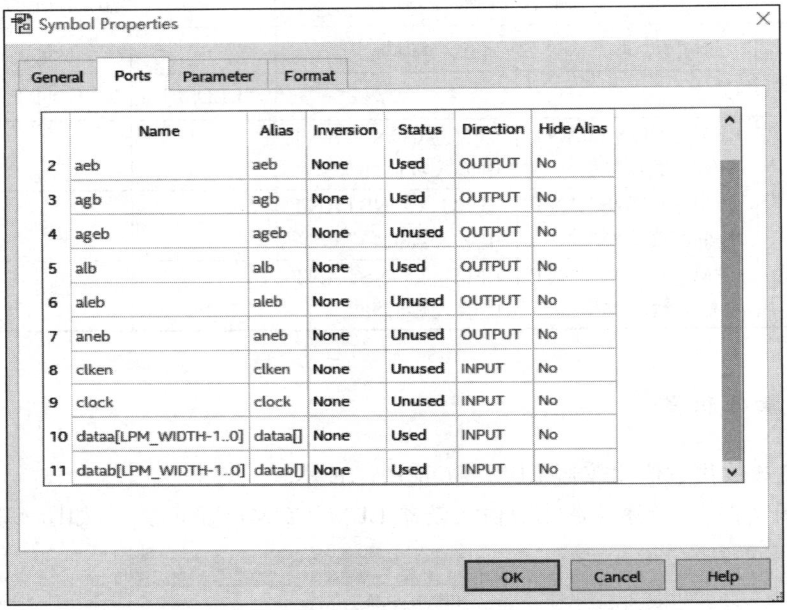

Symbol Properties

General | Ports | Parameter | Format

	Name	Alias	Inversion	Status	Direction	Hide Alias
2	aeb	aeb	None	Used	OUTPUT	No
3	agb	agb	None	Used	OUTPUT	No
4	ageb	ageb	None	Unused	OUTPUT	No
5	alb	alb	None	Used	OUTPUT	No
6	aleb	aleb	None	Unused	OUTPUT	No
7	aneb	aneb	None	Unused	OUTPUT	No
8	clken	clken	None	Unused	INPUT	No
9	clock	clock	None	Unused	INPUT	No
10	dataa[LPM_WIDTH-1..0]	dataa[]	None	Used	INPUT	No
11	datab[LPM_WIDTH-1..0]	datab[]	None	Used	INPUT	No

OK　Cancel　Help

图 4-35　参数化 LPM_COMPARE 模块端口设置界面

(3) 设置 LPM_COMPARE 模块参数

参数化 LPM_COMPARE 模块中的参数设置项有：内链尺“CHAIN_SIZE”、对输出添加额外的延迟“LPM_PIPELINE”、输入数据位宽(即比特数)“LPM_WIDTH”等。在本次实验中除了位宽设置“LPM_WIDTH”项,其他都不需要设置并除去,如图 4-36(a)所示。设置完成的 LPM_COMPARE 模块如图 4-36(b)所示。

在本次实验中,输入和输出端口只留有：数据输入端 dataa[]和 datab[],比较输出端 alb、aeb 和 agb。参数设置只留有：数据位宽 LPM_WIDTH 项,设置为“4”,数据类型“Type”项选择自动“auto”,即输入数据为 4bit。

6. 实验探索与提升

(1) 将模块 74148 与 74138 的功能进行比较,进一步理解编码和译码的基本概念。

(2) 试着归纳总结参数化 LPM_COMPARE 模块的使用方法。

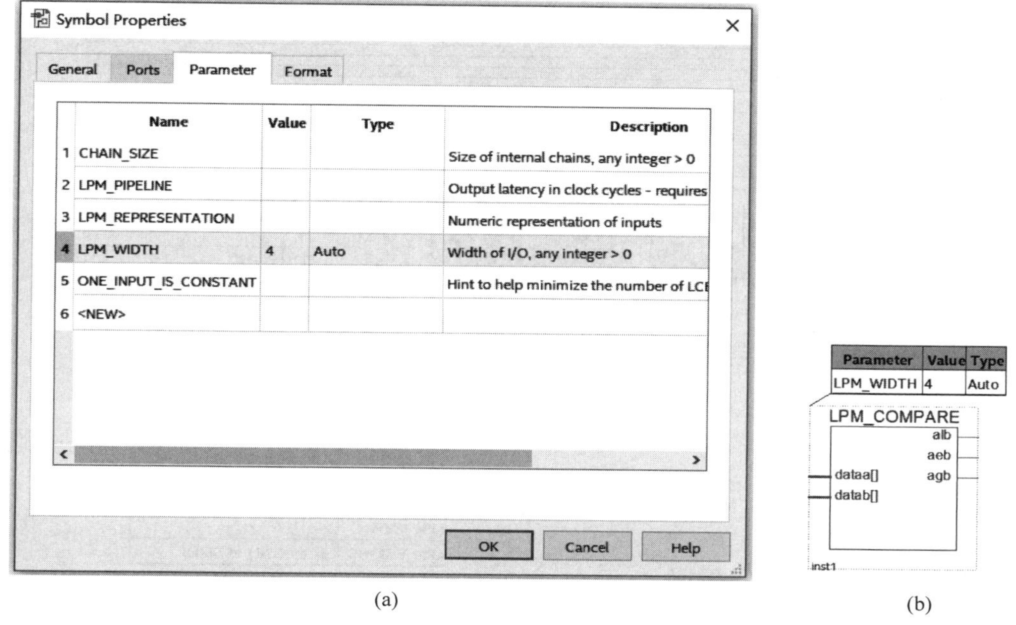

(a)　　　(b)

图 4-36　LPM_COMPARE 模块参数设置界面和设置完成的模块

(a) 参数设置界面；(b) 设置完成的模块

4.3.4　基础实验四：静态显示电路分析及综合测试

1. 实验目的

(1) 熟悉数码管与显示译码器综合使用；
(2) 掌握静态显示电路分析与综合测试方法；
(3) 积累逻辑电路分析与设计、调试与测试工程实践经验。

2. 实验仪器设备

(1) 计算机；
(2) 新工科 FPGA 实验开发板；
(3) 互联网+EDA 在线实验开发平台。

3. 实验原理

当 FPGA 实验板装有多个数码管时，为了减少数码管占用 I/O 口，可采用如图 4-37 所示的数码管显示电路。如将 8 个数码管的 a 段接到一起，再通过限流电阻连接到 FPGA 芯片 I/O 口上，其他段也采用如此接法，节省了很多 I/O 口。但为了能很好地区分各数码管，位码 DIG[]独立控制，这样就可以通过位选信号控制数码管选通。图中的位码需要较大电流驱动，可采用专用芯片或三极管电路驱动。

4. 实验内容

下面给出静态显示综合测试电路，如图 4-38 所示。

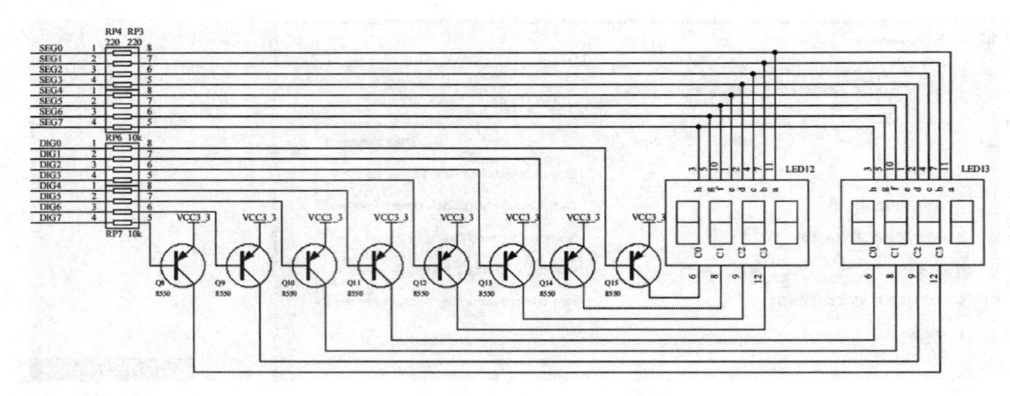

图 4-37 数码管显示电路原理图

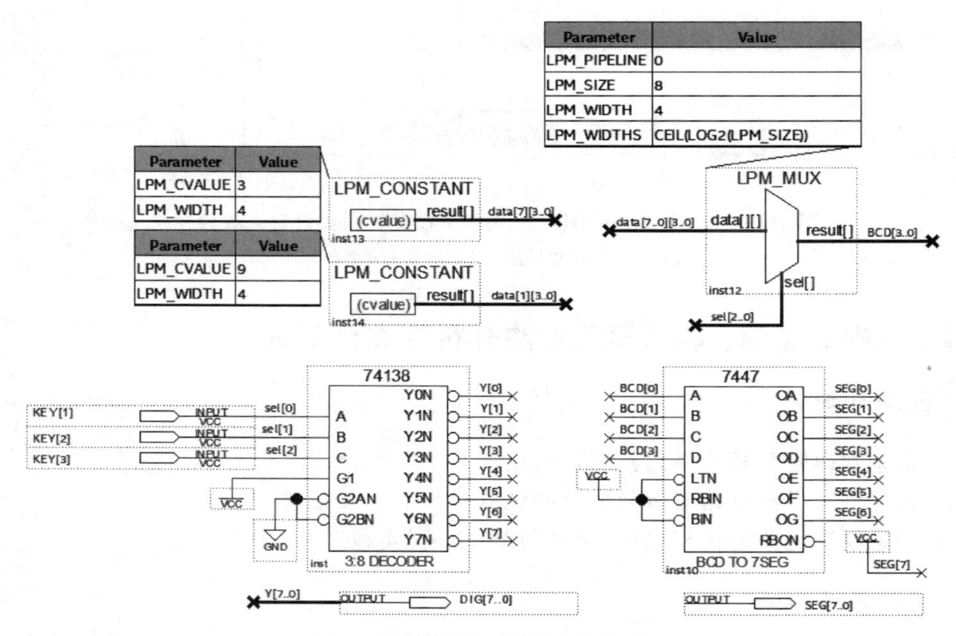

图 4-38 静态显示综合测试电路

对静态显示电路进行综合分析，完成电路分析表 4-17，填写综合测试表 4-18。

表 4-17 静态显示电路综合分析表

信号	问 题	静态显示电路综合分析
位码信号	分析如何产生一时刻只能选通一个数码管的位码信号	位选信号输入 KEY[3..1]→ →数码管位码 DIG[7..0]
段码信号	分析如何选通输入数据并将其译成段码信号	参数化常数产生器 LPM_CONSTANT 产生输入数据→ →数码管段码 SEG[7..0]

续表

信号	问　　题	静态显示电路综合分析
同步信号	分析数据选择信号与位选信号如何实现同步	位选信号输入 KEY[3..1]→ →数据选择信号 sel[2..0]

表 4-18　静态显示电路综合测试表

操作项目	控制信号			数显状态
模块引脚	sel[2]	sel[1]	sel[0]	
实验板上符号	KEY[3]	KEY[2]	KEY[1]	
操作				

5. **实验操作积累**

电路连接：要区分总线连接与普通连线。总线连接为粗线，并用标注区分，如输出端子 DIG[7..0]连线：Y[7..0] OUTPUT DIG[7..0]；而普通连接为细线，如 KEY[1] 输入端子连线 KEY[1] INPUT VCC sel[0]。

6. **实验探索与提升**

(1) 分析当位选信号变化足够快时，如每毫秒变化一次位选信号，会产生什么实验现象？

(2) 分析数据选择信号与位选信号为什么要实现同步？如不同步，会出现怎样的实验现象？

4.3.5　基础实验五：实用分频器设计及测试

1. **实验目的**

(1) 掌握实用分频器的基本概念和设计方法；

(2) 掌握实用分频器的测试方法；

(3) 熟悉分频器典型应用案例；

(4) 积累逻辑电路分析与设计、调试与测试工程经验。

2. **实验仪器设备**

(1) 计算机；

(2) 数字示波器；

(3) 新工科 FPGA 实验开发板；

(4) 互联网+EDA 在线实验开发平台。

3. 实验原理

FPGA 实验板上装有 50MHz 有源晶振电路作为系统时钟源，其频率较高。一般情况下，为得到数字逻辑电路所需工作频率，要将 50MHz 系统时钟信号进行分频处理。

分频器就是对系统时钟进行分频的电路，常用分频器设计可用计数器实现。N 分频器设计就是在 N 进制计数器基础上，引出分频输出。在本次实验中，计数器采用参数化 LPM_COUNTER 模块来实现，这是一款半定制二进制计数模块，通过参数设置可方便快捷地完成分频电路设计。

(1) 输出窄脉冲的分频电路设计

如图 4-39 所示，为输出 1kHz 窄脉冲分频器设计电路。

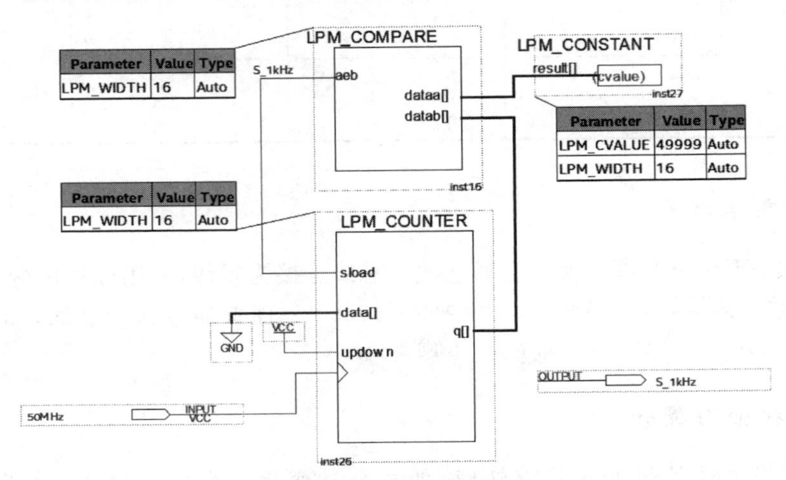

图 4-39 输出 1kHz 窄脉冲分频器设计电路

图 4-39 中，电路输出端“S_1kHz”输出频率为 1kHz 的窄脉冲信号，相当于 δ 信号，可用作抽样信号。图中对于参数化计数模块 LPM_COUNTER，控制端“updow n”输入高电平为二进制加计数器，计数长度$=\dfrac{\text{输入频率}}{\text{输出频率}}=\dfrac{50\text{MHz}}{1\text{kHz}}=50000$。因计数器起始数据输入端 data[]=0，所以计数范围为[0,50000−1]，即[0,49999]。电路参数位宽“LPM_WIDTH”就是将 49999 转换成二进制数的比特数，此处为 16。

如果利用置数控制端“sload”实现计数长度控制，则称为置数法。而置数控制端“sload”逻辑信号是由计数模块 LPM_COUNTER 的输出“q[]”与常数模块 LPM_CONSTANT 存入的“49999”数进行比较，相等时比较模块 LPM_COMPARE 输出端“aeb”输出逻辑“1”，此时将起始数据 data[]=0 置入计数器，计数器重新开始计数，实现了对输入 50MHz 时钟信号的分频处理，分频器输出 1kHz 窄脉冲信号。

(2) 输出方波的分频电路设计

如图 4-40 所示为输出 1kHz 方波分频器设计电路。

首先利用上面介绍的输出窄脉冲的分频法，设计输出 2kHz 的分频电路，然后再对

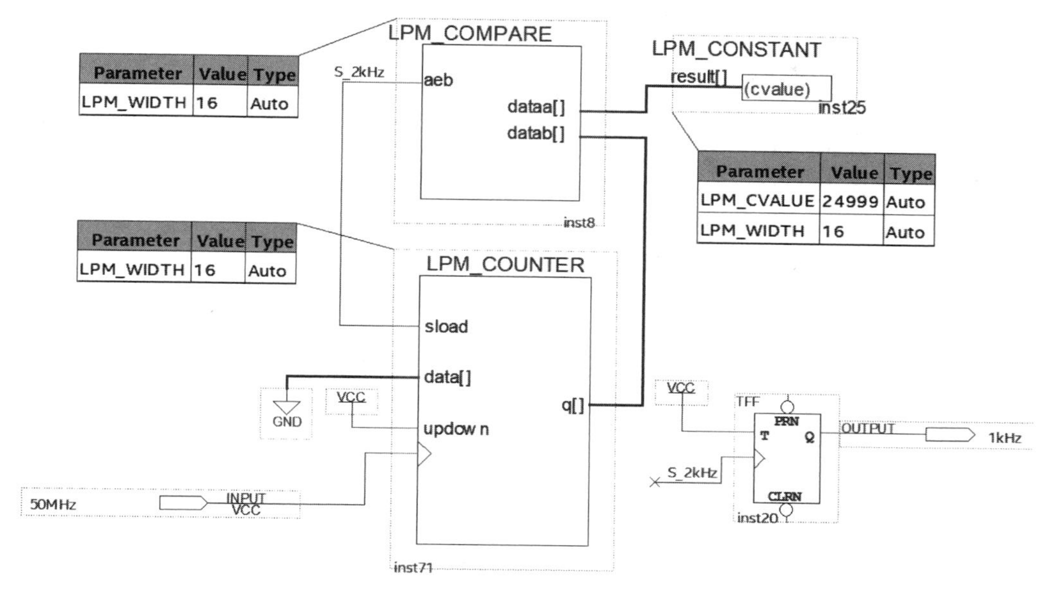

图 4-40　输出 1kHz 方波分频器设计电路

2kHz 信号进行 2 分频，就可以得出频率为 1kHz、占空比为 50%的方波信号。图 4-40 中 2 分频电路采用 T 触发器设计法，其输出状态方程为：$Q^{n+1}=T\oplus Q^n\uparrow$，式中"↑"为时钟上升沿。输入端 T=1，则输出端 $Q^{n+1}=\overline{Q^n}\uparrow$，可见实现了 2 分频。因此，分频器对时钟信号进行两次分频处理后，输出频率为 1kHz、占空比为 50%的方波信号。上面两个分频电路的输入(时钟信号)与输出时序关系如图 4-41 所示。

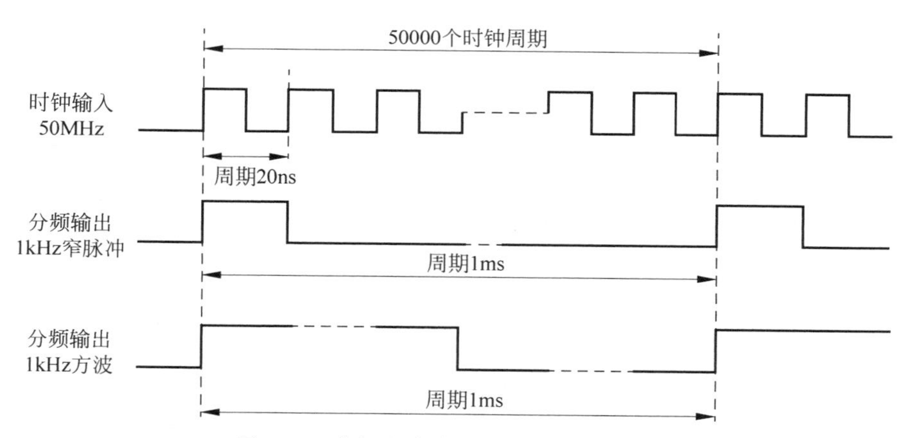

图 4-41　分频电路输入与输出时序关系图

4. 实验内容

参考实验原理给出的分频器设计电路，设计技术指标如下：

(1) 窄脉冲分频器设计

① 输出频率为 100kHz 的窄脉冲信号；

② 输出频率为 1kHz 的窄脉冲信号；

③ 输出频率为 10Hz 的窄脉冲信号。

(2) 方波分频器设计

① 输出频率为 100kHz 的方波信号；

② 输出频率为 100Hz 的方波信号；

③ 输出频率为 10Hz 的方波信号；

④ 输出频率为 8Hz 的方波信号；

⑤ 输出频率为 4Hz 的方波信号；

⑥ 输出频率为 2Hz 的方波信号；

⑦ 输出频率为 1Hz 的方波信号。

给出分频器设计电路和测试结果，利用数字示波器完成实验测试。

5. 实验操作积累

进行参数化计数 LPM_COUNTER 模块设置，新建模块如图 4-42 所示。

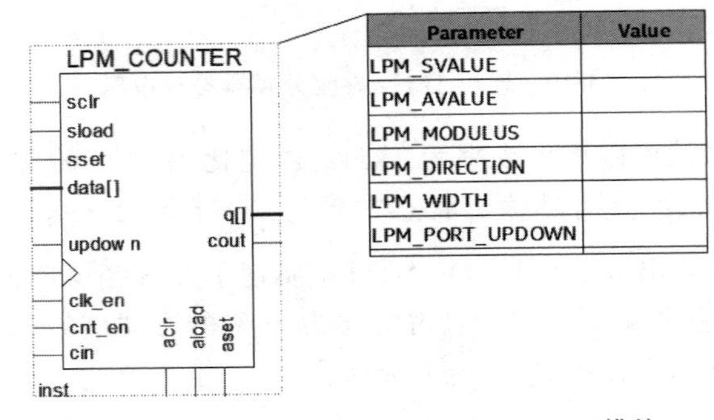

图 4-42　参数化计数 LPM_COUNTER 模块

(1) LPM_COUNTER 模块端口设置

通用输入端包括：加/减计数模式设置"updowun"、时钟"clock"、时钟使能端"clk_en"、计数使能端"cnt_en"、进位输入端"cin"与外部数据输入端"data[]"。

高电平有效的控制端口包括：清零端"sclr"、外置数控制端"sload"、内置数控制端"sset"。

低电平有效的控制端口包括：清零端"aclr"、外置数控制端"aload"、内置数控制端"aset"。

输出端口包括：计数器输出"q[]"和进位/借位输出"cout"。

参数化 LPM_COUNTER 端口设置界面如图 4-43 所示，在状态"Status"处同前面的实验一样，使用者可根据设计情况设置为使用"Used"或未使用"Unused"状态。

(2) LPM_COUNTER 模块参数设置

模块参数设置项有：与内置数控制端"sset"相联系的内置数据输入"LPM_SVALUE"项、与内置数控制端"aset"相联系的内置数据输入"LPM_AVALUE"项、计数模值设置"LPM_MODULUS"项、加/减计数模式设置"LPM_DIRECTION"项、输出数据位宽"LPM_WIDTH"项、端口使用条件"LPM_PORT_UPDOWN"项，可根据设计电路需求进行删除或添加参数设置项。在本次实验中，LPM_COUNTER 模块参数设置界面如图 4-44(a)所示，设置完成的模块图如图 4-44(b)所示。

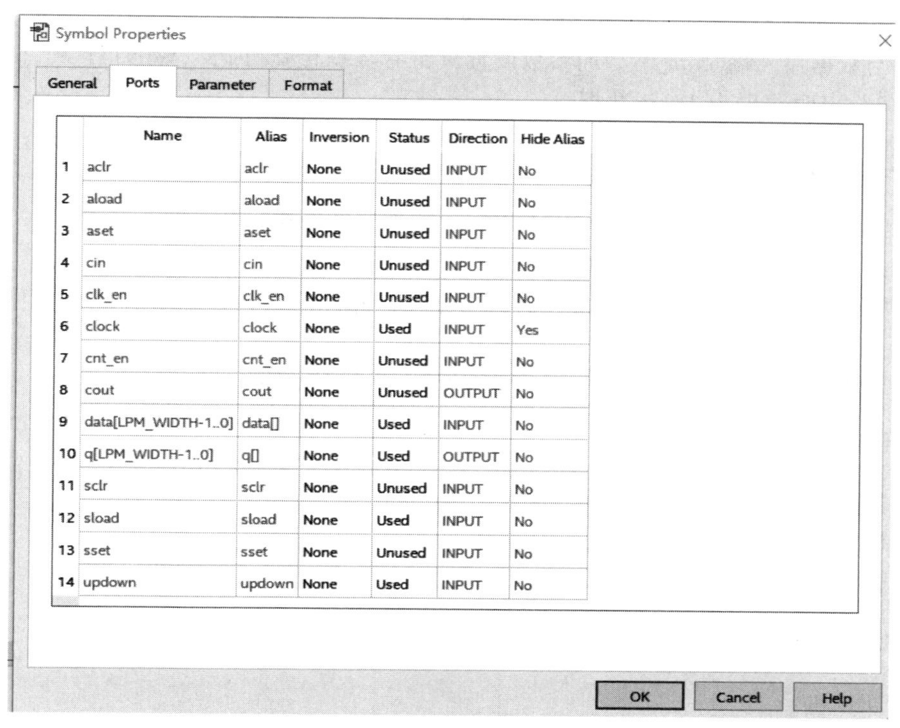

	Name	Alias	Inversion	Status	Direction	Hide Alias
1	aclr	aclr	None	Unused	INPUT	No
2	aload	aload	None	Unused	INPUT	No
3	aset	aset	None	Unused	INPUT	No
4	cin	cin	None	Unused	INPUT	No
5	clk_en	clk_en	None	Unused	INPUT	No
6	clock	clock	None	Used	INPUT	Yes
7	cnt_en	cnt_en	None	Unused	INPUT	No
8	cout	cout	None	Unused	OUTPUT	No
9	data[LPM_WIDTH-1..0]	data[]	None	Used	INPUT	No
10	q[LPM_WIDTH-1..0]	q[]	None	Used	OUTPUT	No
11	sclr	sclr	None	Unused	INPUT	No
12	sload	sload	None	Used	INPUT	No
13	sset	sset	None	Unused	INPUT	No
14	updown	updown	None	Used	INPUT	No

图 4-43　参数化 LPM_COUNTER 端口设置界面

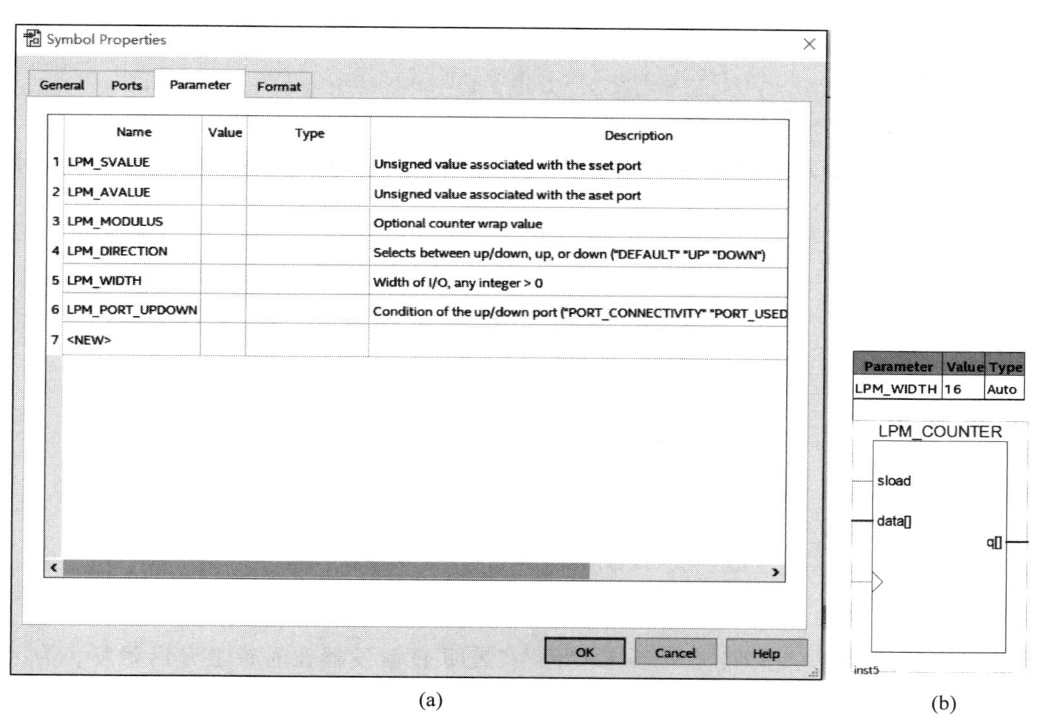

	Name	Value	Type	Description
1	LPM_SVALUE			Unsigned value associated with the sset port
2	LPM_AVALUE			Unsigned value associated with the aset port
3	LPM_MODULUS			Optional counter wrap value
4	LPM_DIRECTION			Selects between up/down, up, or down ("DEFAULT" "UP" "DOWN")
5	LPM_WIDTH			Width of I/O, any integer > 0
6	LPM_PORT_UPDOWN			Condition of the up/down port ("PORT_CONNECTIVITY" "PORT_USED
7	<NEW>			

Parameter	Value	Type
LPM_WIDTH	16	Auto

(a)　　　　(b)

图 4-44　LPM_COUNTER 模块参数设置界面和设置完成的模块示意

(a) 参数设置界面；(b) 设置完成的模块

在本次分频器设计实验中，端口设置只留有时钟输入“clock”、输出端“q[]”、外置数控制端“sload”与数据输入端“data[]”。而参数设置只留有数据位宽“LPM_WIDTH”项，图 4-44 中设置为“16”，表明输出为 16bit 数据。

6. 实验探索与提升

(1) 归纳总结参数化 LPM_COUNTER 计数模块的使用方法。
(2) 如何利用参数化 LPM_COUNTER 模块设计一个二进制减法计数器？
(3) 归纳总结分频器设计方法，分别给出分频窄脉冲输出和方波输出典型应用案例。

4.3.6 基础实验六：触发器逻辑功能测试及应用

1. 实验目的

(1) 熟悉 D 触发器的逻辑功能和测试方法；
(2) 学习按键消抖电路设计与综合测试方法；
(3) 积累逻辑电路分析与设计、调试与测试工程经验。

2. 实验仪器设备

(1) 计算机；
(2) 新工科 FPGA 实验开发板；
(3) 互联网＋EDA 在线实验开发平台。

3. 实验原理

(1) D 触发器逻辑功能介绍

D 触发器是一个边沿触发器，具有很强的抗干扰能力。D 触发器的逻辑符号和时序波形如图 4-45 所示。

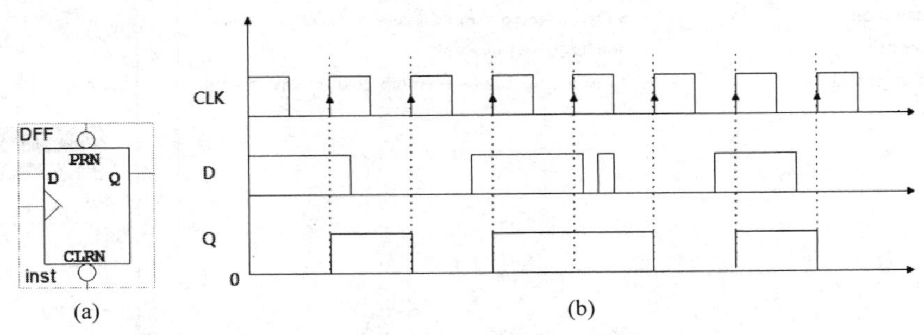

图 4-45 D 触发器的逻辑符号和时序波形图
(a) 逻辑符号；(b) 时序波形

D 触发器的特性方程为：$Q^{n+1}=D\uparrow$，“↑”表明 D 触发器在时钟上升沿触发。为区分输出 Q 随时钟的变化关系，用 Q^n 表示输出现态，用 Q^{n+1} 表示输出次态。

D 触发器一般还设置有清零端 CLRN 和置数端 PRN。D 触发器逻辑功能表如表 4-19 所示，表中“×”项为随意态(即可为“0”或“1”)，“↑”表示上升沿触发。

表 4-19　D 触发器逻辑功能表

输　入				输　出
CLRN	PRN	D	CLK	Q
0	1	×	×	0
1	0	×	×	1
1	1	0	↑	0
1	1	1	↑	1

(2) 按键消抖电路

一般的按键操作时,由于手指按键位置和机械触点的弹性等问题,在触点开启或闭合瞬间会出现电压不稳定即抖动现象,所以在实际应用中要进行处理,避免造成对逻辑电路误触发。

下面以按键按下产生低电平(见图 4-12(a))为例,图 4-46 为按键电平抖动波形和消抖后波形示意图。

从图 4-46(a)可看出,键按下和抬起时容易产生抖动,如把它作为触发器的时钟信号,将会使逻辑电路产生误输出。为此,我们应尽量滤除前沿和后沿抖动毛刺。

对于一个按键信号,可用一个脉冲信号进行采样,如连续 3 次采样为低电平,可认为信号已经处于键稳定状态,这时输出一个低电平按键信号。继续采样的过程中如果不能满足连续 3 次采样为低电平,则认为键稳定状态结束,输出高电平信号。对按键抖动电路进行处理后的按键信号理想波形如图 4-46(b)所示。

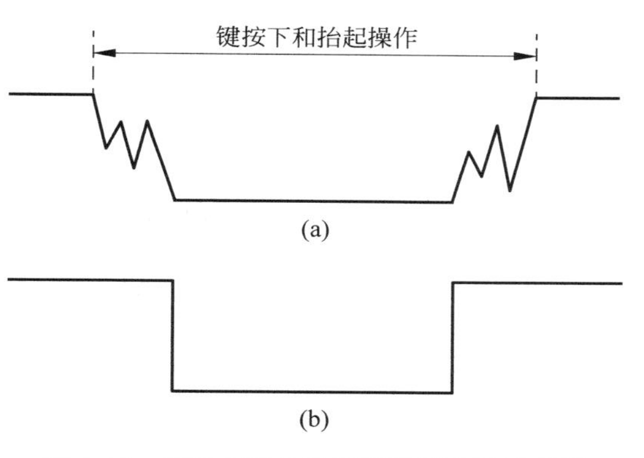

图 4-46　按键电平抖动和消抖后波形示意图
(a) 按键电平抖动波形;(b) 按键消抖后波形

4. 实验内容

(1) D 触发器功能测试

D 触发器功能实验电路如图 4-47 所示,下载到 FPGA 实验板,记录实验结果,其逻辑功能测试表如表 4-20 所示。

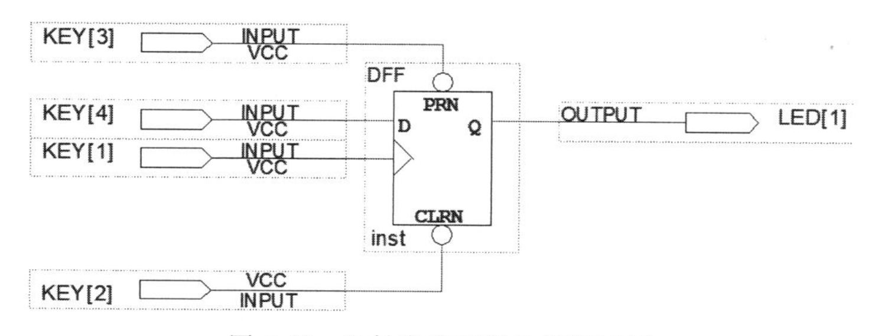

图 4-47　D 触发器逻辑功能测试图

表 4-20　D 触发器逻辑功能测试表

操作项目	输　入				输出
功能说明	清零端	置数端	控制端	时钟端	Q
模块引脚	CLRN	PRN	D	CLK	
外部部件	KEY[2]	KEY[3]	KEY[4]	KEY[1]	LED[1]
操作	0	1	×	×	
	1	0	×	×	
	1	1	0	↑	
	1	1	1	↑	

(2) 按键消抖电路设计与综合测试

依据实验原理进行按键消抖电路设计，下面给出设计参考电路如图 4-48 所示。

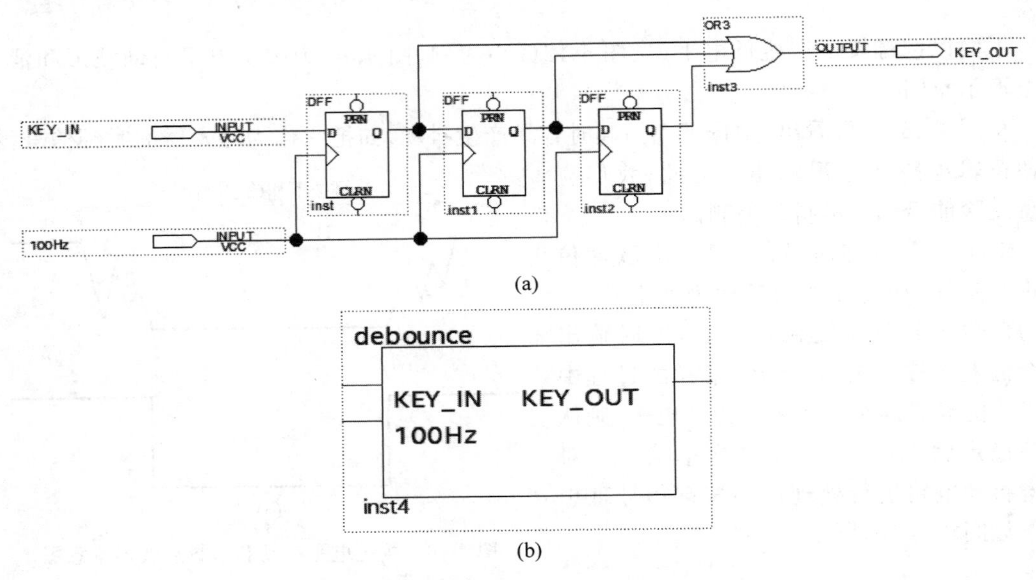

(a)

(b)

图 4-48　按键消抖电路与生成的 debounce 模块

(a) 按键消抖电路；(b) 按键消抖电路模块

图 4-48(a)所示的按键消抖电路采样时钟为 100Hz，也就是说 10ms 采样一次，连续采样 3 个低电平才能确保为稳定信号输出，否则判断为误触发。图 4-48(b)为按键消抖电路创建的模块。

下面给出按键消抖综合测试电路如图 4-49 所示，下载到 FPGA 实验板。参考实验测试表 4-20 自行设计实验测试表，并将两个表格对比分析，给出分析结果。

5. 实验操作积累

(1) 按键消抖 debounce 模块创建方法

设计综合电路时，首先根据实现功能分别进行电路设计并制作模块，然后将各模块连接成一个整体电路。这样设计综合电路，电路的可读性好，便于电路分析和故障排查。那么如

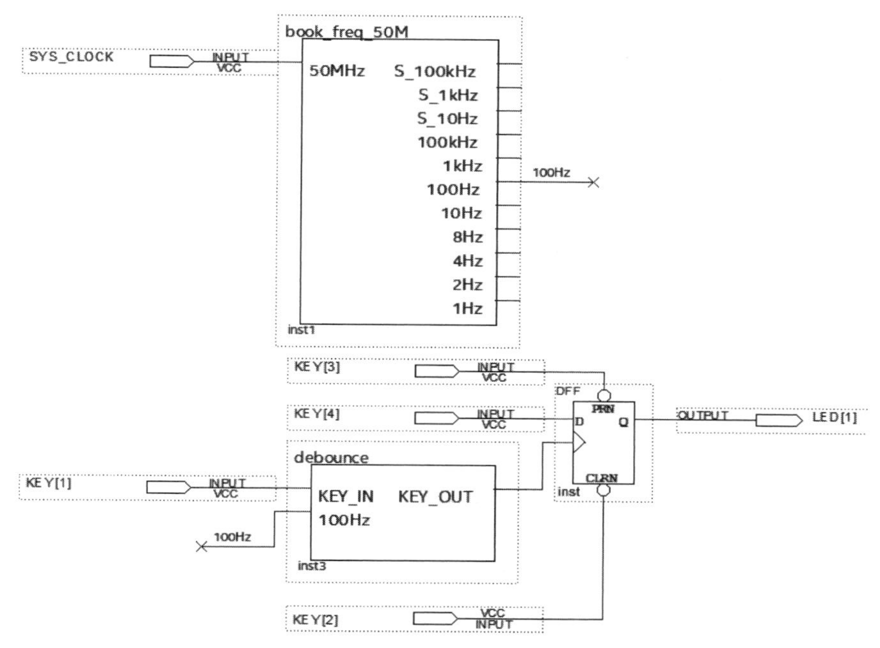

图 4-49　按键消抖综合测试电路

何对功能电路进行模块创建呢？下面以按键消抖电路为例，简要介绍操作流程。

首先，在打开的工程项目中，利用主菜单"File"下的"New"子菜单中的"Block Diagram/Schematic File"选项新建源程序文件，输入图 4-48 所示的按键消抖电路并保存成"debounce. bdf" 文件。

然后，在主菜单"File"下的"Create/Update"子菜单中，点击"Create Symbol Files for Current File"选项创建模块，创建的模块名字为"debounce. bsf "。

最后，在另一个新建源程序文件中，就可以调用按键消抖 debounce 模块，如图 4-50 所示。

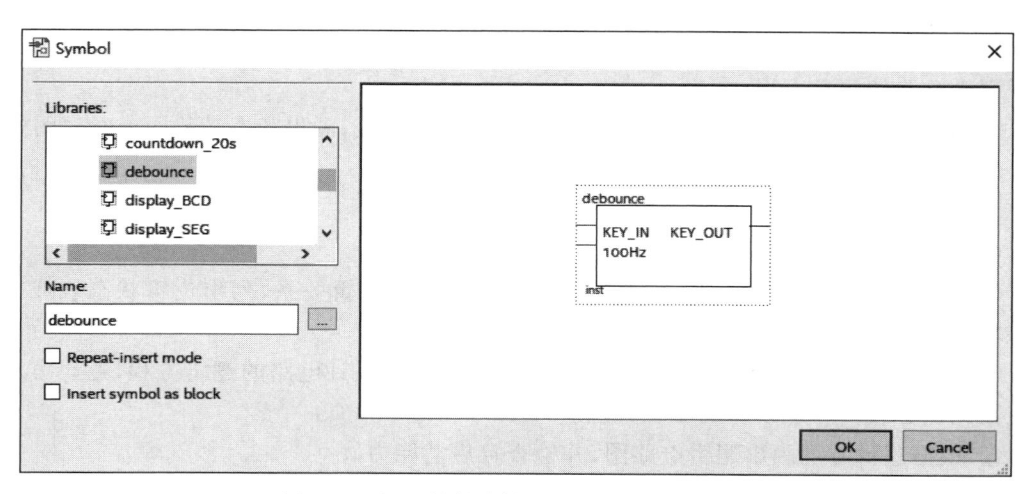

图 4-50　调用按键消抖 debounce 模块示意图

(2) 分频 book_freq_50M 模块创建方法

按照本章“基础实验五”中介绍的分频器设计方法，把不同频率输出的分频器电路设计出来，并集中到一个原理图电路中，保存成“book_freq_50M. bdf”文件，然后创建“book_freq_50M”模块，如图 4-49 中的分频器模块，便于电路调用。

6. 实验探索与提升

(1) 归纳总结按键消抖电路设计思路。

(2) 通过查阅资料，了解锁存器和触发器的区别。

4.3.7 基础实验七：简单时序电路分析与设计及测试

1. 实验目的

(1) 掌握二进制加法计数器设计及测试方法；

(2) 掌握常用时序电路分析、设计及测试方法；

(3) 理解同步与异步时序电路异同点。

2. 实验仪器设备

(1) 计算机；

(2) 新工科 FPGA 实验开发板；

(3) 互联网＋EDA 在线实验开发平台。

3. 实验原理

时序逻辑电路就是在任何时刻输出信号不仅与当时的输入信号有关，而且还与电路原来的状态有关，可分为同步时序逻辑电路和异步时序逻辑电路两大类。

(1) 经典时序电路分析方法

① 根据给出的时序电路写出各逻辑方程式，包括各触发器时钟信号的逻辑表达式、时序电路的输出方程以及各触发器的驱动方程。将驱动方程代入相应触发器特性方程，得出时序逻辑电路的状态方程。

② 根据状态方程和输出方程列出该时序电路的状态表，画出状态转移图或时序图。

③ 给出时序逻辑电路，实现逻辑功能。

④ 最后通过实验测试并验证逻辑分析结果。

(2) 经典时序电路设计方法

① 根据逻辑电路设计要求，梳理输出与输入之间的逻辑关系，列出逻辑状态表或画出状态转移图。

② 根据逻辑状态表或状态转移图，填写卡诺图，得出设计电路的逻辑方程，逻辑方程包括电路输出方程与各触发器的驱动方程。

③ 根据逻辑方程画出逻辑电路图，并检查自启动能力。

④ 最后通过实验测试并验证逻辑设计电路。

4. 实验内容

(1) 时序电路分析与测试

时序电路分析与测试实验电路如图 4-51 所示。

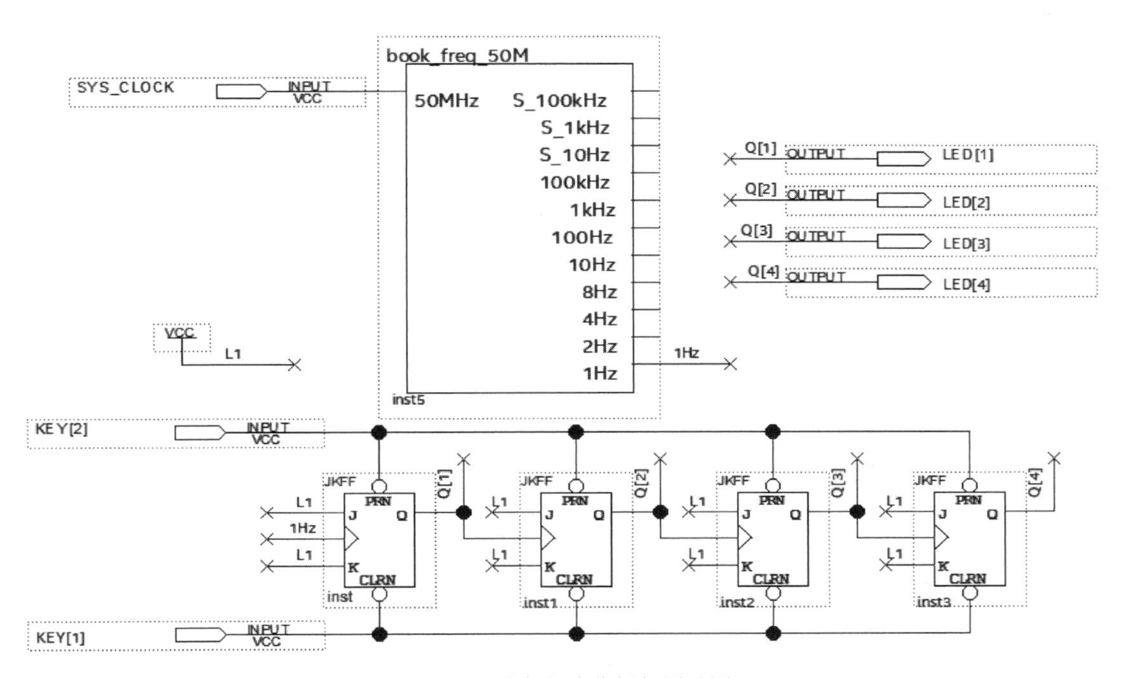

图 4-51　时序电路分析与测试图

图 4-51 的 4 个 JK 触发器没有统一时钟信号，为异步时序电路。分析时要注意各触发器的时钟脉冲信号，只有有效的时钟脉冲信号才能改变状态。

首先，根据图 4-51 的电路图写出逻辑方程。

JK 触发器的特性方程：$Q^{n+1}=J\cdot\overline{Q^n}+\overline{K}\cdot Q^n$，其中 Q^{n+1} 为次态、Q^n 为现态。

本实验中 JK 触发器的驱动方程为：$J_1=J_2=J_3=J_4=1, K_1=K_2=K_3=K_4=1$。

那么输出 Q_1 的 JK 触发器的状态方程为：$Q_1^{n+1}=\overline{Q_1^n}$(CLK1=1Hz，↑)。

以此类推，得出其他 JK 触发器的状态方程：

输出 Q_2 的 JK 触发器状态方程为：________________。

输出 Q_3 的 JK 触发器状态方程为：________________。

输出 Q_4 的 JK 触发器状态方程为：________________。

此电路没有输出，因此不用写输出方程。

然后，根据状态方程填写逻辑状态表，表格自拟，并得出此电路实现的逻辑功能。

最后，利用 FPGA 实验板对图 4-51 所示的时序电路进行综合测试，记录实验结果，填入测试表 4-21 中。并将其与逻辑分析结果进行对比，进一步理解时序电路工作原理。

表 4-21 时序电路逻辑测试表

操作项目	输入			输出			
功能说明	清零端	置数端	时钟端	Q[4]	Q[3]	Q[2]	Q[1]
模块引脚	CLRN	PRN	CLK 1Hz				
实验板上符号	KEY[1]	KEY[2]		LED[4]	LED[3]	LED[2]	LED[1]
操作	0	1	×				
	1	0	×				
	1	1	↑				
	1	1	↑				
	1	1	↑				
	1	1	↑				
	1	1	↑				
	1	1	↑				
	1	1	↑				
	1	1	↑				
	1	1	↑				
	1	1	↑				
	1	1	↑				
	1	1	↑				
	1	1	↑				
	1	1	↑				
	1	1	↑				
	1	1	↑				

(2) 时序电路设计与测试

用D触发器设计一个同步四位二进制加法计数器，给出设计电路并进行综合测试。下面给出经典时序逻辑电路设计提示，请按提示完成电路设计并测试。

首先，根据电路设计要求，分析逻辑关系，给出逻辑状态表，如表4-22所示。

表 4-22 同步二进制加法计数器的状态表

时钟	输出				状态设定
CLK	Q_4	Q_3	Q_2	Q_1	
↑	0	0	0	0	S0
↑	0	0	0	1	S1
↑	0	0	1	0	S2
↑	0	0	1	1	S3
↑	0	1	0	0	S4
↑	0	1	0	1	S5
↑	0	1	1	0	S6
↑	0	1	1	1	S7
↑	1	0	0	0	S8

续表

时钟	输出				状态设定
CLK	Q_4	Q_3	Q_2	Q_1	
↑	1	0	0	1	S9
↑	1	0	1	0	S10
↑	1	0	1	1	S11
↑	1	1	0	0	S12
↑	1	1	0	1	S13
↑	1	1	1	0	S14
↑	1	1	1	1	S15

然后，根据逻辑状态表 4-22，画出状态转移图，如图 4-52 所示。

接着，根据状态转移图和逻辑状态表，填写触发器 D_1 的卡诺图，如图 4-53 所示。

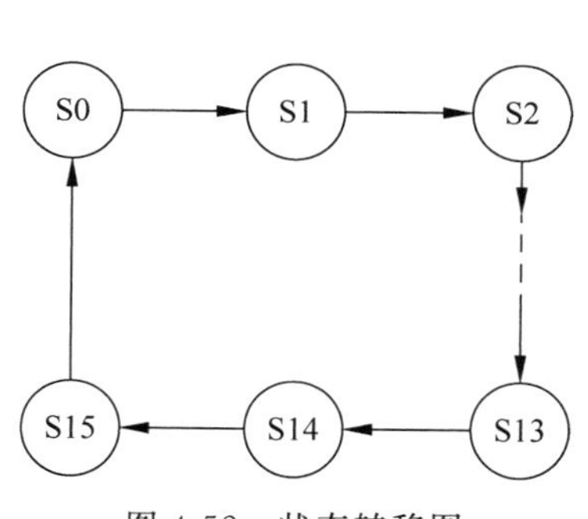

图 4-52　状态转移图

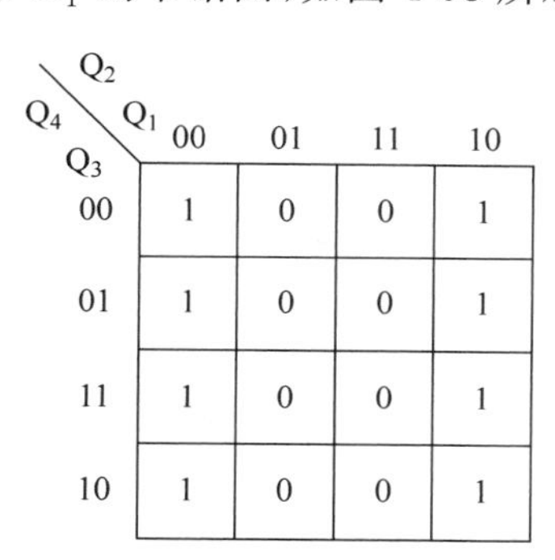

图 4-53　触发器 D_1 的卡诺图

根据填写的卡诺图，可得出触发器 D_1 的驱动方程为：$D_1=\overline{Q_1}$。

以此类推，填写触发器 D_2、D_3 和 D_4 的卡诺图，并得出相应驱动方程。

触发器 D_2 的驱动方程为：________________。

触发器 D_3 的驱动方程为：________________。

触发器 D_4 的驱动方程为：________________。

最后，根据驱动方程画出设计逻辑电路图，并利用 FPGA 实验板进行综合测试，记录实验结果，测试表格自拟。

5. 实验操作积累

在实验中利用 Quartus Prime 17.1 软件进行电路输入时，电路中每一个模块 inst 编号都是唯一的，如果重复编译，就会报错，要修改 inst 编号，D 触发模块的修改界面如图 4-54 所示。

6. 实验探索与提升

(1) 归纳总结时序电路分析和设计实验过程。

(2) 归纳总结时序电路的特性方程、输出方程、状态方程和驱动方程的概念。

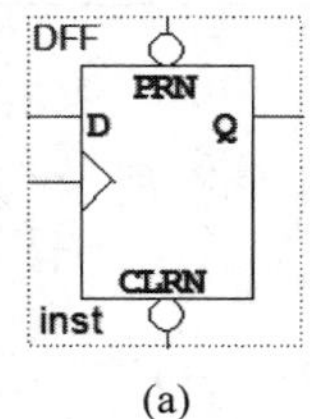

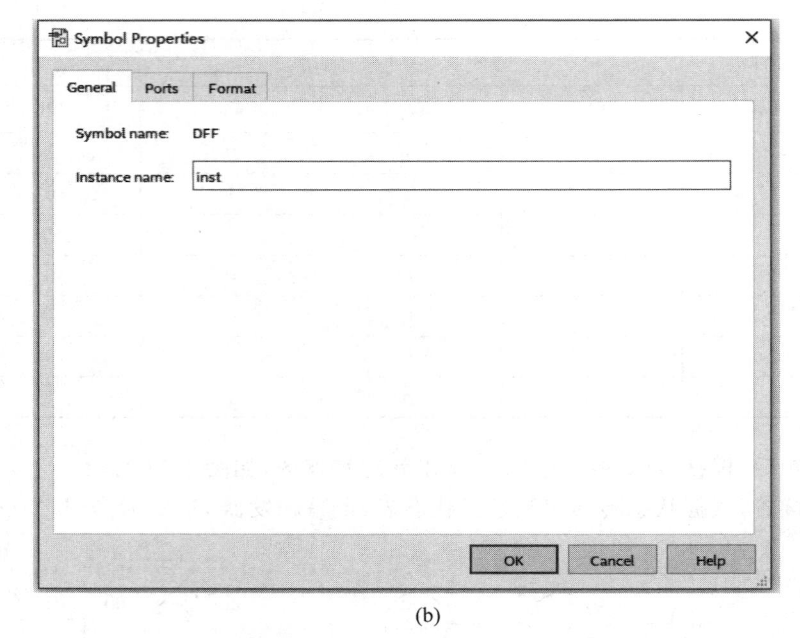

(a)　　(b)

图 4-54　D 触发模块和 inst 编号修改界面

(a) D 触发模块；(b) inst 编号修改界面

4.3.8　基础实验八：集成计数器基本功能及分频应用测试

1. 实验目的

(1) 掌握集成计数器 74161 模块的基本功能及测试方法；

(2) 学会嵌入式逻辑分析仪的使用方法。

2. 实验仪器设备

(1) 计算机；

(2) 新工科 FPGA 实验开发板；

(3) 互联网＋EDA 在线实验开发平台。

3. 实验原理

(1) 集成计数器 74161 模块逻辑功能介绍

集成计数器就是记录输入时钟脉冲个数的模块，本实验给出的 74161 模块为 4 位二进制同步加计数器模块，计数范围为 0000～1111，可用于计数和分频等电路设计，如图 4-55 所示。

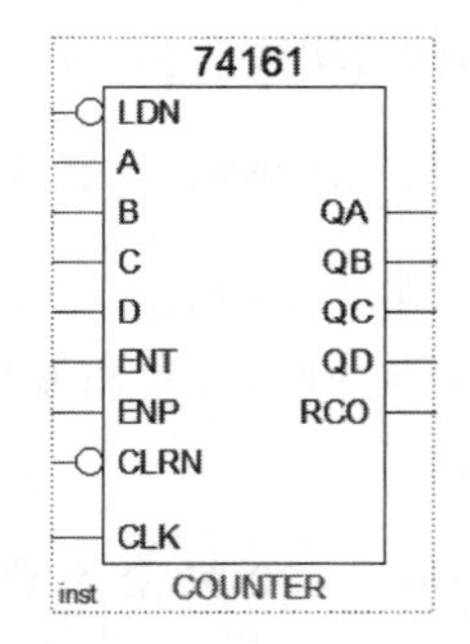

图 4-55　集成计数器 74161 模块

计数器模块中，CLRN 为清零端，LDN 为置数控制端，ENP/ENT 为计数使能端，CLK 为时钟脉冲输入端(上升沿作用)，QD、QC、QB、QA 为计数输出端，RCO 为进位输出端。其逻辑功能如表 4-23 所示。

表 4-23　集成计数器 74161 模块逻辑功能表

输入									输出			
清零 CLRN	置数 LDN	使能 ENP	使能 ENT	时钟 CLK	预置数据输入 D	C	B	A	QD	QC	QB	QA
0	×	×	×	×	×	×	×	×	0	0	0	0
1	0	×	×	↑	D3	D2	D1	D0	D3	D2	D1	D0
1	1	0	×	×	×	×	×	×	QDQCQBQA 和 RCO 都保持			
1	1	×	0	×	×	×	×	×	QDQCQBQA 保持,RCO=0			
1	1	1	1	↑	×	×	×	×	QDQCQBQA=0000,RCO=0			
1	1	1	1	↑	×	×	×	×	QDQCQBQA=0001,RCO=0			
		⋮				⋮			⋮			
1	1	1	1	↑	×	×	×	×	QDQCQBQA=1111,RCO=1			

(2) 嵌入式逻辑分析仪介绍

嵌入式逻辑分析仪(SignalTap Ⅱ)可以捕获和显示实时信号,是一款功能强大的FPGA 片上测试工具。SignalTap Ⅱ不需要将待测信号引出至 I/O 口,也不需要电路板走线,使用方便快捷,集成在 FPGA 开发工具 Quartus Prime 软件中。本次实验将用其观察74161 模块的输入与输出波形,分析 74161 模块输入输出时序关系。

4. 实验内容

74161 模块实验测试电路如图 4-56 所示,下载到 FPGA 实验板,记录实验结果,其综合测试表如表 4-24 所示。

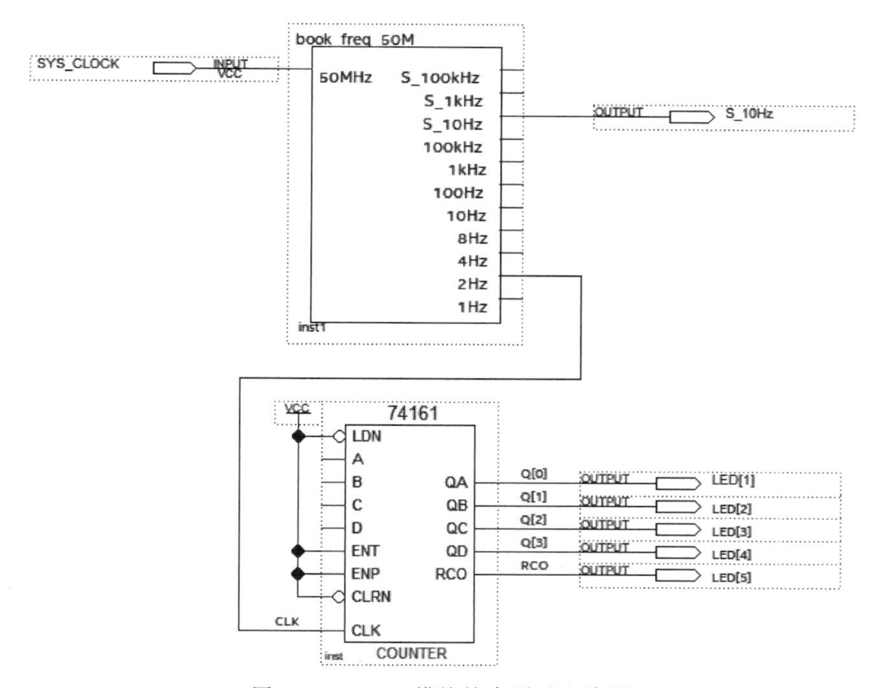

图 4-56　74161 模块综合测试电路图

表 4-24　74161 模块综合测试表

操作项目	输入	输出			
功能说明	时钟端	Q[3]	Q[2]	Q[1]	Q[0]
模块引脚	CLK 2Hz	LED[4]	LED[3]	LED[2]	LED[1]
LED 输出记录	↑	0	0	0	0
	↑				
	↑				
	↑				
	↑				
	↑				
	↑				
	↑				
	↑				
	↑				
	↑				
	↑				
	↑				
	↑				
	↑				
	↑				
嵌入式逻辑分析仪波形记录	Type Alias Name 0 4 8 12 16 20 24 28 32 36 40 44 48 52 56 60 64 68 72 76 80 84 88 92 96 100 104 108 112 CLK Q[3..0] Q[3] Q[2] Q[1] Q[0] RCO 输出信号与时钟脉冲的频率关系： $f_{Q[3]}$ =________ f_{CLK}，$f_{Q[2]}$ =________ f_{CLK}，$f_{Q[1]}$ =________ f_{CLK}， $f_{Q[0]}$ =________ f_{CLK}，f_{RCO} =________ f_{CLK}				

5. 实验操作积累

对编译通过并下载到实验板的电路，可用嵌入式逻辑分析仪观察实验电路中各节点在时钟信号作用下对应的波形。下面简要回顾一下嵌入式逻辑分析仪的操作流程，详细操作步骤请参考第 3 章相关内容。

(1) 新建一个嵌入式逻辑分析仪

打开主菜单“File”中的“New”子菜单，点选“Signal Tap Logic Analyzer File”，创建嵌入式逻辑分析仪(SignalTap Ⅱ)，如图 4-57 所示。

(2) 设置嵌入式逻辑分析仪界面

① 待观察输入输出信号设置：在“Data”窗口选择这次实验的输入输出节点，输入时钟

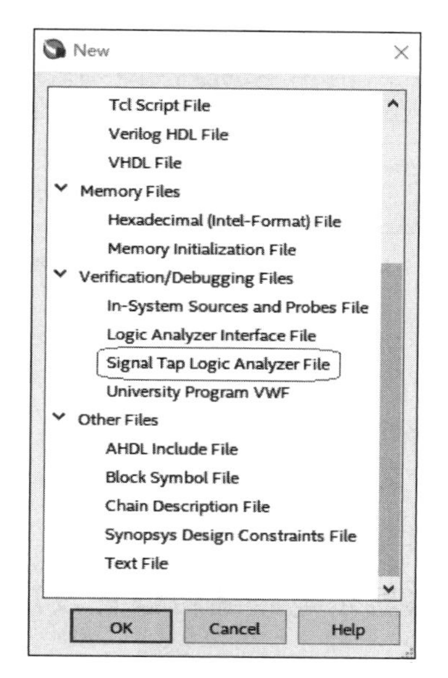

图 4-57　创建嵌入式逻辑分析仪窗口

信号 CLK、输出 Q 和 RCO。

② JTAG 链配置：在"Hardware"处选择"USB_Blaster"下载器。

③ 下载文件配置：在"SOF Manager"处选择项目下载文件，文件类型为".sof"。

④ 采样时钟信号设置：在"Clock"处设置为"S_10Hz"，因为本次实验电路时钟信号频率为 2Hz，所以采样时钟选取频率为 10Hz 的窄脉冲信号"S_10Hz"，一个周期采样点数 $N=5$ 点。

⑤ 采样深度设置：在"Sample depth"处设置为"128"。因为 74161 模块计数一周期采样点数为 5 点 * 16=80 点，所以设置"128"足够存储一周期采样数据。

嵌入式逻辑分析仪界面设置如图 4-58 所示。

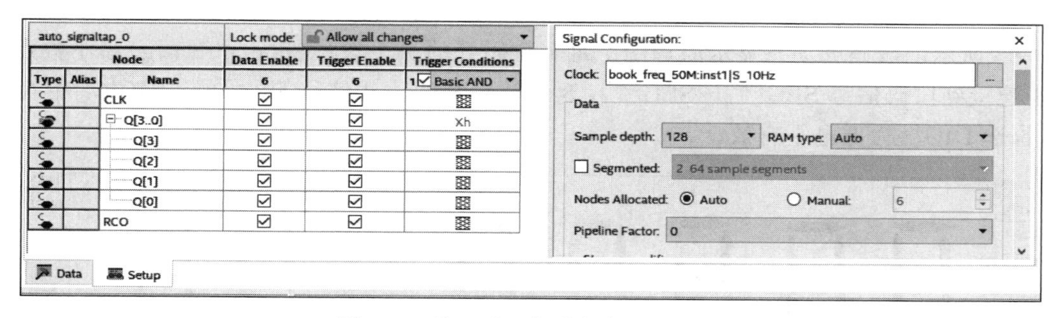

图 4-58　嵌入式逻辑分析仪界面设置

(3) 嵌入式逻辑分析仪实时显示波形

嵌入式逻辑分析仪实时显示波形如图 4-59 所示，从图中可观察出 74161 模块上升沿触发，输出从 0000 状态开始，计数循环状态(0000～1111)。从波形上还可观察到输出信号与输入时钟的频率关系，各输出信号的频率比输入时钟信号的频率低，分别实现了二、四、八和十六分频功能，如 $f_{Q[0]}=\frac{1}{2}f_{CLK}$，实现二分频。

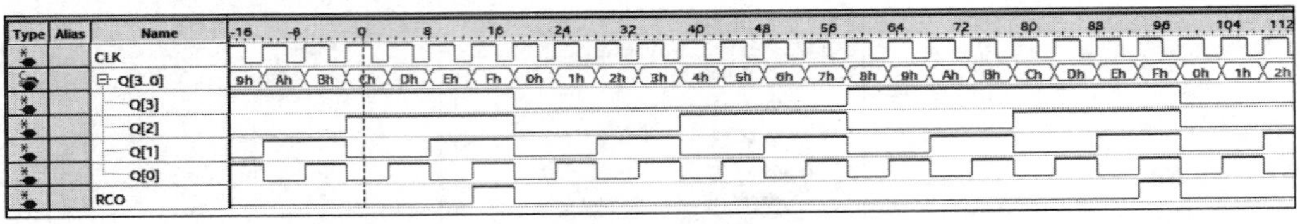

图 4-59　嵌入式逻辑分析仪实时显示波形截图

6. 实验探索与提升

（1）归纳总结嵌入式逻辑分析仪的操作流程。

（2）试着讨论采样信号为什么要选择窄脉冲信号，采样点数如何计算？

（3）试着例举几个计数器模块典型应用案例。

4.3.9　基础实验九：动态显示电路综合设计及应用测试

1. 实验目的

（1）掌握动态显示电路的原理和综合设计；

（2）学会动态显示电路的应用测试方法。

2. 实验仪器设备

（1）计算机；

（2）新工科 FPGA 实验开发板；

（3）互联网＋EDA 在线实验开发平台。

3. 实验原理

我们知道，当 FPGA 实验板装有多个数码管时，为了减少数码管占用 I/O 口，可采用如图 4-60 所示的数码管动态显示原理图。每个数码管的 7 个段（a、b、c、d、e、f、g）和小数点 h 分别连接到段码信号 SEG[0]～SEG[7]；8 个数码管的位选信号 DIG[0]～DIG[7]相互独立，位选 DIG[]为低电平有效。

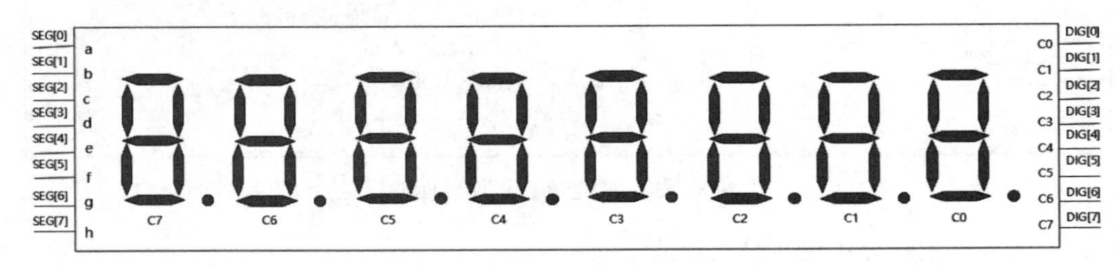

图 4-60　数码管动态显示原理图

如果希望 8 个数码管显示不同数字，就必须使位选 DIG[0]～DIG[7]分别单独选通，同时选通的数字通过显示译码产生段码 SEG[0]～SEG[7]的驱动信号。当位选信号的扫描足够快时，如本次实验采用 1ms 扫描速率，虽然每次只选通一个数码管，由于扫描足够快，利用人眼的视觉余晖效应，能够看见 8 个数码管同时显示不同数字。

视觉余晖效应就是人眼在观察视物时，光信号传入大脑神经需经过一个短暂的时间，光作用结束后视觉现象并不立即消失，存在视觉暂留现象。

4. 实验内容

(1) 8421BCD 码动态显示综合电路

依据实验原理设计 8421BCD 码动态显示综合电路，参考电路如图 4-61 所示。

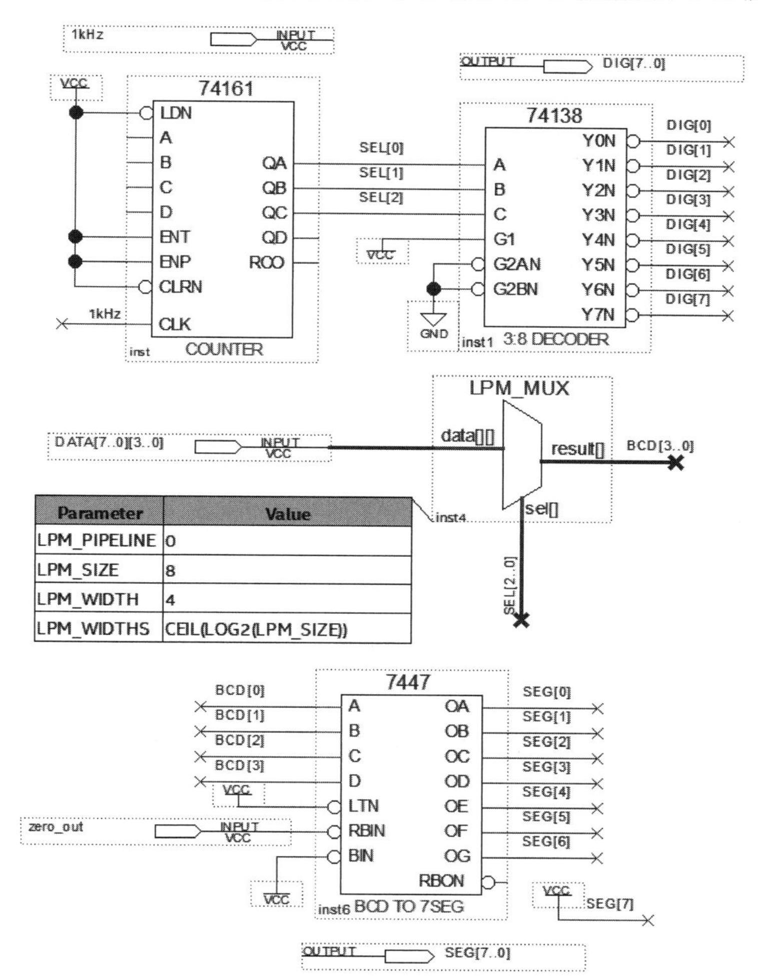

图 4-61　8421BCD 码动态显示综合设计参考电路

图 4-61 中利用 74161 计数器模块进行 1kHz 动态扫描，产生视觉余晖效应，达到视觉上 8 个数码管同时工作的现象。7447 模块的 RBIN 管脚引出“zero_out INPUT VCC”端子，通过外电路设置可让不使用的数码管消隐。

(2) 8421BCD 码动态显示电路综合测试

8421BCD 码动态显示实验测试电路如图 4-62 所示，下载到 FPGA 实验板，记录实验结果，其综合测试表如表 4-25 所示。

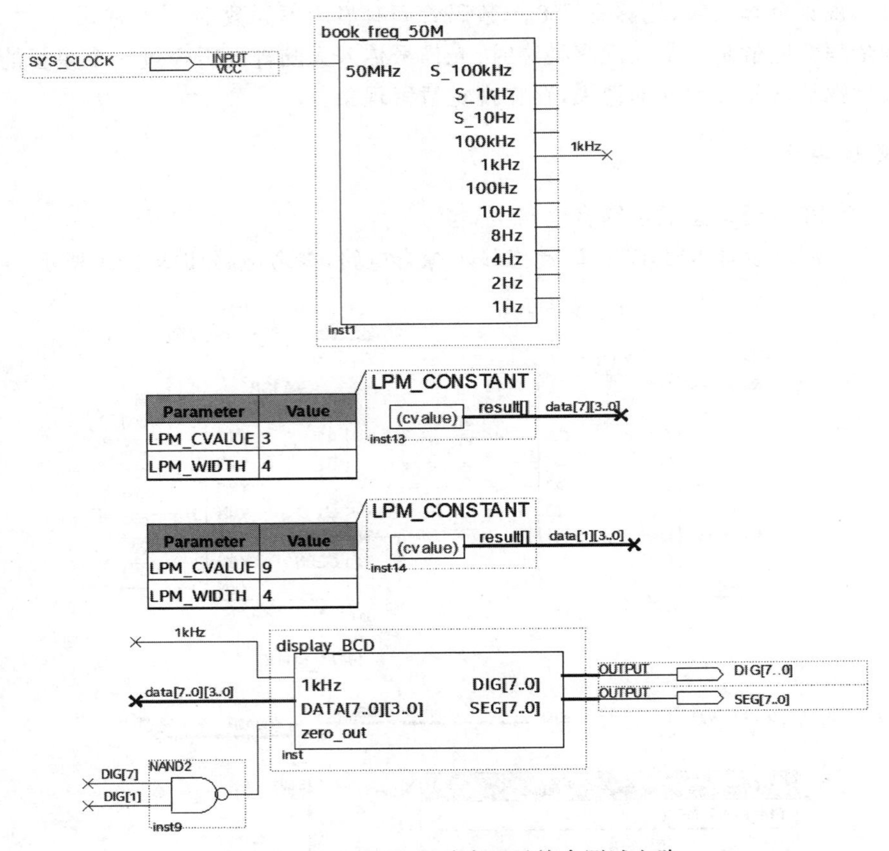

图 4-62　8421BCD 码动态显示综合测试电路

表 4-25　8421BCD 码动态显示电路综合测试表

操作项目	数码管显示							
模块引脚	DIG[7]	DIG[6]	DIG[5]	DIG[4]	DIG[3]	DIG[2]	DIG[1]	DIG[0]
显示数值								

5. 实验操作积累

创建动态显示电路模块的操作步骤如下。

首先，在打开的工程项目中新建原理图文件，输入图 4-61 所示的动态显示电路并保存为“display_BCD. bdf”文件。

然后，利用主菜单“File”下的“Create/Update”子菜单中的“Create Symbol Files for Current File”选项创建模块，创建的模块名字为“display_BCD. bsf ”。

6. 实验探索与提升

(1) 归纳总结 8421BCD 码动态显示综合电路设计思路。

(2) 如何对没有使用的数码管的无效数进行消隐(如 0018 的 00 消隐，显示为 18)?

4.3.10　基础实验十：任意进制计数器设计及综合测试

1. 实验目的

(1) 掌握集成计数器 74160 模块的基本逻辑功能；
(2) 学会 8421BCD 码任意进制加法计数器的设计及综合测试方法。

2. 实验仪器设备

(1) 计算机；
(2) 新工科 FPGA 实验开发板；
(3) 互联网＋EDA 在线实验开发平台。

3. 实验原理

(1) 集成计数器 74160 模块逻辑功能介绍

74160 模块是同步十进制加法计数器模块，其逻辑示意图如图 4-63 所示。图中 CLRN 为清零端，LDN 为置数控制端，ENP/ENT 为计数使能端，CLK 为时钟脉冲输入端(上升沿作用)，QD、QC、QB、QA 为计数输出端，RCO 为进位输出端。其逻辑功能如表 4-26 所示，74160 模块计数循环状态(0000～1001)。

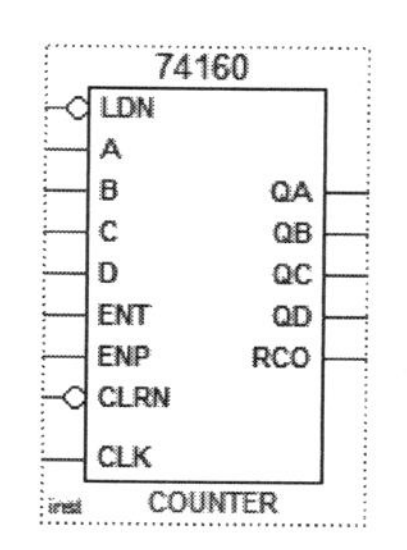

图 4-63　集成计数器 74160 模块

表 4-26　集成计数器模块 74160 逻辑功能表

输入									输出			
清零 CLRN	置数 LDN	使能 ENP	ENT	时钟 CLK	预置数据输入 D	C	B	A	QD	QC	QB	QA
0	×	×	×	×	×	×	×	×	0	0	0	0
1	0	×	×	↑	D3	D2	D1	D0	D3	D2	D1	D0
1	1	0	×	×	×	×	×	×	QDQCQBQA 和 RCO 都保持			
1	1	×	0	×	×	×	×	×	QDQCQBQA 保持，RCO＝0			
1	1	1	1	↑	×	×	×	×	QDQCQBQA＝0000，RCO＝0			
1	1	1	1	↑	×	×	×	×	QDQCQBQA＝0001，RCO＝0			
		⋮				⋮				⋮		
1	1	1	1	↑	×	×	×	×	QDQCQBQA＝1001，RCO＝1			

下面给出 74160 模块的时序图，如图 4-64 所示。由时序图可清楚看出输入与输出信号之间的时序关系。

(2) 用 74160 模块设计任意进制加法计数器

用 74160 模块构成任意进制加法计数器，有反馈清零和反馈置数两种设计方法。反馈清零法只适用于从零开始计数的逻辑电路设计，而反馈置数法起始计数可以是任意数字，电路设计更加灵活。下面介绍反馈置数法设计原理。

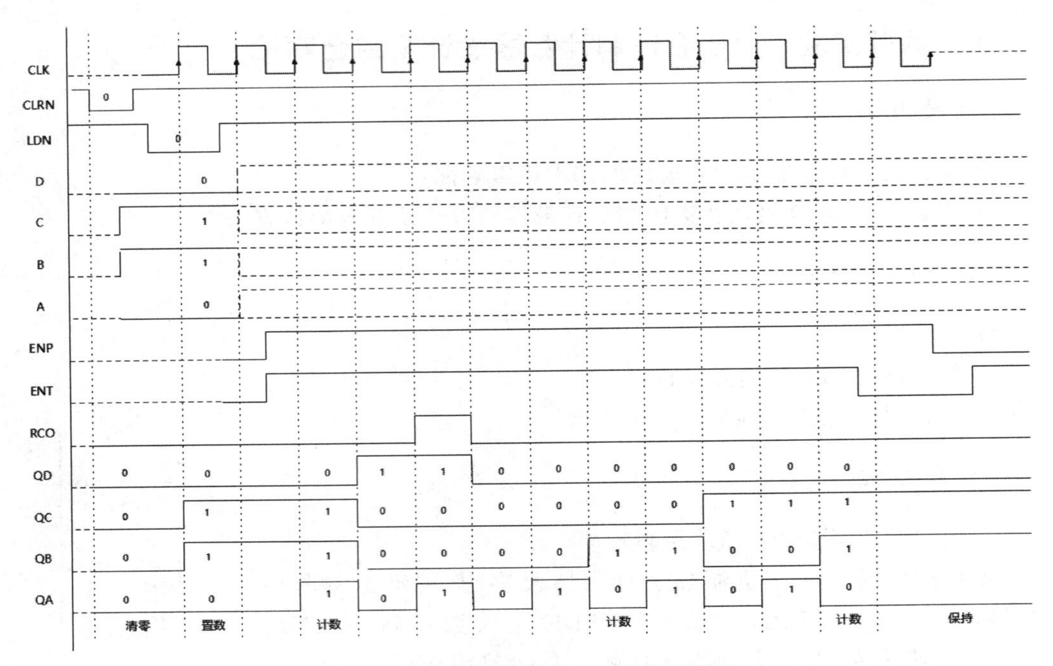

图 4-64 集成计数器 74160 模块时序图

反馈置数法：对于具有同步预置数功能的计数模块，如 74160 模块，在其计数过程中，可将输出的任何一个状态通过逻辑处理，产生一个预置控制信号并反馈至预置数控制端，在时钟脉冲作用下，计数器就会把预置数的状态置入输出端。预置控制信号消失后，设计的计数器就从被置入的状态开始重新计数。

【例 4-4】 用 74160 模块设计一个 12 进制加法计数器，计数初值为 01。

因为设计电路为 12 进制计数器，$N(=12)>M(=10)$，所以需要两个 74160 模块。设计电路计数初值为 01，转换成 8421BCD 码为 0000 0001；而计数末值＝初值＋计数长度－1，即 01＋12－1＝12，转换成 8421BCD 码为 0001 0010，那么计数范围为 01～12。设计电路如图 4-65 所示。

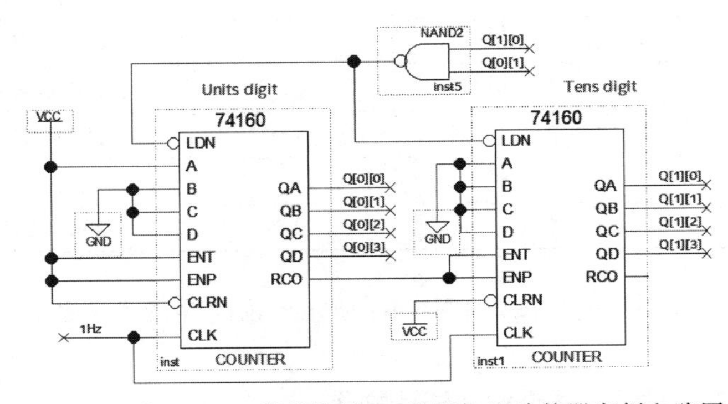

图 4-65 利用 74160 模块设计 12 进制加法计数器案例电路图

图 4-65 中，左边的 74160 模块为计数个位，其使能端 ENT＝ENP＝1，清零端 CLRN＝1，一直处于计数状态；右边的 74160 模块为计数十位，其清零端 CLRN＝1，使能端 ENT＝

ENP 接至个位 74160 模块进位输出端 RCO 上。从 74160 模块的时序图可以知道,只有个位计数满时 RCO 才输出高电平,此时十位处于计数状态,在时钟上升沿作用下十位计入一个脉冲。然后,个位 RCO 输出低电平,十位停止计数,处于保持状态。

当加计数输出末值 12(8421BCD 码为 0001 0010)时,与非门输出低电平使控制置数端 LDN 为低电平,当时钟下一个上升沿作用时,将初值 01(8421BCD 码为 0000 0001)置入,使计数电路从初值重新开始计数。

综合测试参考电路如图 4-66 所示,综合测试时需添加分频和动态显示模块。

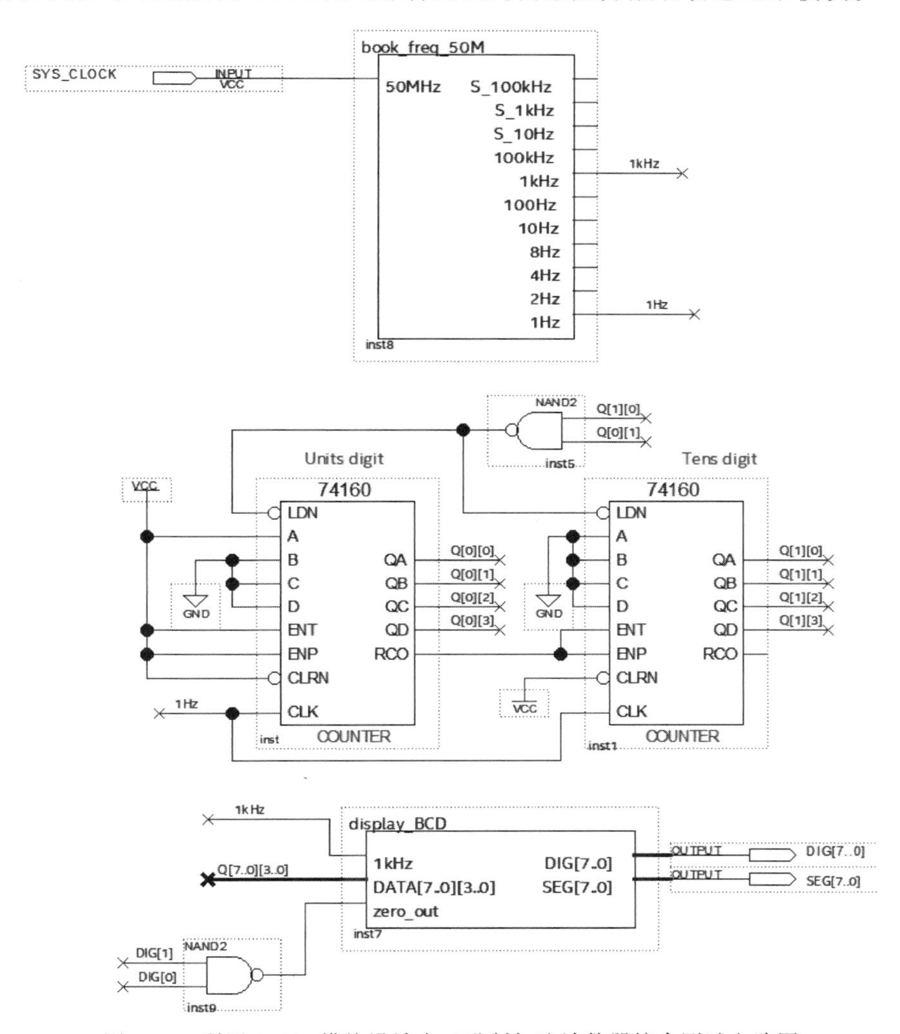

图 4-66　利用 74160 模块设计十二进制加法计数器综合测试电路图

4. 实验内容

用 74160 模块设计任意进制计数器。

设计要求:利用反馈置数法设计一个二十四进制加法计数器,计数初值为学生学号末三位。在图 4-67 所示电路模块的基础上,完成设计电路并进行综合测试,实测数据填入表 4-27 中。

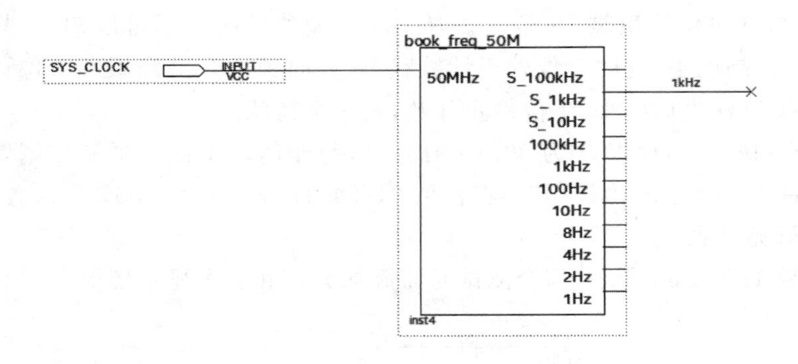

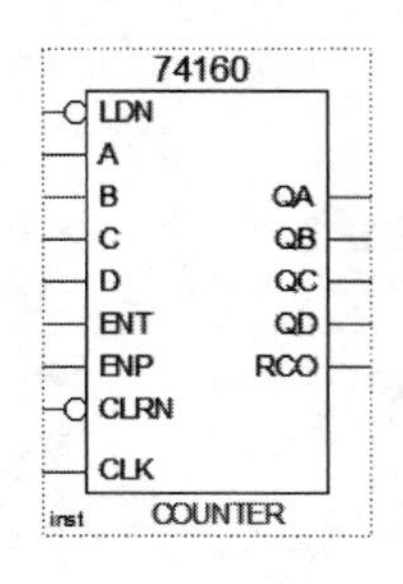

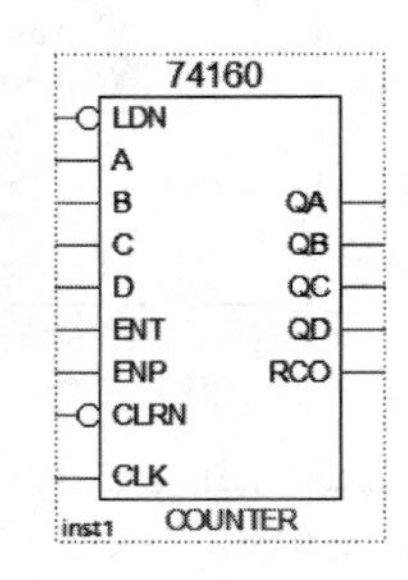

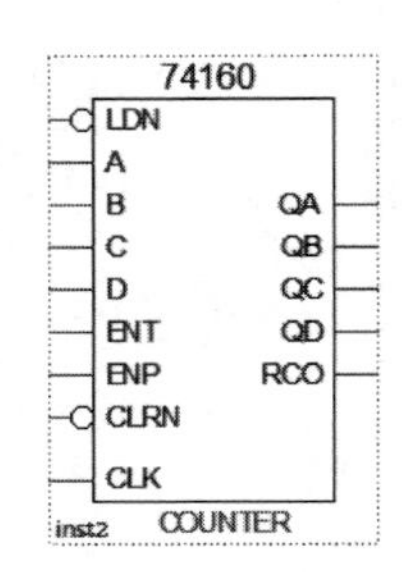

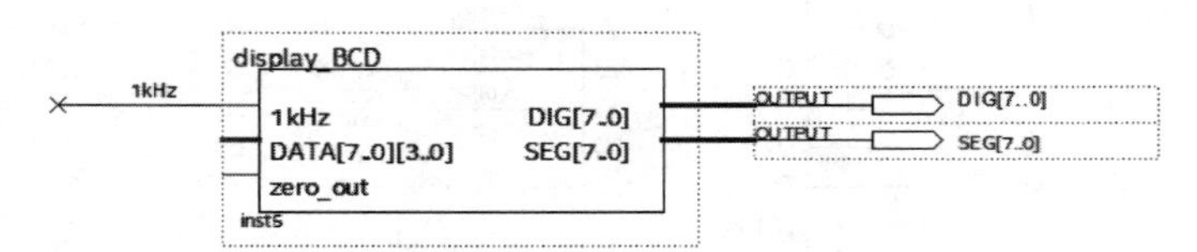

图 4-67　8421BCD 码加法计数器设计基础电路

表 4-27　加法计数器设计电路综合测试表

数码管输出记录	以状态转移图形式给出： (000)→
嵌入式逻辑分析仪记录	

5. 实验操作经验积累

(1) 电路输入模块方向调整

在输入电路时,有时为方便电路连接,模块可以进行方向调整。如与非门模块,通过点击鼠标右键,在弹出的菜单中选择"Flip Horizontal",可将模块水平翻转,图4-68为与非门模块水平翻转对比图。

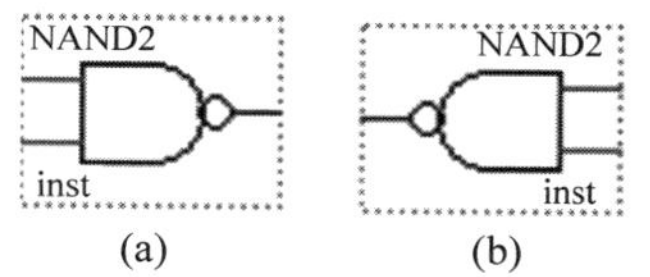

图4-68　与非门模块水平翻转对比图
(a) 新建模块;(b) 水平翻转

(2) 电路注释

在较复杂的电路设计中,可以在一些电路周围加注释,注释字体颜色默认为绿色,如在图4-66中的"Tens digit"就是注释,起到解释说明的作用。

6. 实验探索与提升

(1) 归纳总结利用74160模块设计任意进制计数器的电路设计方法。
(2) 在电路综合测试时,对没有使用的数码管如何实现消隐?

4.3.11　基础实验十一:任意进制减法计数器设计及测试

1. 实验目的

(1) 掌握集成计数器74168模块的基本逻辑功能;
(2) 学会8421BCD码任意进制减法计数器设计及综合测试方法。

2. 实验仪器设备

(1) 计算机;
(2) 新工科FPGA实验开发板。

3. 实验原理

(1) 集成计数器74168模块逻辑功能介绍

74168模块是同步十进制加/减计数器模块,其逻辑示意图如图4-69所示。图中,U/DN为加/减计数方式控制端,LDN为置数控制端,ENPN/ENTN为计数使能端,CLK为时钟脉冲输入端,Q3、Q2、Q1、Q0为输出端,TCN为进位/借位输出端。其逻辑功能如表4-28所示。

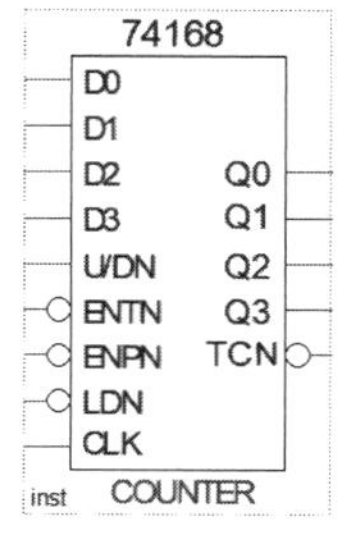

图4-69　集成计数74168模块

表 4-28 集成计数 74168 模块逻辑功能表

输入									输出			
计数控制 U/DN	置数 LDN	使能 ENPN	使能 ENTN	时钟 CLK	预置数据输入 D3	D2	D1	D0	Q3	Q2	Q1	Q0
×	0	×	×	↑	D3	D2	D1	D0	D3	D2	D1	D0
U/DN=1 加计数 TCN 进位	1	1	×	×	×	×	×	×	Q3Q2Q1Q0 和 TCN 都保持			
	1	×	1	×	×	×	×	×	Q3Q2Q1Q0 保持,TCN=1			
	1	0	0	↑	×	×	×	×	Q3Q2Q1Q0=0000,TCN=1			
	1	0	0	↑	×	×	×	×	Q3Q2Q1Q0=0001,TCN=1			
	⋮				⋮				⋮			
	1	0	0	↑	×	×	×	×	Q3Q2Q1Q0=1001,TCN=0			
U/DN=0 减计数 TCN 借位	1	1	×	×	×	×	×	×	Q3Q2Q1Q0 和 TCN 都保持			
	1	×	1	×	×	×	×	×	Q3Q2Q1Q0 保持,TCN=1			
	1	0	0	↑	×	×	×	×	Q3Q2Q1Q0=1001,TCN=1			
	1	0	0	↑	×	×	×	×	Q3Q2Q1Q0=1000,TCN=1			
	⋮				⋮				⋮			
	1	0	0	↑	×	×	×	×	Q3Q2Q1Q0=0000,TCN=0			

(2) 用 74168 模块设计任意进制减法计数器

利用 74168 模块设计任意进制加法计数器可以参考本章“基础实验十”中介绍的 74160 模块设计思路,这里不再赘述。

对于具有同步预置数功能的 74168 计数模块,设计减法计数器同样可以采用反馈置数法。

【例 4-5】 用 74168 模块设计一个十二进制减法计数器,计数初值为 12。

因为设计电路为十二进制计数器,$N(=12)>M(=10)$,所以需要两个 74168 模块。设计电路计数初值为 12,转换成 8421BCD 码为 0001 0010;而计数末值=初值-计数长度+1,即 12-12+1=01,转换成 8421BCD 码为 0000 0001,那么计数范围为 12~01。设计电路如图 4-70 所示。

图 4-70 中,左边的 74168 模块为计数个位,其使能端 ENTN=ENPN=0,计数控制端 U/DN=0,一直处于减计数状态;右边的 74168 模块为计数十位,使能端 ENTN=ENPN 接至个位 74168 模块借位输出端 TCN 上。从 74168 模块的逻辑功能表可以知道只有个位减计数不足时 TCN 才输出低电平,此时十位处于减计数状态,在时钟作用下十位减计数一次。然后,个位 TCN 输出高电平,十位停止计数,处于保持状态。

预置数是通过参数化比较器 LPM_COMPARE 模块,将减计数输出 Q[1..0][3..0]与参数化 LPM_CONSTANT 模块预存数 01 进行比较,当减计数输出末值 01 时比较器输出高电平,再通过非门处理,输出低电平信号,控制置数端 LDN,将初值 12(8421BCD 码为 0001 0010)置入,使计数电路从初值重新开始计数。对设计电路进行综合测试时,需添加分频和动态显示模块。

4. 实验内容

用 74168 模块设计任意进制计数器。

设计要求:利用反馈置数法设计一个二十四进制减法计数器,计数初值为 100 加上学

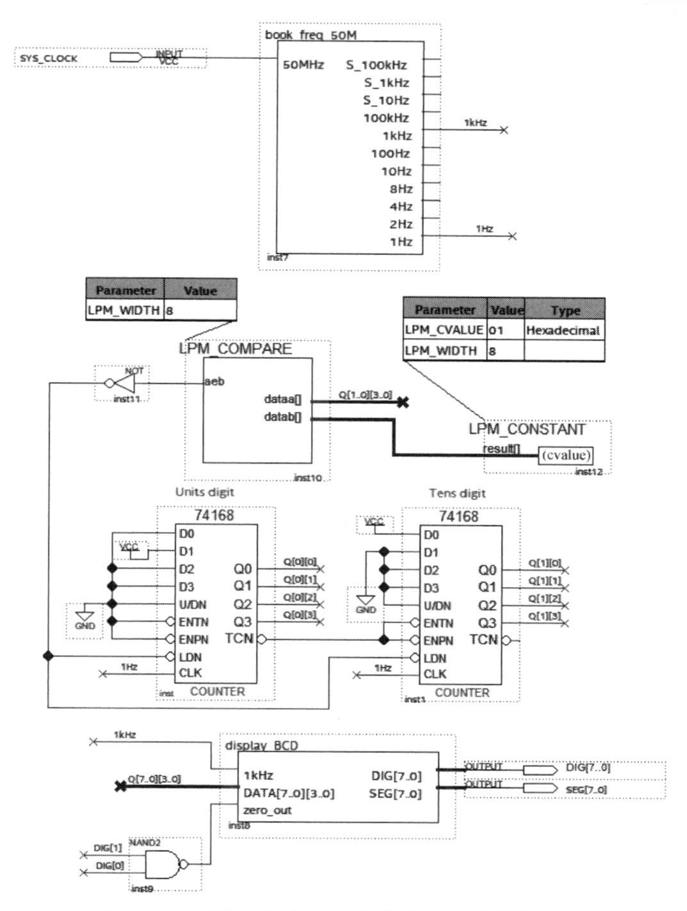

图 4-70　利用 74168 模块设计十二进制减法计数器综合测试电路图

生学号后三位。在图 4-71 所示电路模块基础上，完成设计电路并进行综合测试，实测数据填入表 4-29 中。

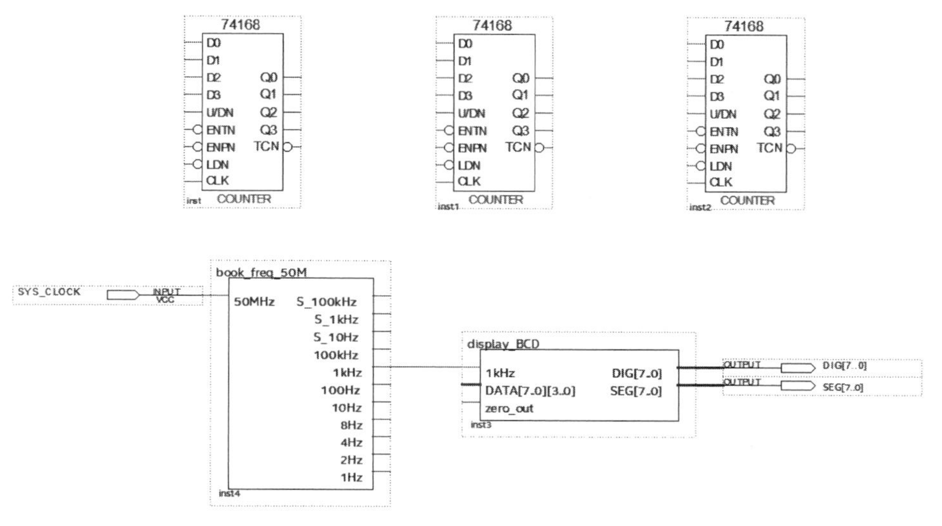

图 4-71　8421BCD 码减法计数器设计基础电路

表 4-29 减法计数器设计电路综合测试表

数码管输出记录	以状态转移图形式给出：
嵌入式逻辑分析仪记录	

5. **实验操作积累**

对综合编译通过的原理图文件，可利用主菜单“Tools”中的“Netlist Viewers”子菜单中的“RTL Viewer”查看生成的网表，从网表可以看出数据流的运动路径、运动方向和运动结果。对前面介绍的用 74168 模块设计减法计数器案例生成的网表如图 4-72 所示。

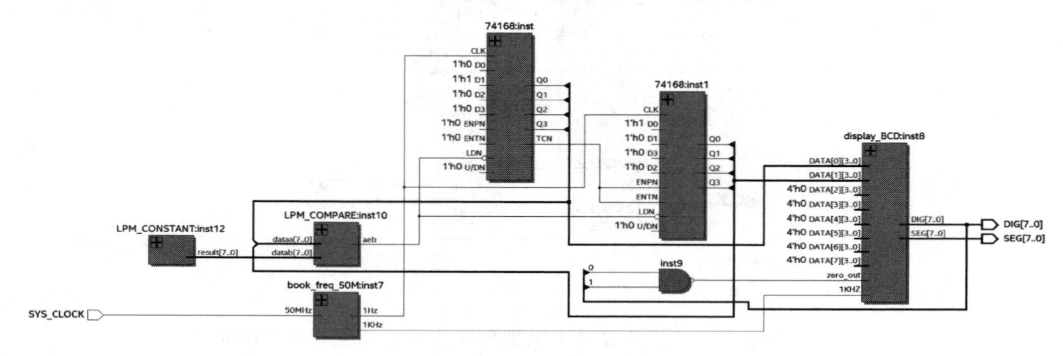

图 4-72 利用 74168 模块设计减法计数器案例生成网表图

6. **实验探索与提升**

(1) 归纳总结利用 74168 模块设计任意进制减法计数器的设计思路。

(2) 试着利用参数化比较器和 74168 模块，采用反馈置数法设计加法计数器，给出设计电路并进行综合测试。

4.3.12 基础实验十二：基于状态机的时序逻辑电路设计及测试

1. **实验目的**

(1) 掌握有限状态机实现时序逻辑电路的方法；

(2) 学会利用状态机设计任意时序逻辑电路并进行综合测试。

2. **实验仪器设备**

(1) 计算机；

(2) 新工科 FPGA 实验开发板。

3. 实验原理

（1）状态机法简介

状态机是有限状态机（FSM）的简称，是一种在有限个状态之间按一定规律转换的时序电路。

状态机法就是根据给出的逻辑问题，进行逻辑抽象，得到输入信号与输出信号之间的逻辑关系，画出状态转移图。然后在 FPGA 开发软件中利用状态机向导，输入状态转移图中的信息，如输入信号、状态与状态转移设置、输出信号等，通过软件编译完成逻辑电路设计。

根据状态机的输出与输入关系，可将状态机分为两大类，即米勒（Mealy）型状态机和摩尔（Moore）型状态机。米勒型状态机设计的逻辑电路输出不仅取决于当前状态，还取决于输入信号；摩尔型状态机设计的逻辑电路输出仅取决于当前状态。

（2）利用状态机法设计逻辑电路案例

【例 4-6】 利用状态机法设计一个星期显示电路，用数码管显示 1、2、3、4、5、6、8，其中数码显示“8”代表星期日。

首先，根据设计要求画出状态转移图，如图 4-73 所示。

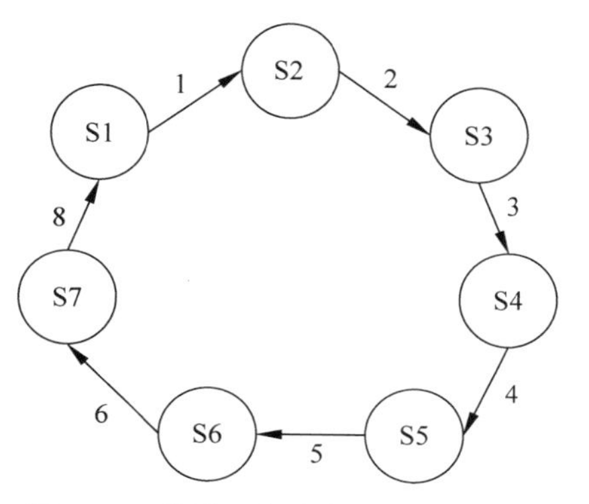

图 4-73　设计星期案例的状态转移图

根据设计要求，设定状态有 S1、S2、S3、S4、S5、S6 和 S7 七个逻辑状态，各状态输出依次为 1、2、3、4、5、6、8。

然后，在 FPGA 开发软件中，利用状态机向导生成状态转移图，如图 4-74 所示。

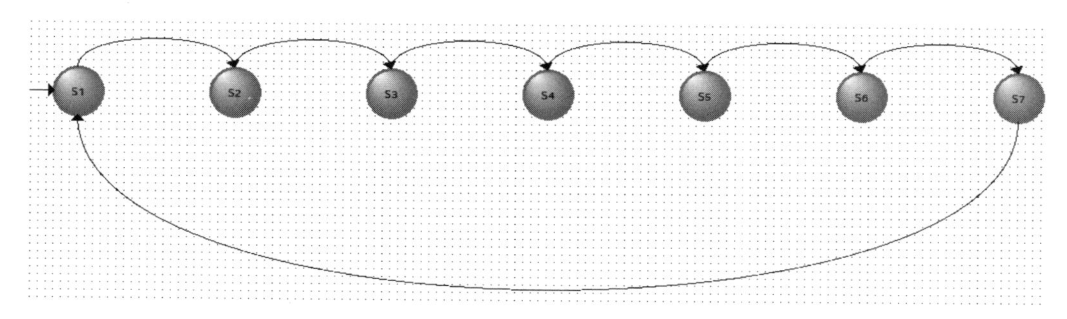

图 4-74　利用状态机向导输入状态转移图

接着，将状态转移图转换成 Verilog HDL 文件，并创建模块如图 4-75 所示。

最后，添加分频和动态显示模块，对设计电路进行综合测试，如图 4-76 所示。

可见，利用状态机控制各个状态的跳转流程是行为级设计方法。特别是在复杂逻辑电路设计时，可突破现有逻辑模块功能约束，而且不存在卡诺图填写和化简问题，简化了设计过程。

4. 实验内容

利用状态机法设计一个扭环计数器。

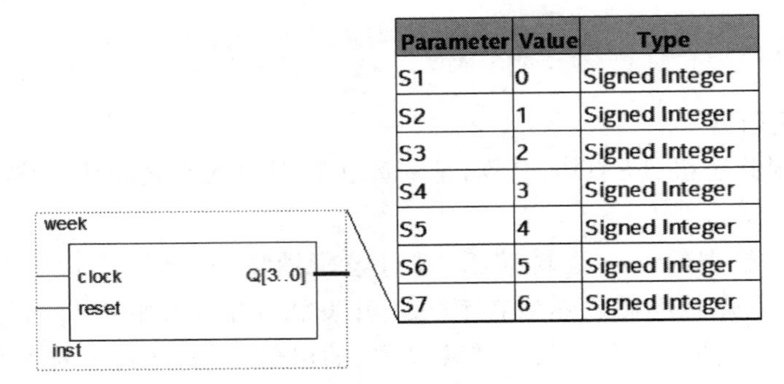

图 4-75 对转换的星期 Verilog HDL 文件创建 week 模块

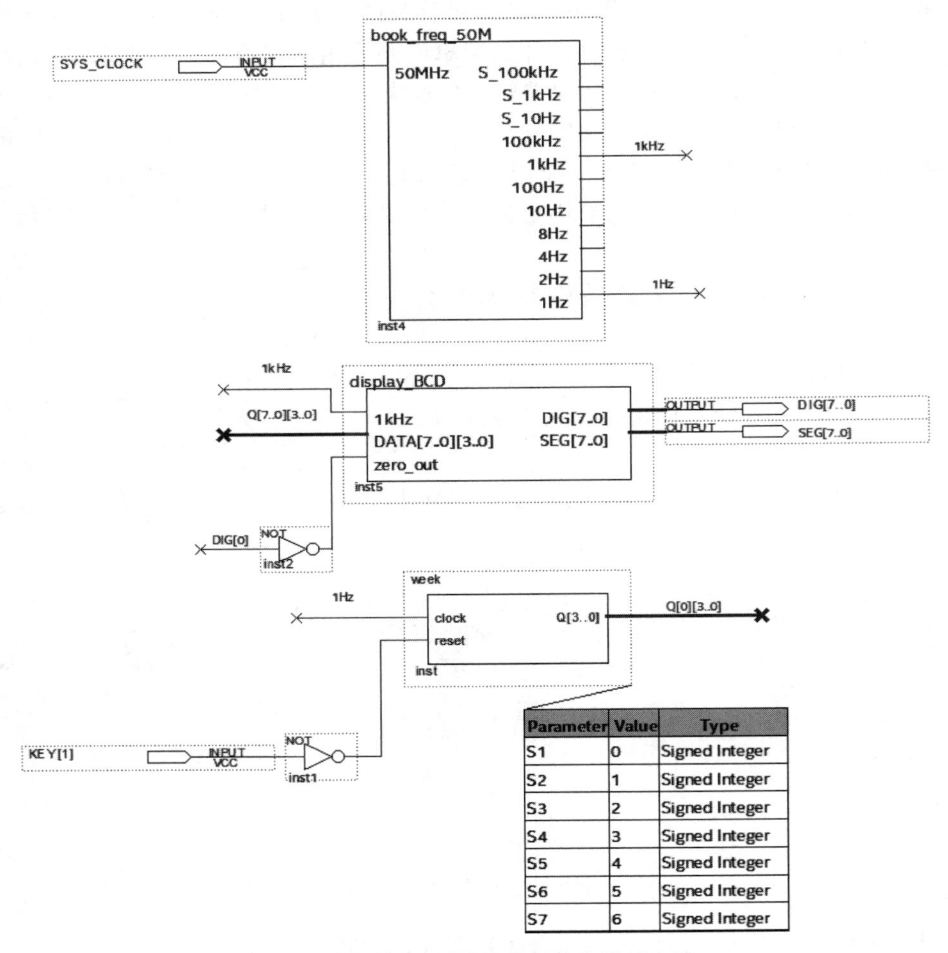

图 4-76 星期显示设计案例综合测试电路

设计要求：具有自启动的 4 位扭环计数器的状态转移图如图 4-77 所示，完成电路设计并进行综合测试，自拟测试表格。

5. 实验操作积累

以前面介绍的星期显示电路设计案例为例，给出基于状态机向导的实验操作过程。

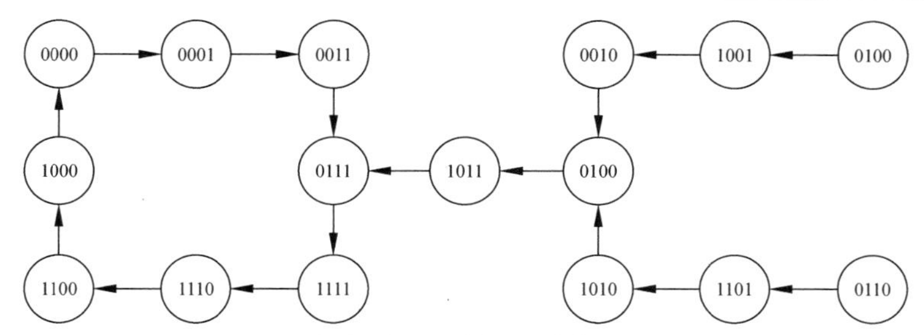

图 4-77　具有自启动的 4 位扭环计数器的状态转移图

(1) 新建状态机文件

在菜单“New”中点击“State Machine File”选项，新建状态机文件，如图 4-78 所示。

(2)输入状态转移图

在新建状态机文件中，利用状态机向导输入状态转移图。具体操作过程如下：

首先，点击图标打开状态机向导视窗，如图 4-79 所示。视窗中的选项“Create a new state machine design”用于新建状态机，而选项“Edit an existing state machine design”可对已创建的状态机进行修改。这里选择新建状态机选项。

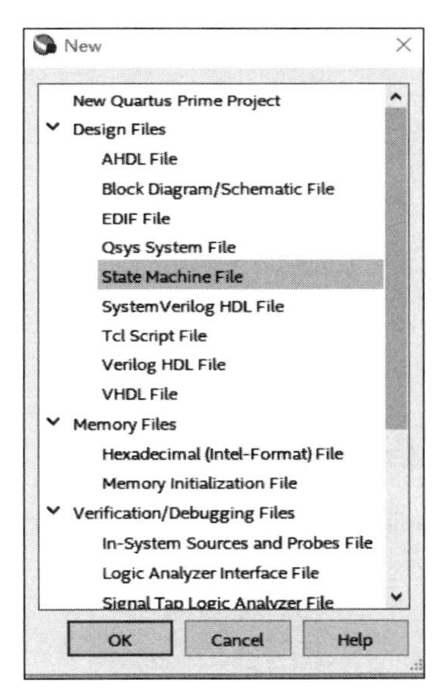

图 4-78　创建状态机界面

图 4-79　状态机向导视窗

然后，根据状态机向导进行状态输入和设置，完成状态转移图输入。状态机向导设置界面包括一般设置“General”、输入“Inputs”、输出“Outputs”、状态“States”、状态转移“Transitions”、状态行为输出“Actions”选项。本案例中，在一般设置“General”界面中选择同步“Synchronous”，勾选高电平复位“Reset is active-high”，如图 4-80 所示。

设置输入“Inputs”界面：本案例采用默认选项：一个时钟“Clock”，另一个复位“Reset”，如图 4-81 所示。

设置输出“Outputs”界面：本案例中，输出变量设置为 Q[3:0]，4bit 数据输出，如图 4-82 所示。

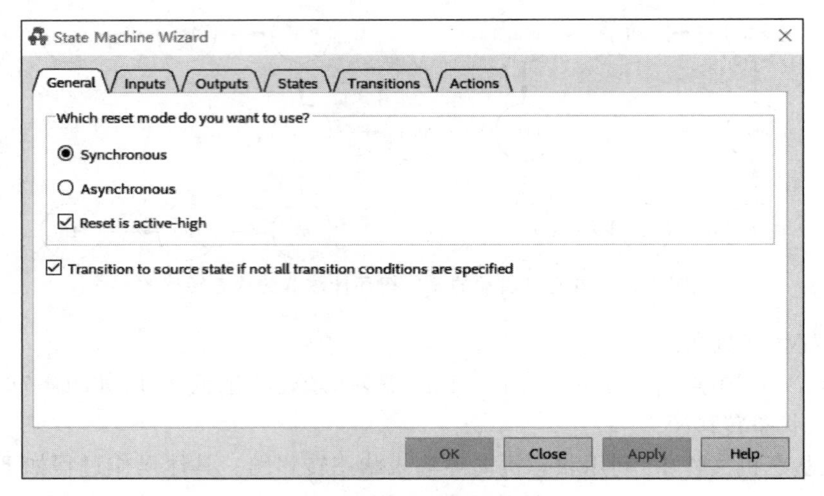

图 4-80 状态机向导中的 General 设置界面

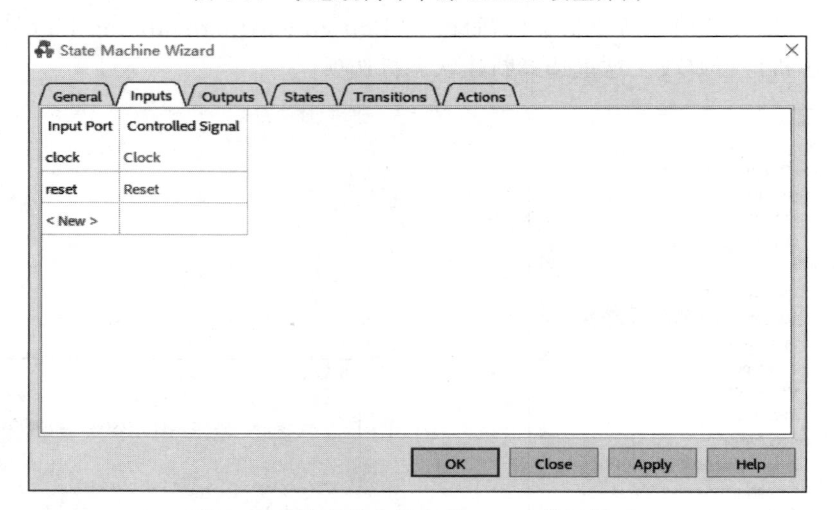

图 4-81 状态机向导中的 Inputs 设置界面

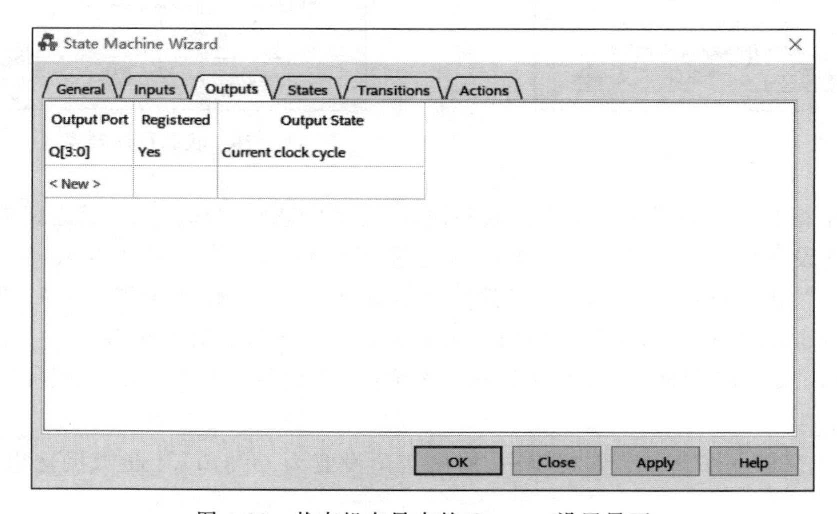

图 4-82 状态机向导中的 Outputs 设置界面

设置状态“States”界面：本案例中，依据状态转移图 4-73 设置为 S1、S2、S3、S4、S5、S6 和 S7，其中 S1 状态的“Reset”设置为“Yes”，表明 S1 为初态，如图 4-83 所示。

State Machine Wizard
General
Inputs
Outputs
States
Transitions
Actions
State
Reset
S1
Yes
S2
No
S3
No
S4
No
S5
No
S6
No
S7
No
< New >
OK
Close
Apply
Help

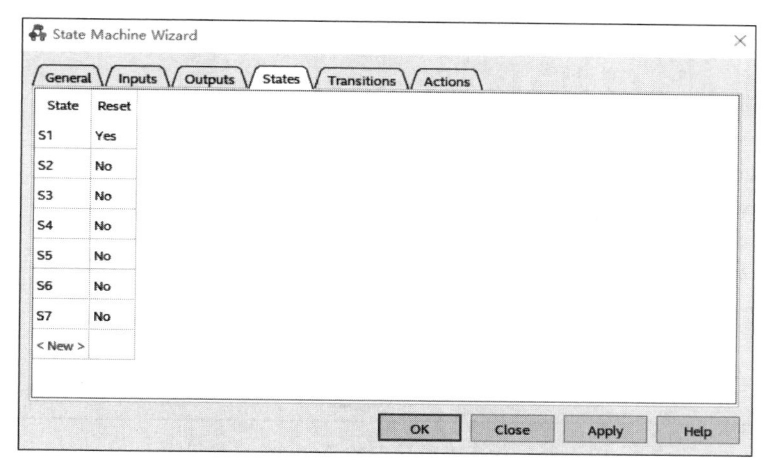

图 4-83　状态机向导中 States 设置界面

设置状态转移“Transitions”界面：依据状态转移图 4-73 设置，如图 4-84 所示。

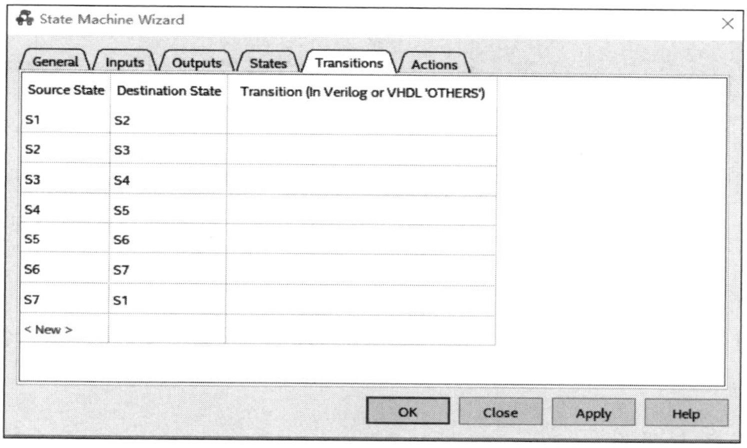

State Machine Wizard
General
Inputs
Outputs
States
Transitions
Actions
Source State
Destination State
Transition (In Verilog or VHDL 'OTHERS')
S1
S2
S2
S3
S3
S4
S4
S5
S5
S6
S6
S7
S7
S1
< New >
OK
Close
Apply
Help

图 4-84　状态机向导中的 Transitions 设置界面

设置状态行为输出“Actions”界面：依据状态转移图 4-73 设置，在“Output Value”栏输入各状态对应的输出值，如图 4-85 所示。

最后，利用状态机向导设置好状态，保存并生成状态转移图，如图 4-74 所示。

(3) 创建电路模块

利用图标 HDL 将状态转移图生成 Verilog HDL 设计文件，操作界面如图 4-86 所示。

对于生成的 Verilog HDL 文件，在模块“module week”设置中将输出 Q[3:0]更改成 Q，如图 4-87 所示，更改后保存。如不更改，将在下面创建模块时报错。

利用主菜单“File”下的“Create/Update”子菜单中的选项“Create Symbol Files for Current File”为更改后保存的 Verilog HDL 文件创建模块，本实验案例创建的模块为“week. bsf ”文件。

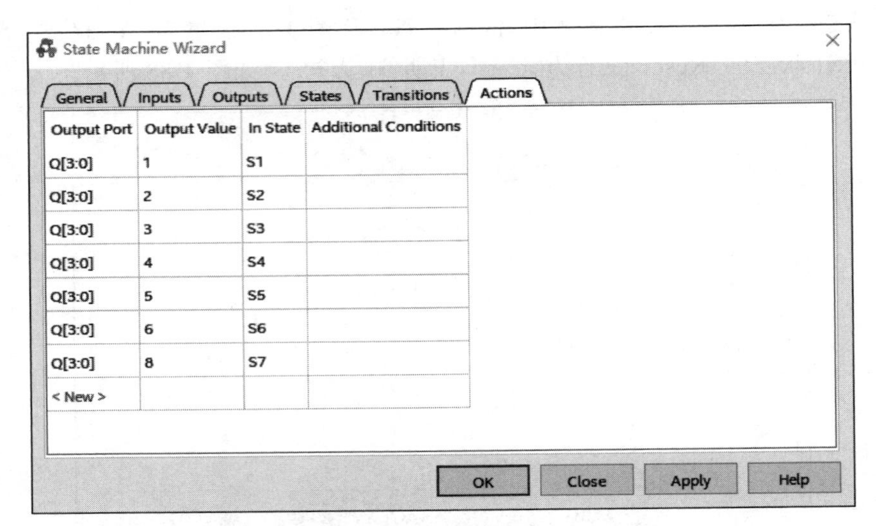

图 4-85 状态机向导中的 Actions 设置界面

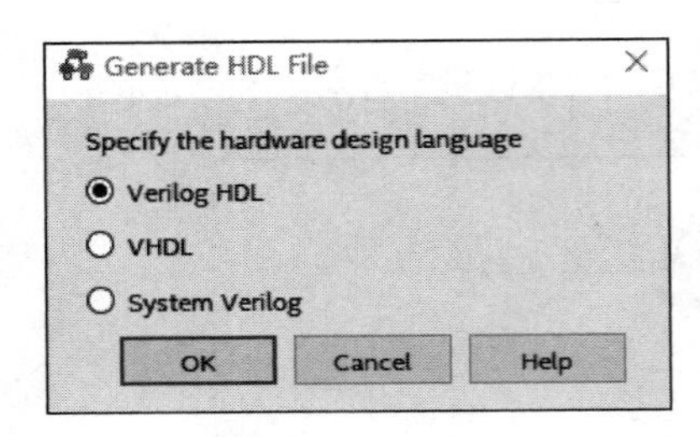

图 4-86 将状态转移图生成 Verilog HDL 设计文件

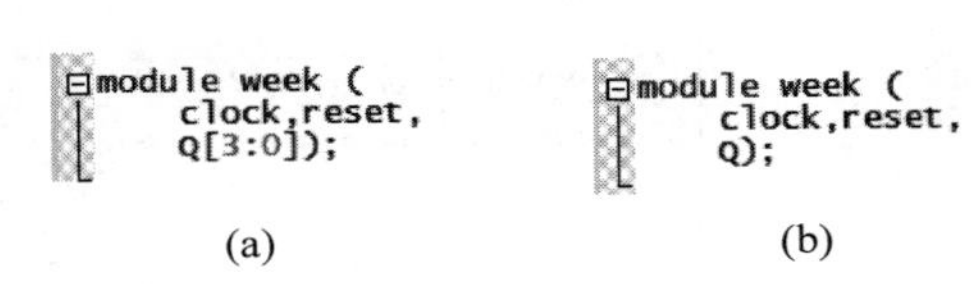

图 4-87 更改生成 Verilog HDL 文件

(a) 更改前输出 Q[3:0]；(b) 更改后输出 Q

(4) 综合测试

根据生成的电路模块，添加分频和动态显示模块，对设计电路进行综合测试，测试电路如图 4-76 所示。

6. 实验探索与提升

(1) 归纳总结利用状态机设计时序逻辑电路的思路。

(2) 归纳总结利用状态机向导完成实验综合测试的操作过程。

4.3.13 基础实验十三：移位寄存器电路分析及综合测试

1. 实验目的

(1) 掌握移位寄存器 74194 模块的逻辑功能；

(2) 学会利用 74194 模块进行移位寄存器电路分析及综合测试。

2. 实验仪器设备

(1) 计算机；

(2) 新工科 FPGA 实验开发板；

(3) 互联网＋EDA 在线实验开发平台。

3. 实验原理

74194 模块为移位寄存器，可以实现左移位/右移位逻辑功能，其逻辑示意图如图 4-88 所示。输入端口有时钟输入端 CLK，清零端 CLRN，移位控制端 S1 和 S0，并行数据输入端 D、C、B、A、左移位串行数据输入端 SLSI，右移位串行数据输入端 SRSI；输出端口 QA、QB、QC、QD 为并行输出，其逻辑功能表如表 4-30 所示。

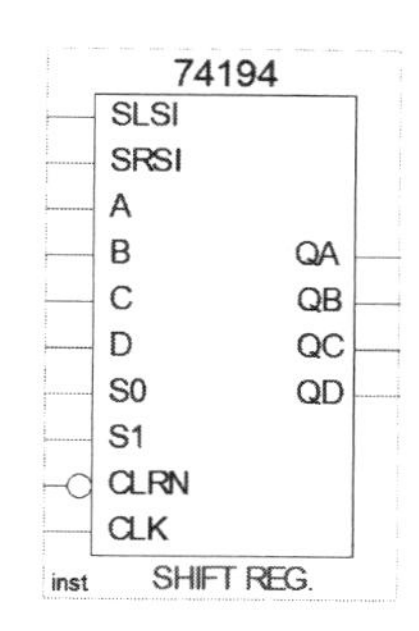

图 4-88　移位寄存器 74194 模块

表 4-30　移位寄存器 74194 逻辑功能表

输入										输出				逻辑功能
清零	控制信号		串行输入		并行输入				时钟	QA	QB	QC	QD	
CLRN	S1	S0	左移 SLSI	右移 SRSI	D	C	B	A	CLK					
0	×	×	×	×	×	×	×	×	×	0	0	0	0	清零
1	1	1	×	×	D	C	B	A	↑	D	C	B	A	置数
1	1	0	D_L	×	×	×	×	×	↑	QB	QC	QD	D_L	左移
1	0	1	×	D_R	×	×	×	×	↑	D_R	QA	QB	QC	右移
1	0	0	×	×	×	×	×	×	↑	QA	QB	QC	QD	保持

表 4-30 中，左移输入端 SLSI 送入串行数据 D_L，右移输入端 SRSI 送入串行数据 D_R。

4. 实验内容

移位寄存电路分析及综合测试：利用 74194 模块构成 8 位右移位寄存器，实验测试电路如图 4-89 所示，下载到 FPGA 实验板，记录实验结果，其综合测试表如表 4-31 所示。

5. 实验操作积累

基于嵌入式逻辑分析仪的综合电路调试和测试界面设置如图 4-90 所示。

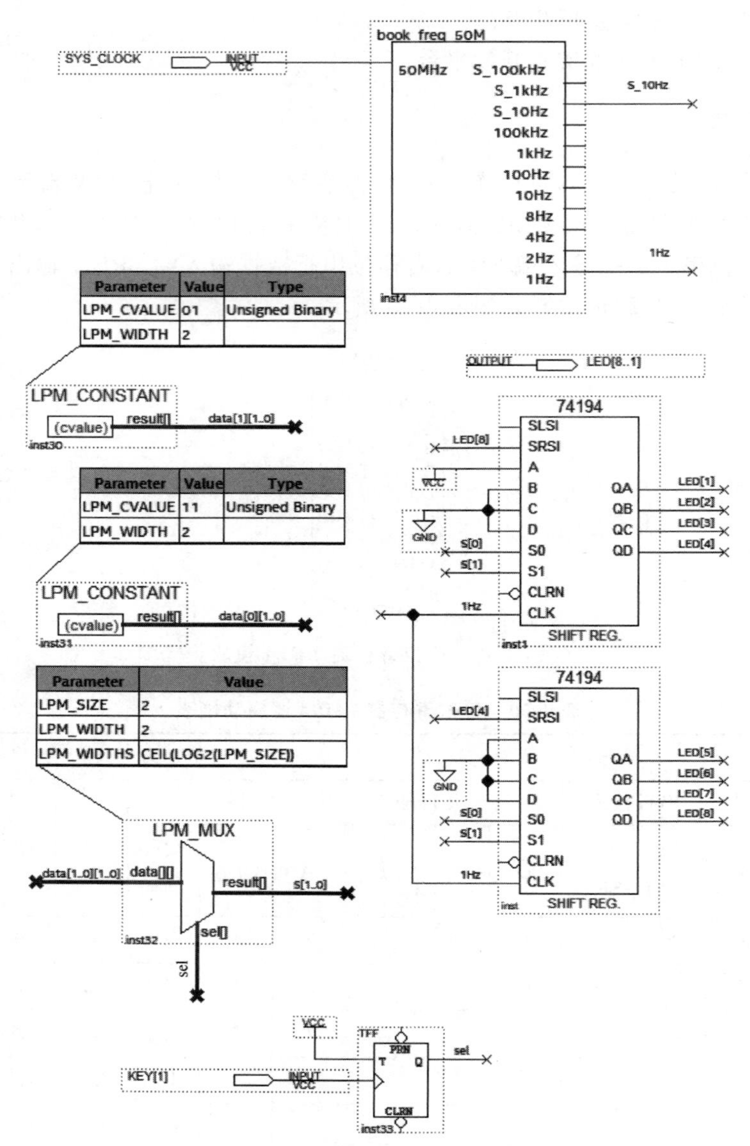

图 4-89 8位右移位寄存器综合测试电路图

表 4-31 8位右移位寄存器综合测试表

项　目	内　容
实验电路综合分析	1. 分析各模块实现功能。 2. 分析综合电路如何实现右移位功能
实验电路综合测试	自拟测试表,记录测试结果

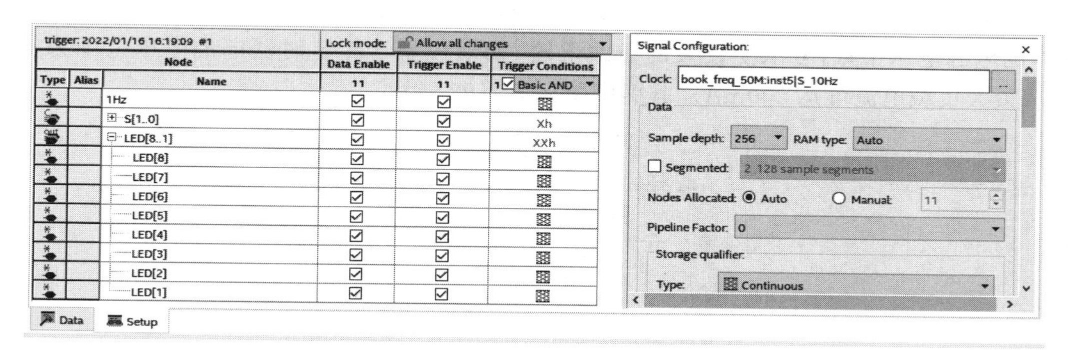

图 4-90　综合测试电路的嵌入式逻辑分析仪设置界面

嵌入式逻辑分析仪输出波形图如图 4-91 所示。

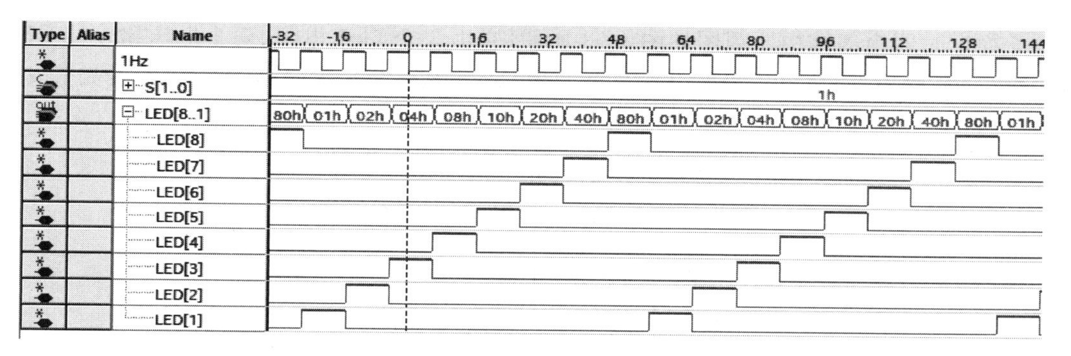

图 4-91　嵌入式逻辑分析仪输出波形截图

6. 实验探索与提升

(1) 利用 74194 模块设计 8 位左移位寄存器电路并进行综合测试。

(2) 如何将 74194 模块设计的左移、右移位寄存器电路合并成一个综合电路?

4.3.14　基础实验十四：555 时基电路综合测试

1. 实验目的

(1) 掌握 555 时基电路的结构和工作原理；

(2) 学会利用 FPGA 实验板进行 555 时基电路综合测试。

2. 实验仪器设备

(1) 计算机；

(2) 新工科 FPGA 实验开发板；

(3) 互联网＋EDA 在线实验开发平台。

3. 实验原理

555 时基电路也叫 555 定时器，简称 555，是一种将模拟电路与数字电路的功能巧妙结合在一起的多用途单片集成电路，它是模拟电路与数字电路完美结合的典型。555 定时器工作的电源电压很宽，可承受较大的负载电流，如双极型 555 定时器电源电压范围为 5～16V，最大负载电流可达 200mA。其引脚图如图 4-92 所示。

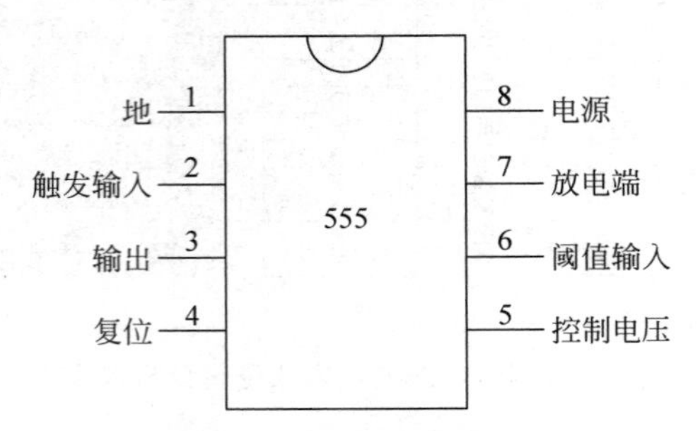

图 4-92　555 定时器引脚图

555 定时器内部结构原理图如图 4-93 所示，它由 3 个 5kΩ 电阻、两个电压比较器 C1 和 C2、基本 RS 触发器、放电三极管 T_D 及缓冲器 G3 组成。555 定时器逻辑功能表如表 4-32 所示。

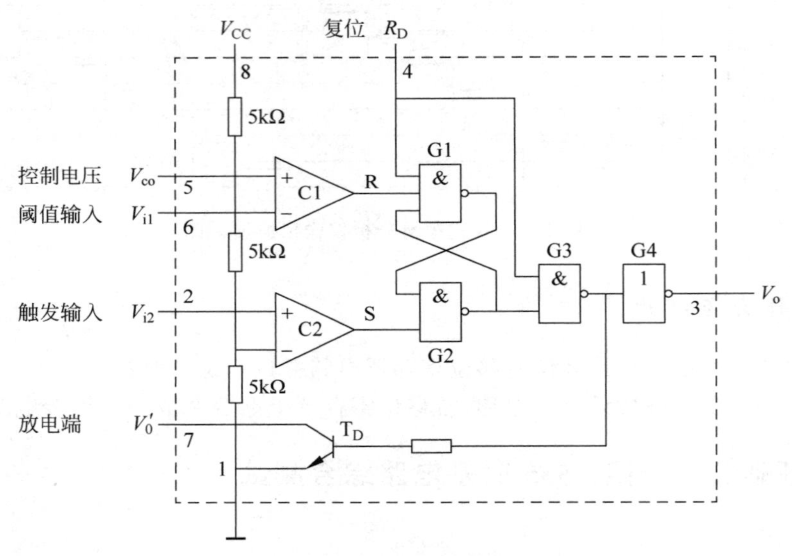

图 4-93　555 定时器内部结构原理图

表 4-32　555 定时器逻辑功能表

输　入			输　出	
阈值输入 V_{i1}	触发输入 V_{i2}	复位 R_D	输出 V_o	放电三极管 T_D
×	×	0	0	导通
$<\frac{2}{3}V_{CC}$	$<\frac{1}{3}V_{CC}$	1	1	截止
$<\frac{2}{3}V_{CC}$	$>\frac{1}{3}V_{CC}$	1	保存	不变
$>\frac{2}{3}V_{CC}$	$>\frac{1}{3}V_{CC}$	1	0	导通

4. 实验内容

按照图 4-94 所示电路构成 555 多谐振荡器，利用 FPGA 实验板和嵌入式逻辑分析仪观察并测试输出波形，记录实验波形和数据。

（1）将开关 S_1 和 S_2 拨到上边即开关 3 脚，555 多谐振荡器的参数为 $R_{10}=15\text{k}\Omega$，$R_{11}=10\text{k}\Omega$，$C_1=0.033\mu\text{F}$。

（2）将开关 S_1 和 S_2 拨到下边即开关 1 脚，555 多谐振荡器的参数为 $R_{20}=10\text{k}\Omega$，$R_{21}=15\text{k}\Omega$，$C_1=0.033\mu\text{F}$。

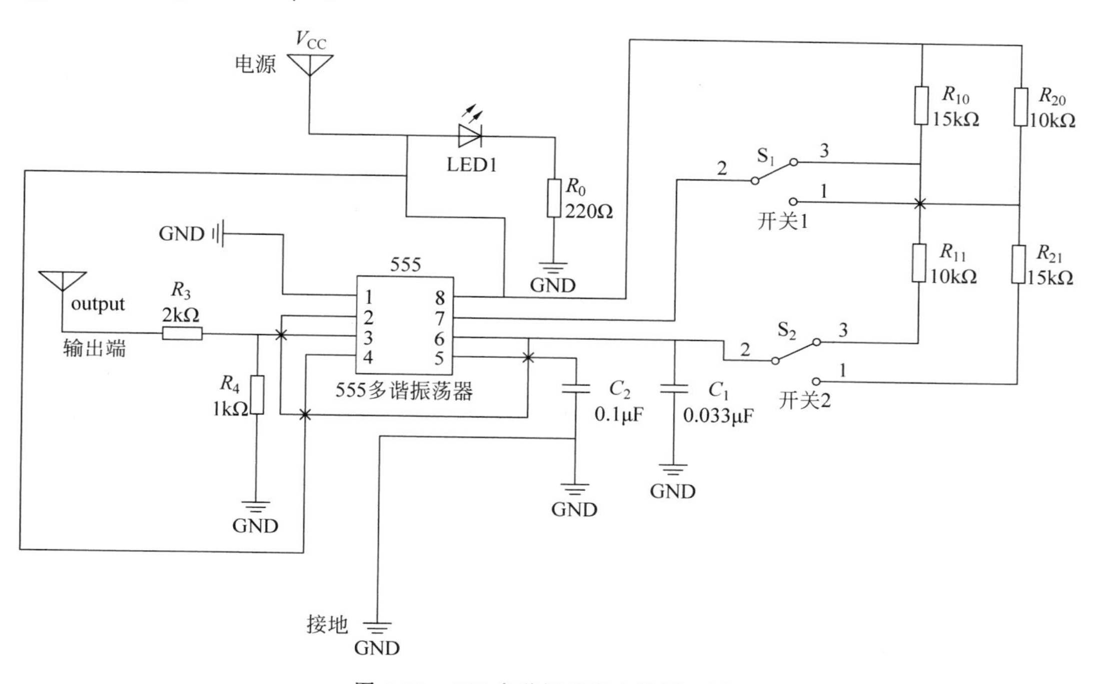

图 4-94　555 多谐振荡器电路原理图

利用 FPGA 实验板测试 555 多谐振荡器输出波形，综合测试电路如图 4-95 所示。

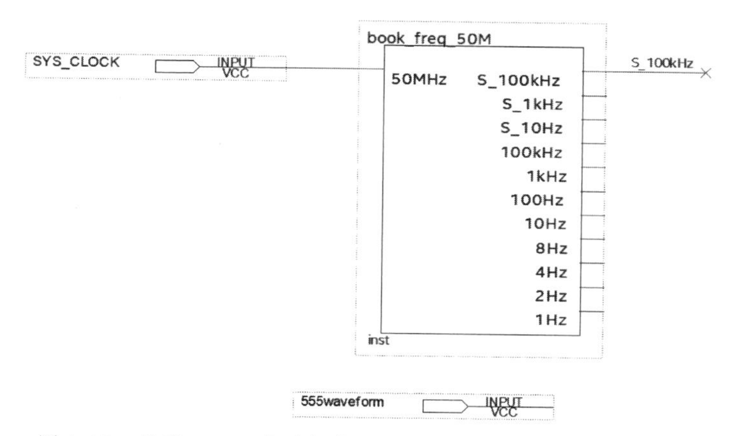

图 4-95　基于 FPGA 实验板的 555 多谐振荡器综合测试电路图

本实验中，555 多谐振荡器输出端通过杜邦线与 FPGA 实验板相连，将 555 多谐振荡信号送入 FPGA 芯片中，图 4-95 中输入端子"555waveform"送入的就是 555 多谐振荡信号，通过嵌入式逻辑分析仪观察波形和进行数据测试，测试结果记录到表 4-33 中。

表 4-33　555 多谐振荡器综合测试表

<table>
<tr><th>操 作 项 目</th><th colspan="2">理 论 计 算</th></tr>
<tr><td rowspan="4">将 S_1 和 S_2 拨到上边即开关 3 脚，电路参数为
$R_{10}=15\text{k}\Omega, R_{11}=10\text{k}\Omega$,
$C_1=0.033\mu\text{F}$</td><td>频率计算公式：
$$f=\frac{1}{0.7(R_{10}+2R_{11})C_1}$$
占空比计算公式：
$$q=\frac{R_{10}+R_{11}}{R_{10}+2R_{11}}$$</td><td>理论计算结果：
$f=$________kHz
$q=$________%</td></tr>
<tr><td colspan="2">嵌入式逻辑分析仪波形记录：</td></tr>
<tr><td colspan="2">测试数据</td></tr>
<tr><td>测试 555waveform 信号周期：
$T_{\text{clk55}}=$________μs
一个周期中正半周时长：
$T_{\text{P}}=$________μs</td><td>测试数据处理：
频率：$f=$________kHz
占空比：$q=$________%</td></tr>
<tr><td>将 S_1 和 S_2 拨到下边即开关 1 脚，电路参数为
$R_{20}=10\text{k}\Omega, R_{21}=15\text{k}\Omega$,
$C_1=0.033\mu\text{F}$</td><td colspan="2">重新测试，自拟表格记录波形与数据</td></tr>
</table>

5. 实验操作积累

基于嵌入式逻辑分析仪的综合测试界面设置如图 4-96 所示。

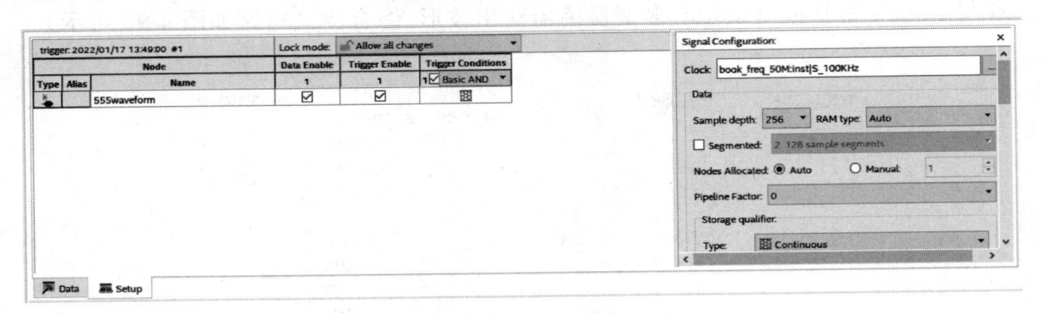

图 4-96　综合测试电路的嵌入式逻辑分析仪界面设置

嵌入式逻辑分析仪的 555 多谐振荡器输出波形图如图 4-97 所示。

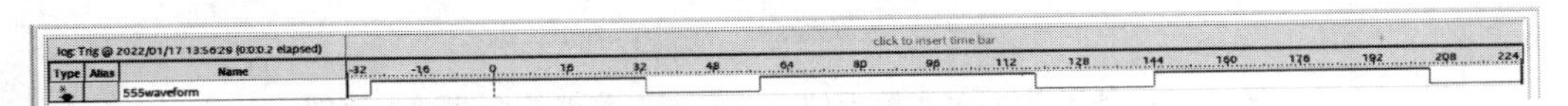

图 4-97　基于嵌入式逻辑分析仪的 555 多谐振荡器输出波形截图

图 4-97 中，测试波形图上方标尺为测试采样点数。为了便于测量信号周期，这里将采样点数转换成时间显示，在图 4-97 中的灰白“click to insert time bar”处点击鼠标右键，选择菜单“Time Units”，如图 4-98 所示。因为本实验中采样信号频率为 100kHz，所以这里“Time”处设置 $T_s=\frac{1}{100\text{kHz}}=10\mu s$。

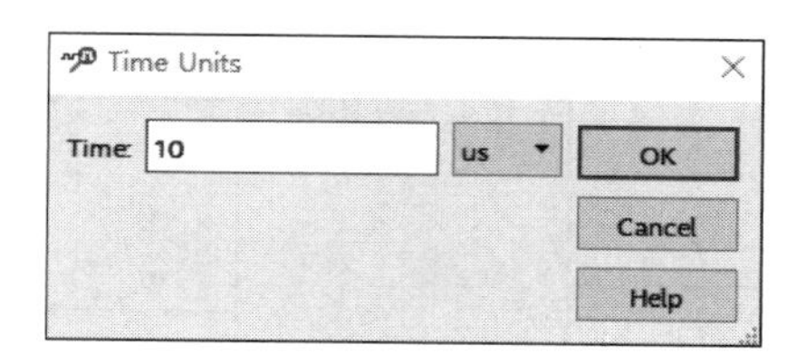

图 4-98　采样周期设置窗口

将鼠标移到红色波形上方的灰白“click to insert time bar”处，点击鼠标左键，插入测试线，以 330μs 粗线为测试基准线，＋850μs 是与基准线的时间差，850μs 正是 555 多谐振荡器输出波形周期 T，如图 4-99 所示。

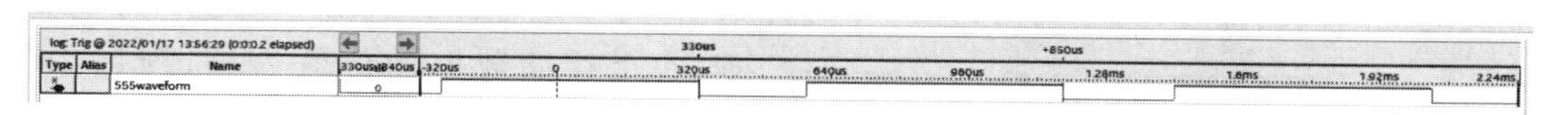

图 4-99　基于嵌入式逻辑分析仪的 555 多谐振荡器输出波形测试图

6. 实验探索与提升

(1) 试着讨论嵌入式逻辑分析仪测试数据精度与采样信号频率选取的关系，如何才能提高测量精度呢？

(2) 通过两组测量数据对比，试着讨论多谐振荡器输出频率和占空比与元件参数的关系。

4.3.15　基础实验十五：ROM 功能测试实验

1. 实验目的

(1) 掌握只读存储器(read-only memory，ROM)的基本工作原理；

(2) 学会读取 ROM 存储数据的综合电路设计与测试。

2. 实验仪器设备

(1) 计算机；

(2) 新工科 FPGA 实验开发板；

(3) 互联网＋EDA 在线实验开发平台。

3. 实验原理

(1) ROM 简介

半导体存储器按功能划分为两大类，即只读存储器(ROM)和随机存储器(random

access memory,RAM)。ROM 一般由专用装置写入数据，数据写入后不能随意改写，具有非易失性，用于读出数据。而 RAM 一般既可读出数据，也可写入数据。

本实验只介绍 ROM 的使用，ROM 内部结构框图如图 4-100 所示。

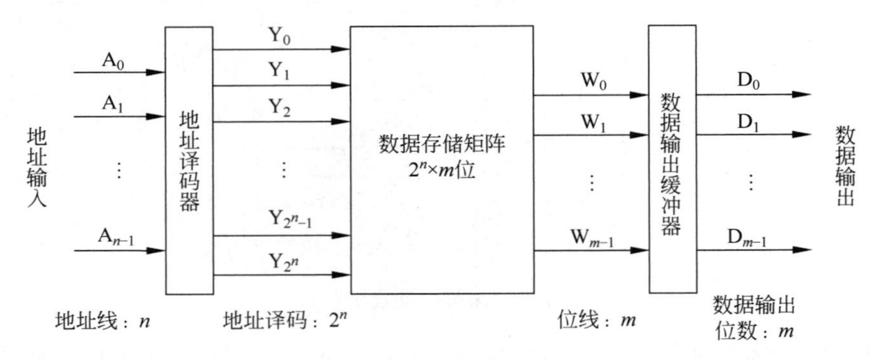

图 4-100　ROM 内部结构框图

从图 4-100 可以看出，ROM 一般由地址译码器、数据存储矩阵和输出缓冲器构成。输入 n 线地址经译码器输出后，可寻址 2^n 个存储数据，每个地址译码输出 Y 对应一个存储数据，每个存储数据的位数为 m，所以 ROM 读取的存储数据经缓冲器输出数据的比特数(bit)为 m。

Parameter	Value
LPM_ADDRESS_CONTROL	
LPM_FILE	
LPM_NUMWORDS	
LPM_OUTDATA	"UNREGISTERED"
LPM_WIDTH	
LPM_WIDTHAD	

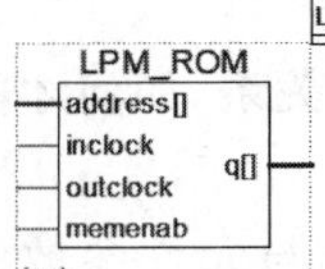

图 4-101　参数化 LPM_ ROM 模块

(2) 参数化 LPM_ROM 模块介绍

参数化 LPM _ ROM 模块为半定制 ROM，如图 4-101 所示，输入端包括地址输入“address[]”、输入时钟控制“inclock”、输出时钟控制“outclock”和存储控制信号“memenab”，输出端为读取数据输出“q[]”。

4. 实验内容

ROM 综合应用测试电路如图 4-102 所示，下载到 FPGA 实验板。自拟实验表格，记录测试并实验结果。

本实验电路通过参数化 LPM_COUNTER 设计二进制计数器，对参数化 LPM_ROM 存储器进行寻址。由于设计的二进制计数器输出数据位宽“WIDTH”为“7”，计数长度为“128”，也就是说对参数化 LPM_ROM 模块可读取 $2^7=128$ 个存储数据，数据位宽“LPM_WIDTH”为“8”，即参数化 LPM_ROM 模块输出为 8bit 数据。

5. 实验操作积累

简要使用参数化 LPM_ROM 模块的操作步骤如下。

(1) 新建参数化 LPM_ROM 模块

在原理图文件中输入新模块，如图 4-103 所示。

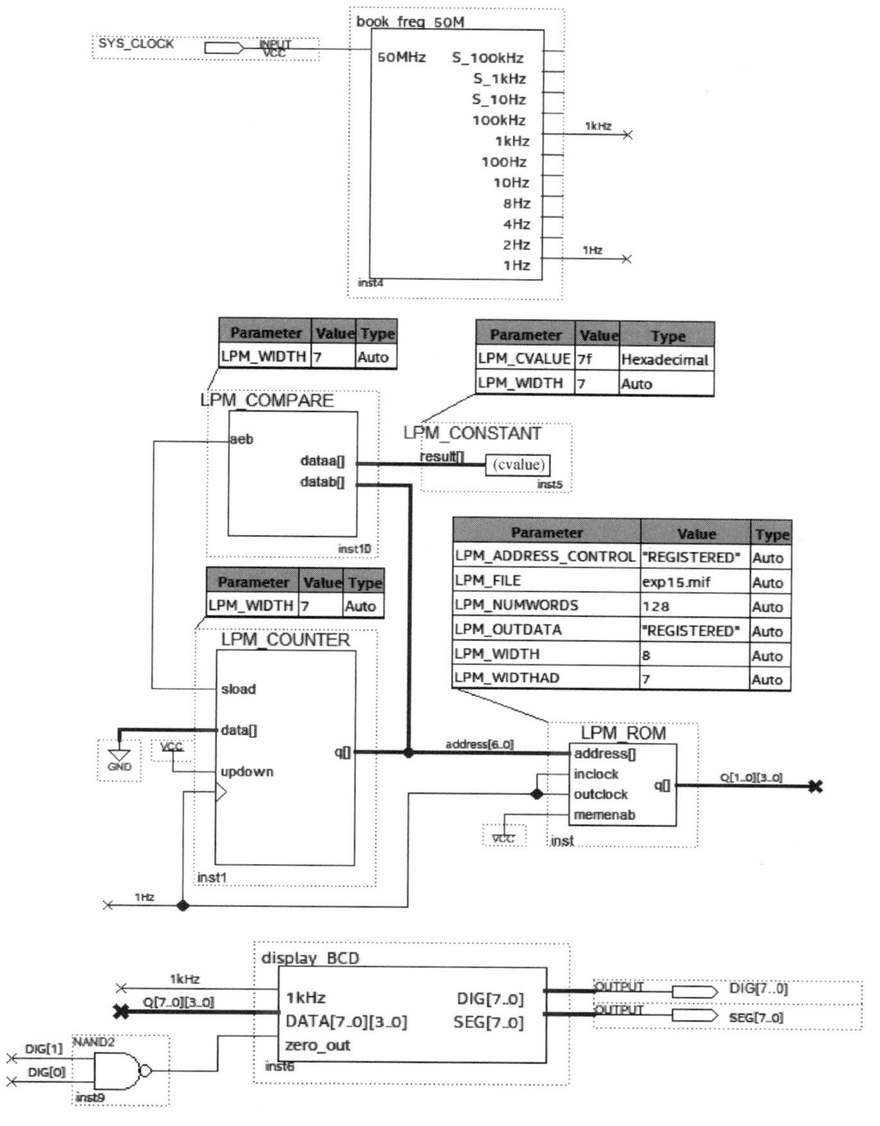

图 4-102　ROM 综合应用测试电路

Parameter	Value
LPM_ADDRESS_CONTROL	
LPM_FILE	
LPM_NUMWORDS	
LPM_OUTDATA	"UNREGISTERED"
LPM_WIDTH	
LPM_WIDTHAD	

LPM_ROM
address[]
inclock
outclock
memenab
q[]
inst

图 4-103　新建参数化 LPM_ ROM 模块

（2）新建数据存储文件

在菜单“File/New”中选择“Memory Initialization File”项创建数据存储文件，如图 4-104(a)所示。然后设置存储数据格式，本实验读取 ROM 数据，要用数码管显示，因此这里输入为 8421BCD 编码数据，即在“Memory Radix”处选择“Hexadecimal”（十六进制）数据格式，如图 4-104 所示。最后在每个单元格输入本次实验数据，将文件保存为“exp15. mif”。

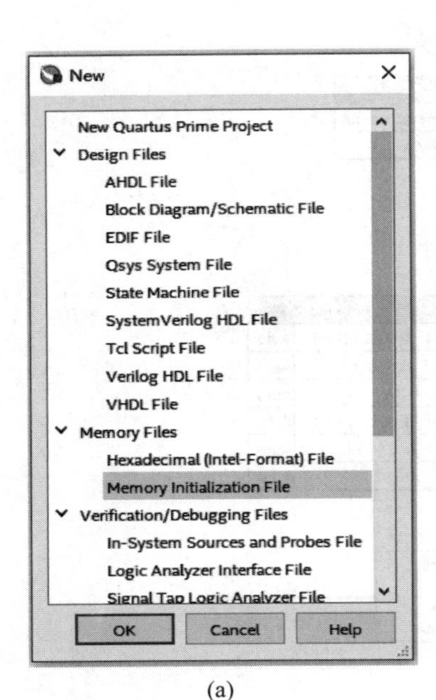

(a)

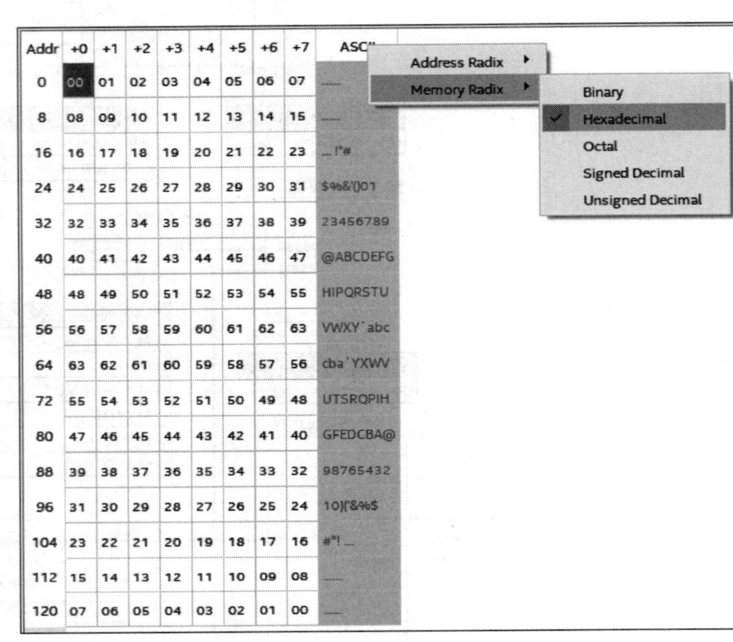

Addr	+0	+1	+2	+3	+4	+5	+6	+7	ASCII
0	00	01	02	03	04	05	06	07	......
8	08	09	10	11	12	13	14	15	......
16	16	17	18	19	20	21	22	23	..!"#
24	24	25	26	27	28	29	30	31	$%&'()01
32	32	33	34	35	36	37	38	39	23456789
40	40	41	42	43	44	45	46	47	@ABCDEFG
48	48	49	50	51	52	53	54	55	HIPQRSTU
56	56	57	58	59	60	61	62	63	VWXY`abc
64	63	62	61	60	59	58	57	56	cba`YXWV
72	55	54	53	52	51	50	49	48	UTSRQPIH
80	47	46	45	44	43	42	41	40	GFEDCBA@
88	39	38	37	36	35	34	33	32	98765432
96	31	30	29	28	27	26	25	24	10)('&%$
104	23	22	21	20	19	18	17	16	#"!..
112	15	14	13	12	11	10	09	08	......
120	07	06	05	04	03	02	01	00	......

(b)

图 4-104　新建数据存储文件“exp15. mif”

(a) 创建数据存储文件；(b) 设置存储数据格式

（3）设置参数化 LPM_ROM 模块

首先进行端口“Ports”设置，这里采用默认设置。然后设置参数化“Parameter”界面的参数，地址输入位宽“LPM_WIDTHAD”设置为“7”，与前面的计数器 LPM_COUNTER 输出位宽要一致。存储数据位宽“LPM_WIDTH”设置为“8”，数据存储空间“LPM_NUMWORDS”设置为“128”，“LPM_ADDRESS_CONTROL”和“LPM_OUTDATA”处选择“REGISTERED”，在“LPM_FILE”处输入保存的 mif 文件“exp15. mif”，数据格式均选择“auto”，如图 4-105 所示。

（4）嵌入式逻辑分析仪测试

嵌入式逻辑分析仪读取数据截图如图 4-106 所示。

6. 实验探索与提升

（1）试着归纳总结参数化 LPM_ROM 模块的使用方法和操作流程。

（2）本实验计数器电路为什么采用二进制计数器设计？

Symbol Properties

General | Ports | Parameter | Format

	Name	Alias	Inversion	Status	Direction	Hide Alias
1	address[LPM_WIDTHAD-1..0]	address[]	None	Used	INPUT	No
2	inclock	inclock	None	Used	INPUT	No
3	memenab	memenab	None	Used	INPUT	No
4	outclock	outclock	None	Used	INPUT	No
5	q[LPM_WIDTH-1..0]	q[]	None	Used	OUTPUT	No

OK　Cancel　Help

(a)

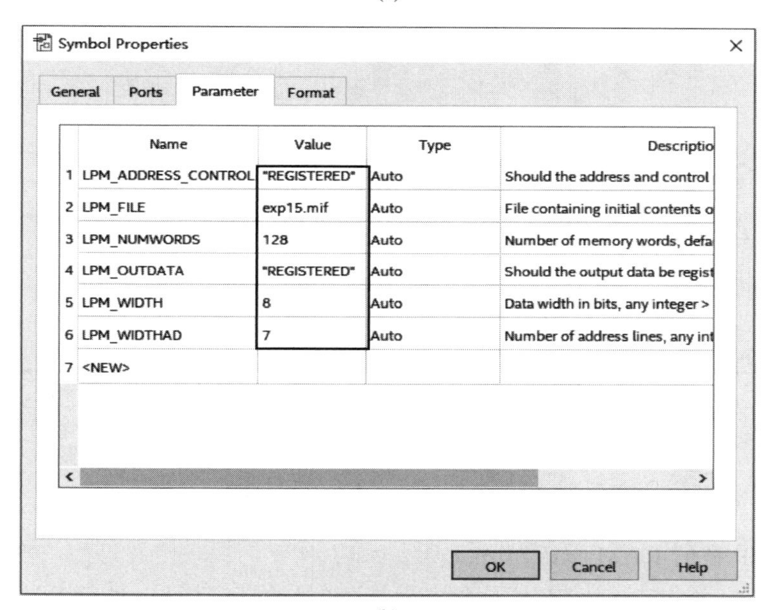

Symbol Properties

General | Ports | Parameter | Format

	Name	Value	Type	Descriptio
1	LPM_ADDRESS_CONTROL	"REGISTERED"	Auto	Should the address and control
2	LPM_FILE	exp15.mif	Auto	File containing initial contents o
3	LPM_NUMWORDS	128	Auto	Number of memory words, defa
4	LPM_OUTDATA	"REGISTERED"	Auto	Should the output data be regist
5	LPM_WIDTH	8	Auto	Data width in bits, any integer >
6	LPM_WIDTHAD	7	Auto	Number of address lines, any int
7	<NEW>			

OK　Cancel　Help

(b)

图 4-105　参数化 LPM_ROM 模块设置界面

(a)“Ports”设置窗口；(b)“Parameter”设置窗口

图 4-106　嵌入式逻辑分析仪读取数据截图

4.3.16 基础实验十六：RAM 功能测试实验

1. 实验目的

(1) 掌握随机存储器 RAM 的基本工作原理；

(2) 学会读取 RAM 存储数据的综合电路设计与测试。

2. 实验仪器设备

(1) 计算机；

(2) 新工科 FPGA 实验开发板；

(3) 互联网＋EDA 在线实验开发平台。

3. 实验原理

(1) RAM 简介

随机存储器(RAM)可根据需要读出存储的数据，也可写入数据。RAM 内部结构框图如图 4-107 所示。它一般由地址输入、地址译码器、数据存储矩阵、数据输入/输出控制等部分构成。

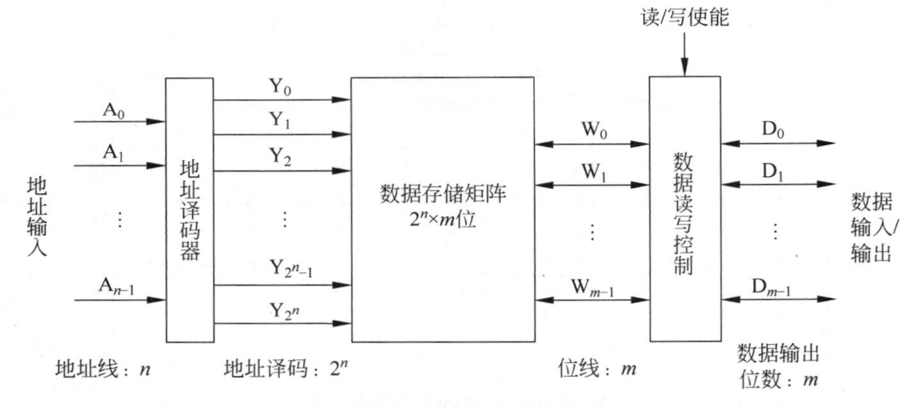

图 4-107 RAM 内部结构框图

(2) 基于 IP 核的 RAM 介绍

IP(intellectual property，IP)核是预先设计、经过验证，且可以进行参数化修改的电路功能模块，常用于完成某种复杂功能。本实验将利用 IP 核创建 RAM 模块，新创建的 RAM 模块如图 4-108 所示。其输入端包括时钟“clock”、地址输入端“address[]”、读写使能端“wren”和数据输入端“data[]”，输出端为“q[]”。

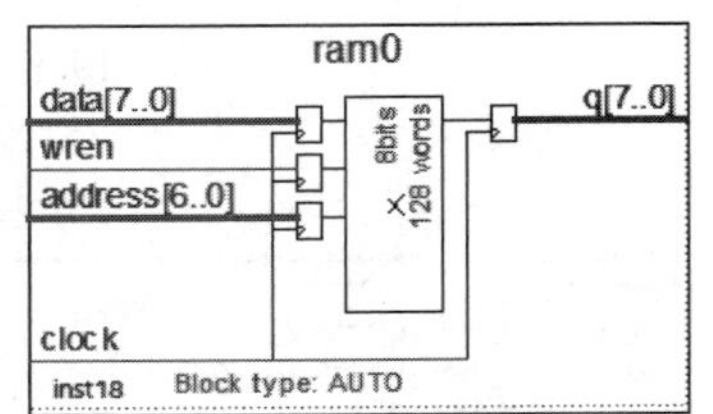

图 4-108 基于 IP 核创建的 RAM 模块

4. 实验内容

RAM 综合应用测试电路如图 4-109 所示，下载到 FPGA 实验板，测试并记录实验结果。

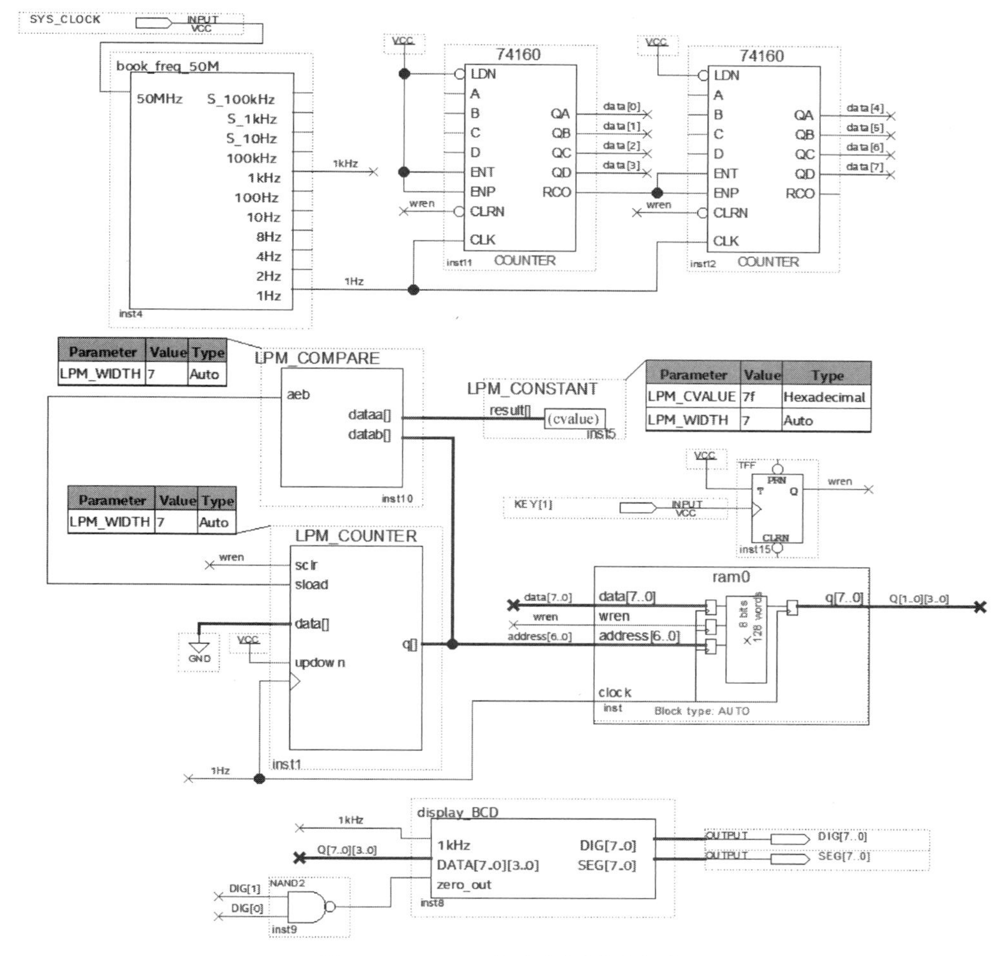

图 4-109 RAM 综合应用测试电路

本实验电路中，由按键 KEY[1]控制 RAM 读写使能。T 触发器(TFF)输出信号“wren”连接到 RAM(ram0)，高电平时 ram0 写入数据，低电平时读取数据。写入数据为两块 74160 模块的计数输出数据，而读取数据为预存 mif 文件中的数据。

自拟表格记录实验测试数据并分析。

5. 实验操作积累

基于 IP 核的 RAM 模块简要操作步骤如下。

(1) 新建 RAM 模块

在新建原理图窗口下，选择菜单“Tools”中的“IP Catalog”子菜单，然后在弹出的窗口中输入“ram”，选择“RAM：1-PORT”选项创建新 RAM 模块，如图 4-110 所示。

(2) RAM 模块命名

输入创建的 RAM 模块名称，这里命名为“ram0”，如图 4-111 所示。

(3) 设置 RAM 模块参数

在“How wide should the ‘q’ output bus be?”处，根据设计电路设置输出数据比特数，

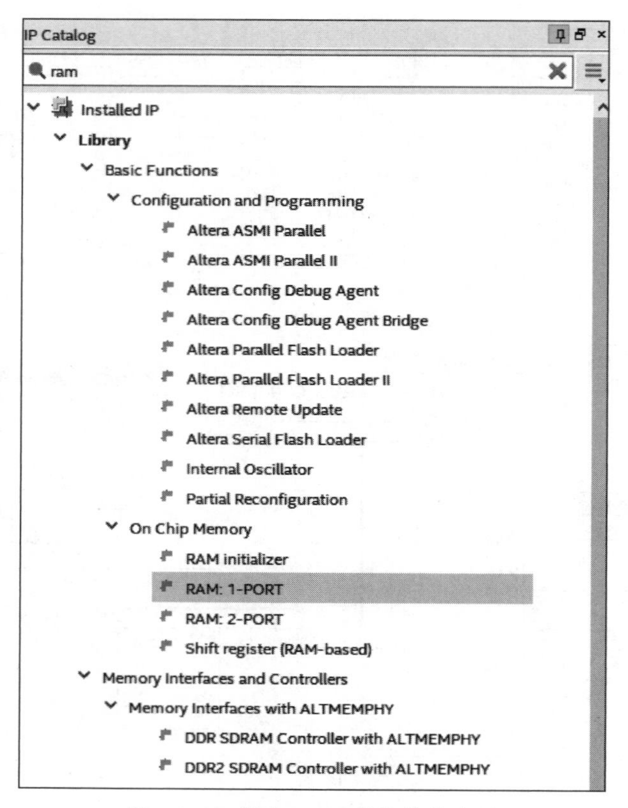

图 4-110 新建 RAM 模块菜单选项

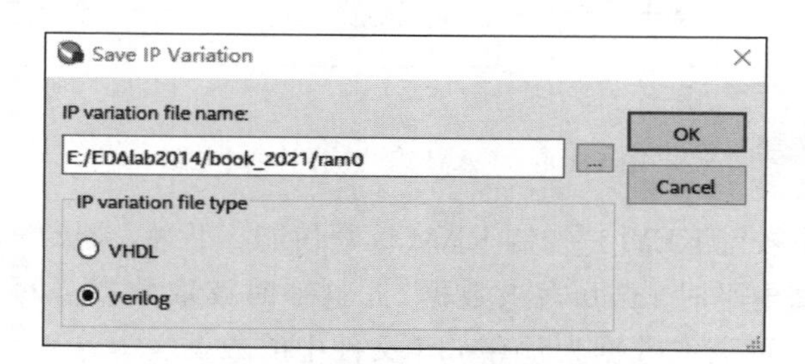

图 4-111 新建 RAM 模块命名

本实验设置为“8”；在“How many 8-bit words of memory?”处设置存储空间字节数，设置为“128”，也就是说最多可存储 128 字节；其他选项这里采用默认设置，如图 4-112 所示。

（4）创建 RAM 使能端口

根据设计电路需要创建 RAM 使能端口，本实验采用默认设置，如图 4-113 所示。

（5）设置数据读写属性

在“Single Port Read-During-Write Option”处设置读写数据属性，这里选择“New Data”，如图 4-114 所示。

（6）加载与读取数据文件

在“File name”处加载 mif 文件，如图 4-115 所示。mif 文件创建请参考本章“基础实验十五”中实验操作积累的内容。

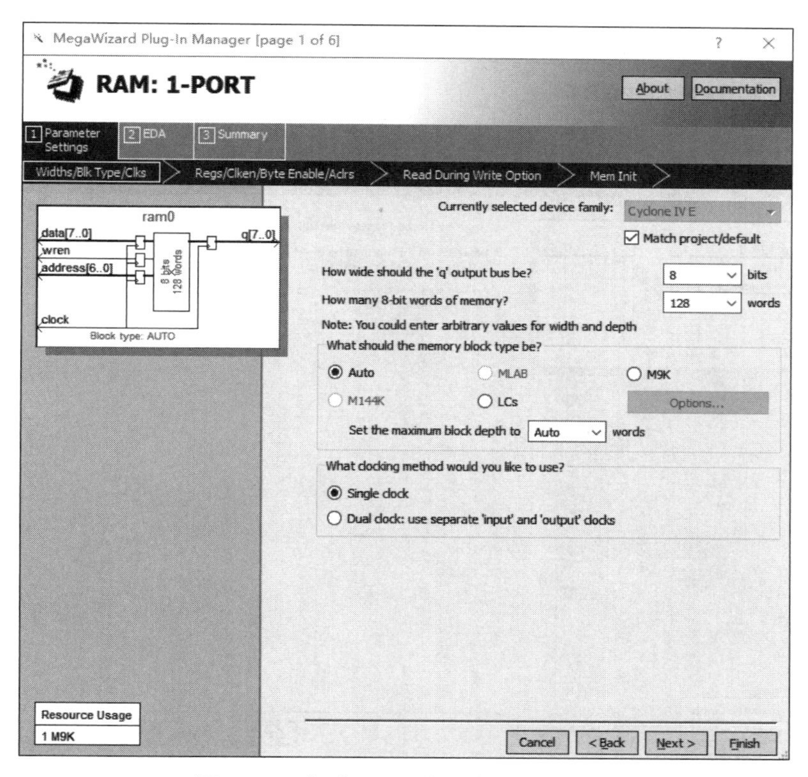

图 4-112　新建 RAM 模块参数设置界面

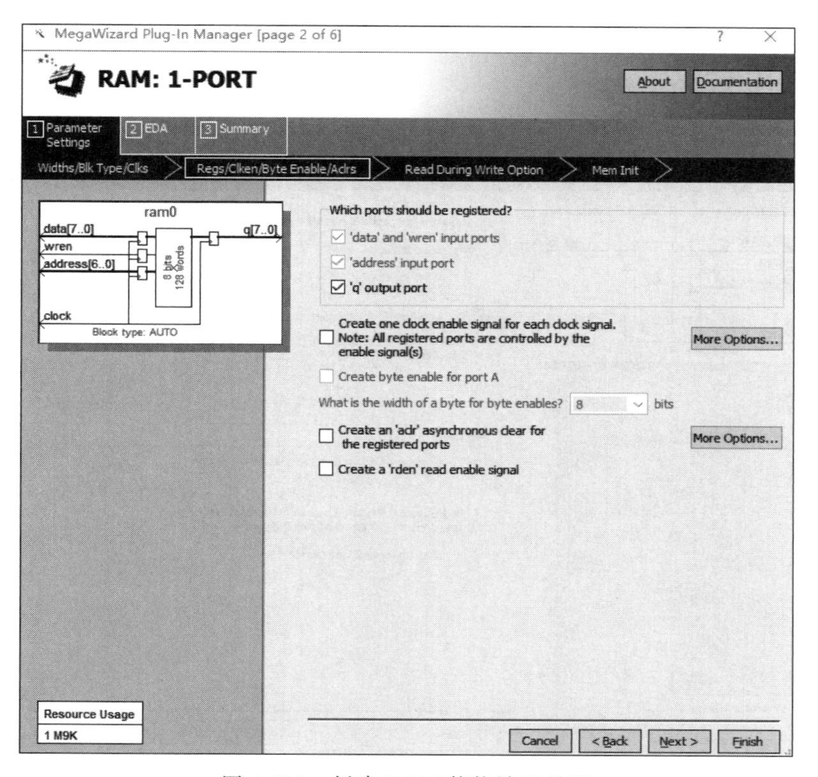

图 4-113　创建 RAM 使能端口界面

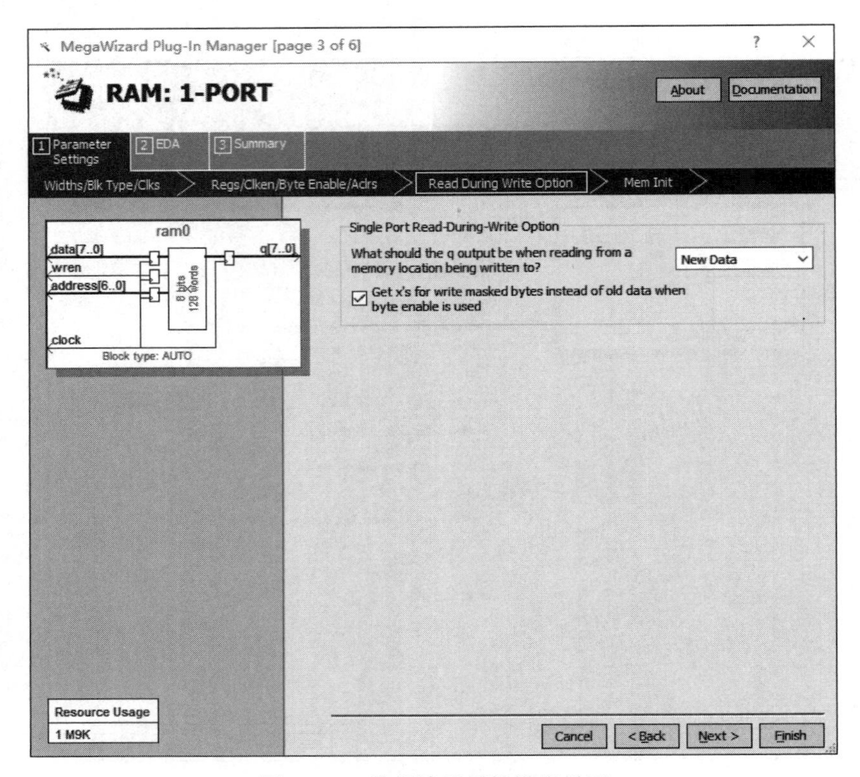

图 4-114 数据读写属性设置界面

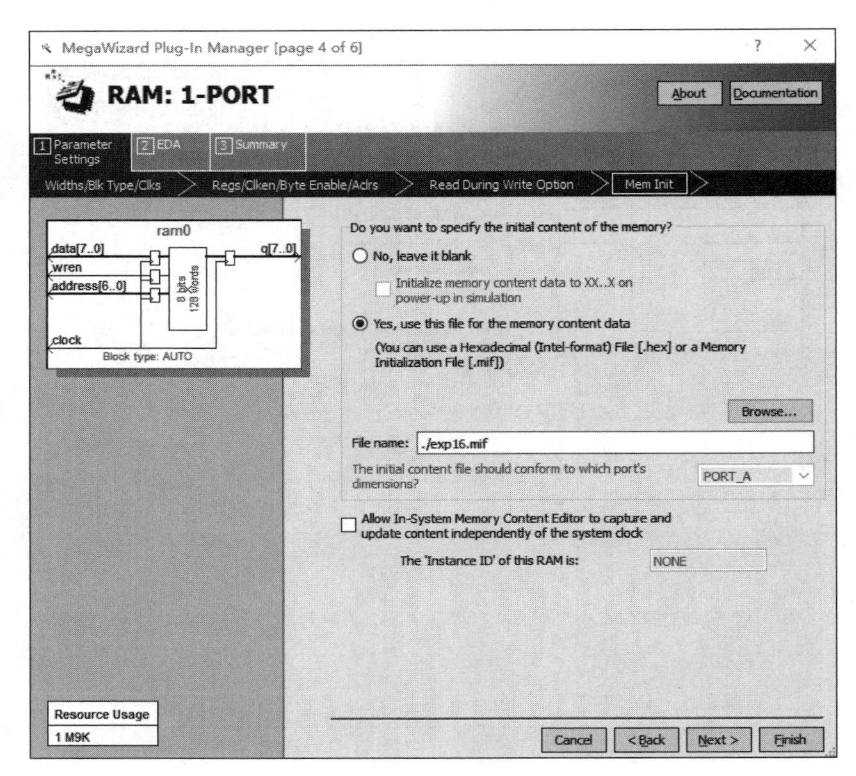

图 4-115 加载 mif 文件界面

（7）设置 EDA 选项

本实验采用默认设置，如图 4-116 所示。

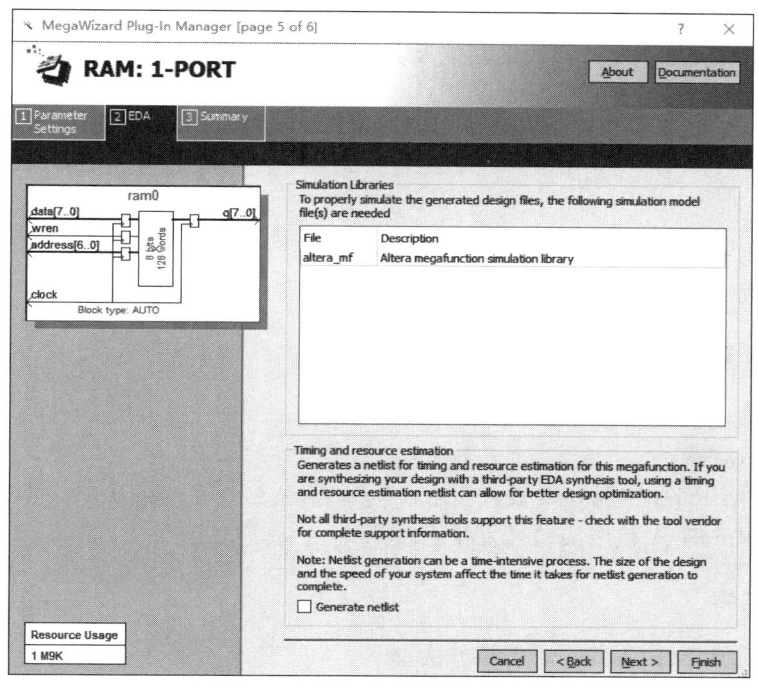

图 4-116　EDA 选项设置界面

（8）生成 RAM 模块设置

在“Summary”视窗中选择“ram0. bsf”，如图 4-117 所示。这样，当 RAM 模块创建完成后，就会生成 bsf 文件，如图 4-108 所示，方便电路调用。

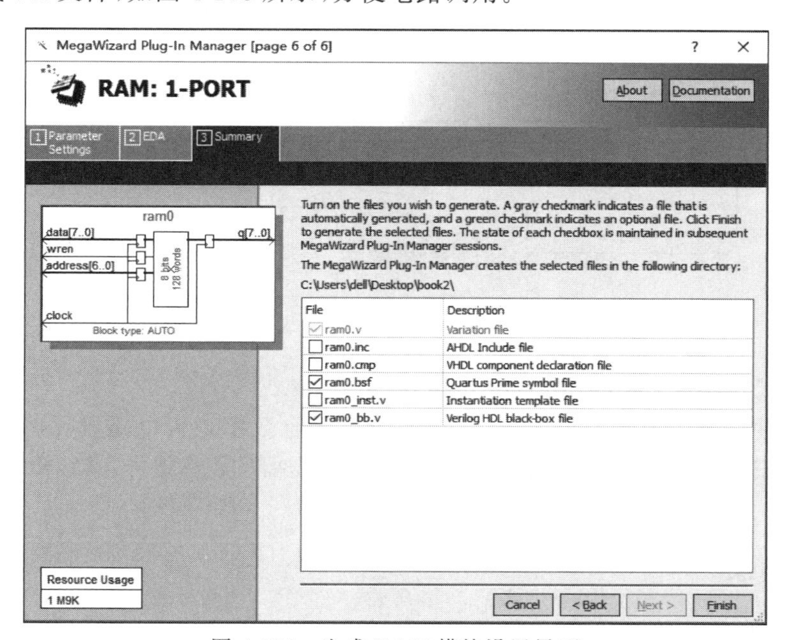

图 4-117　生成 RAM 模块设置界面

6. 实验探索与提升

(1) 试着归纳总结基于 IP 核的 RAM 模块的使用方法和操作流程。
(2) 比较 ROM 和 RAM 模块的功能及其性能,给出各自的应用案例。

4.3.17 基础实验十七:数字锁相环(PLL)功能测试实验

1. 实验目的

(1) 掌握数字锁相环(PLL)的基本工作原理;
(2) 学会数字锁相环(PLL)综合电路设计与测试。

2. 实验仪器设备

(1) 计算机;
(2) 数字示波器;
(3) 新工科 FPGA 实验开发板;
(4) 互联网+EDA 在线实验开发平台。

3. 实验原理

(1) 基于锁相环(PLL)的 N 倍频方法

锁相环(PLL)电路是用于生成与输入信号相位同步的新信号电路。它是将输入波形与电压控制振荡器(voltage controlled osillator,VCO)输出波形的相位进行比较,使其输入频率与 VCO 振荡信号同步的电路。其典型应用为频率合成器,结构框图如图 4-118 所示,输出信号是输入信号频率的 N 倍,因此该电路也称为 N 倍频电路。

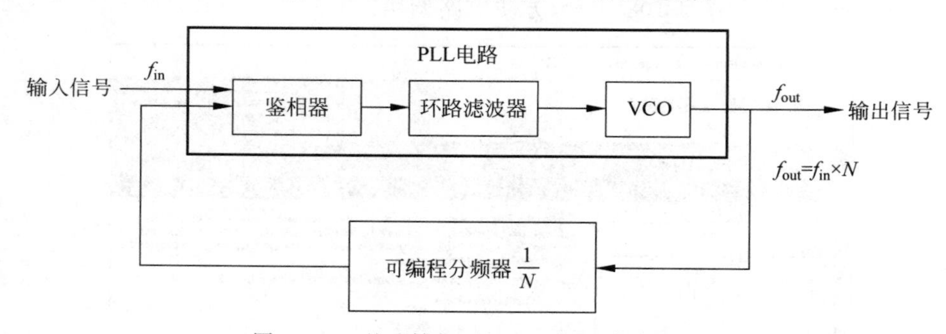

图 4-118 基于锁相环(PLL)的 N 倍频框图

(2) 基于锁相环(PLL)的 N/M 倍频方法

由晶振产生的信号频率都是固定的,一般不太适合数字逻辑电路设计,为此,可以采用下面的基于锁相环(PLL)的 N/M 倍频电路设计,产生需要的频率信号,其结构框图如图 4-119 所示。

4. 实验内容

建立基于 IP 核的锁相环(PLL),并进行综合测试。具体内容如下:

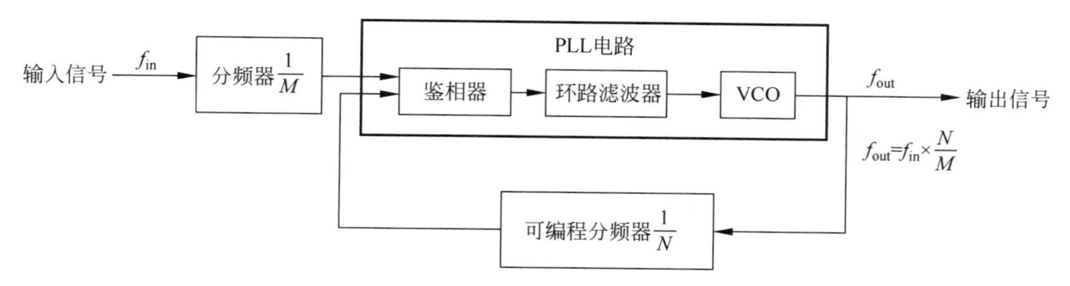

图 4-119 基于锁相环(PLL)的 N/M 倍频框图

(1) 锁相环(PLL)输出频率分别为 100MHz、1MHz 与 48MHz;

(2) 设计锁相环(PLL)综合测试电路;

(3) 用数字示波器观察输出信号并测试频率;

(4) 自拟实验表格,记录实验结果。

5. 实验操作积累

基于 IP 核的 PLL 模块的操作步骤可参考第 3 章相关内容,这里只给出本实验有关操作。

(1) 新建 PLL 模块

在新建原理图窗口下,选择菜单"Tools"中的"IP Catalog"子菜单,然后在弹出的"IP Catalog"窗口中输入"PLL",选择"ALTPLL",如图 4-120 所示。

(2) 设置 PLL 参数

在"What is the frequency of the inclk0 input?"处输入 PLL 的输入频率,这里输入 50MHz,如图 4-121 所示。

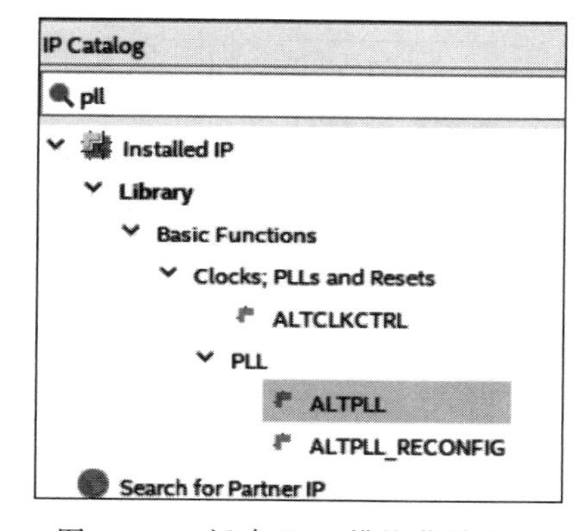

图 4-120 新建 PLL 模块菜单选项

设置 PLL 输出信号 c0:本实验输出信号 c0 为 100MHz 信号,这里在倍频设置"Clock multiplication factor"处填入"2",因此输出信号 c0 频率为 50MHz×2=100MHz。在"Actual Settings"处显示为 100MHz,实现了信号倍频,如图 4-122 所示。

设置 PLL 输出信号 c1:本次实验输出信号 c1 为 1MHz 信号,这里在分频设置"Clock division factor"处填入"50",因此输出信号 c1 频率为 50MHz÷50=1MHz。在"Actual Settings"处显示为 1MHz,实现了信号分频,如图 4-123 所示。

设置 PLL 输出信号 c2:本次实验 c2 输出为 48MHz 信号,因此这里选择直接频率输出设定法,在"Enter output clock frequency"处填入 48MHz,则在"Actual Settings"处显示为 48MHz,实现了信号频率设定,如图 4-124 所示。

(3) 生成 PLL 模块设置

在"Summary"中选择"PLL0. bsf",如图 4-125(a)所示。这样,当 PLL 模块创建完成后,就会生成 bsf 文件,如图 4-125(b)所示。

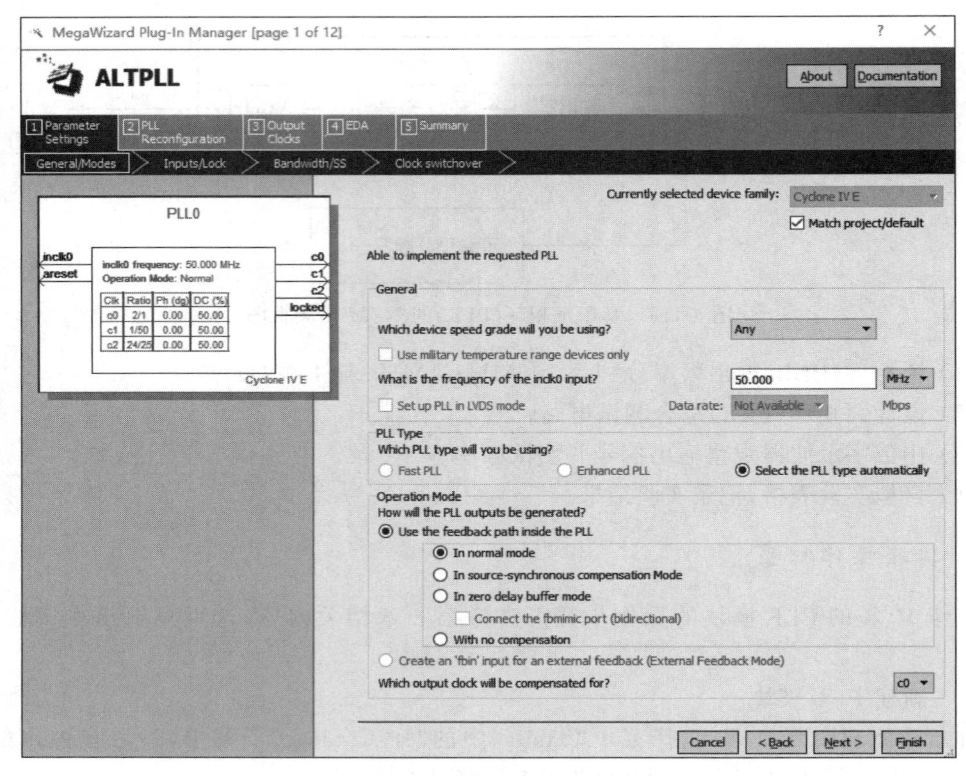

图 4-121　PLL 参数设置界面

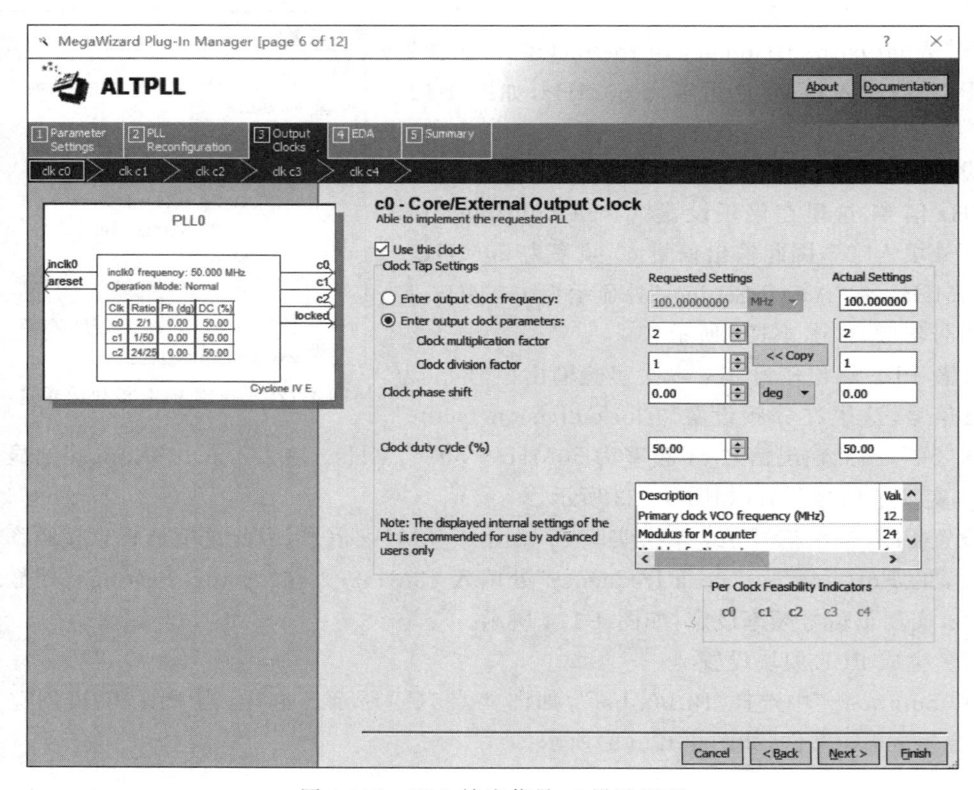

图 4-122　PLL 输出信号 c0 设置界面

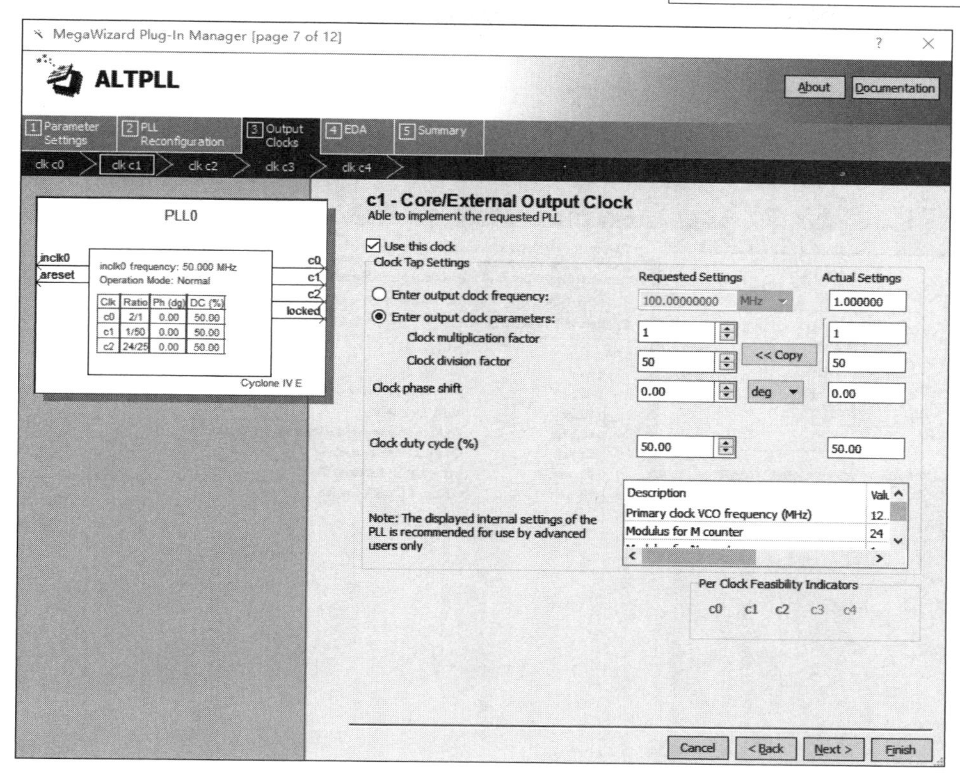

图 4-123　PLL 输出信号 c1 设置界面

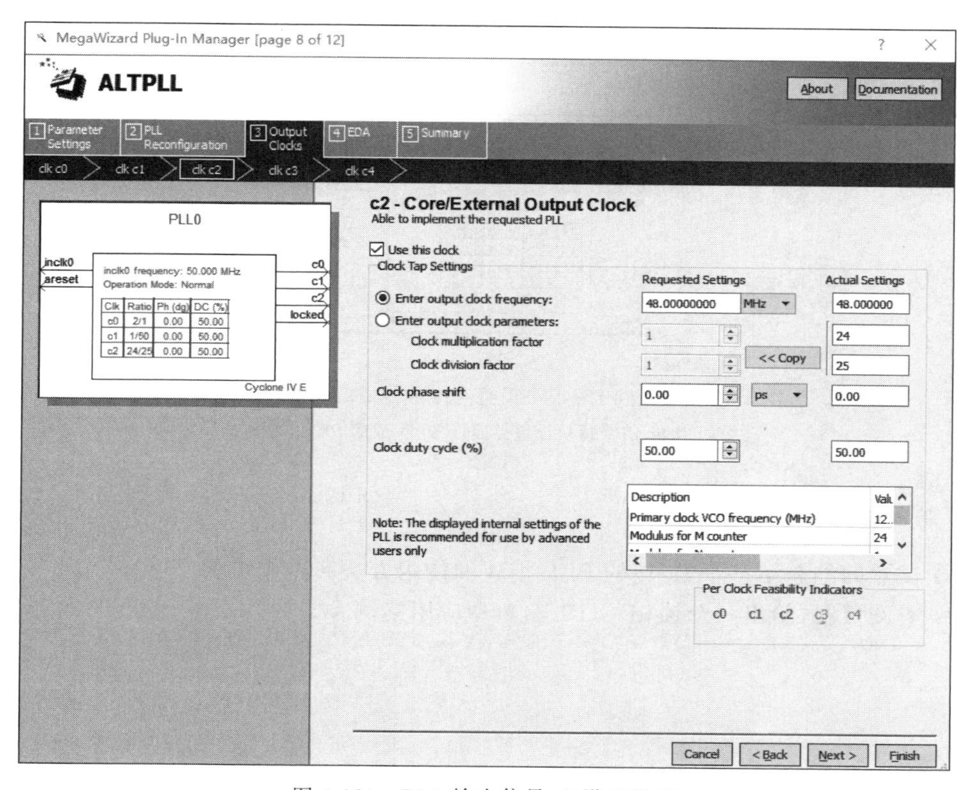

图 4-124　PLL 输出信号 c2 设置界面

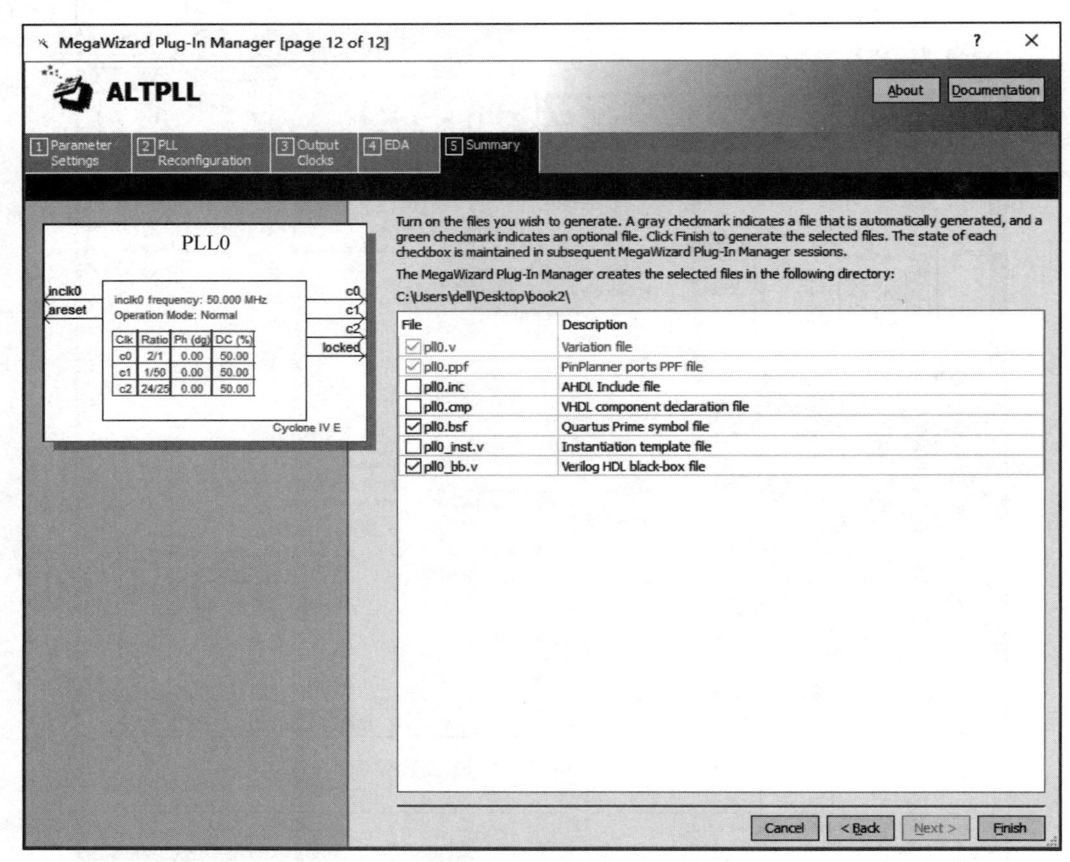

(a)

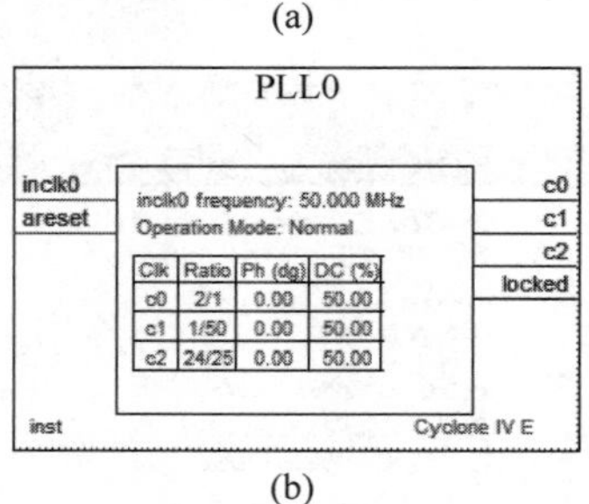

(b)

图 4-125 生成 PLL 模块设置与生成的 PLL0 模块示意图

(a) 生成 PLL 模块设置界面；(b) 生成的 PLL0 模块

6. 实验探索与提升

(1) 试着归纳总结基于 IP 核的 PLL 模块的使用方法和操作步骤。

(2) 查阅资料，给出一个锁相环(PLL)典型应用案例。

数字逻辑电路综合实践

5.1 数字逻辑电路综合实践设计概述

本章通过数字逻辑电路综合实践项目案例介绍，让学生逐步理解数字系统设计及综合测试方法。数字系统就是对数字信号进行接收、传输、存储与处理，得到相应输出的系统。数字系统一般由若干数字电路或模块组成，具有稳定、精确和可靠等优点。

FPGA 技术的发展为数字系统设计和实现创造了有利条件，缩短了项目研发周期。基于 EDA 设计技术的 FPGA 数字系统项目开发，采用自顶向下的设计思想，即设计人员完成系统方案、功能模块与顶层模块设计后，就可通过 EDA 综合技术实现寄存器传输级设计与测试、物理设计与版图测试等底层设计工作，完成数字系统设计。

模块化设计是 FPGA 综合实践项目重要的设计技巧，它能够使一个大型综合项目分工设计、调试与测试，还可以独立修改某个子模块，使项目维护与升级更加方便灵活。

5.2 综合实践项目的模块化设计

5.2.1 综合实践项目的模块化设计概述

对于复杂的数字系统，在进行模块化设计时，根据要实现的逻辑功能划分模块，尽量使各模块功能独立，模块间连接尽量简单，方便各模块独立设计、调试与测试。一般采用自顶向下的设计方式，把数字系统划分成几个功能模块，每个模块还可以再划分成几个子模块，工程模块化设计如图 5-1 所示。

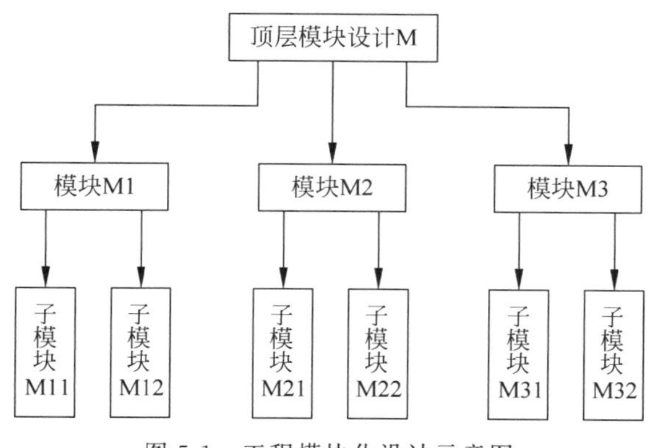

图 5-1 工程模块化设计示意图

图 5-1 中的每一个模块对应一个原理图设计文件或 Verilog 程序文件，采用结构化设计，自顶向下，逐级调用各功能模块，易于调试与维护。

5.2.2 综合实践项目的工程规范性

为提高综合项目各模块的通用性和兼容性，减少模块之间的调试与测试工作量，模块设计的工程规范性就特别重要。只有规范设计的模块，才能让大家更容易看懂设计电路或代码。

一般工程规范性要求如下。

1. 模块文件命名

在遵守开发软件文件命名规则的前提下，一般根据实现功能的名称命名，这样的命名方式简单，可读性好，辨识度高，方便以后查找文件。

2. 设计文件头声明

一般采用注释形式，包括文件版权、作者、创建日期以及内容简介等。

3. 模块输入/输出端口定义

在遵守开发软件文件命名规则的前提下，一般根据功能进行定义，且要有一定含义，比如按键输入定义为“KEY”、发光二极管定义为“LED”等。

4. 模块中信号和连接线命名

在遵守开发软件命名规则的前提下，需要体现其含义，尽量采用通识性名称命名，比如时钟命名“clock”或“CLK”等。

5. 布局和布线

设计电路布局和布线要合理，按照实现功能布局，尽量避免连接线相互交叉和拉长线，使设计电路可读性好。

6. 模块中的注释

设计文件中，适当添加注释可提高设计项目的可读性，易于协作和维护。一般注释描述要简单清晰、语言精练，放到需注释设计部分的合适位置。

7. 项目调试与测试记录

设计项目在调试与测试过程中，做好有关数据和实验现象记录，有利于设计团队的研讨和分析，提出有效的修改建议，也为项目文档整理准备第一手资料。

8. 项目设计文档

设计文档包括项目方案、设计电路、设计调试与测试、操作说明以及维护手册等。规范与齐全的文档资料可提升项目制作质量。

5.2.3　综合实践项目的通用模块

1. 分频电路模块

分频电路模块就是将输入信号进行分频处理，产生所需频率的输出信号，其设计思路可参看第 4 章“基础实验五：实用分频器设计及测试”。这里只给出本章综合实践项目案例中所采用的分频电路模块设计参考电路如图 5-2 所示。

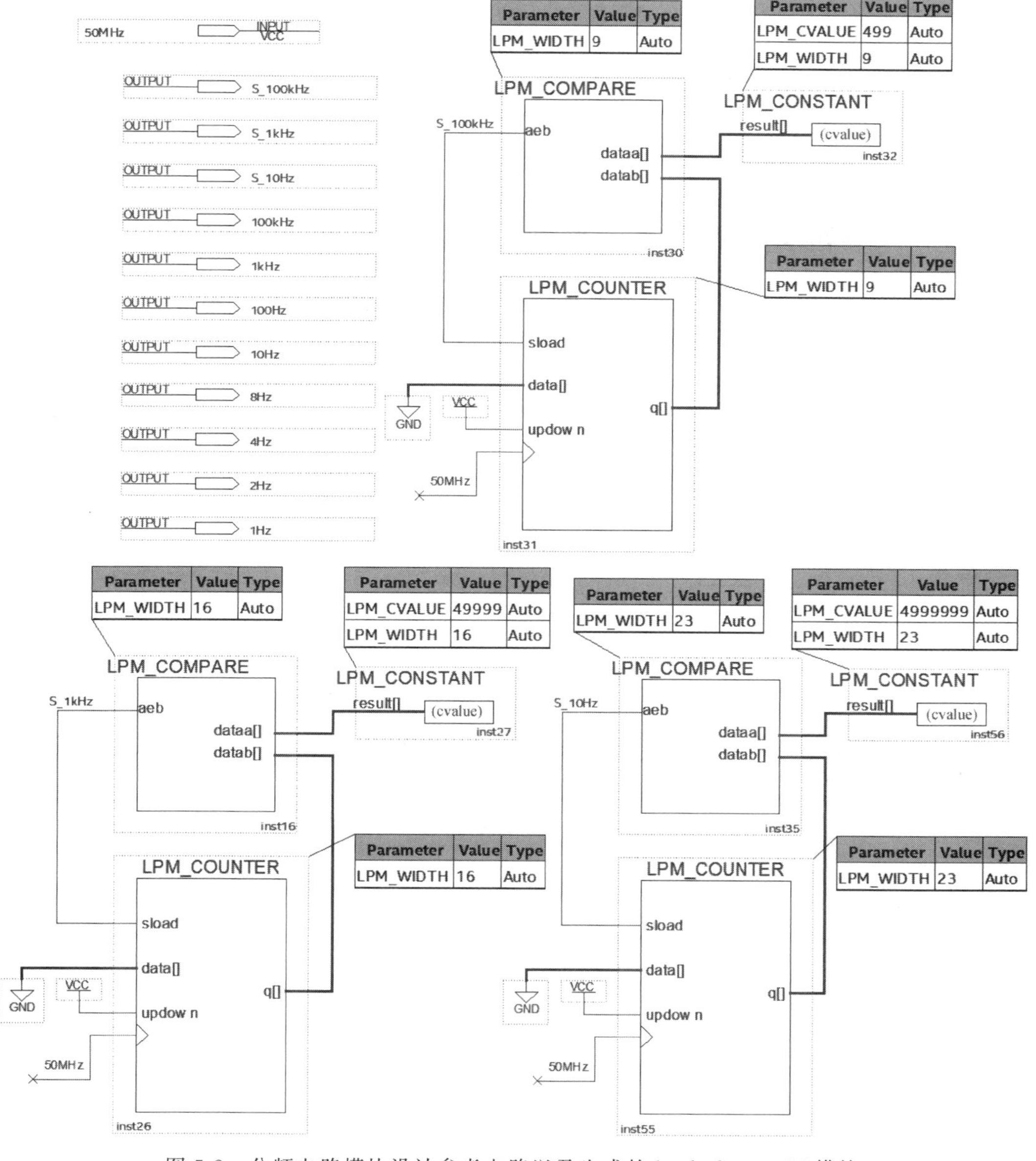

图 5-2　分频电路模块设计参考电路以及生成的 book_freq_50M 模块

(a) 分频电路模块设计参考电路；(b) 生成的模块

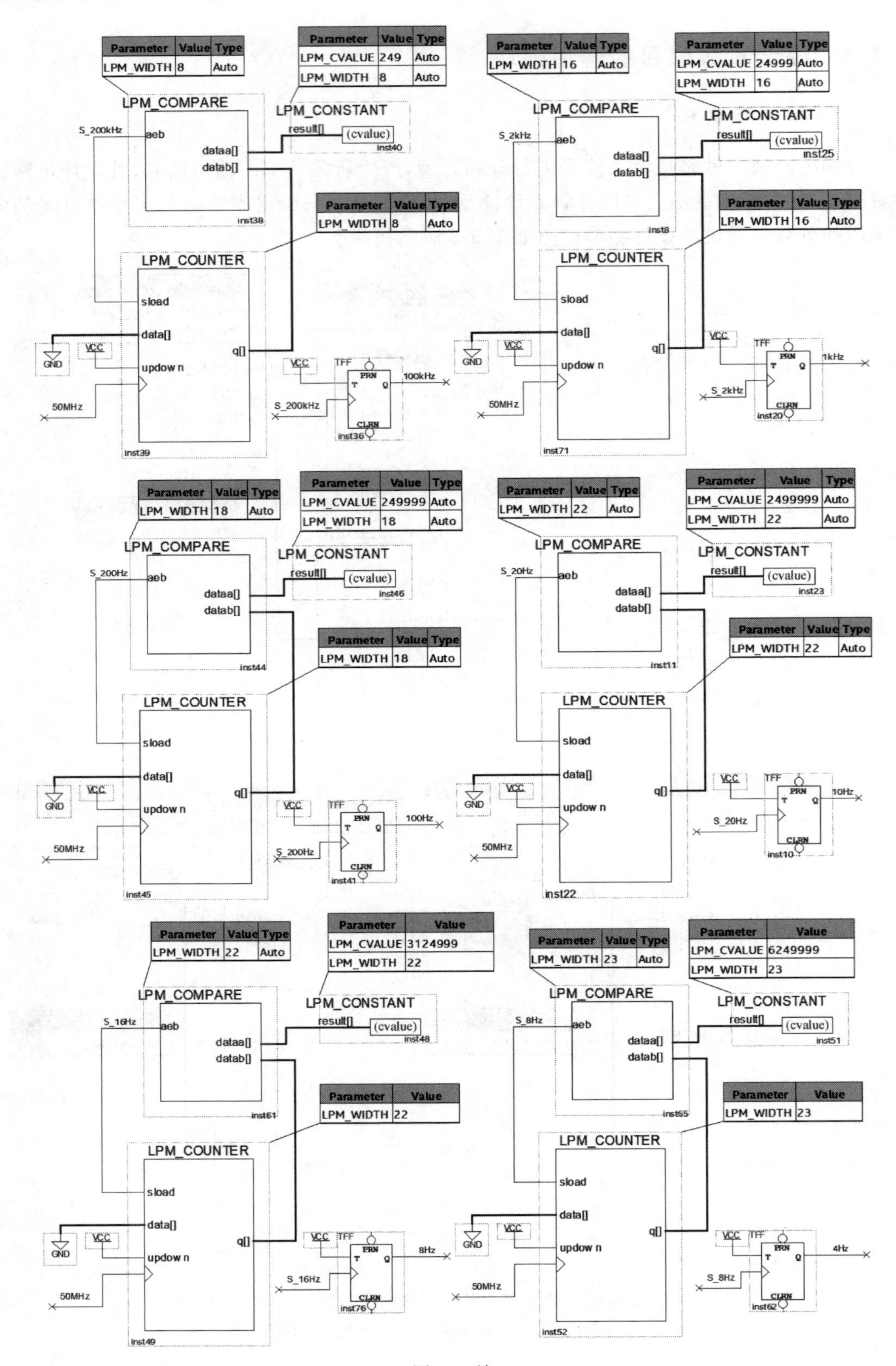

Parameter
Value
Type
LPM_WIDTH
LPM_CVALUE
Auto
LPM_COMPARE
LPM_CONSTANT
LPM_COUNTER
aeb
dataa[]
datab[]
result[]
(cvalue)
sload
data[]
updown
q[]
GND
VCC
TFF
PRN
CLRN
50MHz
S_200kHz
100kHz
S_2kHz
1kHz
S_200Hz
100Hz
S_20Hz
10Hz
S_16Hz
8Hz
S_8Hz
4Hz
249
24999
249999
2499999
3124999
6249999

图 5-2(续)

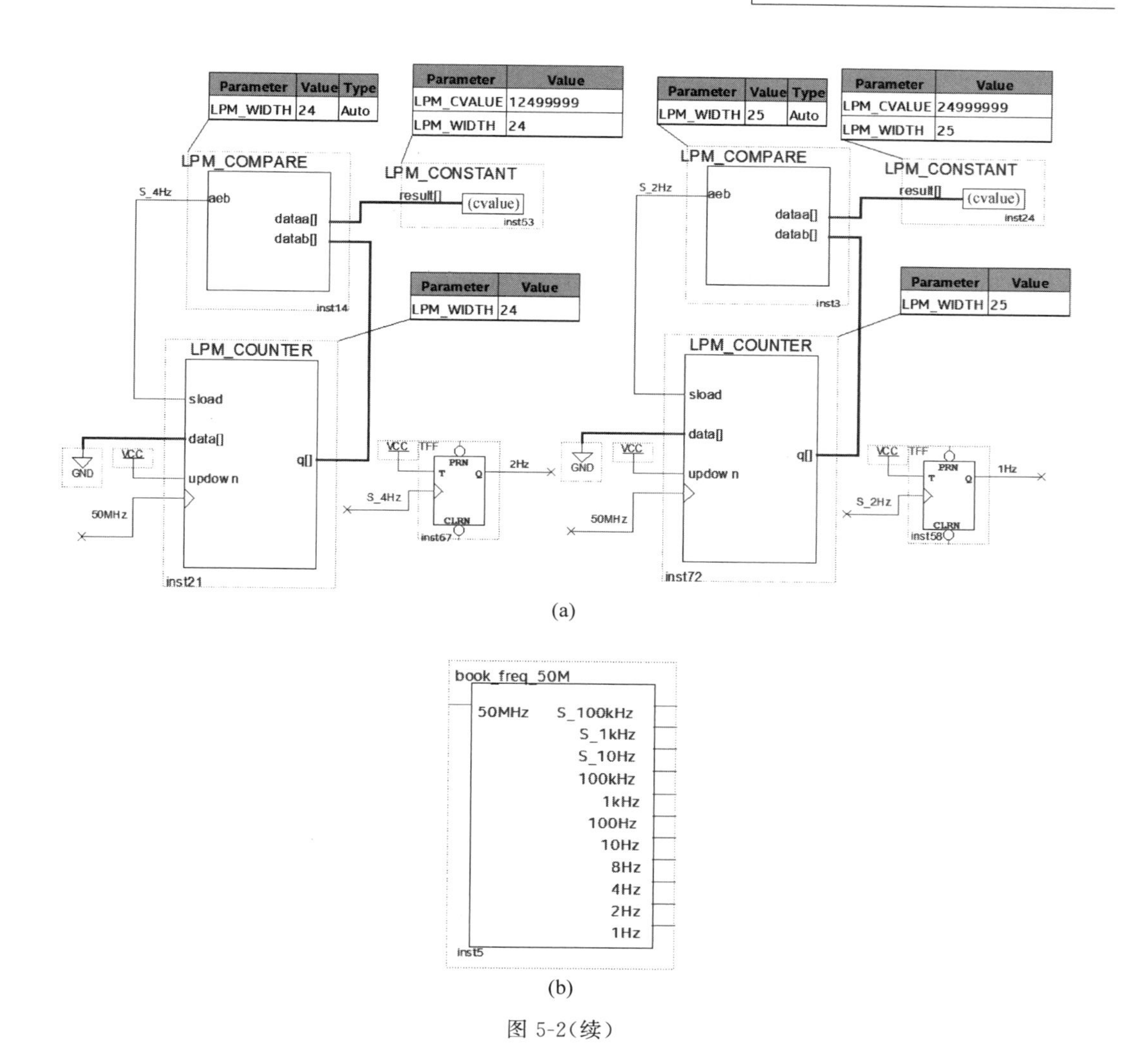

(a)

(b)

图 5-2(续)

2. 按键消抖电路模块

在实际应用中，按键消抖电路是消除按键产生的抖动，以免逻辑电路产生误触发，即消除按键瞬间出现的电压抖动。其设计思路可参看第 4 章“基础实验六：触发器逻辑功能测试与应用”，这里直接给出 FPGA 实验板上 8 个按键消抖电路模块如图 5-3 所示。

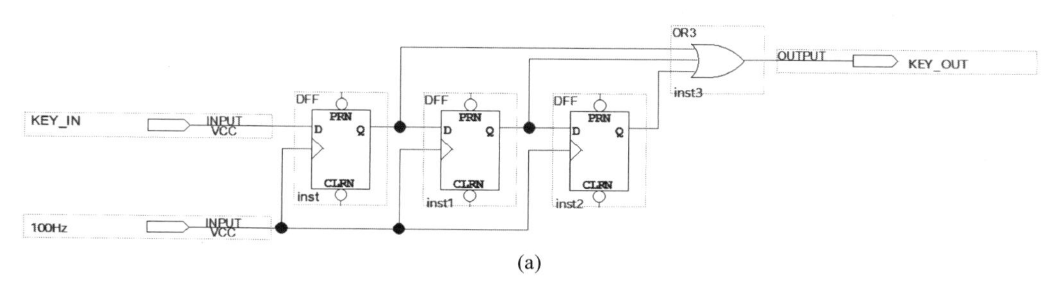

(a)

图 5-3　8 个按键消抖电路设计及生成的 8key_debounce 模块

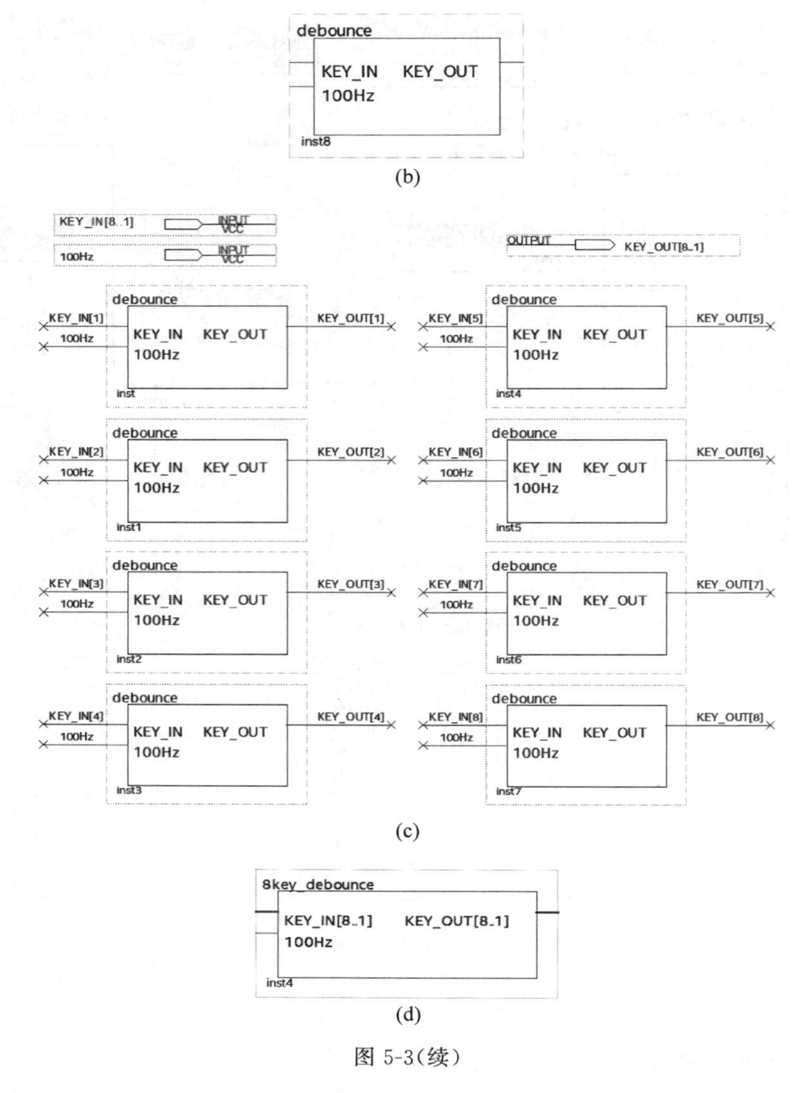

(b)

(c)

(d)

图 5-3(续)

图 5-3 中，图(a)为 1 个按键消抖设计电路，图(b)为生成的 debounce 模块，图(c)为调用图(b)模块构成的 8 个按键消抖电路，图(d)为生成的 8key_debounce 模块。

3. 基于 SEG 数据输入的动态显示电路

如果希望 8 个数码管显示不同数字，就必须使位选信号 DIG[0]～DIG[7]分别单独选通，当位选信号的频率较高，即扫描足够快时，利用人眼的视觉余晖效应，看见 8 个数码管同时显示不同数字。第 4 章"基础实验九：动态显示电路综合设计及应用测试"给出了 8421BCD 码数据输入的动态显示电路，这里不再赘述。

如果让数码管显示特殊字符，如显示 g 段，即中间一横杠"—"，这时就需要直接输入段码 SEG 数据，如图 5-4 所示为基于 SEG 数据输入的动态显示电路以及生成的 display_SEG 模块。

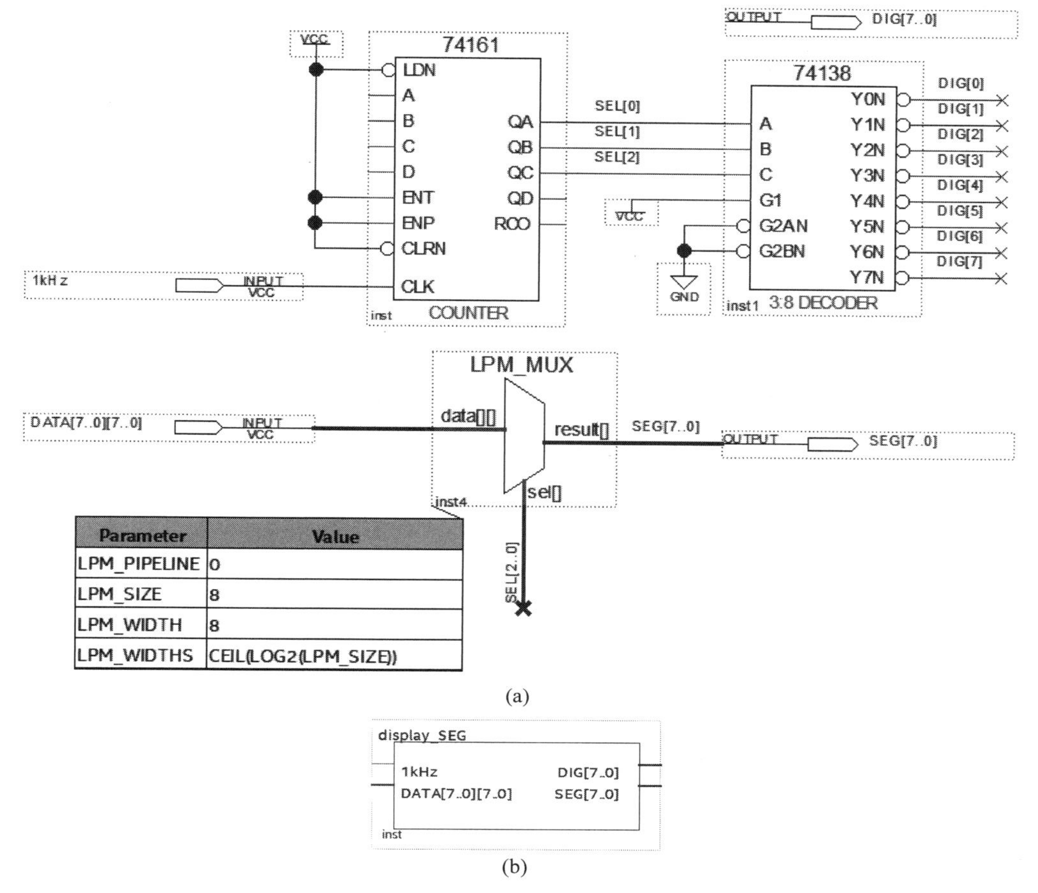

图 5-4　基于 SEG 数据输入的动态显示电路以及生成的 display_SEG 模块
(a) SEG 数据输入的动态显示电路；(b) 生成的模块

5.2.4　模块电路设计、调试与接口制作

下面以案例形式给出模块电路设计、调试与接口制作过程。

【例 5-1】　设计一个简易抢答器中的 20s 抢答倒计时模块。这里采用 74168 模块进行倒计时电路设计，电路设计方法请参看第 4 章“基础实验十一：任意进制减法计数器设计及测试”相关实验内容。

1. 20s 抢答倒计时模块电路设计

20s 抢答倒计时设计电路如图 5-5 所示。

2. 模块电路调试与测试

为了对图 5-5 所示的设计电路进行调试与测试，需添加分频器和动态显示电路。综合调试与测试电路如图 5-6 所示，数字逻辑电路调试与测试方法参看第 4 章相关内容。

3. 模块接口制作

对于调试与测试达到设计要求的电路，我们要先去除调试与测试时添加的分频器和动

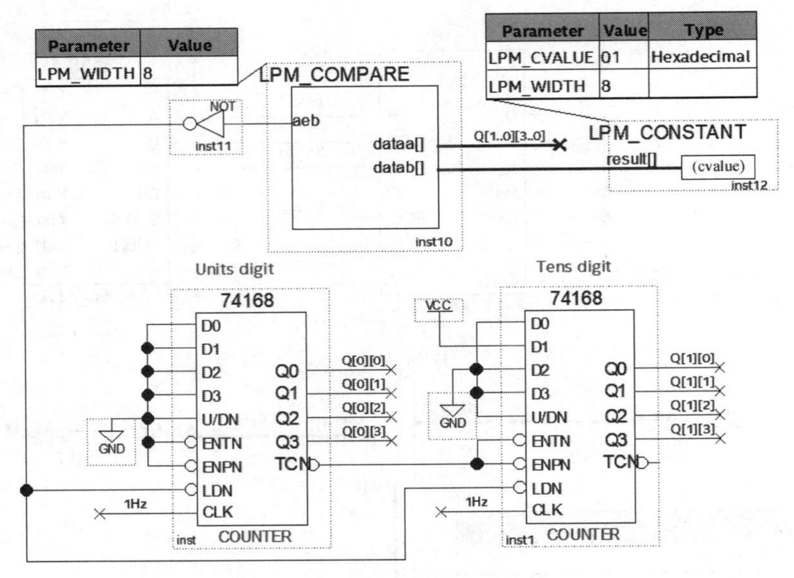

图 5-5　20s 抢答倒计时设计电路

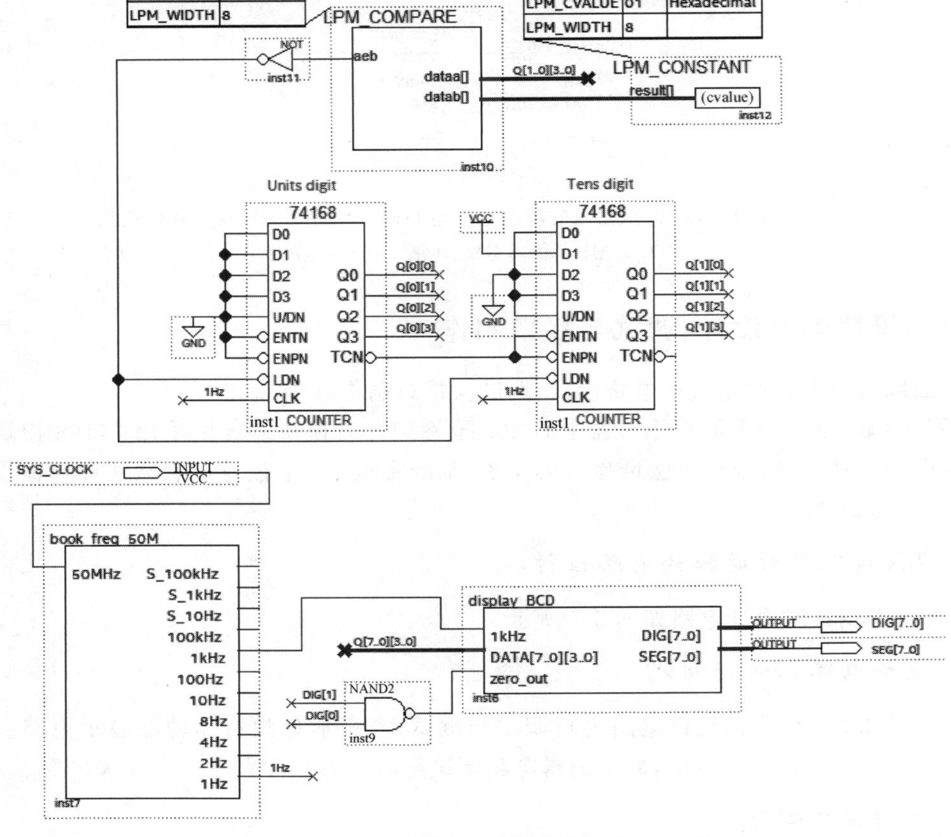

图 5-6　20s 抢答倒计时综合调试与测试电路

态显示电路。这些分频器和动态显示电路等通用模块只需在项目顶层设计电路中添加，可避免通用模块反复出现，电路设计混乱且占用更多资源。

然后把倒计时电路与去除部分相连接的地方做好接口，信号输入接口用输入端子，信号输出接口用输出端子，接口电路如图 5-7 所示。

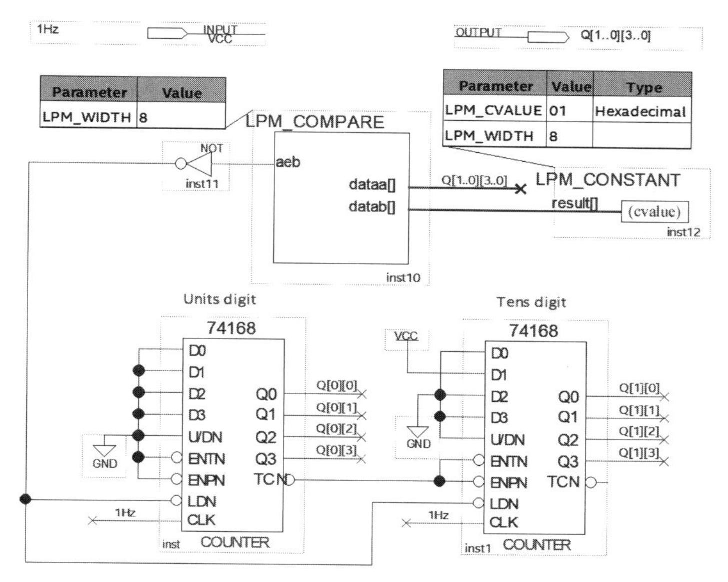

图 5-7 20s 抢答倒计时接口电路制作

4. **模块生成**

对于做好接口的模块电路，利用 Quartus Prime 软件主菜单“File”下的“Create/Update”子菜单中的“Create Symbol Files for Current File”选项生成模块，如图 5-8 所示，以备项目设计电路调用。

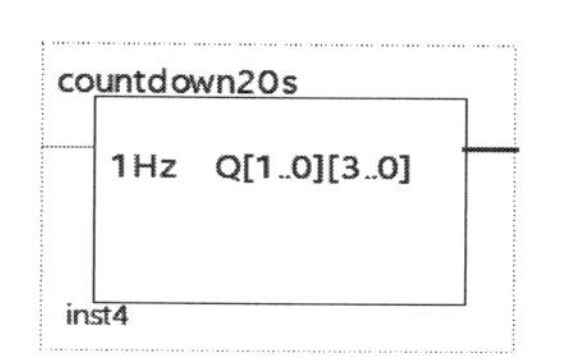

图 5-8 20s 抢答倒计时生成模块

5.3 数字逻辑电路综合实践项目

本章给出的数字逻辑电路综合实践(synthesis practice)项目有：

综合实践项目一：简易数字电子钟设计及综合测试；

综合实践项目二：流水灯设计及综合测试；

综合实践项目三：简易电子琴设计及综合测试；

综合实践项目四：音乐彩灯设计及综合测试；

综合实践项目五：简易抢答器设计及综合测试；

综合实践项目六：智能交通灯设计及综合测试；

综合实践项目七：智能售货机控制电路设计及综合测试；

综合实践项目八：电梯控制电路设计及综合测试；

综合实践项目九：简易直流电动机控制电路设计及综合测试；

第 5 章
实验数字
资源

综合实践项目十：步进电动机控制电路设计及综合测试；

综合实践项目十一：民航机场客流量统计电路设计及综合测试；

综合实践项目十二：模拟飞机照明灯控制电路设计及综合测试。

5.3.1 综合实践项目一：简易数字电子钟设计及综合测试

1. 综合实践项目设计要求

(1) 设计 24 小时制数字电子钟，具有时、分、秒计时与数码显示功能；

(2) 设计星期显示电路并用数码管显示；

(3) 具有时间调整功能；

(4) 具有整点报时功能；

(5) 具有闹钟功能；

(6) 具有秒表计时功能。

2. 综合实践项目设计提示

以基本数字电子钟电路设计为例，引导学生开展综合实践项目设计与综合测试，建立数字系统概念。

基本数字电子钟电路设计一般包括秒脉冲电路、时分秒计时电路、时间调整电路及数码显示部分，如图 5-9 所示为基本数字电子钟方案设计框图。

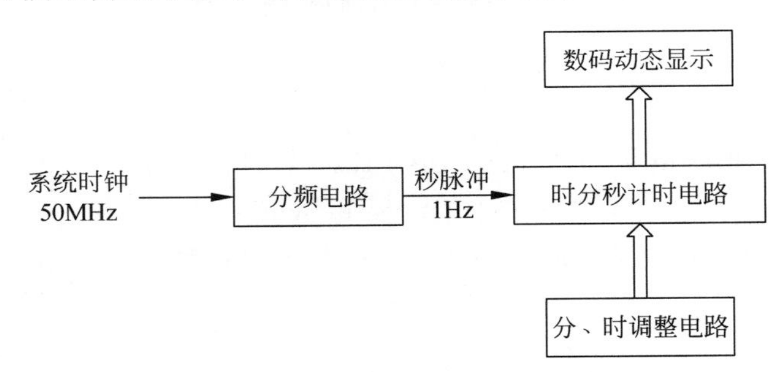

图 5-9 基本数字电子钟方案设计框图

根据基本数字电子钟方案设计框图，依次进行各模块电路设计，设计过程如下。

(1) 秒脉冲产生模块设计

秒脉冲信号通过 FPGA 实验开发板 50MHz 系统时钟分频产生，分频电路模块设计请参考 5.2.3 节通用模块部分。

(2) 时分秒计时模块设计

时分秒计时模块采用 8421BCD 码计数电路进行设计，这里选用我们熟悉的 74160 计数模块，如图 5-10 所示为时分秒计时模块设计电路。图中两个 74160 模块构成计数电路，初值为 00；计数末值设定为开放设计形式，可在顶层电路设置与调整，如秒计时电路的末值为 59。图中两个 7447 模块为显示译码模块，将 74160 计数输出译码成段码信号。

(3) 动态显示电路模块设计

因时分秒计时电路设计图 5-10(a)中用到 7447 显示译码模块，所以这里采用 5.2.3 节通

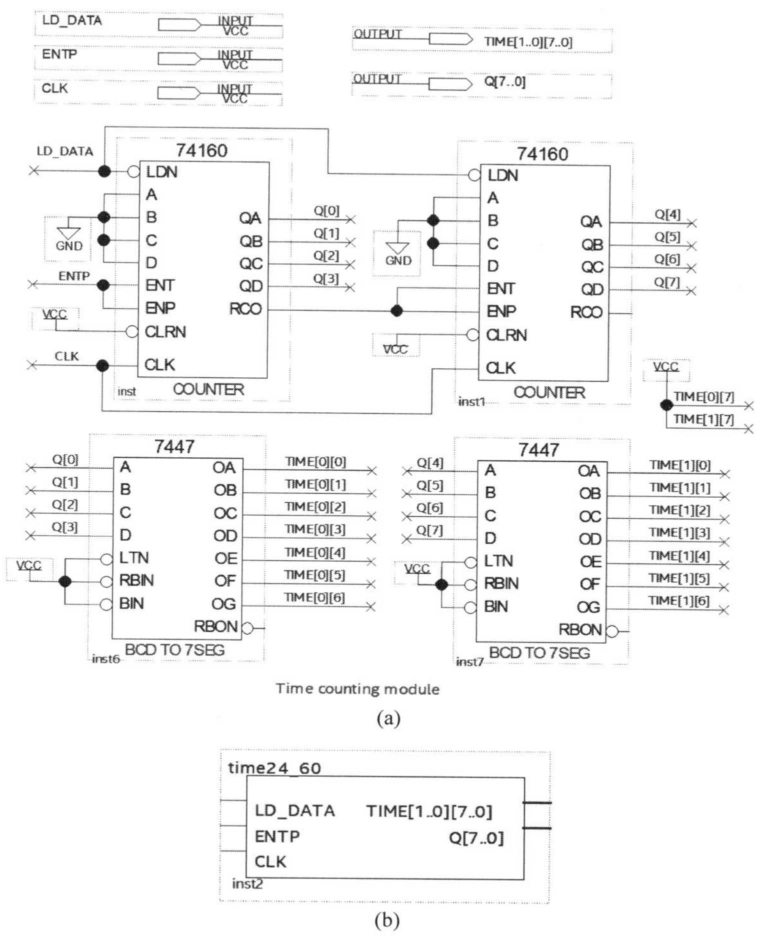

(a)

(b)

图 5-10 时分秒计时设计电路与生成的 time24_60 模块

(a) 时分秒计时设计电路；(b) 生成的模块

用模块中的“基于 SEG 数据输入的动态显示电路”。

(4) 时间调整模块设计

时间调整模块设计思路就是通过按键在正常计时和时间调整两种工作模式间切换，控制计时模块 time24_60 中的输入端 ENTP，不同模式给予不同使能控制信号。

对于时间调整电路设计，分为小时和分钟两部分时间调整电路。下面给出分钟时间调整电路的设计参考，如图 5-11 所示。为确保外部按键模式切换时工作模式稳定，在图 5-11 中加了 T 触发器(TFF)，T 触发器输出低电平“0”时为时间调整模式，T 触发器输出高电平“1”时为正常计时模式。

当 T 触发器输出“1”时，数据选择器 LPM_MUX 输出给使能信号 MIN_EN，为正常计时工作模式。当 T 触发器输出“0”时，在分钟计时输出小于 59 时 LPM_MUX 输出为高电平使能信号，确保分钟计时正常调整；当分钟计时输出大于等于 59 时，LPM_MUX 输出为 LPM_COMPARE 比较输出处理后的低电平信号，分钟计时调整结束，可预防超范围时间调整。

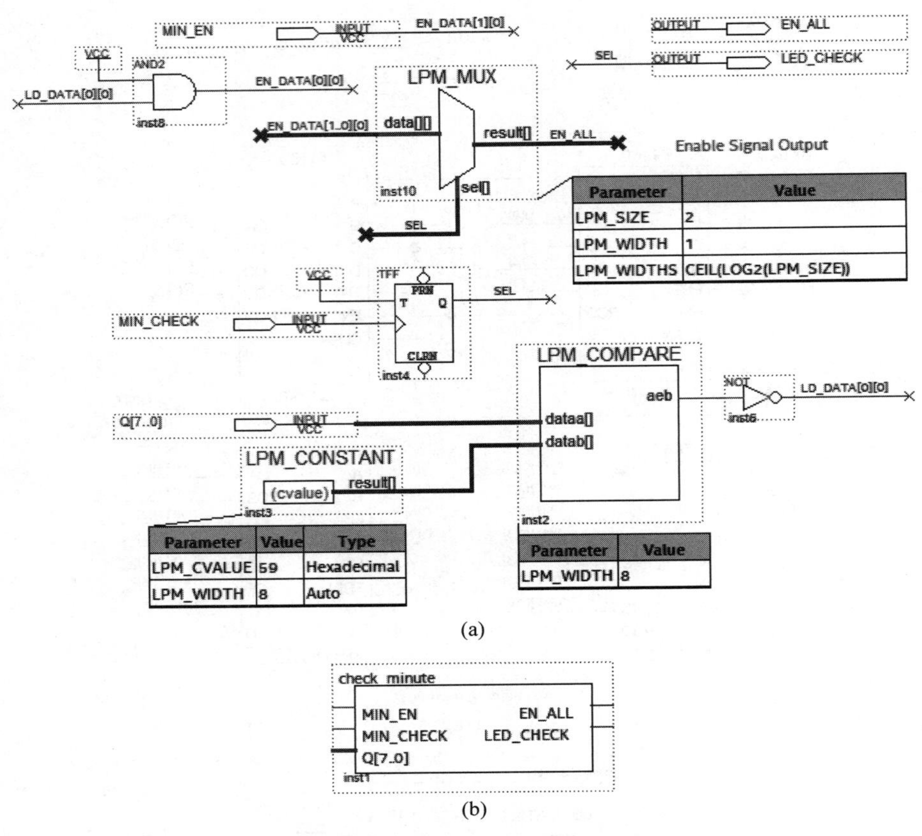

图 5-11　分钟时间调整设计电路与生成的 check_minute 模块

(a) 分钟时间调整电路；(b) 生成的模块

小时调整电路可参考分钟调整电路设计思路，自行设计，这里不再赘述。

(5) 整机顶层电路设计

按照设计方案，将产生的秒脉冲分频模块、计时模块、时间调整模块和动态显示模块整合到一起，设计的简易数字电子钟顶层电路如图 5-12 所示。

在简易数字电子钟顶层电路设计时，正常计时分钟电路置数端控制信号 MIN_LD 为分钟和秒电路输出 Q[1..0][7..0]与 59 分 59 秒相比较输出处理信号；正常计时小时电路置数端控制信号 HOUR_LD 为时分秒电路输出 Q[2..0][7..0]与 23 小时 59 分 59 秒相比较输出处理信号。

设计时一定要注意这些跳变点的细节处理，精益求精，才能确保设计电路实现预期功能。

3. 综合测试

采用 FPGA 实验板进行综合测试，这里只给出了嵌入式逻辑分析仪设置界面(图 5-13)和嵌入式逻辑分析仪调试结果截图(图 5-14)。利用嵌入式逻辑分析仪调试电路，既可以观察瞬时输出，也可以观察一段时间的累积结果，特别是可仔细观察跳变点的细节变化。

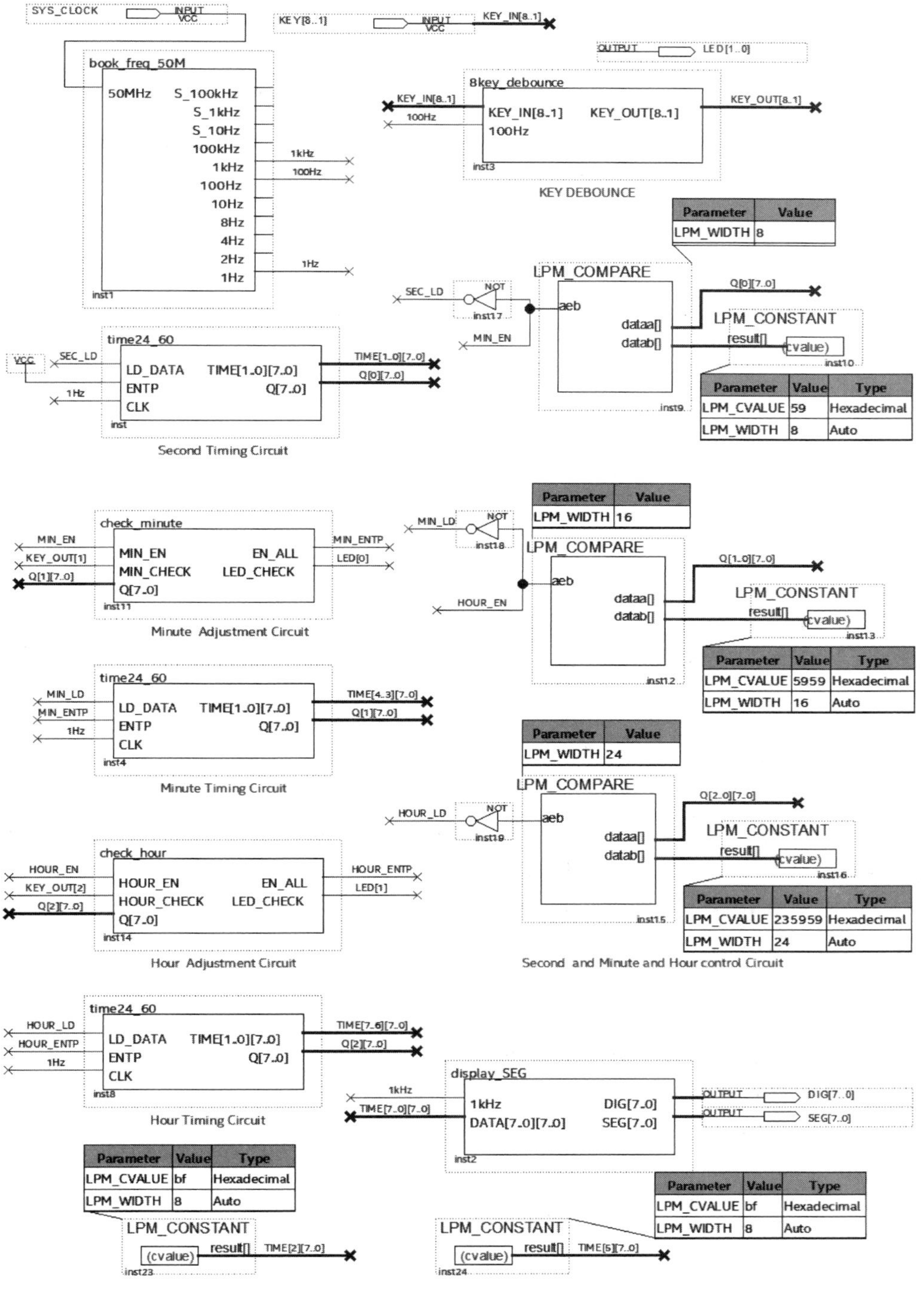

图 5-12　简易数字电子钟顶层参考设计电路

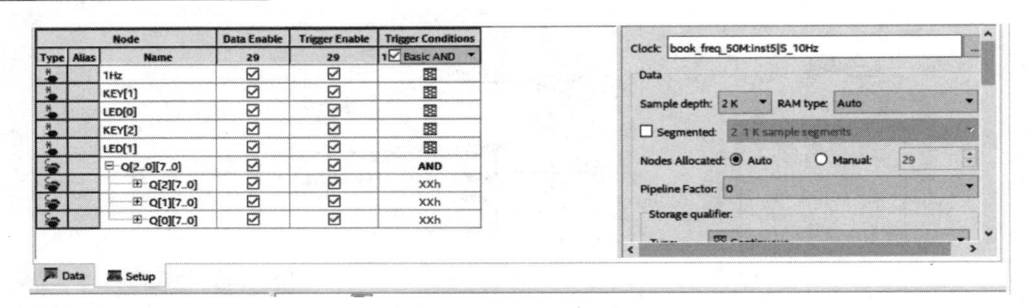

图 5-13　嵌入式逻辑分析仪设置界面

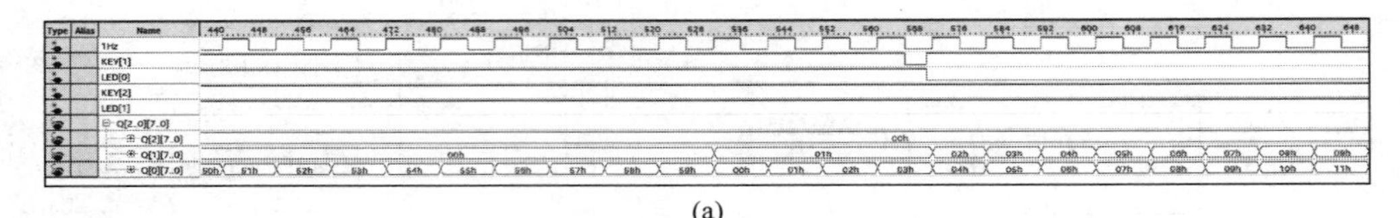

(a)

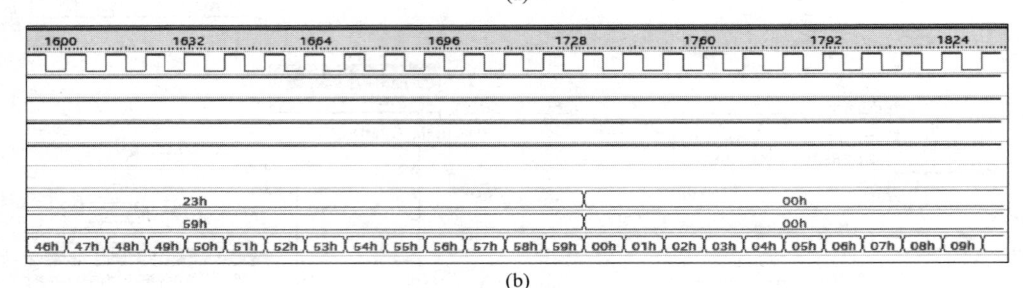

(b)

图 5-14　嵌入式逻辑分析仪调试结果截图

4. 综合实践项目功能拓展

在前面介绍的数字电子钟设计基础上,积极引导学生进行探究式与个性化学习,提高学习挑战性和成就感。本项目可探索与拓展的功能有:

(1) 星期显示电路设计和数码显示功能;

(2) 整点报时功能;

(3) 闹钟功能;

(4) 秒表计时功能;

(5) 年月日电路设计和数码显示功能;

(6) 实用创新设计与实现。

5. 综合实践项目探索与提升

(1) 归纳总结综合实践项目采用的模块法设计思路。

(2) 对于数字电子钟功能拓展,你还能列出哪些项呢? 若有拓展功能,请给出设计思路及电路。

5.3.2　综合实践项目二:流水灯设计及综合测试

1. 综合实践项目设计要求

(1) 控制 8 个 LED 进行流水灯花样显示,至少设计 4 种不同花样;

（2）系统具有复位功能；

（3）流水灯花样变化速度可调；

（4）数码管显示花样种类。

2. 综合实践项目设计提示

以简易流水灯设计为例，引导学生开展综合实践项目设计与综合测试。

简易流水灯设计方案如图 5-15 所示，主要由花样变化电路和顶层控制电路构成。

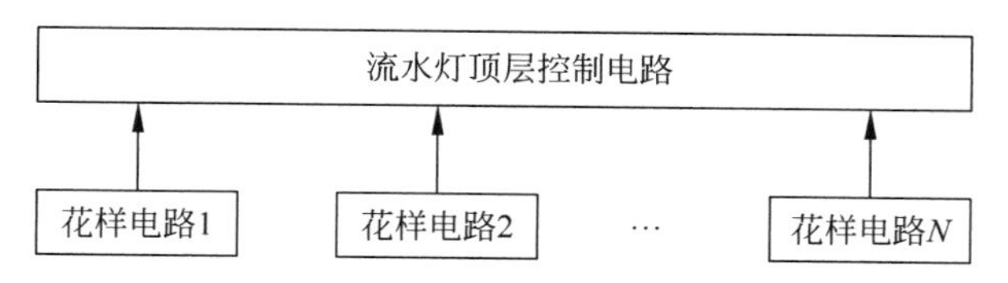

图 5-15　简易流水灯设计方案框图

（1）流水灯花样变化电路设计

花样电路设计方法多种多样，这里提纲挈领，只给出两种花样设计方法。

① 移位寄存器花样电路设计法

74194 模块为移位寄存器，可以实现左移位/右移位逻辑功能，其逻辑功能的详细介绍参见第 4 章“基础实验十三：移位寄存器电路分析及综合测试”有关内容。下面给出基于两个 74194 模块，通过左移位实现的流水灯花样电路，如图 5-16 所示。

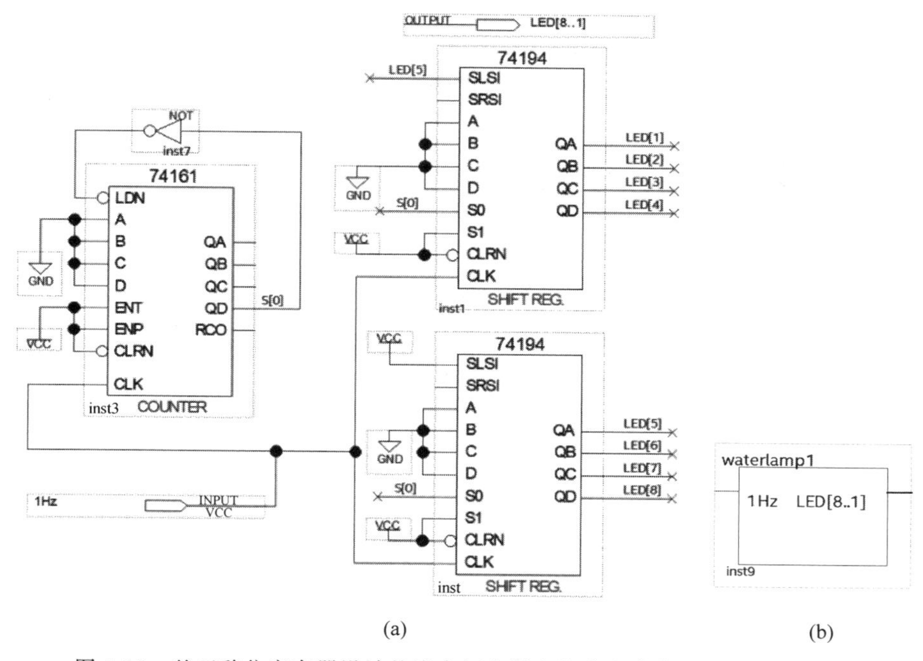

图 5-16　基于移位寄存器设计的流水灯花样电路及生成的 waterlamp1 模块

（a）左移位流水灯花样电路；（b）生成的模块

在图 5-16 中，利用计数器 74161 控制 74194 模块工作模式，每 8s 控制信号 S[0]输出一个高电平，74194 模块实现一次置数。然后 S[0]回到低电平输出，74194 模块实现左移位，从而实现一种流水灯花样变化。

图 5-17 为嵌入式逻辑分析仪给出的 74194 输出波形截图。

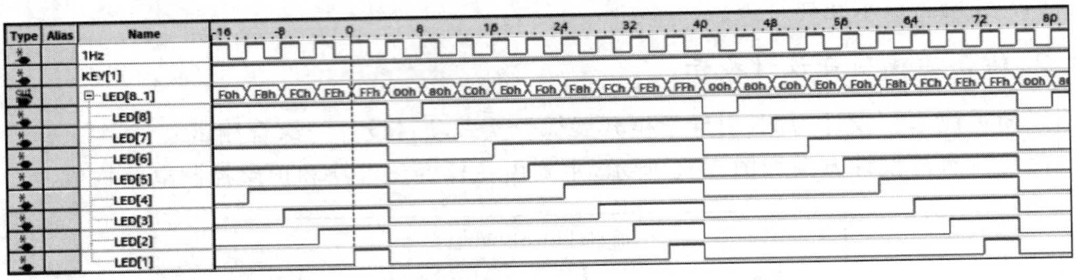

图 5-17 嵌入式逻辑分析仪给出的 74194 输出波形截图

② 参数化 LPM_ROM 花样电路设计法

首先将设计花样以二进制的形式存入 mif 文件中，如图 5-18 所示。

Addr	+0	+1	+2	+3	+4	+5	+6	+7	ASCII
0	0000 0001	0000 0011	0000 0111	0000 1111	0001 1111	0011 1111	0111 1111	1111 1111	__?_
8	1111 1110	1111 1100	1111 1000	1111 0000	1110 0000	1100 0000	1000 0000	0000 0000	____

图 5-18 流水灯花样存储 mif 文件形式

然后通过参数化 LPM_ROM 模块，读取 mif 文件，控制 LED 显示，实现一种流水灯花样变化，如图 5-19 所示。

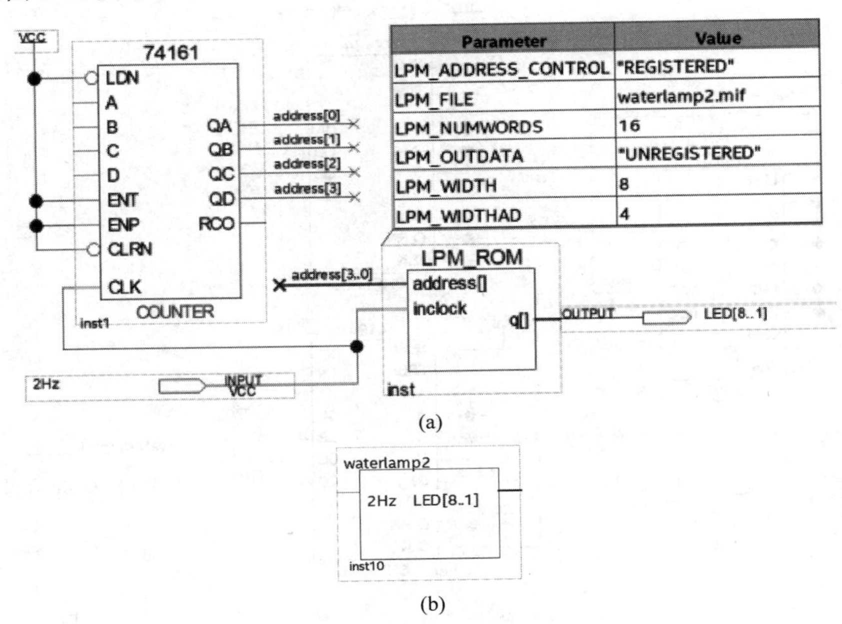

图 5-19 利用参数化 LPM_ROM 模块设计的流水灯花样电路及生成的 waterlamp2 模块
(a) LPM_ROM 模块设计的流水灯花样电路；(b) 生成的模块

在图 5-19 中，计数模块 74161 输出给参数化 LPM_ROM 提供地址信号，读取 mif 文件流水灯花样数据。图 5-20 为嵌入式逻辑分析仪给出的 LPM_ROM 输出波形截图。

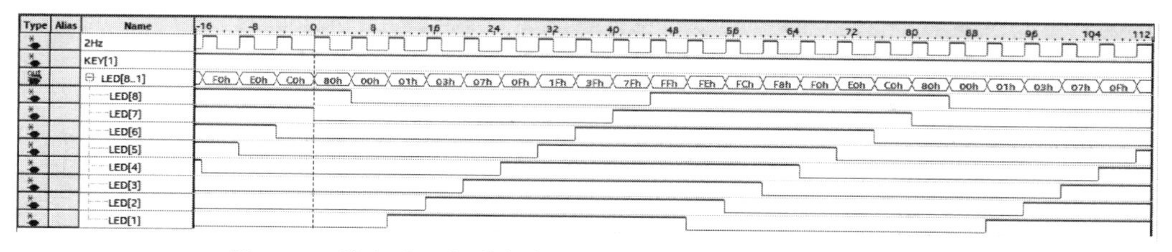

图 5-20　嵌入式逻辑分析仪给出的 LPM_ROM 输出波形截图

(2) 流水灯顶层控制电路设计

上面介绍的两种花样电路输出都是控制 LED,但实验板只有 8 个 LED,这就需要采用时分多路复用(TDM)技术。

时分多路复用技术是按传输信号的时间进行分割的,它使不同的信号在不同的时间内传送,将整个传输时间分为许多时间间隔,每个时间间隔被一路信号占用。其简易示意图如图 5-21 所示。

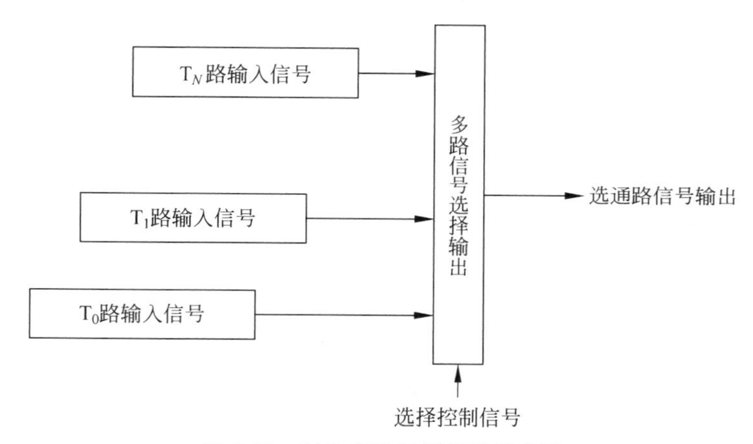

图 5-21　时分多路复用简易示意图

从图 5-21 可以看出,多路输入信号由选择信号控制选通输出,一个选择信号控制一路信号选通输出。比如四路输入信号的选择控制信号为 00、01、10 和 11,相当于把输出信号通道分成 4 个时间间隔,每个时间间隔输出一路信号,这就是时分多路复用设计思想。基于时分多路复用设计的简易流水灯顶层电路如图 5-22 所示。

通过参数化 LPM_MUX 数据选择器,将两种流水灯花样进行选通输出。通过按键控制 74161 计数电路产生不同选通信号 sel,在不同的时间间隔可输出不同花样。

3. 综合实践项目功能拓展

在前面的简易流水灯设计基础上,积极引导学生进行探究式与个性化学习,提高学习挑战性和成就感。本项目可探索与拓展的功能有:

(1) 设计出更多流水灯花样电路;

(2) 系统具有复位功能;

(3) 改变流水灯花样显示速度;

(4) 用数码管显示花样种类;

(5) 实用场景的创新设计与实现。

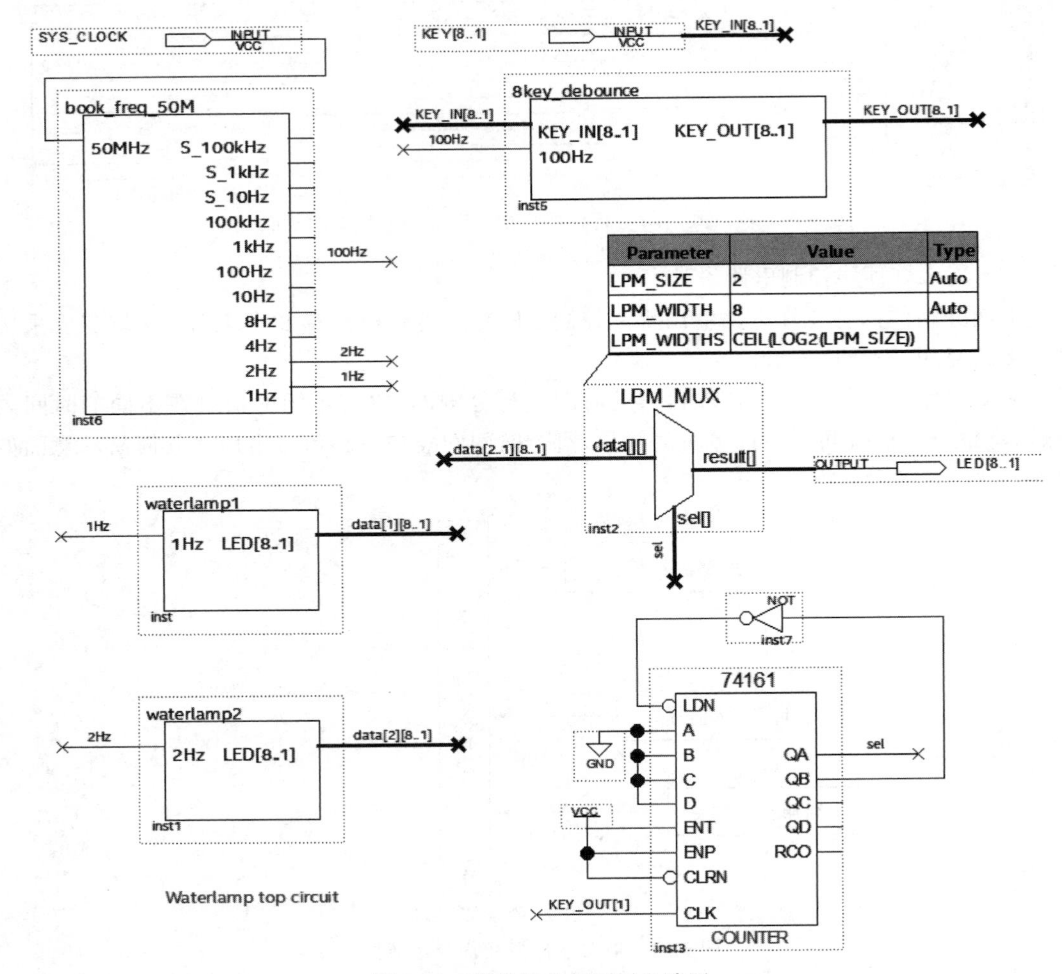

图 5-22　简易流水灯顶层电路图

4. 综合实践项目探索与提升

(1) 列举流水灯的应用场景；

(2) 归纳总结流水灯设计、调试和测试过程中遇到的问题和解决方法。

5.3.3 综合实践项目三：简易电子琴设计及综合测试

1. 综合实践项目设计要求

(1) 通过按键控制发出 1(do)、2(re)、3(mi)、4(fa)、5(so)、6(la)、7(si)基本音阶，实现简单弹奏功能；

(2) 能够自动播放多首乐曲且具有回放功能，并能显示乐曲编号；

(3) 可在手动弹奏和自动播放之间任意切换；

(4) 数码管显示播放音符并能区分高、中、低音。

2. 综合实践项目设计提示

（1）简易电子琴乐曲演奏基本原理

简易电子琴乐曲演奏基本原理就是根据简谱控制扬声器激励信号的频率和持续时间。激励信号的频率取决于音调，乐曲中各音名与频率对应关系如表 5-1 所示。

表 5-1　简谱中各音名对应频率值

低音	低音频率/Hz	中音	中音频率/Hz	高音	高音频率/Hz
1	262	1	523	1	1046
2	294	2	587	2	1175
3	330	3	659	3	1318
4	349	4	698	4	1397
5	392	5	784	5	1568
6	440	6	880	6	1760
7	494	7	998	7	1976

（2）从基准频率信号分频产生各音名信号

从基准频率信号分频可得到各音名信号，在尽量保证音乐不走调的前提下，通过近似计算得到整数型分频系数。

基准信号频率选取要易于各音名分频，并要保证分频输出信号精度。在这里选取基准信号的频率为 100kHz，为得到占空比为 50%的信号，我们采用两次分频的办法。比如音名“1”的低音频率为 262Hz，第一次分频系数为 100kHz/(262Hz×2)≈191，输出近似 2×262Hz 频率信号；第二次分频系数为 2，这样就可保证分频输出占空比为 50%的音名 1 的低音信号。

因为在两次分频操作中第二次一直为二分频，所以下面只给出简谱中各音名第一次分频系数，如表 5-2 所示。

表 5-2　基准信号频率为 100kHz 时各音名对应的第一次分频系数

音名	低音频率/Hz	第一次分频系数	中音频率/Hz	第一次分频系数	高音频率/Hz	第一次分频系数
1	262	191	523	96	1046	48
2	294	170	587	85	1175	43
3	330	152	659	76	1318	38
4	349	143	698	72	1397	36
5	392	128	784	64	1568	32
6	440	114	880	57	1760	28
7	494	101	988	51	1976	25

（3）简易电子琴模块电路设计

根据项目设计要求，简易电子琴可分为手动弹奏和乐曲自动播放两大模块，两大模块输出可通过数据选择器实现多路信号复用，控制扬声器发声，参考设计方案框图如图 5-23 所示。

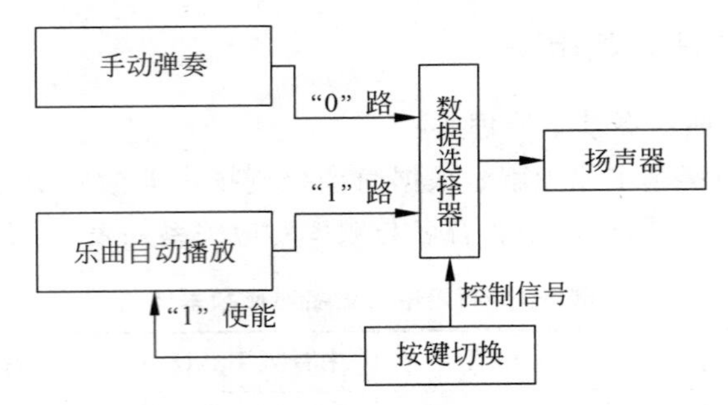

图 5-23　简易电子琴设计方案框图

① 手动弹奏模块电路设计

1、2、3、4、5、6、7 各音名的激励信号都可从 100kHz 基准频率信号通过两次分频产生。各音名分频电路设计原理是相同的，不同的是分频系数，参考设计方案框图如图 5-24 所示。

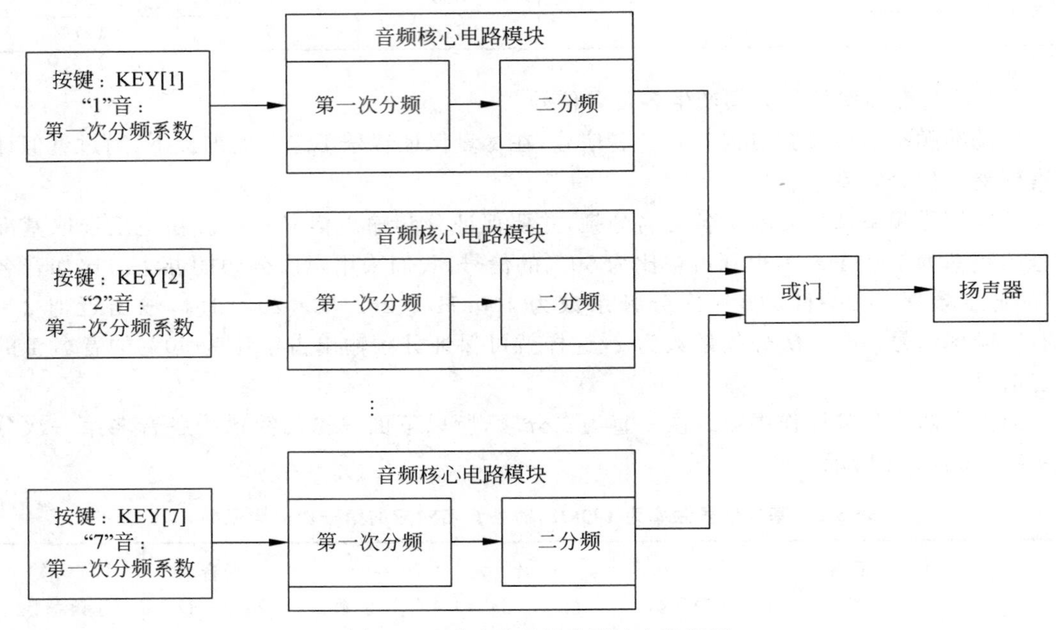

图 5-24　手动弹奏模块设计方案框图

利用参数化 LPM_COUNTER 计数模块设计音频核心电路模块，如图 5-25 所示。参数化 LPM_COUNTER 和 LPM_COMPARE 模块组成第一次分频电路，由引脚 P[9..0]输入第一次分频系数，可见这是可变分频器，通过外部电路输入分频系数调整分频输出。T 触发器电路构成二分频，确保输出占空比为 50%的扬声器激励信号。最后通过数据选择器 LPM_MUX 进行切换，在有键按下时输出弹奏音频信号，在无键按下时输出低电平静音信号。

这里只给出"1"和"2"两个中音手动弹奏电路示例，如图 5-26 所示。其他音名电路设计请参考"1"或"2"中音电路，自行设计。利用参数化 LPM_CONSTANT 模块产生第一次分频系数，各音名分频系数可在表 5-2 中查找。

通过按键控制音频核心模块发声，按不同键发出不同声音。当没有键按下时为低电平

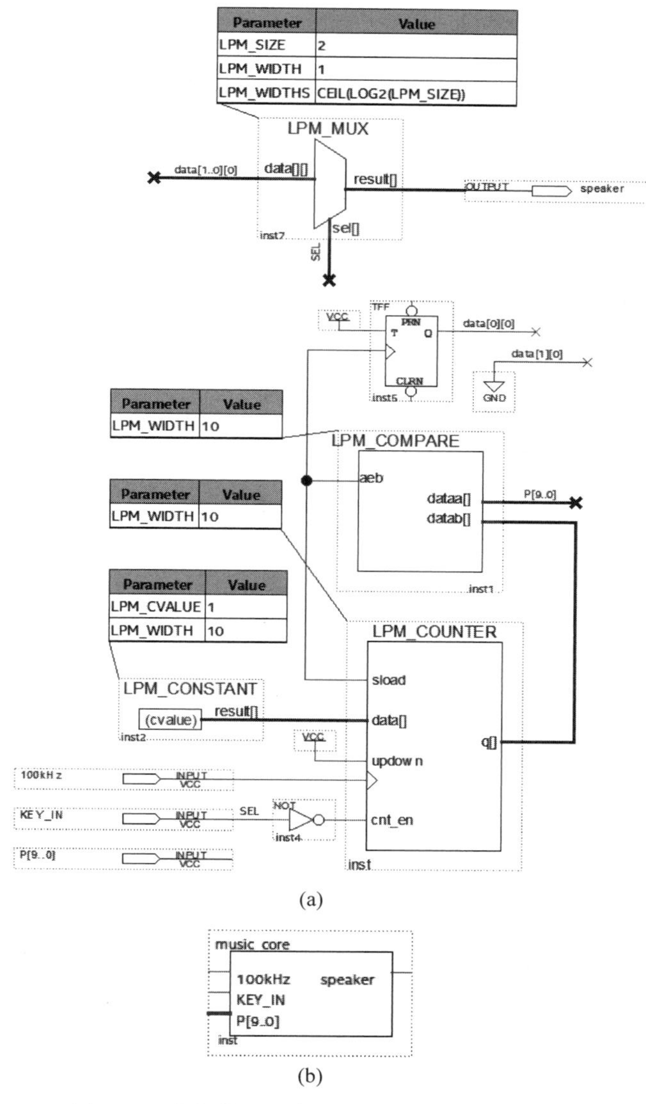

图 5-25 音频核心电路及生成的 music_core 模块

(a) 音频核心电路；(b) 生成的模块

输出，扬声器静音工作，最后各音名电路通过或门输出控制扬声器发声。

② 乐曲自动播放模块电路设计

如果按照音乐简谱的节奏不断地给音频核心模块 music_core 输入各音名的第一次分频系数，那么它就可以自动播放音乐了。为实现分频系数的连续不断输入，可利用参数化 LPM_ROM 模块存储依照简谱得出的第一次分频系数，然后利用地址计数器根据乐谱节奏不断读取 ROM 数据，给音频核心模块 music_core 输入分频系数，实现自动播放乐曲功能。

下面以《梁祝》乐谱为例简要叙述设计过程，参考设计方案框图如图 5-27 所示。

《梁祝》乐谱如图 5-28 所示。

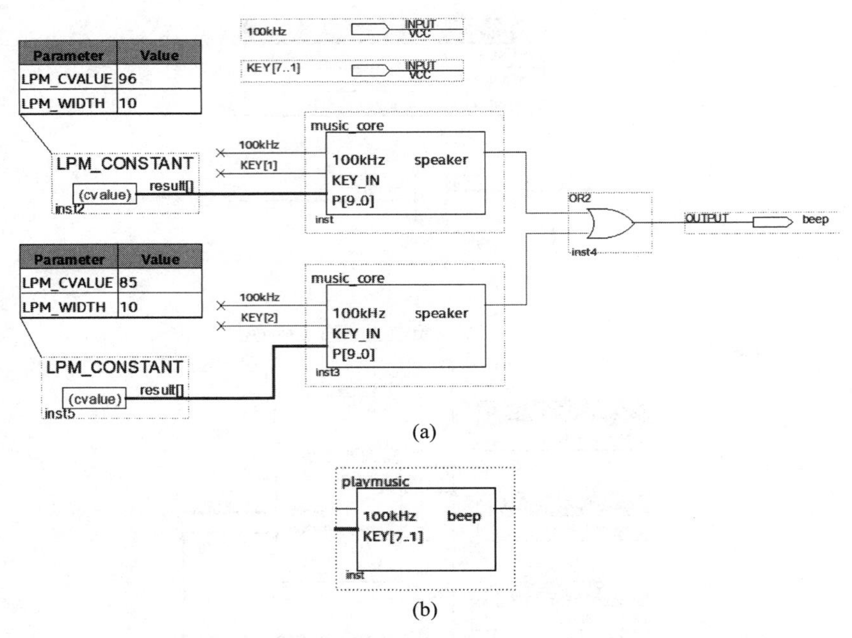

图 5-26 手动弹奏电路示例及生成的 playmusic 模块

(a) 手动弹奏模块电路示例；(b) 生成的模块

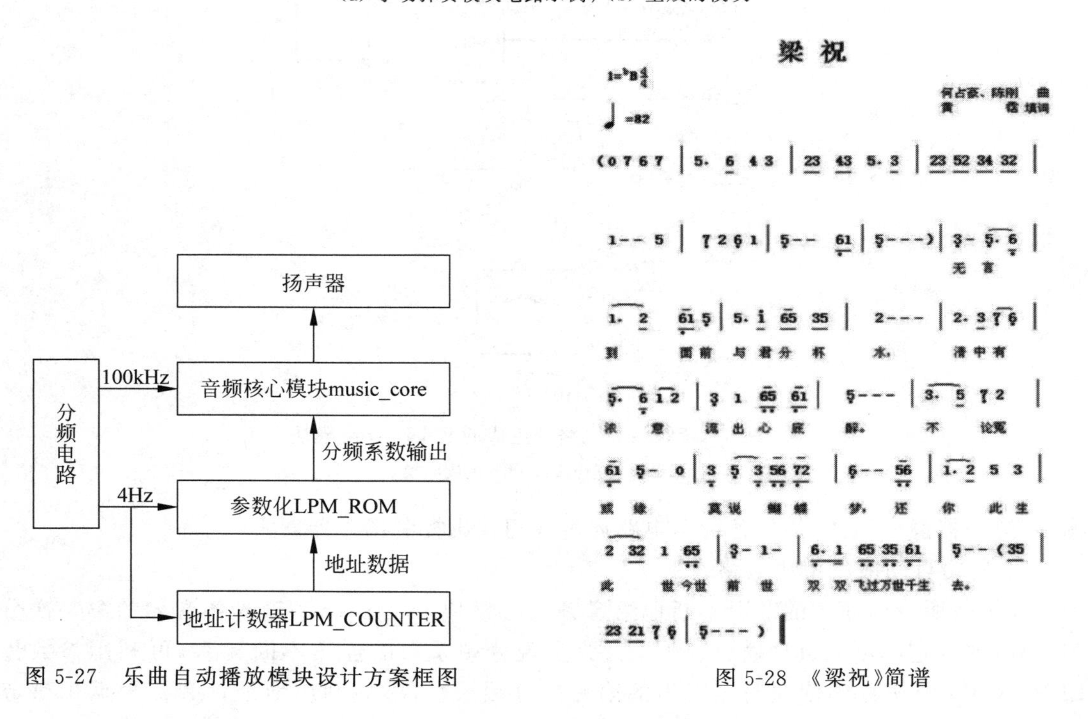

图 5-27 乐曲自动播放模块设计方案框图

图 5-28 《梁祝》简谱

依据图 5-28 所示的简谱和表 5-2 中的分频系数，可写出《梁祝》简谱各音名分频系数。将其存入 mif 文件中，这里只给出部分简谱 mif 文件，其形式如图 5-29 所示。文件“Butterfly_Lovers. mif”存储的分频系数有 128 个字节，数据格式为“Unsigned Decimal”，数据位宽为 10bit。

Addr	+0	+1	+2	+3	+4	+5	+6	+7	+8	+9	+10	+11	+12	+13	+14	+15
0	00	51	51	57	57	51	51	64	64	57	57	72	72	76	76	85
16	76	72	76	64	64	64	76	85	76	64	85	76	72	76	85	96
32	96	96	96	96	96	64	64	101	101	85	85	114	114	96	96	128
48	128	128	128	128	128	114	96	128	128	128	128	128	128	128	128	152
64	152	152	152	128	128	128	114	96	96	96	85	114	96	128	128	64
80	64	64	48	57	64	76	64	85	85	85	85	85	85	85	85	85
96	85	85	76	101	101	114	114	128	128	128	114	96	96	85	85	152
112	152	96	96	114	128	114	96	128	128	128	128	128	128	128	128	0

图 5-29　存储《梁祝》乐谱第一次分频系数的 Butterfly_Lovers. mif 文件形式

乐曲自动播放电路和生成的 automusic 模块如图 5-30 所示。通过地址计数电路 LPM_COUNTER 产生存储器 LPM_ROM 的读取地址，读取“Butterfly_Lovers. mif”文件存储的分频系数，送入音频核心电路中，输出的音频信号推动扬声器发声。

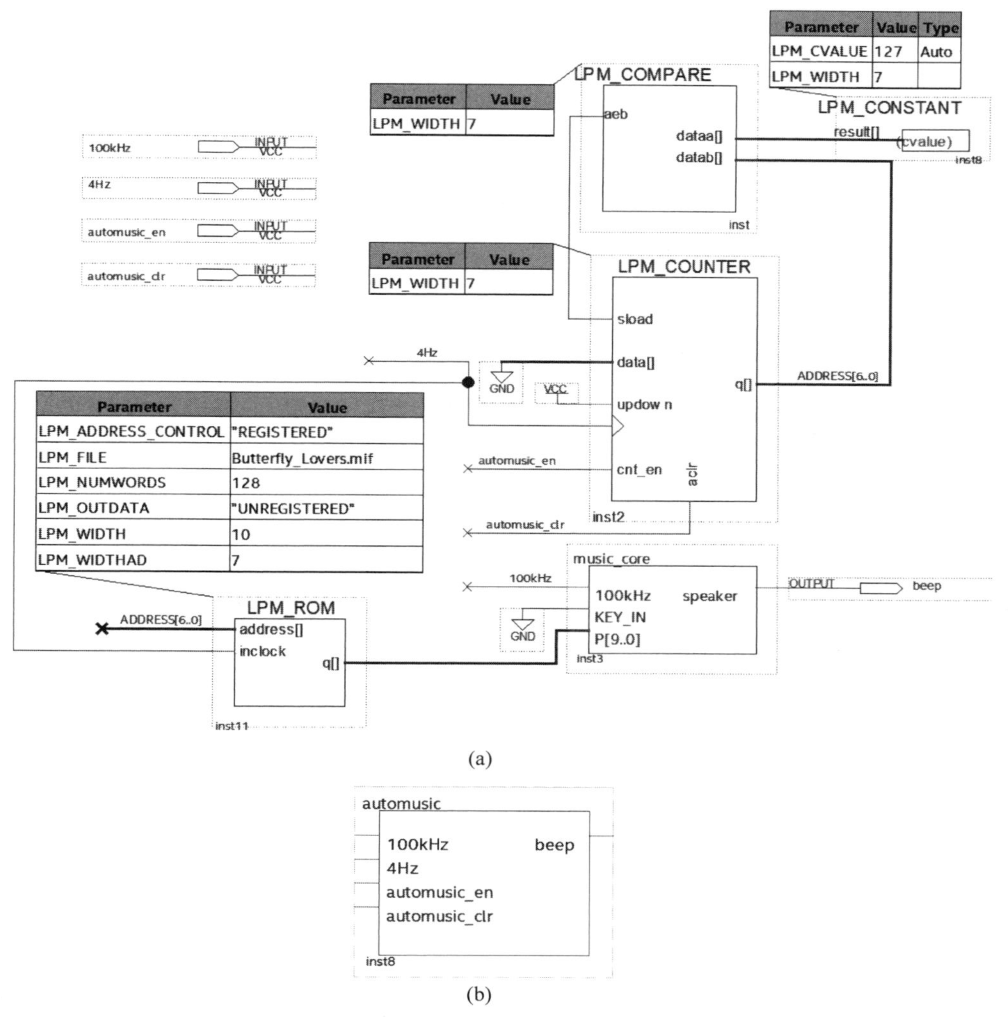

(a)

(b)

图 5-30　乐曲自动播放电路和生成的 automusic 模块

(a) 乐曲自动播放电路；(b) 生成的模块

乐曲《梁祝》最小节拍为 1/4 拍，mif 文件数据读取频率为 4Hz，也就是说产生 1/4 拍的时长为 1/4Hz=0.25s。对应较长的节拍可将音阶连续输出相应次数，这样不仅可以控制扬声器激励信号频率，还可控制音频信号持续时间长短，使扬声器发出美妙的乐曲声。

(4) 简易电子琴顶层电路设计

通过数据选择器实现多路信号时分复用，将简易电子琴手动弹奏和乐曲自动播放两大模块连接起来，控制扬声器发声，如图 5-31 所示为简易电子琴顶层设计电路。其中，模块 8key_debounce 为按键消抖模块，模块 playmusic 为手动弹奏模块，模块 automusic 为乐曲自动播放模块。参数化 LPM_MUX 模块实现多路信号复用，T 触发器电路控制手动弹奏和乐曲自动播放功能切换。

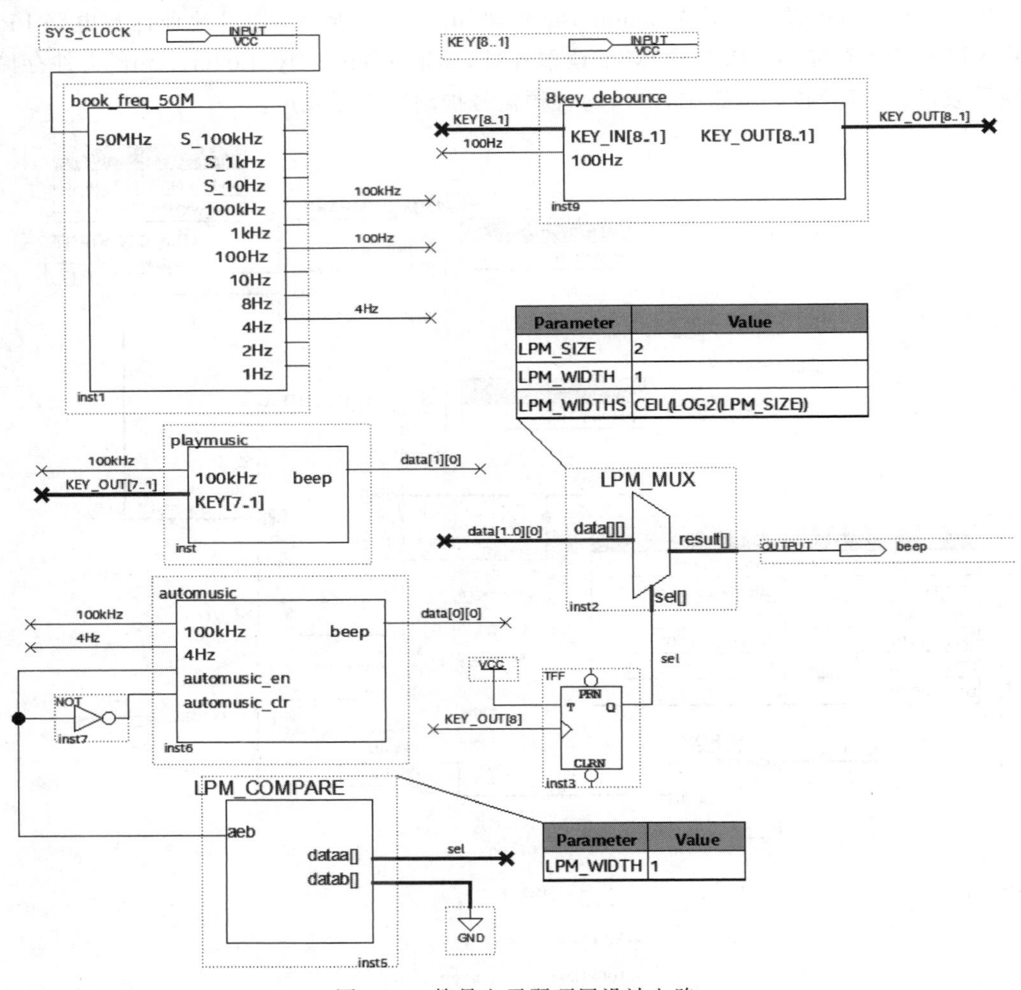

图 5-31 简易电子琴顶层设计电路

3. 综合实践项目功能拓展

在前面的简易电子琴设计基础上，积极引导学生进行探究式与个性化学习，提高学习挑战性和成就感。本项目可探索与拓展的功能有：

(1) 系统具有复位功能;
(2) 完成手动弹奏模块电路设计并重新生成模块;
(3) 能够自动播放多首乐曲且具有回放功能;
(4) 用数码管显示乐曲编号和播放音符;
(5) 其他实用性创新设计与实现。

4. 综合实践项目探索与提升

(1) 试着给出另外一种简易电子琴设计思路和方案;
(2) 归纳总结简易电子琴设计、调试和测试过程中遇到的问题和解决方法。

5.3.4　综合实践项目四:音乐彩灯设计及综合测试

1. 综合实践项目设计要求

(1) 播放一首音乐并使彩灯随着音符跳动;
(2) 可以手动或自动选择多种乐曲,彩灯随音乐播放变化;
(3) 数码管显示播放乐曲编号;
(4) 数码管显示播放音符并能区分高、中、低音。

2. 综合实践项目设计提示

(1) 音乐彩灯参考设计方案

音乐彩灯设计原理就是根据乐曲控制 LED 的发光或亮暗变化,同时使扬声器发出美妙的乐曲声。

参考设计方案如图 5-32 所示,可自动播放一首乐曲,同时 LED 灯光随着音符跳动,数码管显示播放的音符。

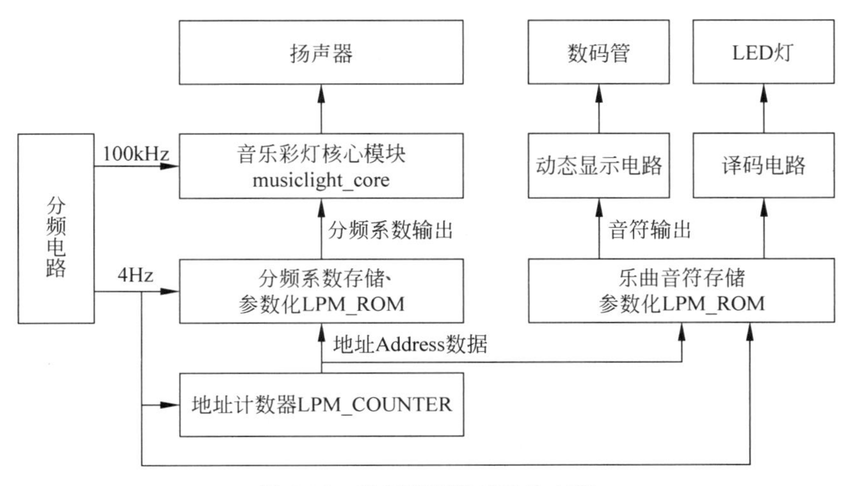

图 5-32　音乐彩灯参考设计方案

(2) 音乐彩灯核心电路和生成模块

这里采用 74160 计数模块设计分频电路,如图 5-33 所示。74160 模块和参数化 LPM_

COMPARE 模块组成第一次分频电路，由引脚 P[9..0]输入第一次分频系数，可见这是可变分频器，通过外部电路输入分频系数调整分频输出。因为采用 74160 模块设计分频电路，所以引脚 P[9..0]输入分频系数为 8421BCD 数据。T 触发器电路构成二分频，确保输出占空比为 50%的音频信号。

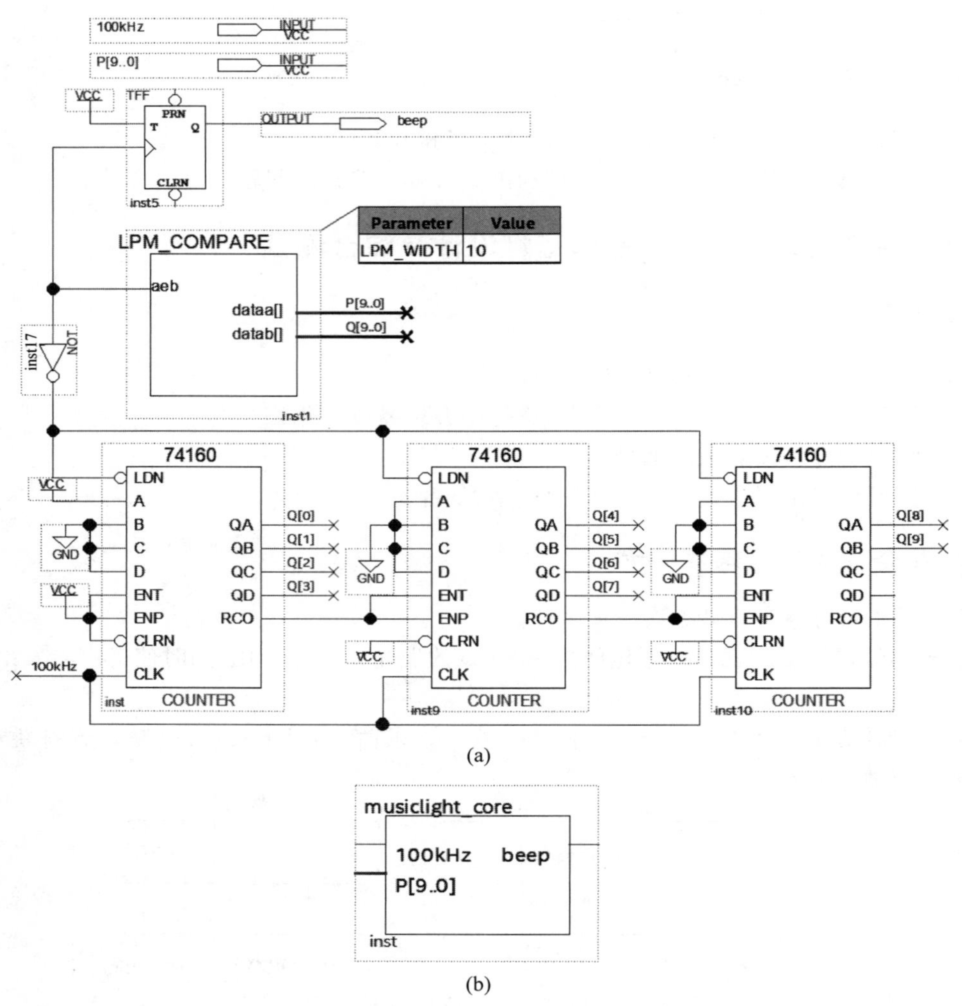

图 5-33 音乐彩灯核心电路及生成的 musiclight_core 模块
(a) 音乐彩灯核心电路；(b) 生成的模块

(3) 分频系数存储 mif 文件

本综合设计仍然以《梁祝》乐曲为例，依据表 5-2，可写出《梁祝》简谱各音符的分频系数，将其存入扩展名为 mif 的文件中。

在输入 mif 文件数据时，首先要设置输入数据格式。因为本设计案例中分频电路采用 8421BCD 计数模块 74160 实现，所以在菜单“View”中的“Memory Radix”子菜单中选择“Hexadecimal”数据格式，数据位宽为 10bit。

这里只给出 128 个字节的“Butterfly_Lovers_8421BCD.mif”文件，其形式如图 5-34 所示。图 5-34 中表格的数据形式与图 5-29 相同，但数据格式不同。

Addr	+0	+1	+2	+3	+4	+5	+6	+7	+8	+9	+10	+11	+12	+13	+14	+15
0	0 00	0 51	0 51	0 57	0 57	0 51	0 51	0 64	0 64	0 57	0 57	0 72	0 72	0 76	0 76	0 85
16	0 76	0 72	0 76	0 64	0 64	0 64	0 76	0 85	0 76	0 64	0 85	0 76	0 72	0 76	0 85	0 96
32	0 96	0 96	0 96	0 96	0 96	0 64	0 64	1 01	1 01	0 85	0 85	1 14	1 14	0 96	0 96	1 28
48	1 28	1 28	1 28	1 28	1 28	1 14	0 96	1 28	1 28	1 28	1 28	1 28	1 28	1 28	1 28	1 52
64	1 52	1 52	1 52	1 28	1 28	1 28	1 14	0 96	0 96	0 96	0 85	1 14	0 96	1 28	1 28	0 64
80	0 64	0 64	0 48	0 57	0 64	0 76	0 64	0 85	0 85	0 85	0 85	0 85	0 85	0 85	0 85	0 85
96	0 85	0 85	0 76	1 01	1 01	1 14	1 14	1 28	1 28	1 28	1 14	0 96	0 96	0 85	0 85	1 52
112	1 52	0 96	0 96	1 14	1 28	1 14	0 96	1 28	1 28	1 28	1 28	1 28	1 28	1 28	1 28	0 00

图 5-34 存储《梁祝》乐谱第一次分频系数的 Butterfly_Lovers_8421BCD. mif 文件形式

(4) 乐曲音符存储 mif 文件

依据《梁祝》简谱和节拍，写出《梁祝》乐曲音符存储 mif 文件，如图 5-35 所示。数据格式为“Hexadecimal”，数据位宽为 4bit。

Addr	+0	+1	+2	+3	+4	+5	+6	+7	+8	+9	+10	+11	+12	+13	+14	+15
0	0	7	7	6	6	7	7	5	5	6	6	4	4	3	3	2
16	3	4	3	5	5	5	3	2	3	5	2	3	4	3	2	1
32	1	1	1	1	1	5	5	7	7	2	2	6	6	1	1	5
48	5	5	5	5	5	6	1	5	5	5	5	5	5	5	5	3
64	3	3	3	5	5	5	6	1	1	1	2	6	1	5	5	5
80	5	5	1	6	5	3	5	2	2	2	2	2	2	2	2	2
96	2	2	3	7	7	6	6	6	5	5	6	1	1	2	2	3
112	3	1	1	6	5	6	1	5	5	5	5	5	5	5	5	0

图 5-35 存储《梁祝》乐曲音符存储 music_score. mif 文件

(5) 音乐彩灯顶层设计电路

音乐彩灯顶层设计电路如图 5-36 所示。

通过地址计数电路 LPM_COUNTER 产生存储器 LPM_ROM 的读取地址，读取“Butterfly_Lovers_8421BCD. mif”文件中的分频系数数据，送入音乐彩灯核心电路，输出音频信号推动扬声器发声；同时读取“music_score. mif”文件中的音符数据，送入 74138 译码模块，控制 LED 灯光随着音乐播放变化，所读取的音符通过动态显示电路中的数码管显示。

3. 综合实践项目功能拓展

在前面的音乐彩灯设计基础上，积极引导学生进行探究式与个性化学习，提高学习挑战性和成就感。本项目可探索与拓展的功能有：

(1) 系统具有复位功能；

(2) 实现手动或自动选择多种乐曲，彩灯的亮暗随音乐播放变化；

(3) 用数码管显示乐曲编号；

(4) 用数码管区分高、中、低音；

(5) 用数码管显示每首乐曲的播放时间；

(6) 其他实用性创新设计与实现。

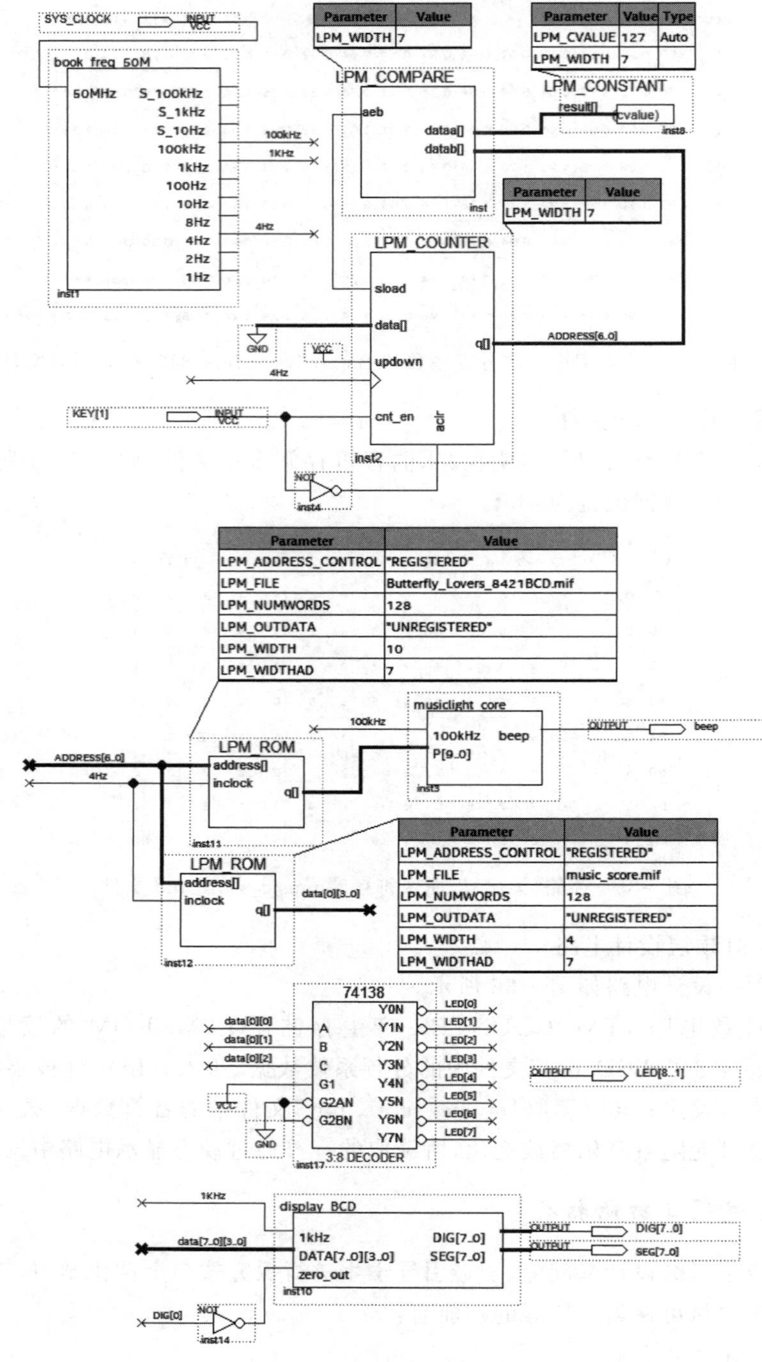

图 5-36　音乐彩灯顶层设计电路

4. 综合实践项目探索与提升

(1) 试着给出另外一种音乐彩灯设计思路和方案;

(2) 归纳总结音乐彩灯设计、调试和测试过程中遇到的问题和解决方法。

5.3.5　综合实践项目五：简易抢答器设计及综合测试

1. 综合实践项目设计要求

(1) 主持人可控制抢答器系统运行；
(2) 可供至少 6 名选手进行抢答，抢答后锁定并显示最先抢答选手编号；
(3) 有选手抢答时产生声光报警提醒；
(4) 对于重复抢答等违规操作给出另一种报警声音提示；
(5) 数码管显示成绩，并具有加分和减分功能；
(6) 对有时间限制过程进行倒计时显示。

2. 综合实践项目设计提示

(1) 简易抢答器参考设计方案

抢答器用于知识竞赛或抢答类文体活动中，能准确、公正、直观地判断出抢答者，使其获得答题机会。简易抢答器参考设计方案如图 5-37 所示，本参考方案给出简易抢答器主体部分，主要包括主持人控制、选手编码、抢答锁定和显示、声光报警等部分，起到抛砖引玉的作用。

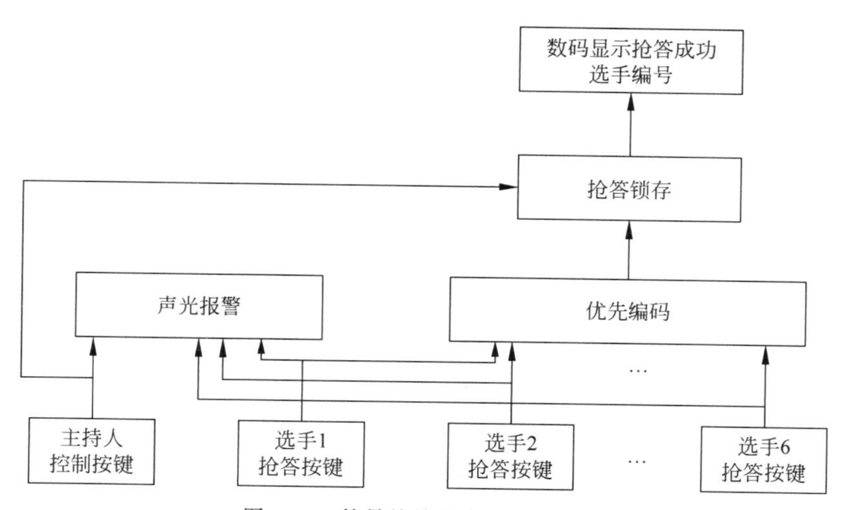

图 5-37　简易抢答器参考设计方案

(2) 简易抢答器按键控制与声光报警模块

图 5-38(a)为简易抢答器按键控制与声光报警电路，主要由 8key_debounce 按键消抖模块、主持人按键锁存电路和声光报警电路组成。模块输入信号有按键输入 KEY[8..1]和报警电路所需 1Hz、100Hz 和 1kHz 声音信号，输出信号有主持人控制信号 KEY_presenter、选手按键输出信号 KEY_press、选手按键抢答输出信号 KEY_responder[6..1]和报警信号 alarm_sound。

(3) 选手按键抢答编码和锁存模块

图 5-39(a)为选手按键抢答编码(用了其中 6 个输入)与锁存电路，主要通过主持人

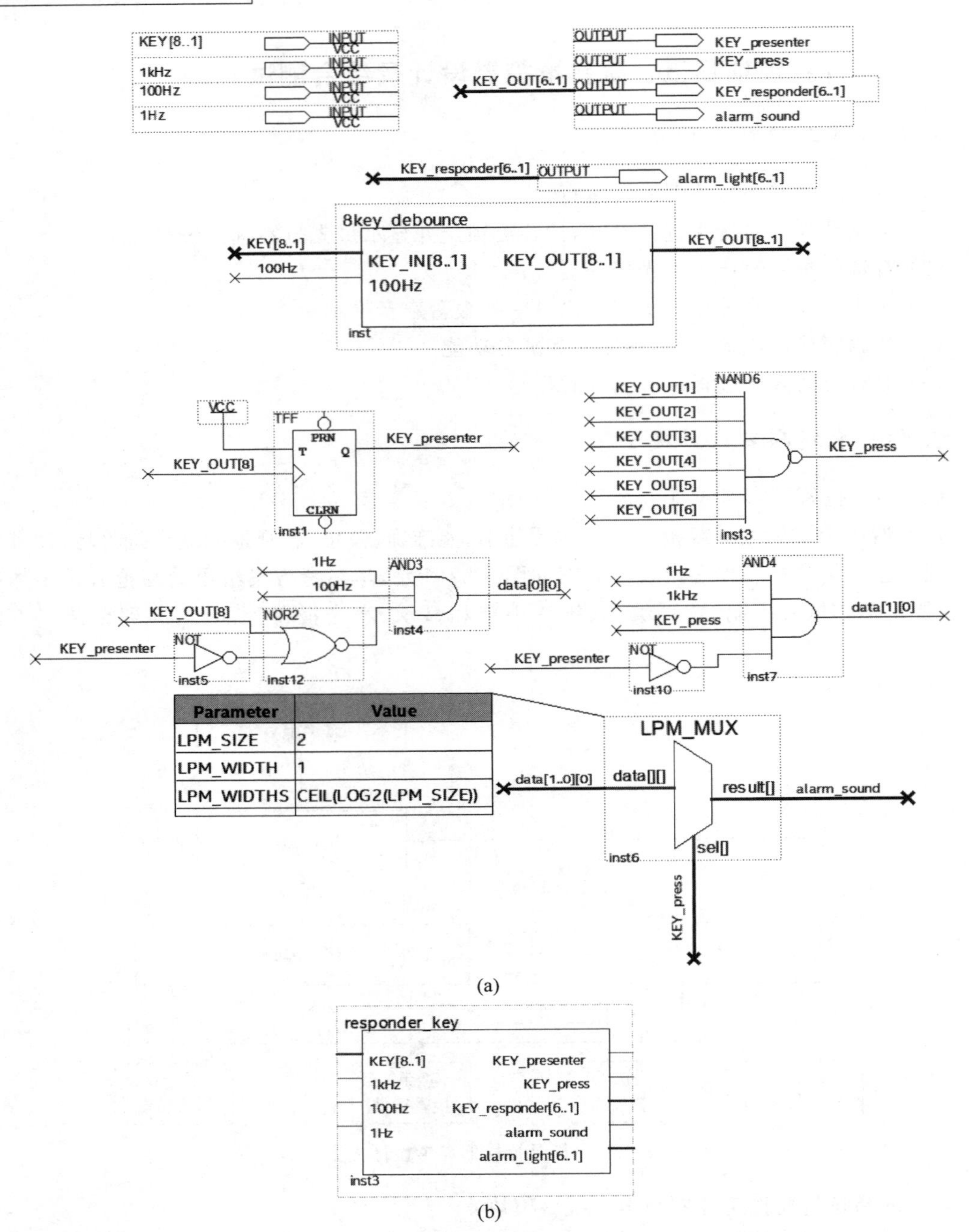

Parameter	Value
LPM_SIZE	2
LPM_WIDTH	1
LPM_WIDTHS	CEIL(LOG2(LPM_SIZE))

(a)

(b)

图 5-38 按键控制与声光报警电路及生成的 responder_key 模块

(a) 按键控制与声光报警电路；(b) 生成的模块

KEY_presenter 信号控制优先编码器 74148 使能端，提升主持人对抢答器的控制权限。在主持人 KEY_presenter 信号为低电平时，74148 才能对选手按键抢答信号 KEY_responder[6..1]进行优先编码。编码输出信号取反后送入 4D 触发器 74175，同时 74175 时钟 CLK 由编码输出 code_responder 和按键信号 KEY_press 控制，确保主持人开启后，每一位选手只有一次成功的抢答机会。

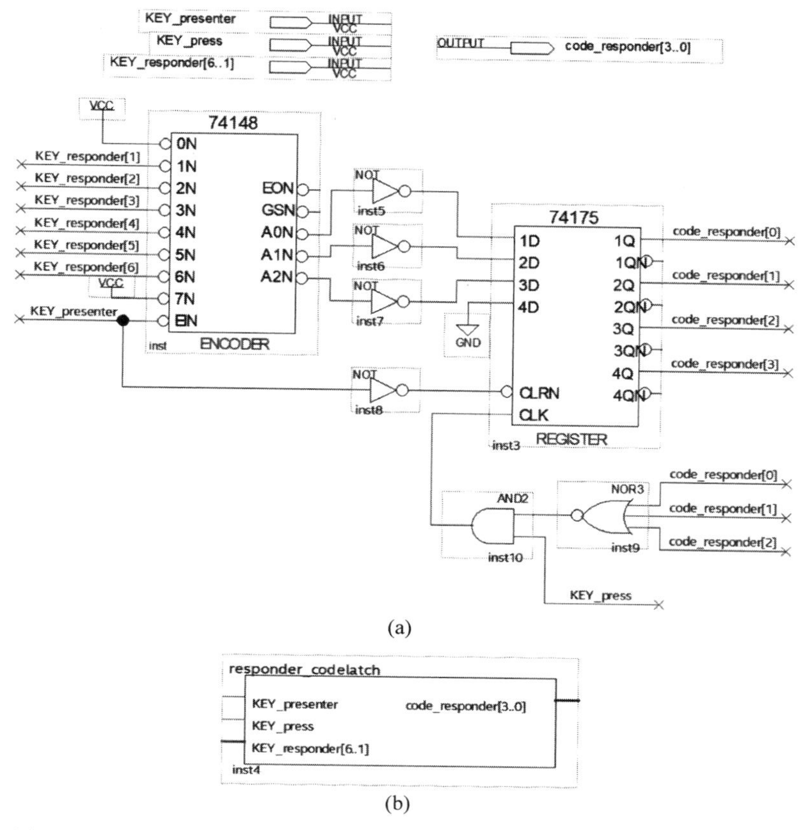

图 5-39　选手按键抢答编码与锁存电路及生成的 responder_codelatch 模块

(a) 选手按键抢答编码与锁存电路；(b) 生成的模块

(4) 简易抢答器顶层设计电路

简易抢答器顶层设计电路如图 5-40 所示，主要由分频模块 book_freq_50M、按键控制与声光报警模块 responder_key、选手按键抢答编码与锁存模块 responder_codelatch 和动态显示模块 display_BCD 构成，数码显示抢答成功的选手的编号，扬声器发出报警声。

3. 综合实践项目功能拓展

在前面的简易抢答器设计基础上，积极引导学生进行探究式与个性化学习，提高学习挑战性和成就感。本项目可探索与拓展的功能有：

(1) 对于重复抢答等违规操作给出另一种报警声音提示；

(2) 数码管显示成绩，并能实现加分和减分功能；

(3) 对有时间限制过程进行倒计时显示；

(4) 其他实用性创新设计与实现。

4. 综合实践项目探索与提升

(1) 试着给出另外一种简易抢答器设计思路和方案；

(2) 归纳总结简易抢答器设计、调试和测试过程中遇到的问题和解决方法。

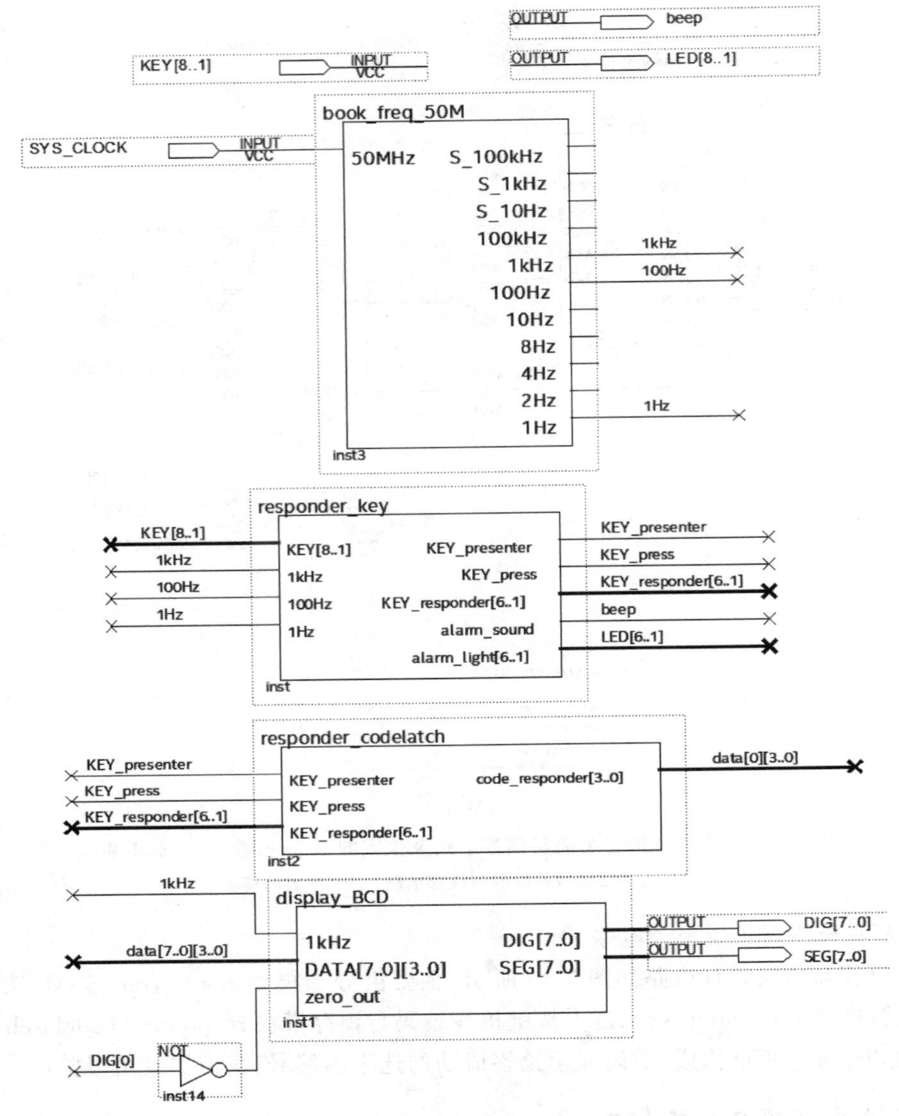

图 5-40 简易抢答器顶层设计电路

5.3.6 综合实践项目六：智能交通灯设计及综合测试

1. 综合实践项目设计要求

(1) 双主干道模式

① 设东西方向和南北方向车辆通行时间相同。

② 每次通行红绿灯时间设定：红灯：13s；绿灯：10s；黄灯：3s(闪烁)。

③ 数码管显示交通灯倒计时剩余时间。

(2) 大小道模式

① 设东西方向和南北方向车辆通行时间不相同。

② 每次通行时间设定：

大道红绿灯时间设定：红灯：25s；绿灯：45s；黄灯：3s(闪烁)。

小道红绿灯时间设定：红灯：48s；绿灯：22s；黄灯：3s(闪烁)。

③ 数码管显示交通灯倒计时剩余时间。

(3) 智能交通灯控制

① 南北向可根据设定时间内车流量统计情况设定绿灯通行时间；

② 东西向根据南北向设定情况智能调节通行时间。

2. 综合实践项目设计提示

智能交通灯控制电路是时序逻辑电路,可采用状态机描述实现。

在双主干道模式下,东西和南北方向红、绿、黄灯的总时长相同。东西方向和南北方向交通灯对应关系：根据常识我们知道,东西方向红灯对应南北方向绿灯和黄灯,东西方向绿灯和黄灯对应南北方向红灯。双主干道模式下交通亮灯对应关系如表 5-3 所示。

表 5-3　双主干道模式下交通亮灯对应关系

东 西 方 向	南 北 方 向
红灯亮：13s	绿灯亮：10s
	黄灯亮：3s
绿灯亮：10s	红灯亮：13s
黄灯亮：3s	

可见,在双主干道模式下东西和南北方向的电路设计思路是相同的,只要把握好红绿灯时间转换节点,就能很好地共享两个方向的电路设计。下面简要介绍双主干道东西方向电路设计,采用状态机设计方法。状态机由状态寄存器和组合逻辑电路构成,能够根据控制信号按照预先设定的状态进行状态转移,是协调相关信号动作,完成特定操作的控制中心。

(1) 双主干道东西方向的状态转移图

对于东西方向,根据表 5-3 中的交通灯转换信息,可以画出状态转移图,如图 5-41 所示。红灯状态从 S_R1 到 S_R13,共 13 个状态,每个状态对应一个红灯倒计时,其中红灯状态 S_R1 为起始状态；绿灯状态从 S_G1 到 S_G10,共 10 个状态,每个状态对应一个绿灯倒

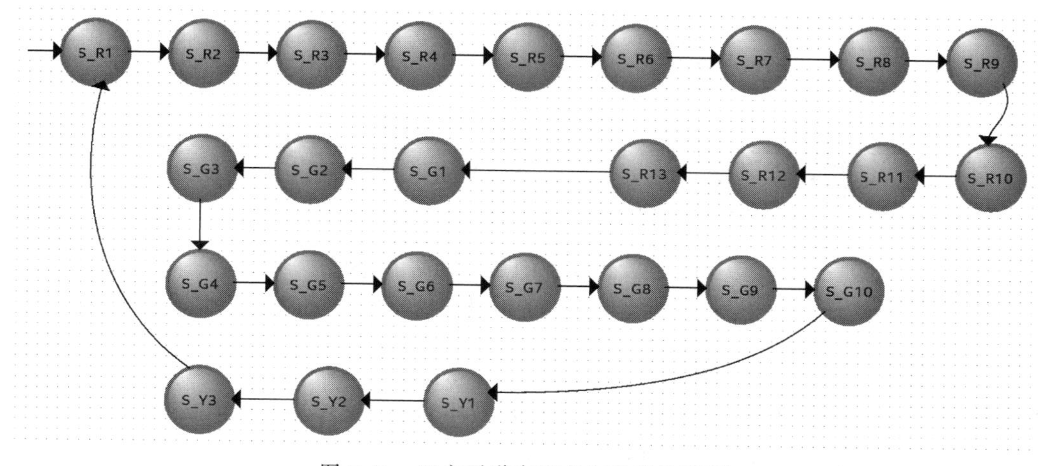

图 5-41　双主干道东西方向状态转移图

计时；黄灯状态从 S_Y1 到 S_Y3，共 3 个状态，每个状态对应一个黄灯倒计时。

(2) 双主干道东西方向的状态转移图输入

状态转移图中各状态与交通指示灯对应关系明确，对于每种状态控制的输出情况可以这样设置。

首先，新建一个状态机文件“traffic_light. smf”，输入状态转移图，具体操作过程参考第 4 章“基础实验十二：基于状态机的时序逻辑电路设计及测试”相关内容，这里只给出本实验有关操作。以起始状态 S_R1 为例介绍操作中状态的设置。从图 5-41 上可知，状态 S_R1 是从 S_Y3 状态转入，转出到 S_R2 状态，如图 5-42 所示。

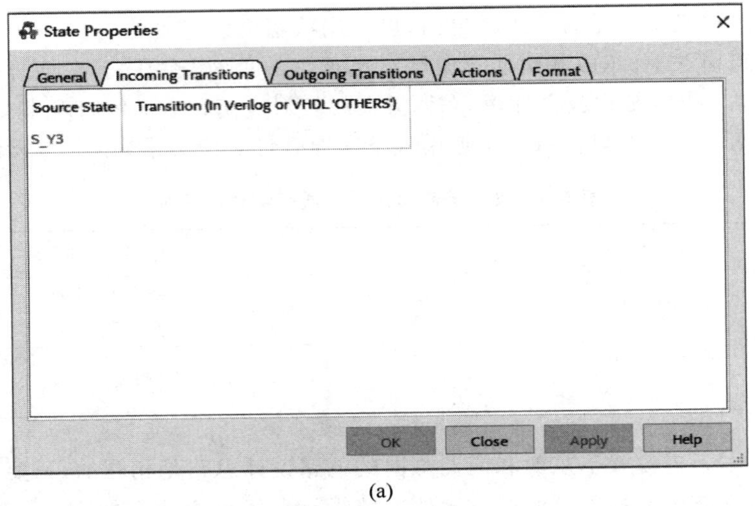

(a)

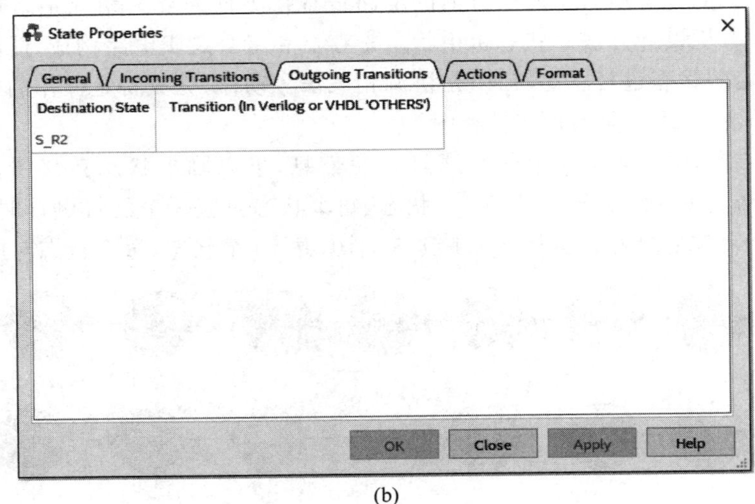

(b)

图 5-42　状态 S_R1 转入和转出设置

(a) 状态转入设置；(b) 状态转出设置

然后，进行状态 S_R1 输出设置，如图 5-43 所示。输出交通指示灯变量 EW_RGY[2:0]，3bit 数据，输出“4”即二进制数 100 控制交通指示灯，此时只有红灯点亮。输出倒计时用数码管显示，所以采用 8421BCD 码数据，此处用 EW_TIME1[3:0]和 EW_TIME0[3:0]两个

输出变量。状态 S_R1 为红灯起始状态，倒计时从 13s 开始，所以此处 EW_TIME1[3:0]输出值设置为“1”，而 EW_TIME0[3:0]输出值设置为“3”。

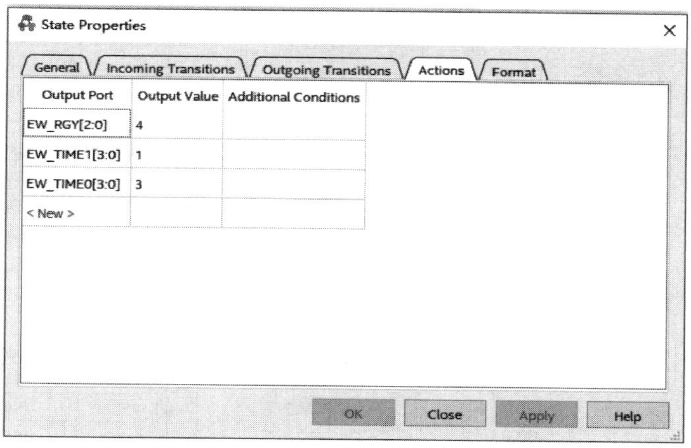

State Properties

General | Incoming Transitions | Outgoing Transitions | Actions | Format

Output Port	Output Value	Additional Conditions
EW_RGY[2:0]	4	
EW_TIME1[3:0]	1	
EW_TIME0[3:0]	3	
< New >		

OK　Close　Apply　Help

图 5-43　状态 S_R1 输出设置

其他状态设置以此类推，完成所有状态设置。

把设置好的状态机“traffic_light. smf”文件转换成 Verilog HDL 语言文件，这里转换成的文件为“traffic_light. v”文件。

最后，将“traffic_light. v”文件中的 module 模块的定义：

```
module traffic_light (
    clock,reset,
    EW_RGY[2:0],EW_TIME1[3:0],EW_TIME0[3:0])
```

改写成如下形式：

```
module traffic_light (
    clock,reset,
    EW_RGY,EW_TIME1,EW_TIME0);
```

并生成 traffic_light 模块，以备在顶层文件中调用。

(3) 双主干道东西方向的顶层设计电路

双主干道交通灯东西方向的顶层设计电路测试图如图 5-44 所示。

图 5-44 中，book_freq_50M 为分频器模块，display_BCD 为动态显示模块，traffic_light 为双主干道交通灯东西方向设计电路模块，复位键 reset 高电平有效，这里加入非门便于测试。

(4) 嵌入式逻辑分析仪测试结果

嵌入式逻辑分析仪设置界面如图 5-45 所示。

图 5-45 中，Node(节点)窗口加入交通灯触发 1Hz 时钟输入信号、交通指示灯 EW_RGY(红、绿、黄)信号、交通灯东西向倒计时输出 EW_TIME1 和 EW_TIME0 信号。在“Clock”处添加 4Hz 抽样信号，在“Sample depth”处设置 256B 存储空间，则状态转移图中一个状态采样 4 个点，26 个状态共采样 104 个点。嵌入式逻辑分析仪测试东西向交通灯输出波形截图如图 5-46 所示。

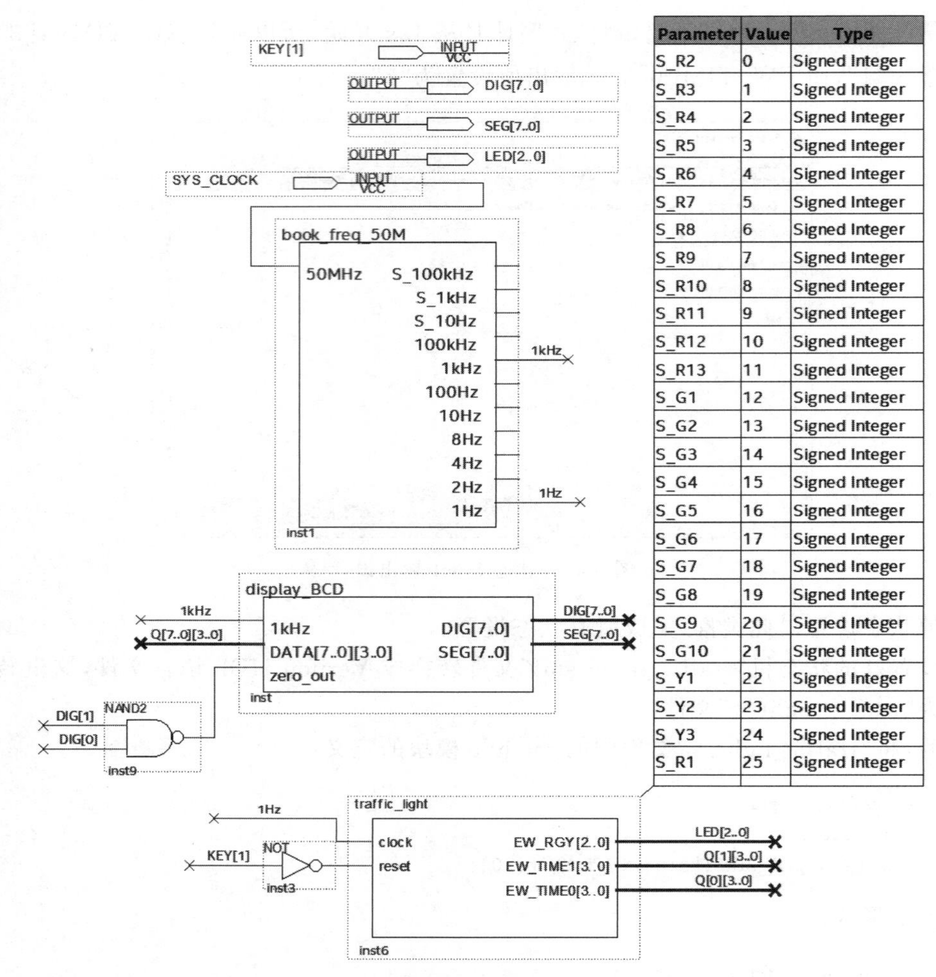

Parameter	Value	Type
S_R2	0	Signed Integer
S_R3	1	Signed Integer
S_R4	2	Signed Integer
S_R5	3	Signed Integer
S_R6	4	Signed Integer
S_R7	5	Signed Integer
S_R8	6	Signed Integer
S_R9	7	Signed Integer
S_R10	8	Signed Integer
S_R11	9	Signed Integer
S_R12	10	Signed Integer
S_R13	11	Signed Integer
S_G1	12	Signed Integer
S_G2	13	Signed Integer
S_G3	14	Signed Integer
S_G4	15	Signed Integer
S_G5	16	Signed Integer
S_G6	17	Signed Integer
S_G7	18	Signed Integer
S_G8	19	Signed Integer
S_G9	20	Signed Integer
S_G10	21	Signed Integer
S_Y1	22	Signed Integer
S_Y2	23	Signed Integer
S_Y3	24	Signed Integer
S_R1	25	Signed Integer

图 5-44　双主干道交通灯东西方向设计顶层电路图

图 5-45　嵌入式逻辑分析仪设置界面

图 5-46　嵌入式逻辑分析仪东西向交通灯输出波形截图

嵌入式逻辑分析仪可用作设计电路调试，从输出波形上可直观地看出交通指示灯和倒计时的对应关系，可弥补实验板卡调试时只能观察瞬时输出结果，无法进行全局数据观察和分析的缺点，这有利于电路调试的细节把控和提升整体效果。

3. 综合实践项目功能拓展

在前面的双主干道交通灯东西方向设计的基础上，积极引导学生进行探究式与个性化学习，提高学习挑战性和成就感。本项目可探索与拓展的功能有：

（1）参考双主干道东西方向设计，完成双主干道南北方向电路设计与测试；
（2）将东西方向和南北方向电路设计综合，完成双主干道交通灯完整电路设计与测试；
（3）总结双主干道交通灯设计过程，探索一下大小道交通灯电路设计与测试；
（4）讨论智能交通灯设计思路，集思广益，试一试智能交通灯电路设计与测试；
（5）其他实用性创新设计与实现。

4. 综合实践项目探索与提升

（1）试着给出另外一种交通灯综合项目设计思路和方案；
（2）归纳总结基于状态机法的综合项目设计思路，与前面的综合项目如数字电子钟、电子琴等相比较，说明各设计方法的优缺点。

5.3.7　综合实践项目七：智能售货机控制电路设计及综合测试

1. 综合实践项目设计要求

（1）售货机能自动出售价格为 1 元、5 元和 10 元的三种小商品，数码显示预购商品价格，购买者可通过按键选择商品；
（2）模拟购买者智能支付功能，支付成功有提示；
（3）支付成功后模拟出货；
（4）系统有复位功能；
（5）售货机能自动出售更多其他价格商品。

2. 综合实践项目设计方案提示

为了提高学生的综合项目设计能力，从本项目起不再给出具体设计电路，只给出项目设计方案或设计思路提示，学生可参考前面的电路设计思路完成相应电路的设计和测试。

一般智能售货机控制电路包括顾客选择商品输入模块、控制模块、显示模块三大部分。智能售货机控制电路参考设计方案如图 5-47 所示。

针对本项目，可先根据设计方案完成各功能模块的电路设计和调试，然后进行顶层电路设计，将各模块电路有机结合，通过顶层电路调试和测试完善各项设计功能。

3. 综合实践项目探索与提升

（1）对于一个综合实践项目，如何找到设计突破口？
（2）调试电路的方法有哪几种？比较各种方法的优缺点。

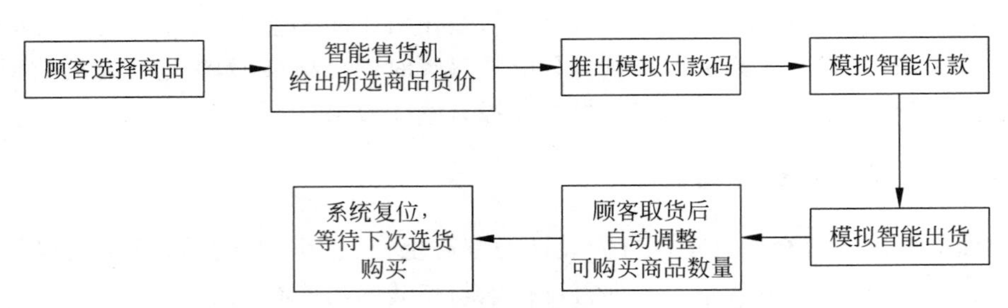

图 5-47 智能售货机控制电路参考设计方案

5.3.8 综合实践项目八：电梯控制电路设计及综合测试

1. 综合实践项目设计要求

(1) 设计一个 8 层楼房一部电梯控制器，控制电梯基本运行，满足乘客需求；

(2) 每层楼的电梯控制面板设有上下请求按钮，电梯内设有乘客到达楼层选择按钮；

(3) 对于多楼层乘客使用电梯请求，根据请求时间和楼层选择，电梯停止和开门；

(4) 电梯运行时，每层楼均可显示电梯目前运行到的楼层和上下运行标识；

(5) 电梯到达选定楼层，等待 1s 后打开电梯门，开门指示灯亮，给出 5s 的乘客上下电梯时间，再关闭电梯门，并设有超载提醒；

(6) 电梯内设有紧急报警装置，紧急时启动报警，电梯外给出报警声光显示；

(7) 多部电梯协同控制设计。

2. 综合实践项目设计方案提示

根据项目设计要求，一部电梯控制电路包括电梯在楼层上下行请求输入模块、电梯内楼层选择模块、电梯开门和关门时间控制模块、超载提醒模块、电梯匀速运行及超速报警模块、每层楼电梯运行显示模块、紧急报警模块等。

设计时一般采用方向优先控制法，在电梯运行时优先选择同方向乘客请求，运行到请求楼层则电梯停止并开门上客，然后关门并继续前行，直到乘客选择到达的最后楼层。到最后楼层后，如无乘客请求则关门后停止运行，有乘客请求则继续运行。一部简易电梯控制电路参考设计方案如图 5-48 所示。

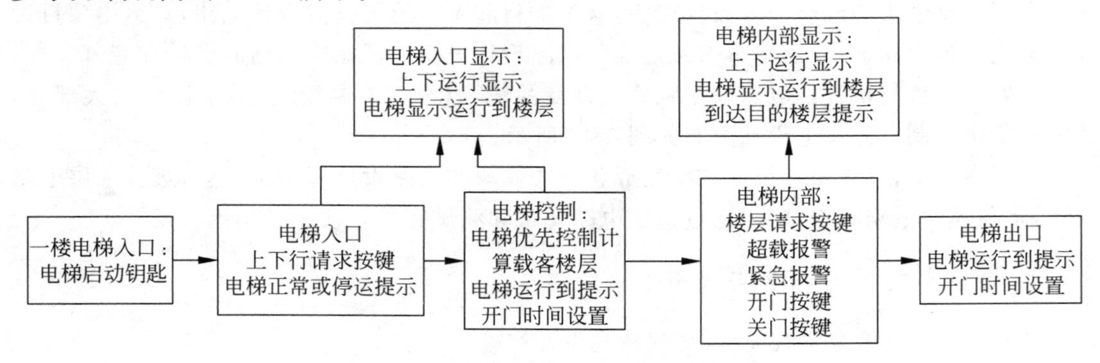

图 5-48 一部简易电梯控制电路参考设计方案

3. 综合实践项目探索与提升

(1) 实现优先选择同方向乘客请求电梯控制模块设计；
(2) 设计多部电梯协同控制电路。

5.3.9　综合实践项目九：简易直流电动机控制电路设计及综合测试

1. 综合实践项目设计要求

(1) 控制直流电动机启动和停止转动；
(2) 控制直流电动机正反向转动并互锁；
(3) 使用脉宽调制波(pulse width modulation,PWM)对直流电动机进行调速控制；
(4) 电动机转速测试并显示。

2. 综合实践项目设计方案提示

直流电机就是将直流电能和机械能相互转换的机械装置,有直流电动机和直流发电机之分。直流电动机控制电路主要控制电动机启动与停止、转速调整、正反转向、正向转动互锁等,并能显示这些技术要求,使其满足生产建设需求。简易直流电动机控制电路参考设计方案如图 5-49 所示。

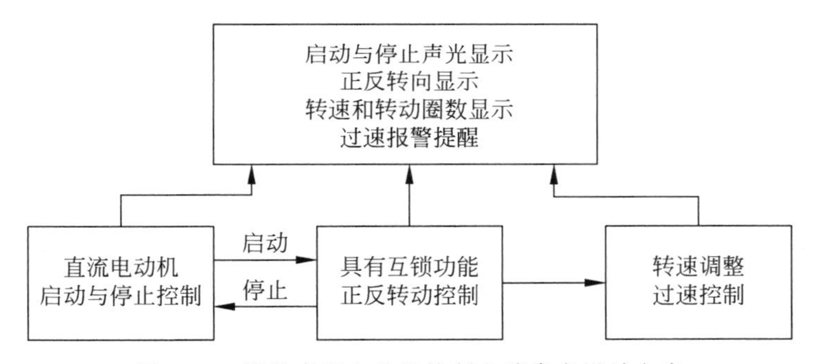

图 5-49　简易直流电动机控制电路参考设计方案

3. 综合实践项目探索与提升

(1) 实现具有互锁功能的正反向转动控制；
(2) 利用脉宽调制波 PWM 来实现电动机调速控制功能。

5.3.10　综合实践项目十：步进电动机控制电路设计及综合测试

1. 综合实践项目设计要求

(1) 控制步进电动机启动和停止转动；
(2) 实现步进电动机驱动和细分控制；
(3) 对步进电动机进行调速；
(4) 显示步进电动机工作状态。

2. 综合实践项目设计方案提示

步进电动机就是将电脉冲信号转变成角位移或线位移的执行装置。本项目介绍四相步进电动机控制，有启动/停止、正/反转、正常步进运行/细分驱动控制等功能。正常步进运行就是四相反应式步进电动机工作方式，它包括单四拍工作方式、双四拍工作方式和八拍工作方式；而细分驱动控制就是通过对电机励磁绕组电流进行控制，使步进电动机按细分驱动转子转动，实现细分控制。简易步进电动机控制电路参考设计方案如图 5-50 所示。

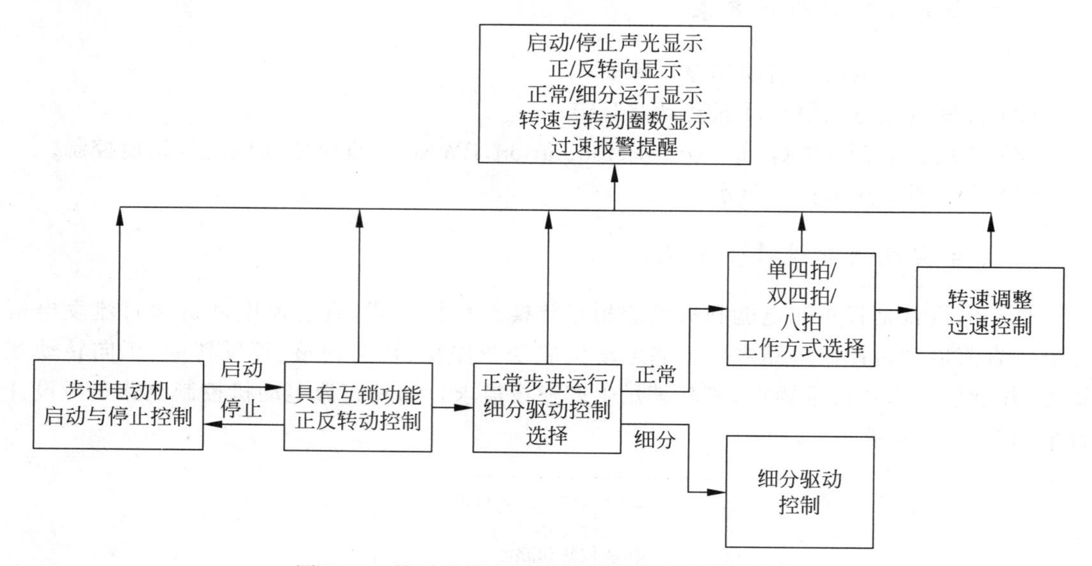

图 5-50 简易步进电动机控制电路参考设计方案

3. 综合实践项目探索与提升

(1) 把单四拍和双四拍工作方式结合起来，实现八拍工作方式；

(2) 使用脉宽调制波 PWM 方法控制步进电动机细分驱动。

5.3.11 综合实践项目十一：民航机场客流量统计电路设计及综合测试

1. 综合实践项目设计要求

(1) 设计民航机场简易客流量统计电路，便于人流疏导，更好地为旅客服务，提升机场运行效率；

(2) 具有一键复位功能；

(3) 具有实时统计并显示功能；

(4) 具有存储统计数据功能；

(5) 给出每日高峰时段。

2. 综合实践项目设计方案提示

民航机场简易客流量统计电路能实时进行客流量统计，便于人流疏导，更好地为旅客服务；提供人流量高峰时段，便于机场工作安排，提升机场旅客吞吐效率，更有利于突发事件应急处理。民航机场简易客流量统计电路参考设计方案如图 5-51 所示。

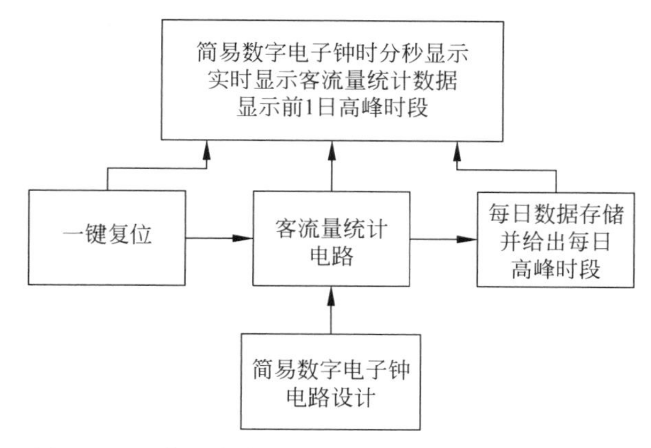

图 5-51　民航机场简易客流量统计电路参考设计方案

3. 综合实践项目探索与提升

（1）进行人流量高分时段统计电路设计；

（2）拓展客流量统计时长，将民航机场客流量“日”统计电路变成“月”统计电路。

5.3.12　综合实践项目十二：模拟飞机照明灯控制电路设计及综合测试

1. 综合实践项目设计要求

（1）为驾驶员提供所需驾驶舱正常和备用照明灯控制电路设计；

（2）为驾驶员提供飞机相关系统灯光指示和警告的照明灯控制电路设计；

（3）为乘务员和旅客提供客舱照明灯控制电路设计；

（4）飞机机外照明灯控制电路设计。

2. 综合实践项目设计方案提示

飞机灯光照明设备为飞机安全正常飞行、驾驶员和乘务员的工作以及旅客安全舒适的旅行提供灯光照明和指示，主要包括机内照明、机外照明和应急照明三大部分。飞机一般灯光照明构成如表 5-4 所示。

表 5-4　飞机一般灯光照明构成表

照明分类		照明构成
机内照明	驾驶舱照明	普通照明、区域照明和局部照明
		整体照明
		信号指示灯
	客舱照明	普通照明
		卫生间照明
		乘务员和旅客客舱照明
		旅客告示牌
	货舱照明	货舱照明
	服务设备舱照明	各服务设备舱区域照明

续表

<table>
<tr><th colspan="2">照 明 分 类</th><th>照 明 构 成</th></tr>
<tr><td rowspan="8">机外照明</td><td rowspan="8">用于飞机地面滑行、转弯、起飞、航行、着陆灯光照明</td><td>滑行灯指示</td></tr>
<tr><td>转弯灯指示</td></tr>
<tr><td>航行灯指示</td></tr>
<tr><td>防撞灯指示</td></tr>
<tr><td>着陆灯指示</td></tr>
<tr><td>频闪灯指示</td></tr>
<tr><td>探冰灯指示</td></tr>
<tr><td>标志灯指示</td></tr>
<tr><td rowspan="3">应急照明</td><td rowspan="3">用于应急照明</td><td>驾驶舱应急灯</td></tr>
<tr><td>客舱应急灯</td></tr>
<tr><td>出口应急灯</td></tr>
</table>

机内照明灯主要为飞机在夜间或复杂气象条件下飞行和准备时，为空地勤人员的工作或维护提供照明，并为旅客提供舒适而明亮的环境。机内照明灯控制主要由飞行员和乘务员来控制。

机外照明灯一般由飞行员头顶控制板来设置，其使用有着严格的要求。在起飞和着陆过程中飞机外部灯光使用顺序为：

(1) 滑跑起飞过程

① 打开飞机总电源开关后，由航前机务打开航行灯，根据需要打开标志灯和探冰灯；

② 飞机推出时打开防撞灯；

③ 飞机启动发动机后，打开转弯灯准备滑出；

④ 得到滑出许可后，打开滑行灯开始滑行；

⑤ 进入跑道后，打开频闪灯；

⑥ 得到起飞许可后，打开着陆灯起飞；

⑦ 离地后，关闭滑行灯和转弯灯；

⑧ 高度上升至 10000ft(ft 为英制中的长度单位，1ft＝0.3048m)以上时关闭频闪灯；

⑨ 巡航时应保持防撞灯、航行灯常开，根据需要打开标志灯和探冰灯。

(2) 着陆过程

① 飞机下降至 10000ft 以下时打开频闪灯；

② 飞机放起落架后打开滑行灯；

③ 最后进近阶段打开着陆灯；

④ 接地后，打开转弯灯，关闭着陆灯，关闭频闪灯；

⑤ 滑行到位后关闭滑行灯、防撞灯；

⑥ 关闭航行灯，关闭飞机总电源。

应急照明灯包括驾驶舱应急灯、客舱应急灯、出口应急灯，用于应急情况下飞机各区域的照明与指示。

模拟飞机照明灯控制电路参考设计方案如图 5-52 所示。

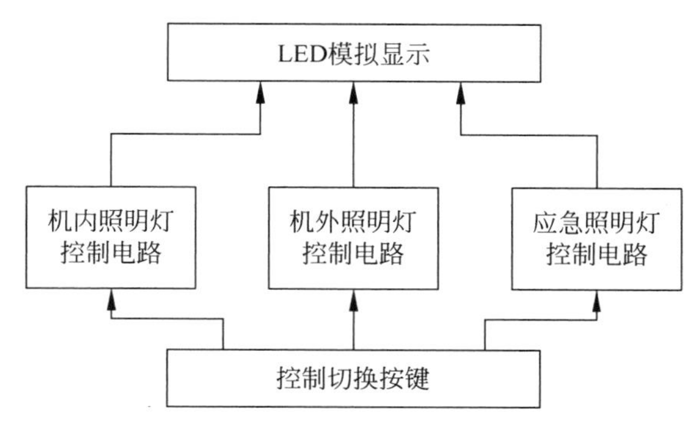

图 5-52　模拟飞机照明灯控制电路参考设计方案

3. 综合实践项目探索与提升

（1）飞机上的应急照明控制电路设计有哪些特殊要求？

（2）如何模拟飞机起飞和着陆过程，更好地完成机外照明控制电路设计？

Verilog HDL 语法简介与应用案例

6.1 HDL 硬件描述语言介绍

前文介绍的原理图设计方法虽然有利于人们快速理解电路功能，但是它会受限于设计电路的规模。也就是说，原理图的设计方法适用于中小规模电路的设计，对于大规模、超大规模的电路设计显得困难重重。实际工程中，对于复杂逻辑电路的设计，工程师们通常采用的是硬件描述语言(HDL)的设计方法。

HDL 之所以称为硬件描述语言而非硬件语言，是因为这种语言是用来描述我们所设计的硬件电路将要实现的逻辑功能，而不是对硬件电路直接进行设计。对电路的“描述”又可以分为 3 种不同的方式：结构化描述、数据流描述和行为级描述。结构化描述是直接用结构化语句描述电路的逻辑关系，常用于层次化模块的调用、IP 核的例化等，抽象级别最低。数据流描述又称寄存器传输级描述，是从数据变换和传送的角度描述模块，抽象级别较高。行为级描述是描述电路将要实现的行为或功能，抽象级别最高、概括能力最强。无论使用哪种描述方式，在完成电路设计后，都需要通过“综合”才能生成最终的硬件电路，“综合”是借助于 EDA 软件将语言“翻译”成实际电路的过程。

HDL 主要有两种：Verilog HDL 和 VHDL。其中 Verilog HDL(简称 Verilog)是在用途最广泛的C 语言基础上发展起来的，具有灵活性高、易学易用等特点，目前 Verilog 在 FPGA 开发和 IC 设计领域占据着重要地位。

6.2 Verilog HDL 语法简介

Verilog HDL 语法有很多，想要编写出规范、优秀的代码需要积累丰富的经验。本章首先介绍 Verilog HDL 语言中最常用的语法知识，包括标识符、运算符、数据表示和程序框架等；然后给出实验编程案例，加深学生对常用语法的学习和理解，提高其灵活运用 Verilog 构建数字电路的能力。

6.2.1 逻辑值

Verilog HDL 语言中的逻辑值有 4 种，分别是 0、1、X、Z，需要说明的是 X 和 Z 是不区分大小写的，例如 0X1z 和 0x1Z 表示的是同一个数据。

(1) 逻辑 0：表示低电平，对应逻辑电路中的 GND。

(2) 逻辑 1：表示高电平，对应逻辑电路中的 VCC。

(3) 逻辑 X：表示随机态，有可能是高电平，也有可能是低电平。

(4) 逻辑 Z：表示高阻态，外部没有激励信号时是一个悬空状态。

6.2.2 Verilog 数据类型、常量与变量

1. 数据类型

Verilog HDL 语言共有 19 种数据类型，其中最常用的 4 种数据类型分别为：reg 型（寄存器类型）、integer 型（整数类型）、wire 型（线网类型中的标准连线）和 parameter 型（参数类型）。

除了 4 种常用类型之外，reg 型中还有 real 型（表示 64 位浮点、带符号的实数）和 time 型（表示 64 位无特殊符号的时间寄存器）等；wire 型中还有 tri 型（三态线）、tri0 型（带下拉电阻）、tri1 型（带上拉电阻）、wand 型（线与类型驱动）、wor 型（线或类型驱动）等。这些数据类型除 time 型外，都与基本逻辑单元建库有关，与系统设计没有太大关系。

2. 常量

Verilog HDL 中数值不能被改变的量叫作常量，常量的数据类型有很多种，最常用的有整数类型和参数类型。

(1) 整数类型常量

数据格式：<位宽><进制><数字>

【例 6-1】
```
8'b10010011        //表示位宽为 8 的二进制数，'b 表示二进制；
8'o147             //表示位宽为 8 的八进制数，'o 表示八进制；
6'd49              //表示位宽为 6 的十进制数，'d 表示十进制；
16'hahc            //表示位宽为 16 的十六进制数，'h 表示十六进制。
```

这种表示形式是一种全面的描述，在实际编程中，将<位宽>或者<进制>的书写省略掉，编译时也并不会报错。这是因为<位宽>被省略时系统将自动给数据采用缺省位宽，一般为 32 位，<进制>被省略时系统将默认数据为十进制。但是，为了增加程序的可读性，避免发生数据自动截断（数据的实际位宽超过缺省位宽时）或者系统资源浪费（数据的实际位宽小于缺省位宽时）现象，设计者应该尽量采用全面描述形式。

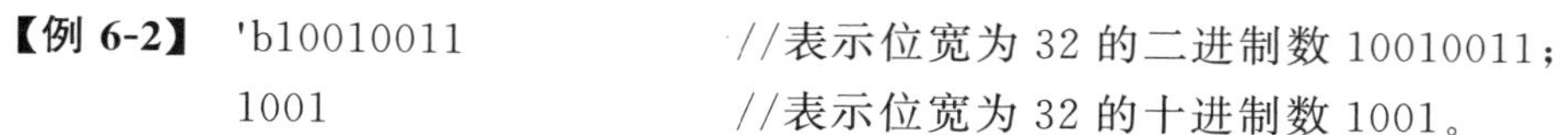

【例 6-2】
```
'b10010011         //表示位宽为 32 的二进制数 10010011；
1001               //表示位宽为 32 的十进制数 1001。
```

一个数字也可以被定义为负数，只需在位宽表达式前加一个减号。需要强调的是，减号不能放在<位宽>和<进制>之间，也不能放在<进制>和<数字>之间。

【例 6-3】
```
-8'd5              //表示为 8'b11111011，即 5 的补码；
8'd-5              //非法格式。
```

如果一个数字较长，可以使用下画线分隔数字以提高程序的可读性。下画线只能用在具体的<数字>之间，不能用在<位宽>和<进制>处。

【例 6-4】
```
16'b1010_1111_0000_0101        //合法格式；
8'b_1100_1010                  //非法格式。
```

(2) 参数类型常量

表示形式：parameter 参数名＝表达式；

【例 6-5】 parameter SIZE＝6'd32；　　//定义参数 SIZE 为常量 32；

parameter WIDTH＝SIZE－1；　　//用常量表达式为参数 WIDTH 赋值。

参数类型常量常用来定义状态机的状态、数据位宽、计数器的计数个数等，在进行程序设计时，如果需要重复使用到某一个数字，就可以定义参数类型常量以提高程序的可读性和维护性。需要注意的是，定义参数类型常量时，右边的表达式必须是一个常数表达式，即信号变量不允许出现在此表达式中。

3. 变量

在程序运行过程中其值可以被改变的量叫作变量。变量的数据类型有很多种，包括线网数据类型、寄存器类型以及通过对它们扩展而得到的数组类型。

线网数据类型中最常用的变量就是 wire 型，它常用来表示以“assign”语句赋值的组合逻辑信号，Verilog 程序模块中输入输出信号缺省时也为 wire 型。wire 型信号可以作任何方程式的输入，也可以作“assign”语句或实例元件的输出。

(1) wire 型

表示形式：wire [n－1:0] 数据名 1，数据名 2，…，数据名 m；　　//定义 m 条总线，每条总线的位宽为 n

【例 6-6】 wire a；　　//定义一个位宽为 1 的 wire 型信号 a；

wire [3:0] b，c；　　//定义两个位宽为 4 的 wire 型信号 b 和 c。

(2) reg 型

寄存器数据类型是具有状态保持作用电路元件的抽象，最常用的变量是 reg 型。reg 型数据常用来表示过程块语句，如“initial”“always”“function”等模块内的指定信号，往往代表触发器，reg 型数据的缺省初始值是不定值“x”。需要注意的是，在“always”块内被赋值的信号必须为 reg 型，但也只代表 reg 型信号用在“always”块内，并不意味着 reg 型信号一定是寄存器或触发器的输出，因为有时候 reg 型也可被综合工具综合出组合逻辑。

表示形式：reg [n－1:0] 数据名 1，数据名 2，…，数据名 m；

【例 6-7】 reg rega；　　//定义一个 1 位的 reg 型数据 rega；

reg [3:0] regb，regc；　　//定义两个 4 位的 reg 型数据 regb 和 regc。

Verilog 通过对 reg 型变量建立数组来对存储器建模，可以描述 RAM 存储器、ROM 存储器和 reg 文件，即 memory 型数据。

(3) memory 型

memory 型数据是通过扩展 reg 型数据的地址范围来生成的，所以在进行读写操作时必须同时指明该单元在存储器中的地址。

表示形式：reg [n－1:0] 存储器名[m－1:0]；

【例 6-8】 reg [7:0] mema[127:0]；　　//定义一个名为 mema 的存储器，该存储器有 128 个 8 位的存储单元；

mema＝0；　　//非法赋值语句；

mema[1]＝0；　　//合法赋值语句，第 1 个存储单元赋值为 0。

6.2.3 关键字

Verilog HDL 中定义了一系列用来识别语法的保留字，称作关键字。在 Verilog 中，所有关键字都是小写的英文字母，并且在编辑器中会以高亮的形式突出显示。表 6-1 列出了 Verilog 中一些常用的关键字。

表 6-1 Verilog 常用关键字

关 键 字	含 义
module/endmodule	模块开始/结束的标志
input/output	输入/输出端口的定义
wire	线网类型信号的定义
reg	寄存器类型信号的定义
parameter	参数类型信号的定义
always	产生 reg 信号语句的关键字
assign	产生 wire 信号语句的关键字
posedge/negedge	时序电路的标志
begin/end	语句开始/结束的标志
case/endcase	case 语句开始/结束的标志
default	case 语句默认分支的标志
if/else	if/else 语句的标志
for	for 语句的标志

6.2.4 标识符

与其他编程语言类似，Verilog HDL 中允许用户自定义字符，用来标识信号变量、信号常量、端口名称等，我们把这些用户自定义字符称作标识符。标识符使用大写和小写都可以，并且它通常是字母、数字和下画线的任意组合，但首字母不能是数字。例如：hello_123、_hello123 是合法标识符；而 123_hello 是非法标识符。注意：我们自定义的标识符不能使用 Verilog 中保留的关键字。

标识符在定义时应遵循一些工程规范：标识符最好不要大小写混合使用，内部信号通常使用小写，外部端口信号通常使用大写；定义有实际含义的名称以方便阅读理解，如 clk、rst、sum 等；参数型常量标识符通常使用大写字母，如 LENGTH。

6.2.5 运算符

Verilog HDL 中运算符有很多种类型，如表 6-2～表 6-9 所示，常用的有算术运算符、逻辑运算符、关系运算符、赋值运算符、位运算符等。当不同类型的运算符出现在同一个语句中时，我们还需要掌握它们的优先级别，如表 6-10 所示。

表 6-2 算术运算符

符　　号	使 用 方 法	说　　明
+	a+b	a 加上 b
-	a-b	a 减去 b
*	a * b	a 乘以 b
/	a/b	a 除以 b
%	a%b	a 模除 b

需要注意，当算术运算符所带的操作数中有任意一个为不定值 x 时，算术运算的结果也为不定值 x，例如“a+x”的结果为 x；对于除法运算“/”，Verilog 会将结果自动取整，例如“7/3”的值为 2。此外，在实际的硬件电路中，乘除法的算术运算会耗费大量的逻辑资源，所以在进行 Verilog 程序设计时工程师往往使用移位运算来代替乘除法运算。

表 6-3 逻辑运算符

符　　号	使 用 方 法	说　　明
!	!a	a 逻辑非
&&	a&&b	a 和 b 逻辑与
‖	a‖b	a 和 b 逻辑或

逻辑运算符所带的操作数通常不是具体的数值，而是某个逻辑事件，最后的结果是对整个逻辑关系真假的判断。例如对于“a&&b”逻辑运算，如果逻辑事件 a 和 b 都为真，那么结果为真，输出“1'b1”，否则结果为假，输出“1'b0”。

表 6-4 关系运算符

符　　号	使 用 方 法	说　　明
>	a>b	a 大于 b
<	a<b	a 小于 b
>=	a>=b	a 大于等于 b
<=	a<=b	a 小于等于 b
==	a==b	a 等于 b
!=	a!=b	a 不等于 b

在进行关系运算时，如果声明的关系为真，那么返回值为 1；如果声明的关系为假，那么返回值为 0；如果某个操作数为不定值 x，那么关系是模糊的，返回值是 x。

表 6-5 赋值运算符

符　　号	使 用 方 法	说　　明
=	b=a	a 阻塞赋值 b
<=	b<=a	a 非阻塞赋值 b

阻塞赋值的特点是上一条阻塞赋值语句在没有执行完之前会阻塞下一条语句的执行，并且赋值结果是立刻改变的，它常用来给 assign 语句中的 wire 型变量进行赋值。

非阻塞赋值的特点是一条非阻塞赋值语句的执行不会阻塞下一条语句的执行，并且赋值结果并不是立刻改变而是等到块结束之后才完成赋值操作。这种赋值方式通常用来给 always 块的中 reg 型变量进行赋值。

关于阻塞语句和非阻塞语句的不同，可以在后面的编程案例中慢慢体会。

表 6-6　位运算符

符　　号	使用方法	说　　明
~	~a	将 a 逐位取反
&	a&b	将 a 和 b 相同的位进行逐位相与
|	a|b	将 a 和 b 相同的位进行逐位相或
^	a^b	将 a 和 b 相同的位进行逐位异或

一般认为，位运算符可以直接对应硬件电路中的与、或、非等逻辑门。

表 6-7　移位运算符

符　　号	使用方法	说　　明
<<	a<<b	将 a 左移 b 位
>>	a>>b	将 a 右移 b 位

需要注意，在进行移位运算时要用 0 来补充空闲位，例如“4'b1001 << 2”的执行结果为“4'b0100”，“4'b1001 >> 2”的执行结果为“4'b0010”；如果右边的操作数为 x 或 z，那么结果为不定值 x，例如“4'b1001 >> x”的执行结果为“x”。前面提到过，用移位运算来代替乘除法运算可以节省很多硬件资源，例如左移一位可看作是乘以 2，右移一位可看作是除以 2，比如“3 * 2”的结果与“3'b011 << 1”的结果是相同的。

表 6-8　拼接运算符

符　　号	使用方法	说　　明
{}	{a,b}	将 a 和 b 拼接起来，作为一个新信号

拼接运算符可以将两个或多个信号拼接起来，以实现增加信号位宽或者移位的作用，各个信号之间用逗号“,”隔开。

表 6-9　条件运算符

符　　号	使用方法	说　　明
?:	a?b:c	如果 a 为真，则执行 b，否则执行 c

条件运算符等同于 always 块中的 if/else 语句，在只执行单个赋值语句时，用条件运算符更方便。

同种类型的运算符优先级别相同，不同类型的运算符优先级别不同。在 Verilog HDL 中，小括号“()”优先级别最高，所以我们经常使用小括号“()”来增加优先级。

表 6-10 运算符的优先级别

<table>
<tr><th>运 算 符</th><th>优 先 级</th></tr>
<tr><td>!、~
*、/、%
+、-
<<、>>
<、<=、>、>=
==、!=
&
^
|
&&
||
?:</td><td>最高优先级
↓
最低优先级</td></tr>
</table>

6.2.6 Verilog 程序框架

FPGA 设计中有两个非常重要的技巧：一个是模块化的设计思想，另一个是自上向下的设计方式。即将一个具有复杂逻辑功能的系统划分成若干个功能模块，每个功能模块又可以继续划分成下一层的子模块。模块化设计能够实现一个大型设计的分工协作，提高设计通用性，方便设计调试和测试，也方便设计维护和升级。Verilog 程序模块化设计框图如图 6-1 所示。

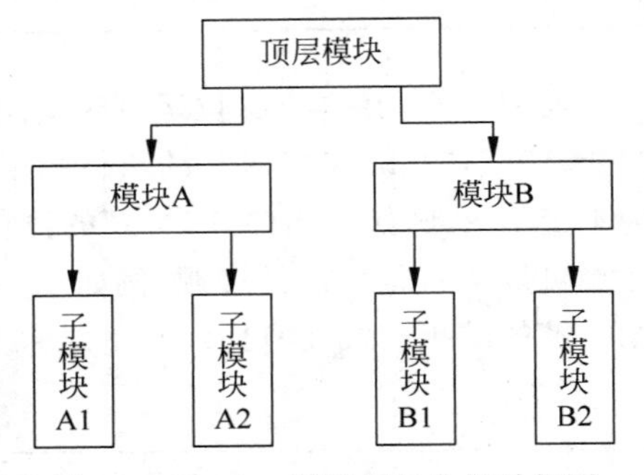

图 6-1 Verilog 程序模块化设计框图

无论是顶层模块还是下层的子模块，它们都具有相同的程序框架。任意一个 Verilog 模块都是由两部分构成：一部分用来描述输入输出接口，另一部分用来描述逻辑功能。Verilog 模块程序框架如图 6-2 所示。

```
module模块名（端口名1，端口名2，端口名3，…）；

声明I/O信号;

内部信号说明;

逻辑功能定义；

endmodule
```

图 6-2 Verilog 模块程序框架

为了简化程序，提高可读性，我们常常在定义端口名的同时声明它的 I/O 类型，于是 Verilog 模块程序框架变成了图 6-3 所示的样子。

```
module模块名（input端口名1，input端口名2，…
output端口名a，output 端口名b，…）;
内部信号说明;
逻辑功能定义;
endmodule
```

图 6-3 精简的 Verilog 模块程序框架

6.3 Verilog HDL 应用案例

Verilog HDL 应用案例分为基础实验和综合实验两部分，从编程案例一到编程案例九为基础实验部分，从编程案例十到编程案例十八为综合实验部分。它们分别为：

编程案例一：按键控制下 LED 点亮实验；
编程案例二：一位全加器实验；
编程案例三：数据选择器实验；
编程案例四：译码器实验；
编程案例五：D 触发器实验；
编程案例六：按键消抖实验；
编程案例七：十进制计数器实验；
编程案例八：分频器设计实验；
编程案例九：数码管动态显示实验；
编程案例十：简易电子琴设计；
编程案例十一：自动音乐播放器；
编程案例十二：跑马灯控制设计；
编程案例十三：简易抢答器控制设计；
编程案例十四：简易数字电子钟设计；
编程案例十五：交通灯控制器；
编程案例十六：直接数字频率合成器；
编程案例十七：高速 A/D 数据采集测试；
编程案例十八：FIR 数字滤波器。

第 6 章
实验数字
资源

6.3.1 编程案例一：按键控制下 LED 点亮实验

1. 实验目的

(1) 利用 Verilog HDL 编程实现用按键控制点亮 1 个 LED 灯；
(2) 学习利用 ModelSim 进行仿真测试的方法。

2. Verilog 程序设计

本实验要用按键来控制点亮 1 个 LED，只需要一个按键输入端 key1 和一个灯输出端

led1，将此程序模块命名为 LED，则模块框图如图 6-4 所示。

在用 Verilog 设计程序之前，首先需要创建工程文件，具体创建流程请参看第 3 章相关内容。工程文件建立完毕之后，点击菜单栏“File”下的子菜单“New”，会弹出如图 6-5 所示的对话框，选择“Verilog HDL File”，然后点击“OK”，新建“. v”程序设计文件。

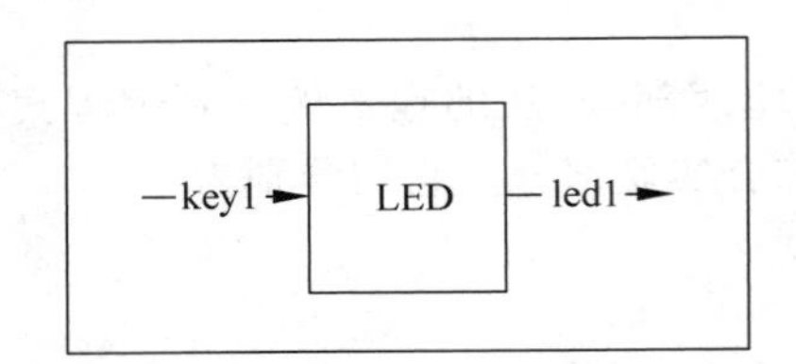

图 6-4　按键控制下 LED 点亮模块框图

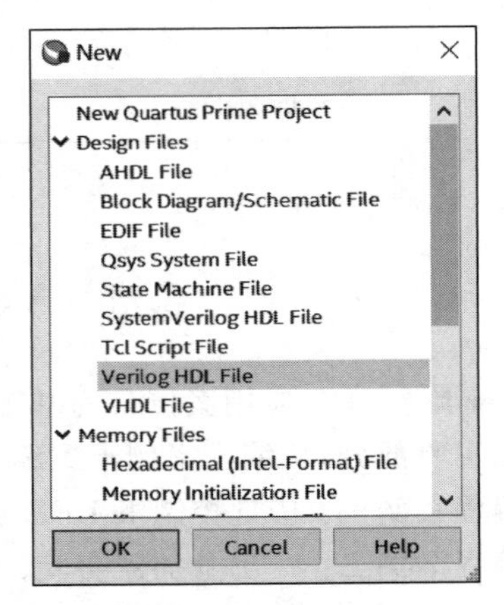

图 6-5　新建 Verilog HDL File 程序设计文件

由于本实验的设计要求比较简单，所以只需要参照 Verilog 程序框架，写出建立连接按键 KEY 和 LED 的语句，按键控制下点亮 LED 的参考代码详见代码清单 6-1。

代码清单 6-1　按键控制下点亮 LED 参考代码

```
1   module      LED (
2   input       key1,
3   output      led1
4   );
5   //建立按键和 LED 灯的连接
6   assign led1 = key1;
7   endmodule
```

根据上面的程序代码综合出网表 RTL 级视图，如图 6-6 所示。可见，在 FPGA 内部建立了一根连接导线，将输入端口和输出端口连接起来，与实验目的一致。

key1　led1

图 6-6　点亮 LED 程序的 RTL 视图

3. ModelSim 功能仿真测试

(1) ModelSim 仿真介绍

对 Verilog 程序综合编译后，可进行 ModelSim 仿真。仿真分为功能仿真(也叫前仿真)和时序仿真(也叫布线布局仿真或后仿真)。在 FPGA 设计中，后仿真一般由 FPGA 时序约束文件来保证，所以这里只进行功能仿真。实现功能仿真主要有两种方法。

① 直接使用第三方软件如 ModelSim 进行手动仿真；

② 使用 Quartus Prime 软件进行第三方软件的关联仿真。

这里选择第二种仿真方法，即用 Quartus Prime 软件关联 ModelSim 软件进行联合仿真。

（2）创建仿真测试文件 TestBench

在仿真之前首先需要对 Verilog 程序编写一个仿真测试文件 TestBench。TestBench 编写方法有两种。

① 自建 TestBench 文件并完成编写，然后把它关联到工程之中；

② 利用 Quartus 自动生成 TestBench 空白模板，然后在此模板上进行编写。

这里选择第二种方法，具体操作是点击菜单栏“Processing”下的子菜单“Start”，选择“Start Test Bench Template Writer”栏，如图 6-7 所示。

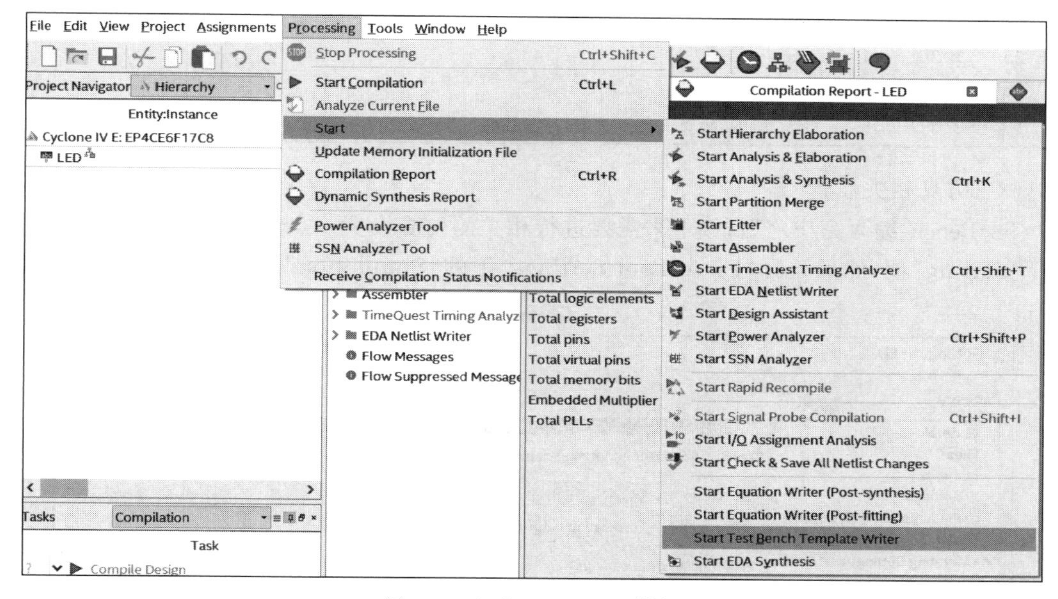

图 6-7 生成 TestBench 模板

TestBench 模板创建成功后，会在工程文件夹下自动建立一个名为“simulation”的文件夹。在“simulation”文件夹下我们能够找到一个扩展名为“.vt”的文件，此文件就是自动生成的 TestBench 空白模板，在此基础上编写的仿真测试程序如代码清单 6-2 所示。

代码清单 6-2 按键控制下点亮 LED 仿真测试代码

```
1  'timescale 1 ns/ 1 ns
2  module      LED_tb();
3  reg         key1;
4  wire        led1;
5  //实例化被测试模块
6  LED  uut (
7  .key1(key1),
8  .led1(led1)
9  );
10 //设置输入信号变化过程
```

```
11  initial
12  begin
13   key1 = 1'b0;
14    $ display("Running testbench");
15    #10 key1 = 1'b1;
16    #20 key1 = 1'b0;
17    #5  key1 = 1'b1;
18    #10 key1 = 1'b0;
19    #5  key1 = 1'b1;
20    #15 key1 = 1'b0;
21    #20 key1 = 1'b1;
22    #10 key1 = 1'b0;
23    #5  key1 = 1'b1;
24    #15 key1 = 1'b0;
25    #20 key1 = 1'b1;
26  end
27  endmodule
```

(3) 仿真相关设置

TestBench 编写完毕之后，接下来需要进行相关的仿真设置。点击菜单栏“Assignments”，选择“Setting”项，然后选择“EDA Tool Settings”下的“Simulation”，会显示如图 6-8 所示的窗口。

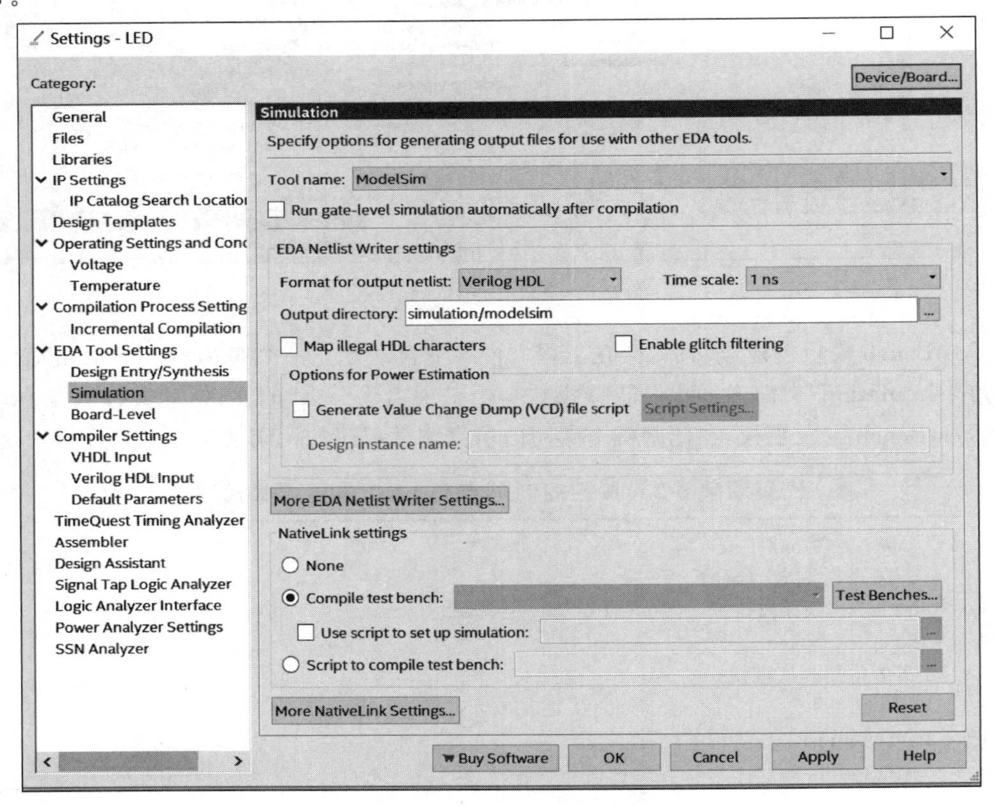

图 6-8 仿真参数设置窗口

在“Tool name”栏设置仿真工具，在“EDA Netlist Writer settings”栏设置仿真输出网表的格式和路径、仿真时间单位等。在“Nativelink settings”下选择“Compile test bench”栏，然后点击后面的“Test Benches”按钮，会弹出如图 6-9 所示的对话框。

之后点击“New”按钮，会弹出如图 6-10 所示的对话框。

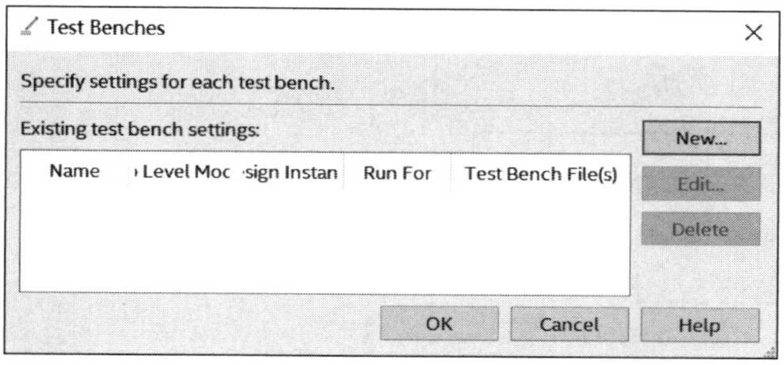

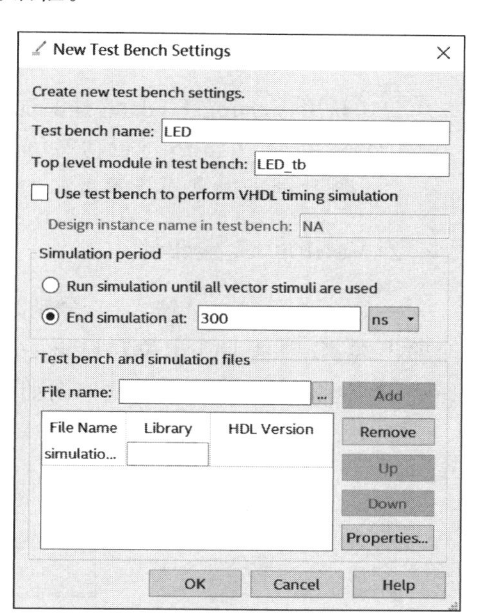

图 6-9　仿真文件具体说明

图 6-10　新建仿真文件设置对话框

在这里我们需要把仿真文件名、仿真文件顶层模块名填好，设置仿真结束时间，点击“Add”将仿真文件添加到此处，最后点击按钮“OK”便完成了仿真前的设置。

(4) 运行仿真

点击主界面中菜单栏“Tools”下的子菜单“Run Simulation Tools”，选择“RTL Simulation”功能仿真菜单，Quartus Prime 软件会调用并跳转到 ModelSim 中，仿真结果如图 6-11 所示。从图中可以看出 LED 输出完全跟随于按键输入，即能够达到按键控制下点亮 LED 的效果，实现了逻辑功能。

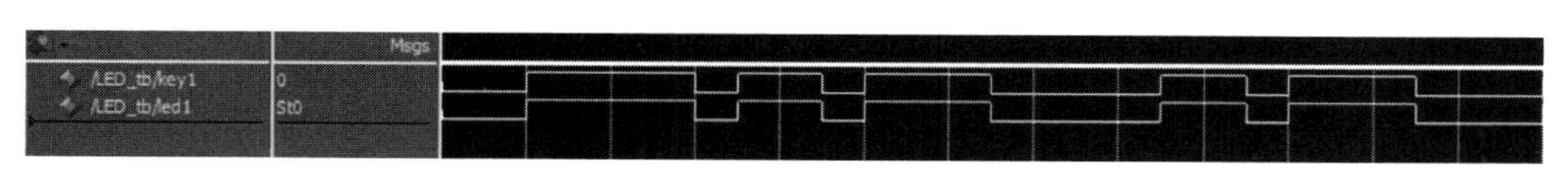

图 6-11　按键控制下点亮 LED 功能仿真波形

上述仿真结果是执行 ModelSim 仿真。此外，还可使用 Quartus Prime 软件中的“University Program VWF”功能进行仿真，“University Program VWF”文件建立参考第 3 章相关内容，VWF 仿真结果如图 6-12 所示。

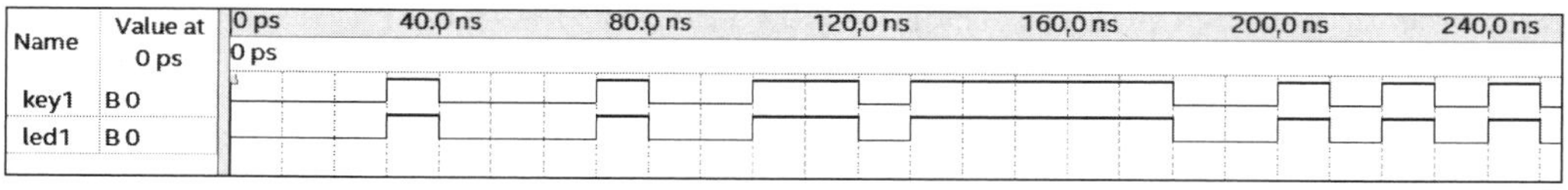

图 6-12　按键控制下点亮 LED 的 VWF 功能仿真波形

程序在完成功能仿真验证后，可对输入、输出分配引脚并下载到实验板测试。因该操作在前面的章节中已详细介绍，这里不再赘述。

6.3.2 编程案例二：一位全加器实验

1. 实验目的

(1) 利用 Verilog HDL 编程实现一位全加器逻辑功能；
(2) 利用 ModelSim 进行功能仿真测试；
(3) 熟悉逻辑运算与算术运算的使用。

2. Verilog 程序设计

一位全加器有 3 个输入端，分别是 1bit 加数 a 与被加数 b 以及来自低位进位 cin；有 2 个输出端，分别是 1bit 本位和输出 sum、向高位的进位输出 cout。如果把整个模块命名为 full_adder，则一位全加器模块框图如图 6-13 所示。

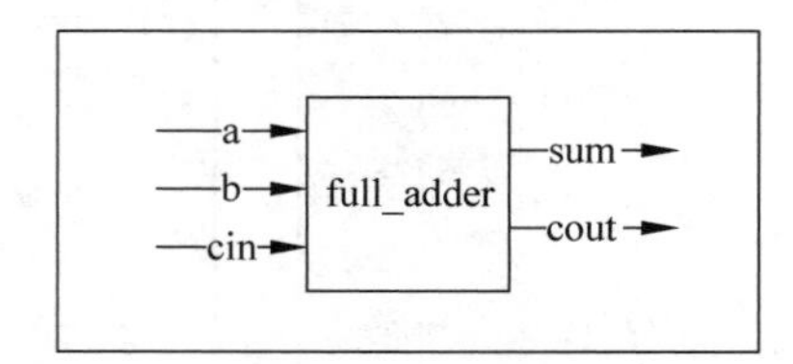

图 6-13　一位全加器模块框图

实现一位全加器的程序代码形式多种多样，主要介绍两种：一种是利用与、或、非等基本的逻辑运算符来实现；另一种是使用算术运算符中的加法运算来实现。这里把这两种设计思想的代码形式都列出来，通过对比，读者能够体会到 Verilog 语言程序设计的多样性。

(1) 用逻辑运算实现一位全加器，参考程序代码清单 6-3。

代码清单 6-3　用逻辑运算实现一位全加器程序

```
1   module full_adder(
2   input       a,
3   input       b,
4   input       cin,
5   output      sum,
6   output      cout
7   );
8   assign sum = a^b^cin;
9   assign cout = (a&b)|(a&cin)|(b&cin);
10  endmodule
```

根据组合逻辑电路设计步骤，先从明确逻辑事件的关系开始，列出逻辑真值表，画出逻辑波形图，最后写出逻辑表达式。在用 Verilog HDL 进行程序设计时，逻辑功能定义的关键就是将最后的逻辑表达式转换成 Verilog 硬件描述语言，这里用到了位运算符和两个用来产生组合逻辑的 assign 语句来实现。此代码综合出的网表 RTL 视图如图 6-14 所示。

(2) 用算术运算实现一位全加器，参考程序代码清单 6-4。

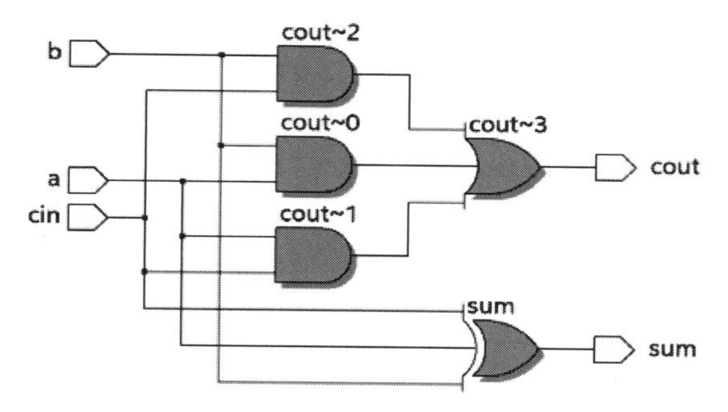

图 6-14 用逻辑运算实现一位全加器的 RTL 视图

代码清单 6-4 用算术运算实现一位全加器程序

```
1   module full_adder(
2   input        a,
3   input        b,
4   input        cin,
5   output       sum,
6   output       cout
7   );
8   assign {cout, sum} = a + b + cin;
9   endmodule
```

3 个 1bit 数相加的结果可用一个 2bit 数表示，这个 2bit 数的高位就是向高位进位的输出 cout，低位就是本位和 sum。因此，这里用位拼接运算符将 cout 和 sum 直接拼接起来表示最终结果，此代码综合出的网表 RTL 视图如图 6-15 所示。

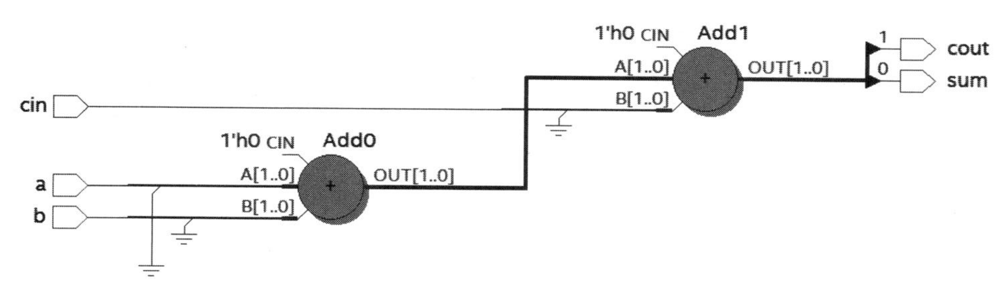

图 6-15 用算术运算实现一位全加器的 RTL 视图

3. ModelSim 功能仿真测试

先按照编程案例一中的操作方法编写仿真测试文件 TestBench，然后打开 ModelSim 执行仿真。这里假设一位全加器的 3 个输入端 a、b 和 cin 都为任意随机数，然后观察两个输出端 sum 和 cout 的仿真输出，仿真测试代码详见代码清单 6-5。

代码清单 6-5 一位全加器仿真测试代码

```
1   'timescale 1 ns/ 1 ns
2   module        full_adder_tb();
3   reg           a;
```

```
4   reg         b;
5   reg         cin;
6   wire        cout;
7   wire        sum;
8   //实例化被测试模块
9   full_adder uut (
10  .a(a),
11  .b(b),
12  .cin(cin),
13  .cout(cout),
14  .sum(sum)
15  );
16  //初始化输入信号
17  initial
18  begin
19  a <= 1'b0;
20  b <= 1'b0;
21  cin <= 1'b0;
22  end
23  //设置输入信号变化过程
24  always   #10   a <= { $ random} % 2;
25  always   #10   b <= { $ random} % 2;
26  always   #10   cin <= { $ random} % 2;
27  endmodule
```

仿真结果如图 6-16 所示。从图中可以看到，2 个输出信号和 3 个输入信号之间的对应关系和理论预期完全一致，说明代码设计逻辑正确。

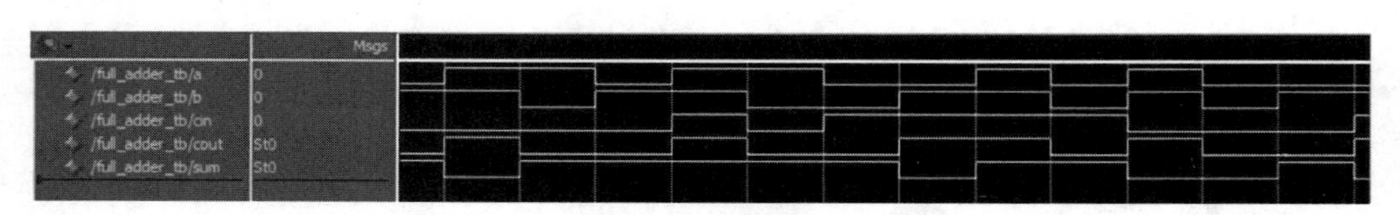

图 6-16　一位全加器功能仿真波形图

6.3.3　编程案例三：数据选择器实验

1. 实验目的

(1) 利用 Verilog HDL 编程实现四选一数据选择器逻辑功能；

(2) 利用 ModelSim 进行功能仿真测试；

(3) 熟悉条件分支语句 if/else 和 case 的编程使用方法。

2. Verilog 程序设计

四选一数据选择器有 4 个数据输入端 a、b、c、d，1 个 2bit 选择控制端 sel，以及一个信号输出端 out，如果将该模块命名为 mux4_1，则四选一数据选择器模块框图如图 6-17 所示。

这里用条件分支语句实现不同信号的选通。该语句在 Verilog 中有两种类型：一种是

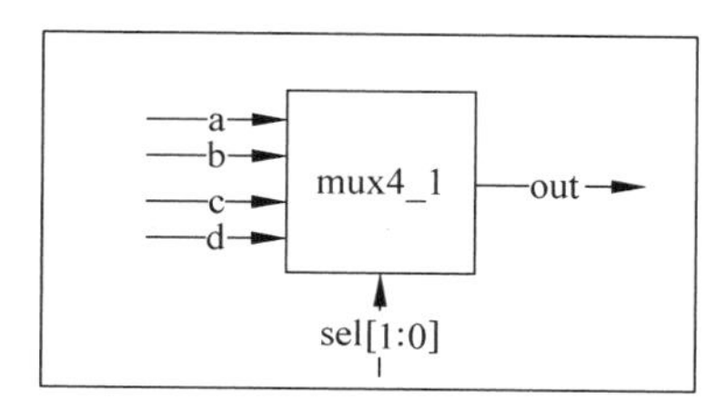

图 6-17 四选一数据选择器模块框图

if/else 语句；另一种为 case 语句。虽然在很多情况下，对于同样的逻辑功能，无论使用哪种类型语句都能实现，但是 if/else 语句侧重于条件判断，而 case 语句更侧重于分支控制，在不同场合下选择适合的条件分支语句会使电路设计更合理。

(1) 用 if/else 语句实现数据选择器的程序，参考程序代码清单 6-6。

代码清单 6-6 用 if/else 语句实现数据选择器程序

```
1   module      mux4_1(
2   input       a,b,c,d,
3   input       [1:0]sel,
4   output      reg out
5   );
6   always@( * )            //* 表示任意一个输入信号发生变化时，触发 always 块语句
7   begin
8   if(sel == 2'b00)
9          out = a;
10  else if(sel == 2'b01)
11                 out = b;
12         else  if(sel == 2'b10)
13                     out = c;
14                 else
15                    out = d;
16  end
17  endmodule
```

在 always 块中所有被赋值的变量都需要用 reg 型变量，所以输出信号 out 被定义为寄存器类型变量。但是根据上述代码综合出的网表 RTL 视图(图 6-18)并没有综合出硬件锁存器或者触发器，这是为什么呢？因为综合出触发器的条件是触发方式为时钟边沿触发，而电平触发方式生成 RTL 为组合逻辑电路。

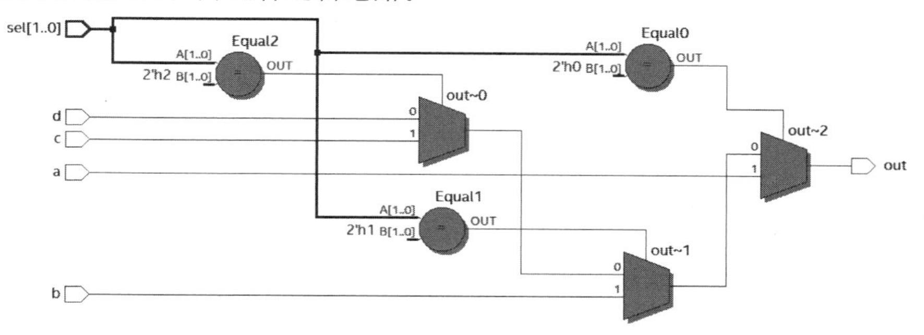

图 6-18 用 if/else 语句实现数据选择器的 RTL 视图

（2）用 case 语句实现数据选择器的程序，参考程序代码清单 6-7。

代码清单 6-7　用 case 语句实现数据选择器程序

```
1   module      mux4_1(
2   input       a,b,c,d,
3   input       [1:0]sel,
4   output      out
5   );
6   always@( * )
7   begin
8   case(sel)
9   2'b00:      out = a;
10  2'b01:      out = b;
11  2'b10:      out = c;
12  2'b11:      out = d;
13          //如果 sel 不能列举所有的情况,则需要加 default
14          //此处 sel 只有四种情况并且完全列举,故 default 可以省略
15  endcase
16  end
17  endmodule
```

根据上述代码综合出的 RTL 视图如图 6-19 所示。case 语句综合出模块名为“Mux0”的选择器单元，实际上它并不是 FPGA 硬件底层的最小单元，而是一种便于理解和观察的抽象图形。

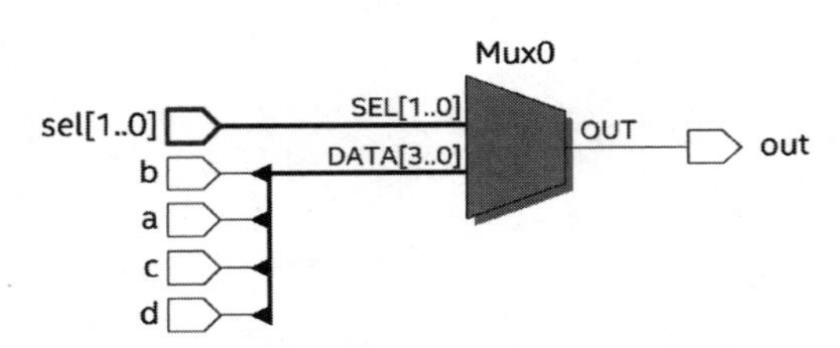

图 6-19　用 case 语句实现数据选择器的 RTL 视图

3. ModelSim 功能仿真测试

在仿真之前先要编写仿真测试文件 TestBench，这里设置测试激励条件是多路选择器的 4 个数据输入端 a、b、c、d 和选择控制端 sel 都是随机数，观察输出端 out 的变化。仿真测试代码详见代码清单 6-8。

代码清单 6-8　数据选择器仿真测试代码

```
1   'timescale 1 ns/ 1 ns
2   module      mux4_1_tb();
3   reg         a;
4   reg         b;
5   reg         c;
6   reg         d;
7   reg         [1:0] sel;
```

```
8   wire        out;
9   //实例化被测试模块
10  mux4_1 uut (
11  .a(a),
12  .b(b),
13  .c(c),
14  .d(d),
15  .out(out),
16  .sel(sel)
17  );
18  //初始化输入信号
19  initial
20  begin
21  a<=1'b0;
22  b<=1'b0;
23  c<=1'b0;
24  d<=1'b0;
25  sel<=2'b00;
26  end
27  //设置输入信号变化过程
28  always   #10   a<={$random}%2;
29  always   #10   b<={$random}%2;
30  always   #10   c<={$random}%2;
31  always   #10   d<={$random}%2;
32  always   #10   sel<={$random};
33  endmodule
```

仿真结果如图 6-20 所示。从图中可以看出输出信号完全跟随于选择信号所选择的数据变化，实现了数据选择器设计功能。

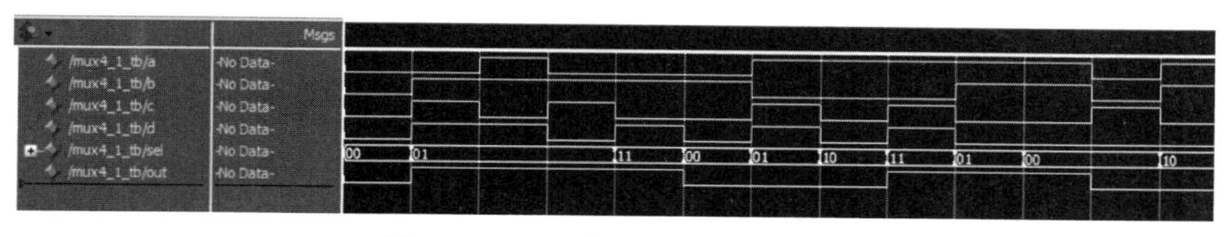

图 6-20　四选一数据选择器仿真波形

6.3.4　编程案例四：译码器实验

1. 实验目的

(1) 利用 Verilog HDL 编程实现 3-8 线译码器逻辑功能；
(2) 利用 ModelSim 进行功能仿真测试；
(3) 熟悉条件分支语句 case 的编程使用方法。

2. Verilog 程序设计

3-8 线译码器有 3 个输入端 a、b、c，它的输出端可定义为 8 个 1bit 输出信号，也可定义

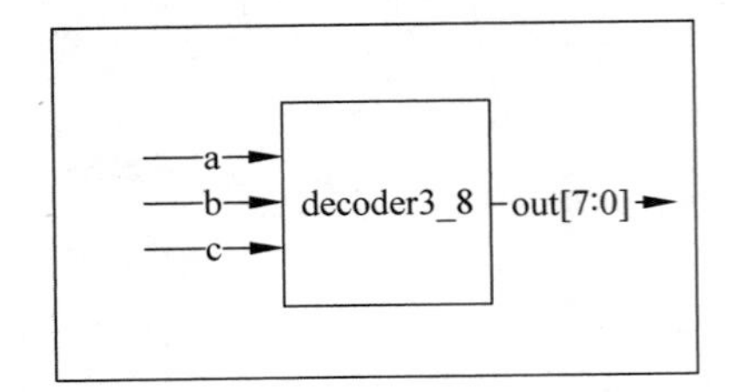

图 6-21　3-8 线译码器模块框图

为 1 个 8bit 输出信号。为了简化输出端口个数，采取总线输出形式，即输出端为 8bit 信号 out[7:0]，模块命名为“decoder3_8”，画出模块框图如图 6-21 所示。

实现 3-8 线译码器的程序代码形式多种多样，例如利用 if/else 语句嵌套来实现，但本实验至少需要 7 个 if/else 嵌套，这会降低程序的可读性。此外，if/else 语句编程存在优先级，如果应用不当就会产生优先级冲突问题，而 case 语句不存在此问题，并且本实验只需使用一个 case 语句就能列举所有译码情况，因此这里采用 case 语句编程，参考程序代码清单 6-9。

代码清单 6-9　用 case 语句实现 3-8 线译码器程序

```
1   module     decoder3_8(
2   input      a,
3   input      b,
4   input      c,
5   output     reg [7:0]out
6   );
7   always@( * )
8   begin
9   case({c,b,a})
10  3'b000:      out = 8'b0000_0001;
11  3'b001:      out = 8'b0000_0010;
12  3'b010:      out = 8'b0000_0100;
13  3'b011:      out = 8'b0000_1000;
14  3'b100:      out = 8'b0001_0000;
15  3'b101:      out = 8'b0010_0000;
16  3'b110:      out = 8'b0100_0000;
17  3'b111:      out = 8'b1000_0000;
18  endcase
19  end
20  endmodule
```

上面的程序代码综合出的网表 RTL 视图如图 6-22 所示，图中模块 Decoder0 是被综合工具高度概括和抽象化的图形。

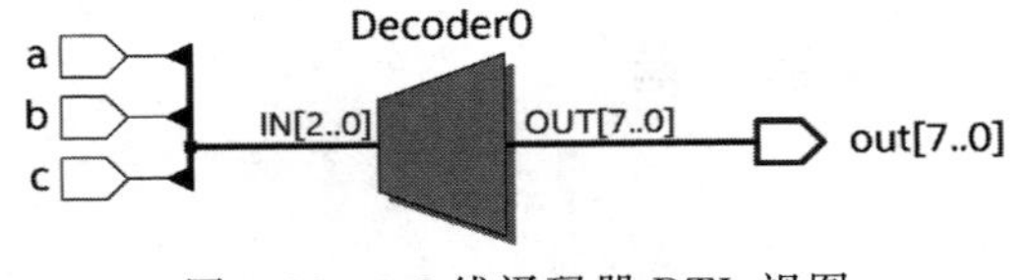

图 6-22　3-8 线译码器 RTL 视图

3. ModelSim 功能仿真测试

在仿真之前先要编写仿真测试文件 TestBench，这里给定 3-8 线译码器的测试条件为 3 个输入信号 a、b、c 都是随机数，然后观察译码输出信号 out 的变化，仿真测试代码详见代码清单 6-10。

代码清单 6-10 3-8 线译码器仿真测试代码

```
1  'timescale 1 ns/ 1 ns
2  module       decoder3_8_tb();
3  reg          a;
4  reg          b;
5  reg          c;
6  wire         [7:0]  out;
7  //实例化被测试模块
8  decoder3_8 uut (
9   .a(a),
10  .b(b),
11  .c(c),
12  .out(out)
13  );
14  //初始化输入信号
15  initial
16  begin
17  a<=1'b0;
18  b<=1'b0;
19  c<=1'b0;
20  end
21  //设置输入信号变化过程
22  always   #10  a<={$random}%2;
23  always   #10  b<={$random}%2;
24  always   #10  c<={$random}%2;
25  endmodule
```

仿真结果如图 6-23 所示，从仿真波形可以看到，实现了译码器逻辑功能。

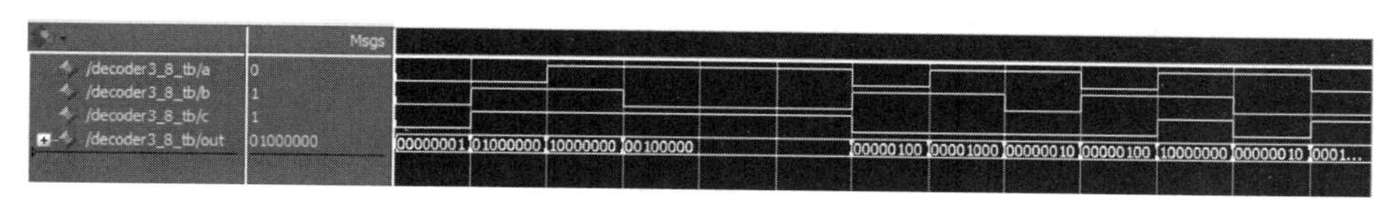

图 6-23 3-8 线译码器仿真波形

6.3.5 编程案例五：D 触发器实验

1. 实验目的

(1) 利用 Verilog HDL 编程实现具有复位功能的 D 触发器；

(2) 利用 ModelSim 进行功能仿真测试；

(3) 掌握同步复位和异步复位的区别及其实现方法。

2. Verilog 程序设计

D 触发器有一个 1bit 输入端 D 和一个输出端 Q，还需要一个时钟信号的输入端 clk。通常还设置了复位使能端 rst，将模块命名为 flip_flop，画出模块框图如图 6-24 所示。

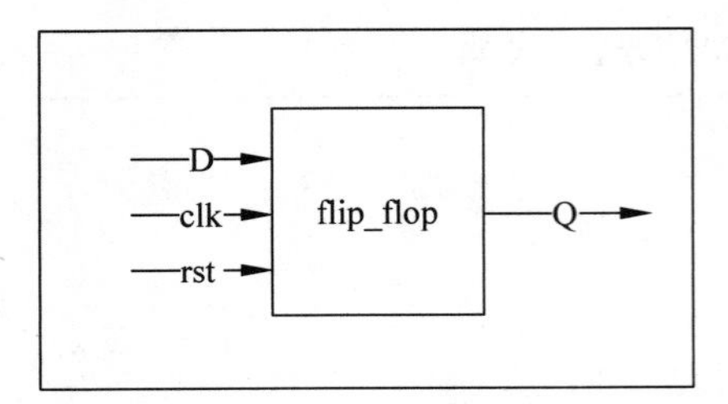

图 6-24　D 触发器程序模块框图

实现触发器复位功能有同步和异步两种方式。同步是指复位信号与时钟信号同步，也就是说在时钟上升沿或下降沿到来时，复位信号才有效；异步是指复位信号与时钟信号不同步，即无论时钟信号是否到来，只要复位信号有效，就对电路或系统进行复位操作。

这里分别给出了异步复位 D 触发器和同步复位 D 触发器的设计程序，从程序代码上进一步体会同步和异步复位的区别。

(1) 异步复位 D 触发器程序设计，参考程序代码清单 6-11。

代码清单 6-11　异步复位 D 触发器程序

```
1    module      flip_flop(
2    input       clk,
3    input       rst,
4    input       D,
5    output      reg Q
6    );
7    always@(posedge clk or negedge rst)
8    begin
9      if(!rst)
10       Q<=1'b0;
11     else
12       Q<=D;
13     end
14   endmodule
```

上述程序代码综合出的网表 RTL 视图如图 6-25 所示。在 FPGA 中对应一个寄存器基本单元，复位输入信号 rst 与 CLRN 端相连接，rst 为异步复位端口且低电平有效。

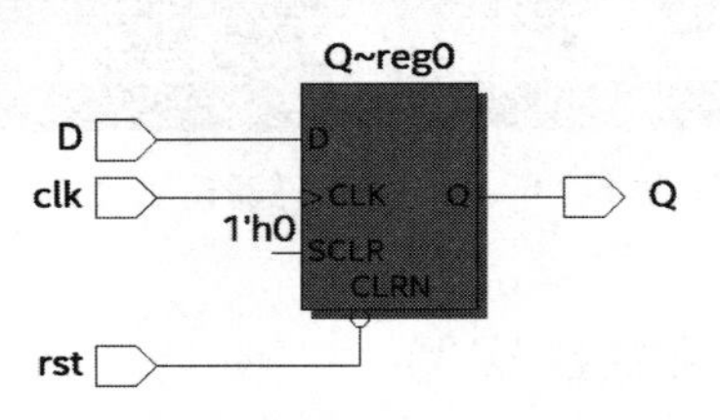

图 6-25　异步复位 D 触发器 RTL 视图

(2) 同步复位 D 触发器程序设计，参考程序代码清单 6-12。

代码清单 6-12　同步复位 D 触发器程序

```
1    module      flip_flop(
2    input       clk,
3    input       rst,
4    input       D,
5    output      reg Q
6    );
7    always@(posedge clk)
```

```
8   begin
9     if(!rst)
10      Q<=1'b0;
11    else
12      Q<=D;
13    end
14  endmodule
```

上述程序代码综合出的网表 RTL 视图如图 6-26 所示。它由一个选择器和一个寄存器构成。选择器的作用是在复位信号 rst 控制下选择不同的输入信号，即当 rst 为高电平 1 时，选择器将选择外部输入信号 D 作为寄存器输入信号；当 rst 为低电平 0 时，选择器将选择 1'h0 作为寄存器输入信号，在时钟 clk 上升沿作用下，实现 D 触发器同步复位功能。

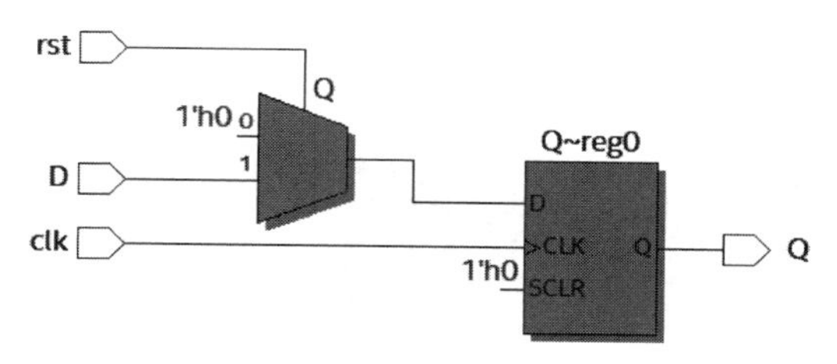

图 6-26 同步复位 D 触发器 RTL 视图

3. ModelSim 功能仿真测试

设定时钟信号 clk 的频率为 50MHz，输入信号为随机数，复位信号初始为高电平，经过一段时间后变为低电平，即进行一次复位操作。然后观察输出信号 out 的变化，仿真测试代码详见代码清单 6-13。

代码清单 6-13 D 触发器仿真测试代码

```
1  'timescale 1 ns/ 1 ns
2  module    flip_flop_tb();
3  reg       clk;
4  reg       D;
5  reg       rst;
6  wire      Q;
7  //实例化被测试模块
8  flip_flop uut (
9   .clk(clk),
10  .rst(rst),
11  .Q(Q),
12  .D(D)
13  );
14  //设置输入信号变化过程
15  initial
16  begin
17  clk<=1'b0;
18  rst<=1'b1;
19  D<=1'b0;
```

```
20  #80
21  rst <= 1'b0;
22  #50
23  rst <= 1'b1;
24  end
25  always  #10  clk = ~clk;
26  always  #20 D <= {$random} % 2;
27  endmodule
```

仿真结果如图 6-27 和图 6-28 所示。从仿真波形可以看到，无论是同步复位还是异步复位，在复位信号 rst 未执行复位操作的时间内，输出信号 out 在时钟信号 clk 的作用下完全跟随于输入信号 D 的变化。在复位信号 rst 有效时，异步复位方式的输出信号 out 会立刻变为低电平，而同步复位方式的输出信号 out 需要在时钟信号下一个上升沿或下降沿(下例为上升沿)到来时才会变为低电平。

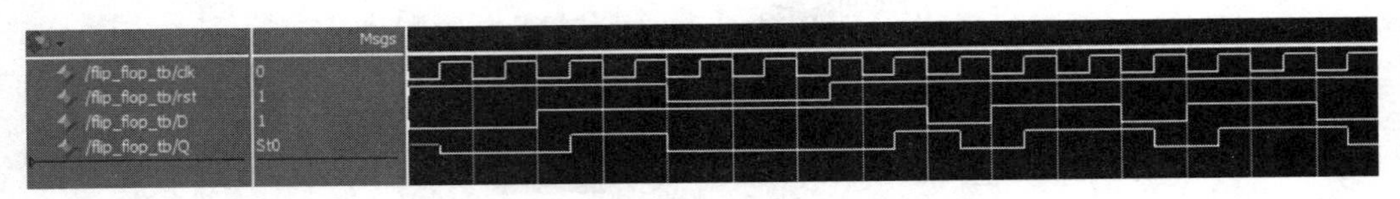

图 6-27 异步复位 D 触发器仿真波形

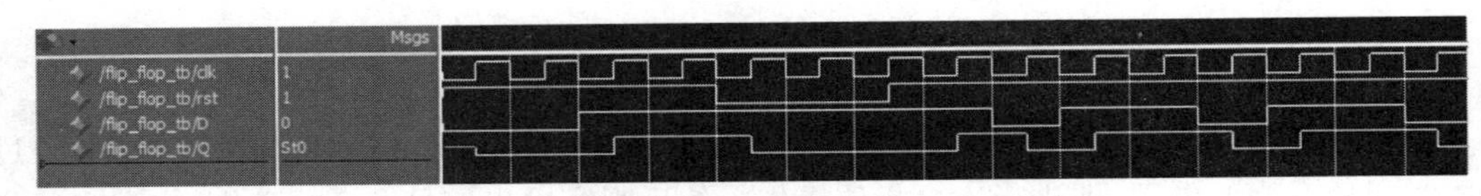

图 6-28 同步复位 D 触发器仿真波形

6.3.6 编程案例六：按键消抖实验

1. 实验目的

(1) 利用 Verilog HDL 编程实现按键消抖逻辑功能；

(2) 利用 ModelSim 进行功能仿真测试；

(3) 学习实例化编程方法。

2. Verilog 程序设计

按键消抖电路原理就是用一个脉冲信号对按键信号进行采样，如果连续采样几次都为相同电平，则可认为按键处于稳定状态。可见，该模块本质上为时序电路，需要一个时钟信号 clk、按键输入信号 key_in，经消抖后按键输出信号为 key_out，将整个模块命名为 debounce，则画出模块框图如图 6-29 所示。

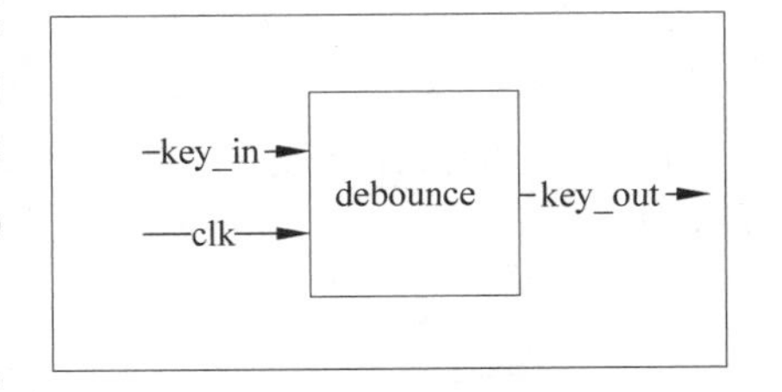

图 6-29 按键消抖模块框图

在本章编程案例五中给出了 D 触发器程序设计。按照第 4 章的按键消抖电路原理图 4-48(a)，可调用

(实例化)3 个 D 触发器模块,并采用级联方式来设计本实验程序。该过程就是用 3 个触发器构成一个移位寄存器,当然也可直接定义一个位宽为 3bit 的移位寄存器来实现按键消抖,这里将这两种代码形式都列出来。

(1) 直接调用 D 触发器模块实现按键消抖,参考程序代码清单 6-14。

代码清单 6-14 调用 D 触发器实现按键消抖程序

```
1   module      debounce(
2   input       clk,
3   input       key_in,
4   output      key_out
5   );
6   wire        Q1,Q2,Q3;
7   flip_flop uut0(                     //实例化 flip_flop,在此模块中命名为 uut0
8   .clk(clk),
9   .rst(),
10  .D(key_in),
11  .Q(Q1)
12  );
13  flip_flop uut1(                     //实例化 flip_flop,在此模块中命名为 uut1
14  .clk(clk),
15  .rst(),
16  .D(Q1),
17  .Q(Q2)
18  );
19  flip_flop uut2(                     //实例化 flip_flop,在此模块中命名为 uut3
20  .clk(clk),
21  .rst(),
22  .D(Q2),
23  .Q(Q3)
24  );
25  assign key_out = Q1|Q2|Q3;
26  endmodule
```

如果 D 触发器模块"flip_flop"没有包含在本实验工程文件之中,在对代码进行编译之前,应该先将该模块文件保存在本实验工程项目中,否则代码编译会发生错误。根据上面的代码综合出的网表 RTL 视图如图 6-30 所示。

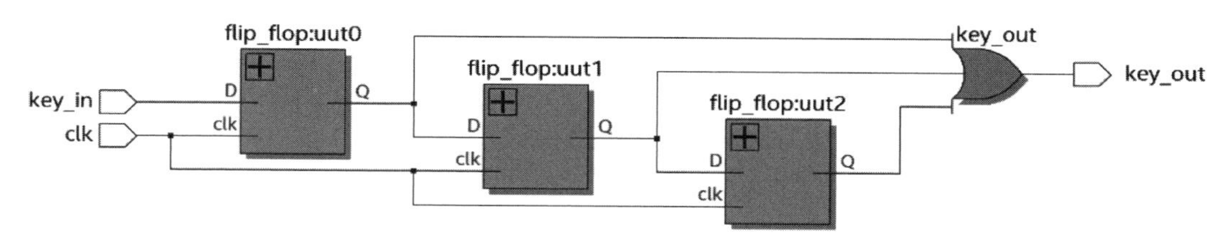

图 6-30 调用 D 触发器实现按键消抖 RTL 视图

(2) 利用移位寄存器实现按键消抖程序,参考程序代码清单 6-15。

代码清单 6-15 利用移位寄存器实现按键消抖程序

```
1   module debounce(
2   input    clk,
```

```
3   input    key_in,
4   output   key_out
5   );
6   reg    [2:0]    shift_reg;
7   always@(posedge clk)
8   begin
9   shift_reg[0]<=key_in;
10  shift_reg[1]<=shift_reg[0];
11  shift_reg[2]<=shift_reg[1];                    //移位寄存过程
12  end
13  assign key_out=shift_reg[0]|shift_reg[1]|shift_reg[2];
14  endmodule
```

根据上面的代码综合出的 RTL 视图如图 6-31 所示。它由一个三位移位寄存器模块 shift_reg[2..0]和一个或门构成。从视图可见,模块 shift_reg 集合了 3 个一位寄存器,使得 RTL 视图更加简洁。

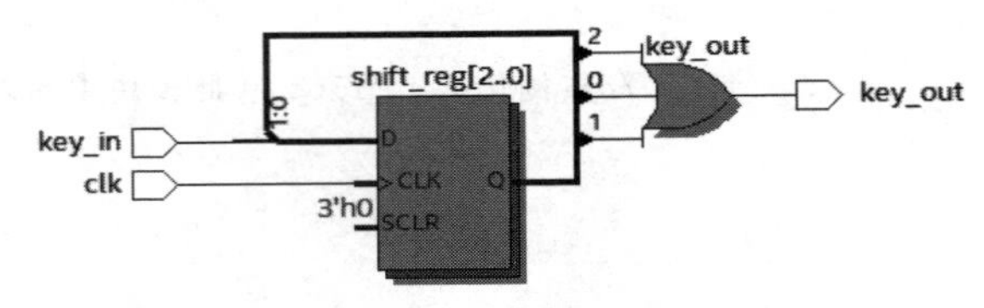

图 6-31 利用移位寄存器实现按键消抖 RTL 视图

3. ModelSim 功能仿真测试

仿真条件设定初始时刻输入信号 key_in 为高电平,即按键未被按下;之后按下按键,由于按键发生了多次抖动,在仿真波形上表现为高低电平多次翻转的毛刺,然后观察输出信号 key_out 的变化。仿真测试代码详见代码清单 6-16。

代码清单 6-16　按键消抖仿真测试代码

```
1   'timescale 1 ns/ 1 ns
2   module debounce_tb();
3   reg      clk;
4   reg      key_in;
5   wire     key_out;
6   //实例化被测试模块
7   debounce uut (
8   .clk(clk),
9   .key_in(key_in),
10  .key_out(key_out)
11  );
12  //设置输入信号变化过程
13  initial
14  begin
15  clk=1'b1;
16  key_in=1'b1;
17   #80   key_in=1'b0;
```

```
18 #5 key_in = 1'b1;
19 #5 key_in = 1'b0;
20 #6 key_in = 1'b1;
21 #3 key_in = 1'b0;
22 #5 key_in = 1'b1;
23 #3 key_in = 1'b0;
24 #6 key_in = 1'b1;
25 #6 key_in = 1'b0;
26 #5 key_in = 1'b1;
27 #6 key_in = 1'b0;
28 #6 key_in = 1'b1;
29 #2 key_in = 1'b0;
30 #8 key_in = 1'b1;
31 #4 key_in = 1'b0;
32 end
33 always # 20 clk = ~clk;
34 endmodule
```

仿真结果如图 6-32 所示。从仿真波形可以看出,当按键发生抖动时,输出信号 key_out 并未跟随抖动多次变化,而是过滤掉了抖动毛刺,实现了设计逻辑功能。

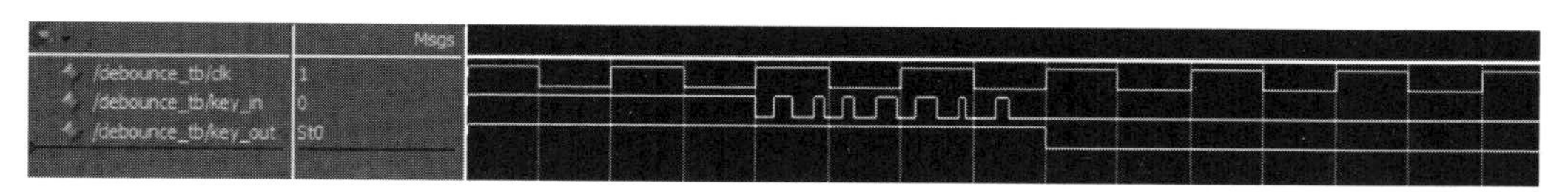

图 6-32 按键消抖电路仿真波形

6.3.7 编程案例七:十进制计数器实验

1. 实验目的

(1) 利用 Verilog HDL 编程实现十进制加法计数器逻辑功能;
(2) 利用 ModelSim 进行功能仿真测试;
(3) 学习条件判断语句的编程使用方法。

2. Verilog 程序设计

计数器输入信号有时钟信号 clk、复位信号 rst、置数控制信号 set 和预置数 din[3:0]。对于十进制计数器,输出信号为 dout[3:0]。将计数模块命名为 counter10,画出模块框图如图 6-33 所示。

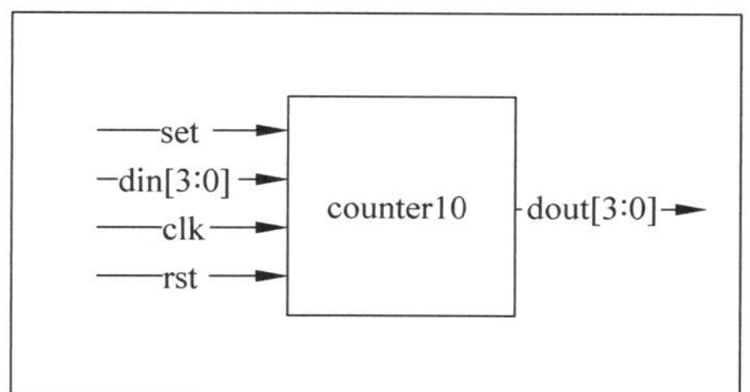

图 6-33 计数器模块框图

计数器程序设计需要注意同步计数和异步计数实现在代码编写上的区别,计数器具体是多少进制需要由判断语句中的条件来决定。对于十进制计数器,需要用一个条件判断语句判断在时钟上升沿作用下计数器是否已经计数到 9(假设从 0 开始计数),如果判断结果为假,则正常计数;反之,计数器归零。此外,在程序设计中复位和置数信号都设置为低电平有效。十进制加法计数器的程序,参考程序代码清单 6-17。

代码清单 6-17　十进制加法计数器程序

```
1   module          counter10(
2   input           clk,
3   input           rst,
4   input           set,
5   input       [3:0]din,
6   output      [3:0]dout
7   );
8   reg     [3:0]cnt;
9   always@(posedge clk or negedge rst)
10  begin
11   if(!rst)
12     cnt <= 4'd0;
13   else
14     begin
15       if(!set)
16         cnt <= din;
17       else
18         begin
19           if(cnt == 4'd9)
20             cnt <= 4'd0;
21           else
22             cnt <= cnt + 4'd1;
23         end
24     end
25  end
26  assign   dout = cnt;
27  endmodule
```

根据上面的代码综合出来的 RTL 视图如图 6-34 所示。它由比较器 Equal0、加法器

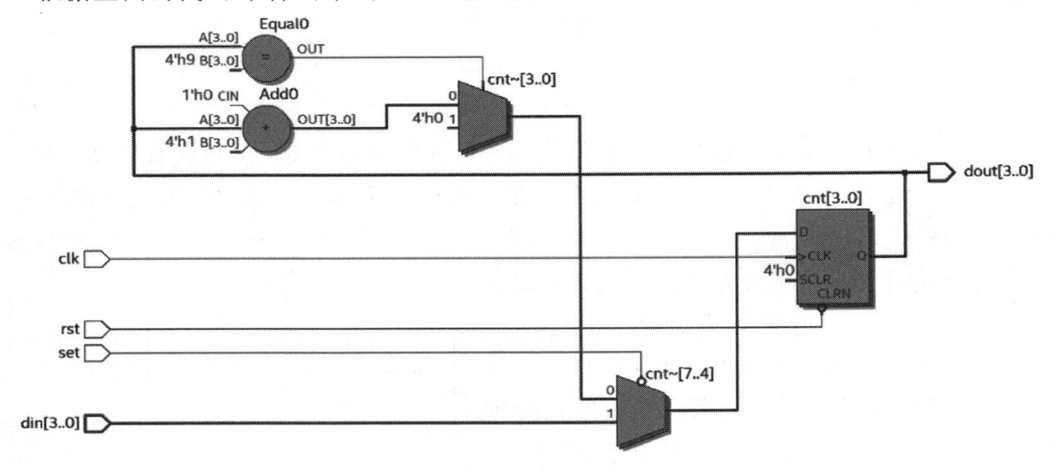

图 6-34　十进制计数器 RTL 视图

Add0、选择器和四位寄存器构成。从理论上分析 RTL 视图不难看出：rst 为异步复位输入端；set 为同步置数控制端；预置数 din 在置数控制信号 set 作用下，经过选择器输送到寄存器输入端 D；为了判断末值是否为 9 以及实现加法计数，寄存器输出信号 dout 同时反馈到比较器和加法器的输入端。

3. ModelSim 功能仿真测试

仿真条件设定计数器正常计数一段时间后，使置数信号变为低电平，预置数 din 设置为 5，观察计数器输出信号 dout 的变化。仿真测试代码详见代码清单 6-18。

代码清单 6-18　十进制计数器仿真测试代码

```
1    'timescale 1 ns/ 1 ns
2    module    counter10_tb();
3    reg       clk;
4    reg       [3:0] din;
5    reg       rst;
6    reg       set;
7    wire      [3:0] dout;
8    //实例化被测试模块
9    counter10   uut (
10   .clk(clk),
11   .din(din),
12   .dout(dout),
13   .rst(rst),
14   .set(set)
15   );
16   //设置输入信号变化过程
17   initial
18   begin
19   clk = 1'b1;
20   rst = 1'b0;
21   set = 1'b1;
22   din = 4'd0;
23   #20    rst = 1'b1;
24   #240   set = 1'b0;   din = 4'd5;
25   #20    set = 1'b1;   din = 4'd0;
26   end
27   always   #10   clk = ~clk;
28   endmodule
```

仿真测试结果如图 6-35 所示。当复位信号 rst 为低电平时，由于它是异步控制的，则计数器输出信号 dout 为 0；当复位信号为高电平时，计数器从 0～9 循环计数；当置数控制信号 set 为低电平时，由于它是同步控制的，则在时钟上升沿作用下，将计数器输出置成预置数 5，实现了十进制计数器逻辑功能。

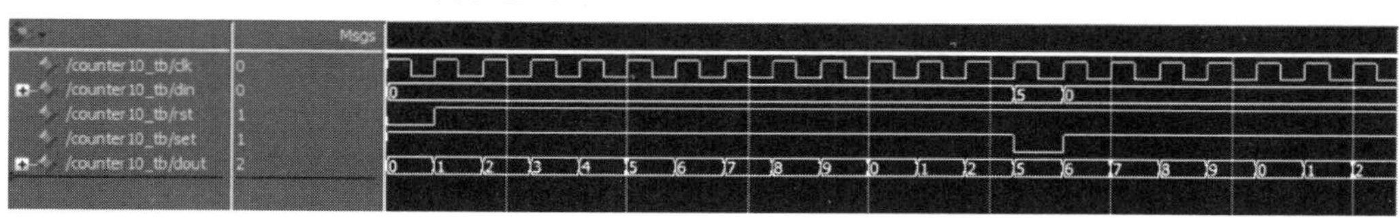

图 6-35　十进制计数器仿真波形

6.3.8 编程案例八：分频器设计实验

1. 实验目的

（1）利用 Verilog HDL 编程实现分频器逻辑功能；
（2）将 50MHz 系统时钟分频输出为 1MHz 信号；
（3）利用 ModelSim 进行功能仿真测试。

2. Verilog 程序设计

分频器输入信号有系统时钟 sys_clk 和复位 rst，分频输出信号为 clk_1MHz，将分频器模块命名为 divider，画出模块框图如图 6-36 所示。

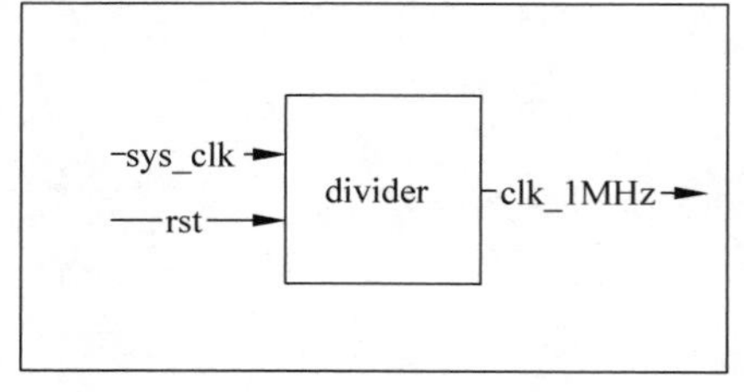

图 6-36 分频器模块框图

分频器的原理就是用计数器对时钟脉冲信号进行计数，当计数达到某一值时使输出信号进行一次翻转，并使计数器归零，重新开始计数。经过如此循环往复的计数和信号翻转后，便得到分频输出信号。这里计数器的末端计数值也叫频率控制字，通常用 N 表示，它直接关系到输出信号的频率大小。频率控制字的计算公式为

$$\frac{f_{输入时钟}}{2f_{输出时钟}}-1=N \tag{6-1}$$

根据本实验要求，将输入与输出信号的频率代入上式，计算出 $N=24$，也就是说计数器的计数末端值为 24。使用该方法设计出的是不带标志信号的分频器。此外，还有一种设计方法是使用标志信号作为分频信号，计数器所要计数的个数就是分频数，例如 50MHz 系统时钟经过 50 分频可以变成 1MHz 时钟，那么计数器的计数个数就是 50。这里把这两种设计方法的程序代码都列出来。

（1）不带标志信号的分频器，参考程序代码清单 6-19。

代码清单 6-19 不带标志信号的分频器程序

```
1   module  divider(
2   input   sys_clk,
3   input   rst,
4   output  reg clk_1MHz
5   );
6   reg   [5:0] cnt;                //定义计数器
7   always@(posedge sys_clk or negedge rst)
8   begin
9    if(!rst)
10      begin
11       cnt <= 6'd0;
12       clk_1MHz <= 1'b0;
13      end
14   else
15     if(cnt == 6'd24)
```

```
16          begin
17           cnt <= 6'd0;
18           clk_1MHz = ~clk_1MHz;
19          end
20       else
21          cnt <= cnt + 6'd1;
22  end
23  endmodule
```

上述代码综合出的 RTL 视图如图 6-37 所示。图中除最右边的寄存器之外，左半部分实质上是一个 25 进制计数器，不带标志信号的分频器相当于在计数器基础上加了最后一级寄存器。它的输出信号取反之后反馈回输入端，以完成高低电平的不停翻转，而寄存器正常工作是受到使能信号控制的，比较器 Equal0 的输出信号作为最后一级寄存器的使能端信号。

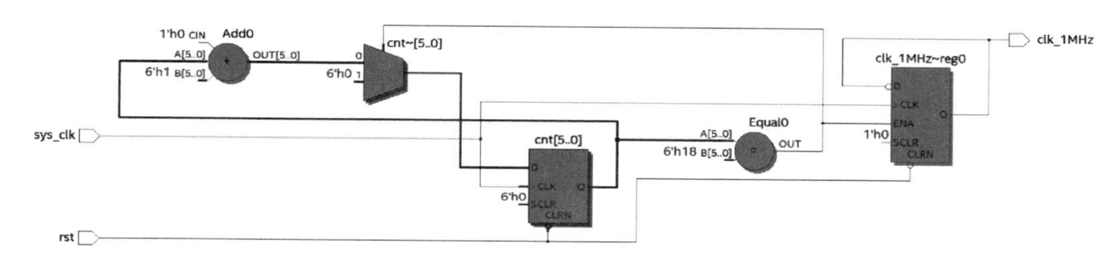

图 6-37　不带标志信号的分频器 RTL 视图

(2) 带标志信号的分频器，参考程序代码清单 6-20。

代码清单 6-20　带标志信号的分频器程序

```
1   module    divider(
2   input     sys_clk,
3   input     rst,
4   output    reg clk_1MHz
5   );
6   reg       [5:0] cnt;                  //定义计数器
7   always@(posedge sys_clk or negedge rst)
8    begin
9    if(!rst)
10     cnt <= 6'd0;
11   else
12     if(cnt == 6'd49)
13       cnt <= 6'd0;
14     else
15       cnt <= cnt + 6'd1;
16   end
17  always@(posedge sys_clk or negedge rst)
18   begin
19     if(!rst)
20       clk_1MHz <= 1'b0;
21     else
22       if(cnt == 6'd49)
```

```
23          clk_1MHz = 1'b1;
24        else
25          clk_1MHz = 1'b0;
26     end
27   endmodule
```

根据上述代码综合出的 RTL 视图如图 6-38 所示。它与不带标志信号分频器的结构类似，带标志信号的分频器也是由一个计数器和最后一级寄存器构成的，不同的是带标志信号的分频器最后一级寄存器的输出端没有反馈至输入端，而是将比较器 Equal0 的输出信号直接作为最后一级寄存器的输入信号。这样做的好处是，该分频器的输出信号使用的是全局时钟网络信号，类似于同步计数器，具有更低的时钟偏移和抖动，这种优势在高速系统中尤为明显，所以在设计分频器时我们一般建议使用带标志信号的分频器。

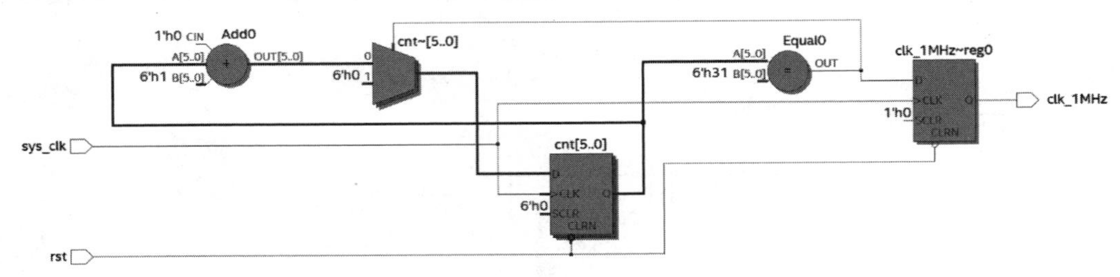

图 6-38　带标志信号的分频器 RTL 视图

3. ModelSim 功能仿真测试

仿真条件设定系统时钟 sys_clk 为 50MHz，复位信号 rst 初始为低电平，经过短暂延时后变为高电平。仿真测试代码详见代码清单 6-21。

代码清单 6-21　分频器仿真测试代码

```
1    'timescale 1 ns/ 1 ns
2    module     divider_tb();
3    reg        rst;
4    reg        sys_clk;
5    wire       clk_1MHz;
6    // 实例化被测试模块
7    divider uut (
8     .clk_1MHz(clk_1MHz),
9     .rst(rst),
10   .sys_clk(sys_clk)
11   );
12   //设置输入信号变化过程
13   initial
14   begin
15   rst = 1'b0;
16   sys_clk = 1'b0;
17   #20   rst = 1'b1;
18   end
19   always   #10 sys_clk = !sys_clk;
20   endmodule
```

两种不同设计方法的仿真结果如图 6-39 和图 6-40 所示。无论哪种设计方法，分频器的输出信号都是 1MHz 信号，但是第一种方法分频器输出信号的占空比为 50%，而第二种方法分频器输出信号的占空比为 2%。

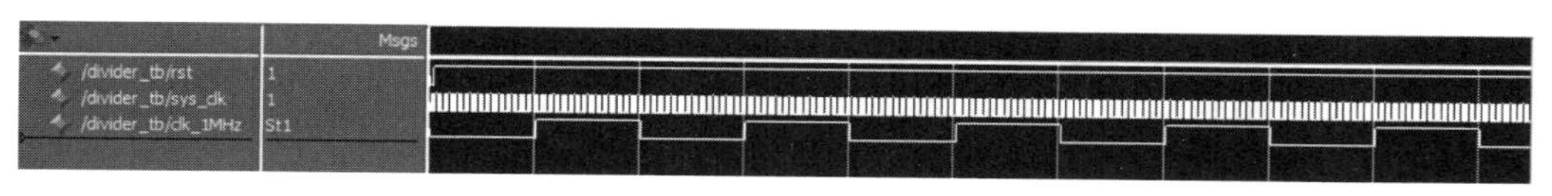

图 6-39 不带标志信号的分频器仿真波形

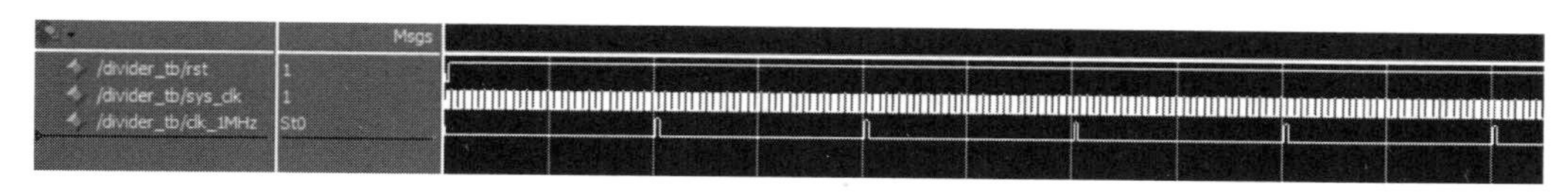

图 6-40 带标志信号的分频器仿真波形

6.3.9 编程案例九：数码管动态显示实验

1. 实验目的

(1) 利用 Verilog HDL 编程实现能够驱动 8 个数码管的动态扫描电路；
(2) 利用 ModelSim 进行功能仿真测试。

2. Verilog 程序设计

动态扫描电路就是不断地产生 8 个数码管的扫描信号，使数码管动态显示相应数据。除必要的时钟信号 clk 和复位信号 rst 之外，动态扫描电路还需要 8 个 8bit 段码输入数据，它们分别为 seg_data0、seg_data1、seg_data2、seg_data3、seg_data4、seg_data5、seg_data6 和 seg_data7；输出信号为 2 个 8bit 段码和位码，它们为 seg_data[7:0]和 seg_dig[7:0]。将动态扫描模块命名为 seg_scan，画出该模块框图如图 6-41 所示。

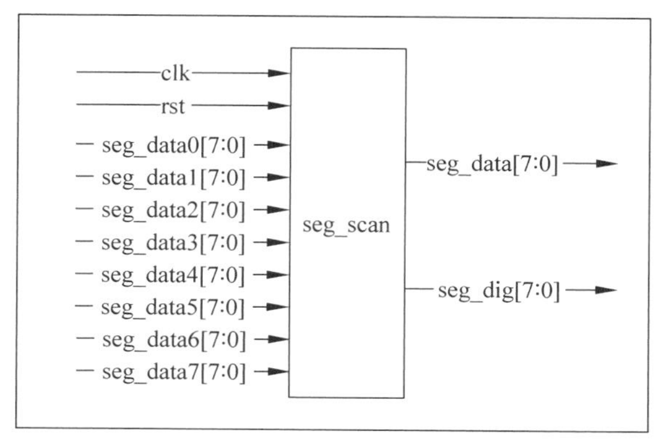

图 6-41 动态扫描模块框图

数码管动态扫描显示就是利用人眼的视觉余晖效应，当每个数码管扫描频率大于 25Hz 时，人们便不会有闪烁感觉。如果在 1s 内需要将 8 个数码管每个都刷新一次，那么扫描时钟频率就至少需要 200Hz，也就是说本实验动态显示电路的输入时钟信号 clk 至少为 200Hz。本实验输入数据信号为 SEG 码，下面给出动态扫描模块的程序代码，参考程序代码清单 6-22。

代码清单 6-22　数码管动态显示程序

```
1   module         seg_scan(
2    input         clk,
3    input         rst,
4    output        reg[7:0] seg_dig,
5    output        reg[7:0] seg_data,
6    input         [7:0] seg_data_0,
7    input         [7:0] seg_data_1,
8    input         [7:0] seg_data_2,
9    input         [7:0] seg_data_3,
10   input         [7:0] seg_data_4,
11   input         [7:0] seg_data_5,
12   input         [7:0] seg_data_6,
13   input         [7:0] seg_data_7
14   );
15   reg[3:0] scan_dig;                    //定义扫描计数器
16   always@(posedge clk or negedge rst)
17   begin
18   if(rst == 1'b0)
19      scan_dig <= 4'd0;
20   else begin
21         if(scan_dig == 4'd7)
22             scan_dig <= 4'd0;
23         else
24             scan_dig <= scan_dig + 4'd1;
25         end
26   end
27   always@(posedge clk or negedge rst)
28   begin
29   if(rst == 1'b0)
30    begin
31       seg_dig <= 8'b1111_1111;
32       seg_data <= 8'hff;
33    end
34   else
35    begin
36       case(scan_dig)
37           4'd0:                         //第一个数码管
38           begin
39               seg_dig <= 8'b1111_1110;
40               seg_data <= seg_data_0;
41           end
42           4'd1:                         //第二个数码管
43           begin
44               seg_dig <= 8'b1111_1101;
```

```
45                seg_data <= seg_data_1;
46            end
47            4'd2:                       //第三个数码管
48            begin
49                seg_dig <= 8'b1111_1011;
50                seg_data <= seg_data_2;
51            end
52            4'd3:                       //第四个数码管
53            begin
54                seg_dig <= 8'b1111_0111;
55                seg_data <= seg_data_3;
56            end
57            4'd4:                       //第五个数码管
58            begin
59                seg_dig <= 8'b1110_1111;
60                seg_data <= seg_data_4;
61            end
62            4'd5:                       //第六个数码管
63            begin
64                seg_dig <= 8'b1101_1111;
65                seg_data <= seg_data_5;
66            end
67            4'd6:                       //第七个数码管
68            begin
69                seg_dig <= 8'b1011_1111;
70                seg_data <= seg_data_6;
71            end
72            4'd7:                       //第八个数码管
73            begin
74                seg_dig <= 8'b0111_1111;
75                seg_data <= seg_data_7;
76            end
77            default:
78            begin
79                seg_dig <= 8'b1111_1111;
80                seg_data <= 8'hff;
81            end
82        endcase
83    end
84  end
85  endmodule
```

根据上述代码综合出的 RTL 视图如图 6-42 所示。可以看到图中出现了多个数据选择器，这是因为在代码编写过程中使用了多个条件判断语句：if/else 和 case。动态扫描电路的最后两个寄存器输出位码和段码，实现数码动态显示功能。

3. ModelSim 功能仿真测试

仿真测试条件设置如下：时钟扫描信号 clk 的频率为 200Hz，复位信号 rst 初始为低电平，经过短暂延时后变为高电平；8 个输入信号为固定常数，依次是 SEG 码形从 0～7。仿真

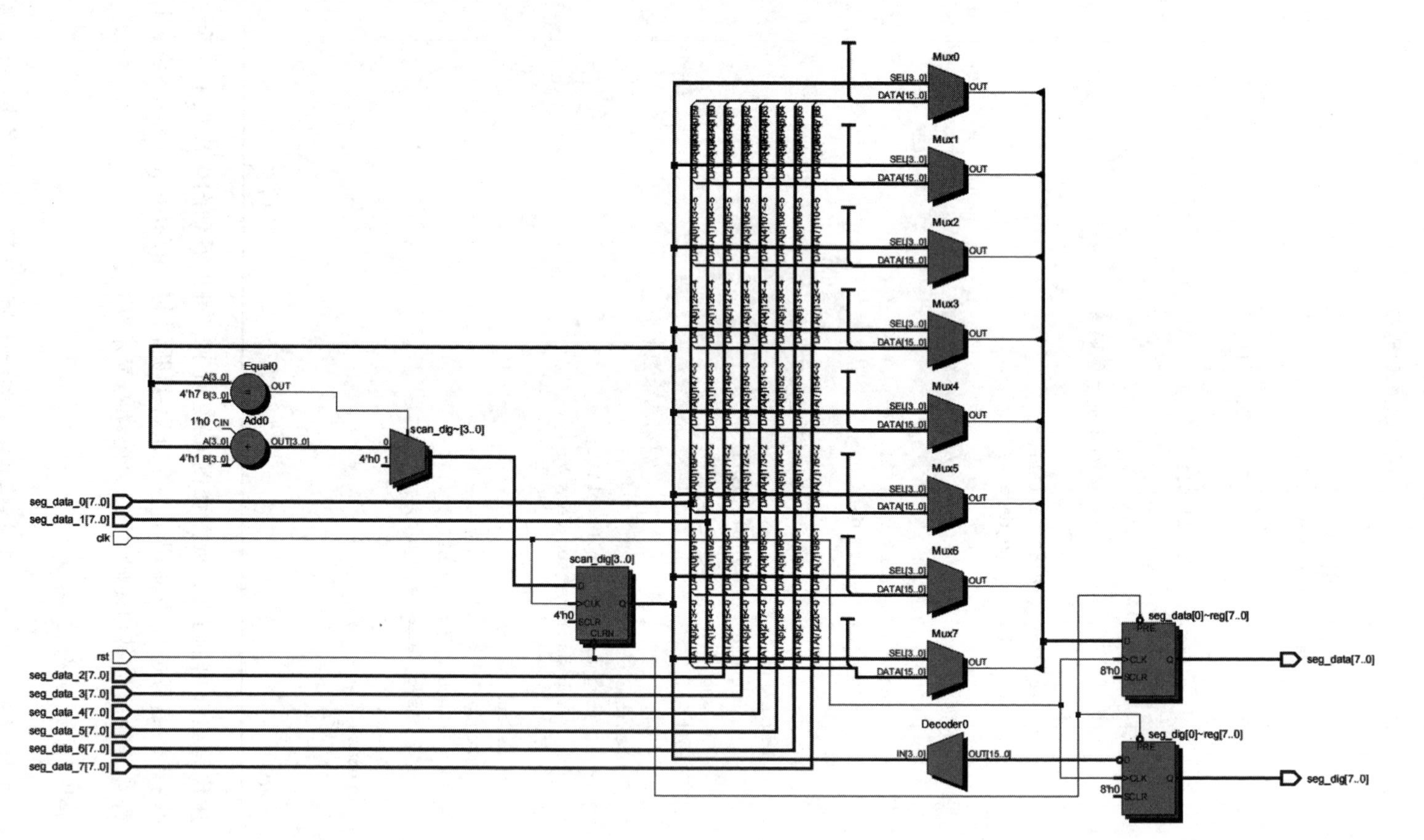

图 6-42　动态扫描模块 RTL 视图

测试代码详见代码清单 6-23。

代码清单 6-23　数码管动态显示模块仿真测试代码

```
1   'timescale 1 ns/ 1 ns
2   module     seg_scan_tb();
3    reg        clk;
4    reg        rst;
5    reg        [7:0] seg_data_0;
6    reg        [7:0] seg_data_1;
7    reg        [7:0] seg_data_2;
8    reg        [7:0] seg_data_3;
9    reg        [7:0] seg_data_4;
10  reg        [7:0] seg_data_5;
11  reg        [7:0] seg_data_6;
12  reg        [7:0] seg_data_7;
13  wire       [7:0] seg_data;
14  wire       [7:0] seg_dig;
15  //实例化被测试模块
16  seg_scan  uut (
17   .clk(clk),
18   .rst(rst),
19   .seg_data(seg_data),
20   .seg_data_0(seg_data_0),
21   .seg_data_1(seg_data_1),
22   .seg_data_2(seg_data_2),
23   .seg_data_3(seg_data_3),
24   .seg_data_4(seg_data_4),
25   .seg_data_5(seg_data_5),
26   .seg_data_6(seg_data_6),
27   .seg_data_7(seg_data_7),
28   .seg_dig(seg_dig)
29   );
30  //设置输入信号变化过程
31  initial
32  begin
33  clk = 1'b0;
34  rst = 1'b0;
35  seg_data_0 = 8'hc0;              //假设数码管共阳极,即低电平有效
36  seg_data_1 = 8'hf9;
37  seg_data_2 = 8'ha4;
38  seg_data_3 = 8'hb0;
39  seg_data_4 = 8'h99;
40  seg_data_5 = 8'h92;
41  seg_data_6 = 8'h82;
42  seg_data_7 = 8'hf8;
43  #1000000   rst = 1'b1;
44  end
45  always  #2500000  clk = !clk;
46  endmodule
```

执行 ModelSim 仿真后观察输出信号的变化，仿真结果如图 6-43 所示。从图中可以看到，位码输出信号 seg_dig 依次选择从第一个数码管到第八个数码管并循环往复，同时输出相应数码管显示数字，即段码信号 seg_data，实现数码动态显示功能。

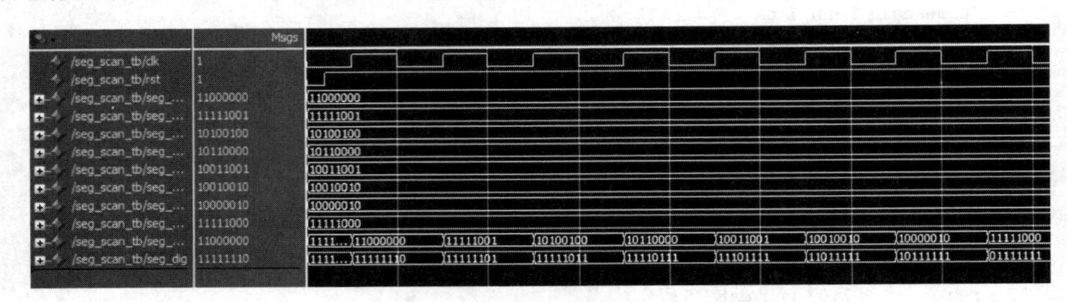

图 6-43　动态扫描模块仿真结果

但在实际应用中，由于 FPGA 实验板卡只有一个 50MHz 系统时钟，因此需要分频模块产生动态扫描时钟信号。并且本程序数码管能够正常显示的码型为 SEG 码，要显示 BCD 码数据，还需添加显示译码模块将 BCD 码转换成 SEG 码。

6.3.10　编程案例十：简易电子琴设计

1. 编程项目设计要求

(1) 利用 Verilog HDL 编程设计一个简易电子琴；
(2) 按下实验板上的 KEY1～KEY7 分别表示中音的 1、2、3、4、5、6、7；
(3) 具有复位功能。

2. 实验原理

我们知道演奏乐曲时每个音符可分为频率值(音调)和持续时间(音长)两个基本数据，音调高低取决于频率的高低。简谱中各音名与频率的对应关系如表 6-11 所示。

表 6-11　简谱中音名与频率对应关系

音名	频率(低音)/Hz	频率(中音)/Hz	频率(高音)/Hz
1	262	523	1046
2	294	587	1175
3	330	659	1318
4	349	698	1397
5	392	784	1568
6	440	880	1760
7	494	988	1976

简易电子琴模块输入信号有时钟信号 clk、7 个弹奏按键 key[6:0]及复位信号 rst，而输出信号就是驱动蜂鸣器的音频信号 beep，将整个模块命名为 e_piano，该模块框图如图 6-44 所示。

3. Verilog 程序设计

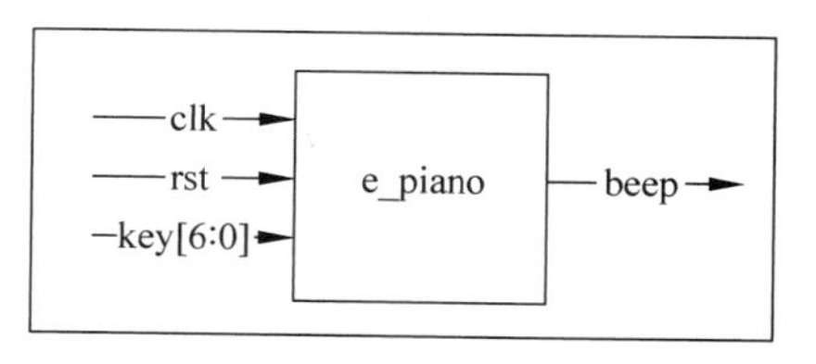

图 6-44　电子琴模块框图

简易电子琴本质上就是一个分频器，根据按键弹奏产生不同分频系数，输出不同音频信号。那么如何计算分频系数呢？假设使用 50MHz 系统时钟，那么中音 1(查表可知对应频率为 523Hz)的分频系数应为：50MHz/(2×523Hz)=16'hbab9，即对系统时钟进行 47801 次分频即可得到中音 1。同理，可算出其他音名的分频系数。简易电子琴参考程序如代码清单 6-24 所示。

代码清单 6-24　简易电子琴程序

```
1   module    e_piano(
2   input     clk,
3   input     rst,
4   input     [6:0]key,
5   output    beep
6   );
7   reg       beep_reg;
8   reg       [15:0]cnt;
9   reg       [15:0]cycle;                          //分频系数值
10  always@(posedge clk or negedge rst)
11   if(!rst)
12    begin
13     cnt <= 16'h0;
14     beep_reg <= 1'b0;
15    end
16   else
17    if(cycle == 16'hffff)
18      beep_reg <= 1'b0;
19    else
20      begin
21        if(cnt == cycle)
22          begin
23           cnt <= 16'h0;
24           beep_reg <= !beep_reg;
25          end
26         else
27          cnt <= cnt + 16'h1;
28      end
29  always@(key)
30   case(key)
31     7'b1111110:  cycle = 16'hbab9;               //中音 1 的分频系数值
32     7'b1111101:  cycle = 16'ha65d;               //中音 2 的分频系数值
33     7'b1111011:  cycle = 16'h9430;               //中音 3 的分频系数值
34     7'b1110111:  cycle = 16'h8be8;               //中音 4 的分频系数值
35     7'b1101111:  cycle = 16'h7c8f;               //中音 5 的分频系数值
36     7'b1011111:  cycle = 16'h6ef9;               //中音 6 的分频系数值
37     7'b0111111:  cycle = 16'h61da;               //中音 7 的分频系数值
```

```
38      default:       cycle = 16'hffff;                 //无按键按下或多个按键按下,定义
39                                                       //一个比较大的分频系数,蜂鸣器不响
40     endcase
41   assign beep = beep_reg;                             //输出琴音
42   endmodule
```

6.3.11 编程案例十一：自动音乐播放器

1. 编程项目设计要求

(1) 利用 Verilog HDL 编程设计自动音乐播放电路；

(2) 按下实验板上的 KEY1 按键后播放一首音乐；

(3) 具有复位功能。

2. 实验原理

音乐播放电路中音乐信息的存储有两种方法：一是将音乐存放到外设中，比如 SD 卡，但是需要设计对应的外设读取电路；二是调用 ROM-IP 核（知识产权核），将音乐信息存放在 FPGA 芯片中，此方法电路设计相对简单。本实验采用第二种信息存储方法，模块输入端有时钟信号 sys_clk 和复位信号 rst，音频输出 beep，将整个模块命名为 play_music，该模块框图如图 6-45 所示。

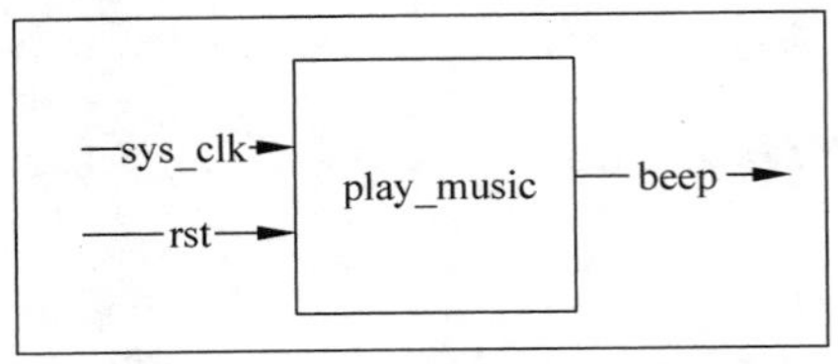

图 6-45 音乐播放模块框图

通过蜂鸣器实现一首音乐的播放也有两种设计方法，即频率控制方法和 PWM 方法。频率控制方法就是通过控制输出信号的频率让蜂鸣器发出不同音调。PWM 方法是通过调节输出信号的占空比，使蜂鸣器内电路产生不同的输出电压，并改变输出频率。这里我们选择频率控制方法使无源蜂鸣器发声，至于 PWM 方法，希望学生能够举一反三，自行设计。

3. Verilog 程序设计

假设一首乐曲中的音符的最短持续时间是四分之一拍，那么在程序设计时就需要首先产生一个频率为 4Hz 的时钟信号，然后用它来产生地址并读取 ROM 中不同音符的分频系数（调用 ROM_IP 核的方法是点击软件工具栏“Tool”下的“IP Catalog”，然后找到 ROM，根据提示操作，设置相应的参数即可），系统时钟对于不同音符的分频系数产生相应的分频信号，进而利用不同频率的时钟去驱动蜂鸣器发声。音乐播放电路的参考程序如代码清单 6-25 所示。

代码清单 6-25 音乐播放电路程序

```
1    module   play_music(
2    input    sys_clk,
3    input    rst,
4    output   beep
5    );
6    reg      [31:0]cnt;                       //音符分频计数器
7    reg      beep_reg;                        //蜂鸣器寄存器
```

```
8   reg     [31:0]cnt_4Hz;                 //4Hz 时钟分频计数器
9   reg     clk_4Hz;                       //4Hz 时钟寄存器
10  reg     [7:0] address;                 //ROM 地址寄存器
11  wire    [31:0]cycle;                   //不同音符的分频系数
12   //不同音符的分频输出
13   always@(posedge sys_clk or negedge rst)
14   begin
15    if(!rst)
16     begin
17      cnt <= 32'd0;
18    beep_reg <= 1'b0;
19     end
20    else
21     if(cnt >= cycle * 500)
22      begin
23     cnt <= 32'd0;
24     beep_reg <= !beep_reg;
25      end
26    else
27     cnt <= cnt + 32'd1;
28   end
29  assign beep = beep_reg;
30  //产生四分之一拍的时钟,即 4Hz
31  always@(posedge sys_clk or negedge rst)
32   begin
33    if(!rst)
34     begin
35      cnt_4Hz <= 32'd0;
36      clk_4Hz <= 1'b0;
37     end
38    else
39     if(cnt_4Hz == 32'd6249999)
40      begin
41      cnt_4Hz <= 32'd0;
42     clk_4Hz <= !clk_4Hz;
43    end
44     else
45      cnt_4Hz <= cnt_4Hz + 32'd1;
46   end
47  //产生 ROM 读取地址
48  always@(posedge clk_4Hz or negedge rst)
49   begin
50    if(!rst)
51     address <= 8'd0;
52    else
53     if(address == 8'd127)
54      address <= 8'd0;
55     else
56      address <= address + 8'd1;
57   end
58  //调用存放音符分频系数的 ROM
59  music_rom music_rom_inst(
```

```
60  .address(address),
61  .clock(clk_4Hz),
62  .q(cycle)
63  );
64  endmodule
```

6.3.12 编程案例十二：跑马灯控制设计

1. 编程项目设计要求

(1) 利用 Verilog HDL 编程实现跑马灯基本功能；

(2) 要求 LED 能够显示不同花样，并且跑马灯速度可调节。

2. 实验原理

如果仅实现 LED 的左移或右移，一种简单的方法是定义移位寄存器，利用移位寄存器的"移位"功能来实现，但这种方法不能自定义显示任意花样。如果想"随心所欲"地显示跑马灯的花样，就需要采取在不同时刻对每个 LED 进行"0"或"1"的赋值方法。由于本实验的功能略显复杂，可以将跑马灯划分为两个模块，即 LED 花样显示模块和速度/花样控制模块，并通过一个顶层文件（模块）完成对这两个子功能模块的实例化。跑马灯结构框图如图 6-46 所示。

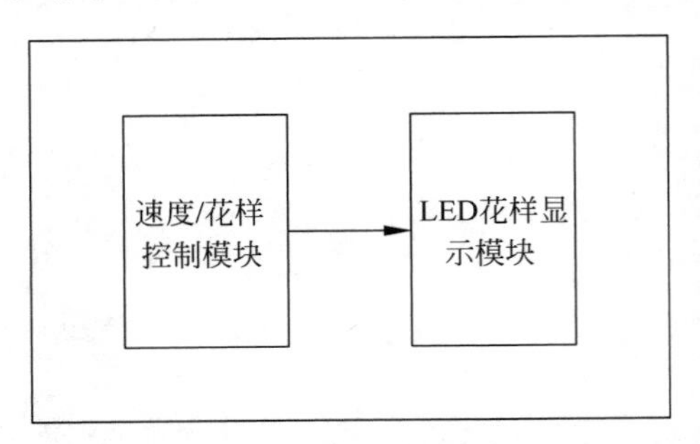

图 6-46　跑马灯结构框图

LED 花样显示模块的输入端除了时钟信号 led_clk（决定 LED 显示速度的快慢）和复位信号 rst 之外，还要有能够选择花样模式的输入信号 pattern_mode[1:0]，这里定义 4 种显示花样，所以该信号的位宽为 2bit。输出端个数取决于想要显示的 LED 个数，这里以显示控制 6 个 LED 为例，把输出端命名为 led[5:0]。如果将整个模块命名为 led_pattern，该模块框图如图 6-47 所示。

速度/花样控制模块需要连接系统时钟 sys_clk 和复位信号 rst，如果用 3 个按键来分别控制花样和速度显示的快与慢，可以将这 3 个输入信号分别命名为 pattern_key、fast_key 和 slow_key，输出端输出时钟信号 led_clk 和花样模式 pattern_mode[1:0]，将整个模块命名为 speed_pattern，该模块框图如图 6-48 所示。

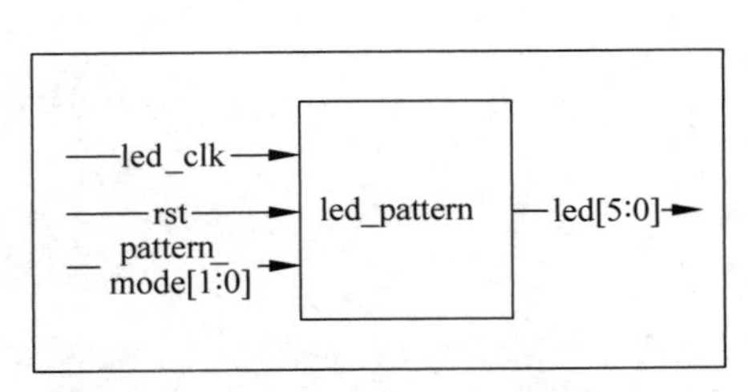

图 6-47　LED 花样显示模块框图

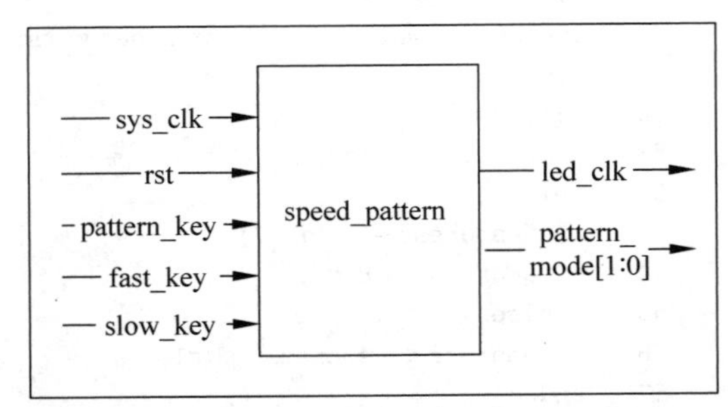

图 6-48　速度/花样控制模块框图

3. Verilog 程序设计

在设计跑马灯花样显示模块时，可以先在花样模式信号 pattern_mode 控制下选择一种显示花样。然后通过设置一个没有输入的简易状态机，状态数目任意设定，每个状态下都对所有 LED 具体赋值。通过状态之间的相互跳转来实现 LED 亮灭的变化，参考程序如代码清单 6-26 所示。

代码清单 6-26　LED 花样显示程序

```
1   module       led_pattern(
2   input        led_clk,
3   input        rst,
4   input        [1:0] pattern_mode,
5   output       [5:0] led
6   );
7   reg          [5:0] led_reg;
8   reg          [2:0] state;
9   always@(posedge led_clk or negedge rst)
10    if(!rst)
11      begin
12       led_reg <= 6'b000000;
13       state <= 3'd0;
14      end
15    else
16      begin
17       case(pattern_mode)
18         2'b00:                    //第一种显示花样
19        begin
20              case(state)
21                  3'd0:  begin  state <= 3'd1;  led_reg <= 6'b000001;  end
22                  3'd1:  begin  state <= 3'd2;  led_reg <= 6'b000010;  end
23                  3'd2:  begin  state <= 3'd3;  led_reg <= 6'b000100;  end
24                  3'd3:  begin  state <= 3'd4;  led_reg <= 6'b001000;  end
25                  3'd4:  begin  state <= 3'd5;  led_reg <= 6'b010000;  end
26                  3'd5:  begin  state <= 3'd0;  led_reg <= 6'b100000;  end
27                default:  begin  state <= 3'd0;  led_reg <= 6'b000000;  end
28               endcase
29             end
30        2'b01:                     //第二种显示花样
31            begin
32              case(state)
33                  3'd0:  begin  state <= 3'd1;  led_reg <= 6'b000111;  end
34                  3'd1:  begin  state <= 3'd2;  led_reg <= 6'b001110;  end
35                  3'd2:  begin  state <= 3'd3;  led_reg <= 6'b011100;  end
36                  3'd3:  begin  state <= 3'd4;  led_reg <= 6'b111000;  end
37                  3'd4:  begin  state <= 3'd5;  led_reg <= 6'b110001;  end
38                  3'd5:  begin  state <= 3'd0;  led_reg <= 6'b100011;  end
39                 default:  begin  state <= 3'd0;  led_reg <= 6'b000000;  end
40                endcase
41              end
```

```
42          2'b10:                  //第三种显示花样
43            begin
44              case(state)
45                3'd0:  begin  state<=3'd1;  led_reg<=6'b001100;  end
46                3'd1:  begin  state<=3'd2;  led_reg<=6'b000011;  end
47                3'd2:  begin  state<=3'd0;  led_reg<=6'b110000;  end
48              default:  begin  state<=3'd0;  led_reg<=6'b000000;  end
49              endcase
50            end
51          2'b11:                  //第四种显示花样
52            begin
53              case(state)
54                  3'd0:  begin state<=3'd1;  led_reg<=6'b000000;  end
55                  3'd1:  begin state<=3'd2;  led_reg<=6'b100000;  end
56                  3'd2:  begin state<=3'd3;  led_reg<=6'b110000;  end
57                  3'd3:  begin state<=3'd4;  led_reg<=6'b111000;  end
58                  3'd4:  begin state<=3'd5;  led_reg<=6'b111100;  end
59                  3'd5:  begin state<=3'd6;  led_reg<=6'b111110;  end
60                  3'd6:  begin state<=3'd0;  led_reg<=6'b111111;  end
61                default:  begin state<=3'd0;  led_reg<=6'b000000;  end
62              endcase
63            end
64          endcase
65        end
66    assign led=led_reg;
67  endmodule
```

跑马灯花样的切换可以定义一个 2 位计数器 pattern，每当 pattern_key 按键按下时，计数器加 1 便切换一种花样。对于跑马灯速度的设计，可设定其初始速度为 1s，每当快速按键 fast_key 或慢速按键 slow_key 按下时，跑马灯的当前速度会在原来的基础上加/减 0.2s，即改变速度控制字 speed。速度/花样控制模块的参考程序如代码清单 6-27 所示。

代码清单 6-27　速度/花样控制程序

```
1   module      speed_pattern(
2   input       sys_clk,
3   input       rst,
4   input       fast_key,
5   input       slow_key,
6   input       pattern_key,
7   output      reg led_clk,
8   output      [1:0]pattern_mode
9   );
10  reg         [31:0] timer;
11  reg         [31:0] speed;
12  reg         [1:0] pattern;
13  //按键控制流水灯的速度和花样
14  always@(posedge sys_clk or negedge rst or negedge fast_key or negedge slow_key or negedge
    pattern_key)
15    if(!rst)
```

```
16      begin
17         speed <= 32'd50_000_000;
18         pattern <= 2'b00;
19       end
20    else
21       begin
22         case({fast_key,slow_key,pattern_key})
23          3'b011:    speed <= speed - 32'd10_000_000;
24          3'b101:    speed <= speed + 32'd10_000_000;
25          3'b110:    pattern <= pattern + 2'b1;
26          default:   begin speed <= speed; pattern <= pattern; end
27         endcase
28       end
29   assign  pattern_mode = pattern;
30   //输出控制 LED 的时钟信号
31   always@(posedge sys_clk or negedge rst)
32     begin
33       if (!rst)
34         timer <=  32'd0;
35       else if (timer >=  speed)
36            begin
37               led_clk <= 1'b1;
38              timer <=  32'd0;
39            end
40           else
41                begin
42                timer <=  timer  +  32'd1;
43                led_clk <= 1'b0;
44              end
45      end
46   endmodule
```

本实验的两个子功能模块设计完毕后，需要编写一个顶层模块用于子模块的实例化以及对应信号的连接。主程序代码编写比较简单，如代码清单 6-28 所示。

代码清单 6-28　跑马灯主程序

```
1    module    water_led(
2    input     sys_clk,
3    input     rst,
4    input     [2:0] key,       //key[0]代表加速度;key[1]代表减速度;key[2]代表切换花样;
5    output    [5:0] led
6    );
7    wire  led_clk;
8    wire  [1:0] pattern_mode;
9    //实例化速度/花样控制模块
10   speed_pattern speed_pattern_inst(
11   .sys_clk(sys_clk),
12   .rst(rst),
13   .fast_key(key[0]),
14   .slow_key(key[1]),
```

```
15  .pattern_key(key[2]),
16  .led_clk(led_clk),
17  .pattern_mode(pattern_mode)
18  );
19  //实例化 LED 花样显示模块
20  led_pattern led_pattern_inst(
21  .led_clk(led_clk),
22  .rst(rst),
23  .pattern_mode(pattern_mode),
24  .led(led)
25  );
26  endmodule
```

6.3.13 编程案例十三：简易抢答器控制设计

1. 编程项目设计要求

(1) 利用 Verilog HDL 编程实现简易抢答器控制功能；

(2) 设计一个 6 人抢答器，当主持人按下开始键后，选手方可进行抢答，抢答时间为 10s；

(3) 数码管显示最先抢到答题机会的选手编号以及倒计时时间并锁存。

2. 实验原理

由于实验结果用到数码管显示，所以将本实验项目划分为三个模块：时钟分频模块、数码管动态显示模块和抢答控制模块，如图 6-49 所示。前两个模块可参考前面的编程案例，下面重点介绍如何实现抢答器的控制和时间倒计时。

抢答控制模块的输入端有系统时钟信号 sys_clk(用于扫描按键状态)、频率为 1Hz 的时钟信号 clk_1Hz(用于倒计时计数)、代表主持人开始键的复位信号 host_rst，以及代表 6 个选手的抢答按键 key[5:0]；输出端有选手编号 number[3:0]、倒计时剩余时间 timer[3:0]和用于 LED 显示与报警的信号 led。将整个模块命名为 answer_control，该模块的框图如图 6-50 所示。

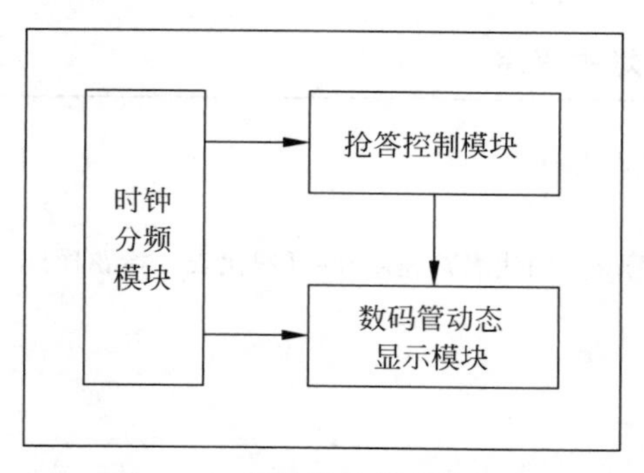

图 6-49 简易抢答器结构框图

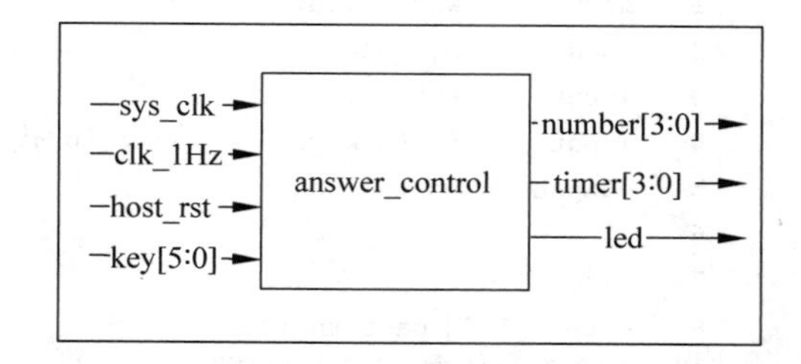

图 6-50 简易抢答器模块框图

3. Verilog 程序设计

为了简化程序复杂度，在设计按键状态的识别时采用通过时钟信号扫描判断的方法。

于是存在抢答器的识别精度问题，而抢答器识别精度直接由时钟信号决定，时钟频率越高，抢答器的识别精度也越高。如果使用系统时钟 50MHz，那么抢答器的识别精度是 20ns。抢答控制模块程序参考代码清单 6-29。

代码清单 6-29　抢答控制程序

```
1   module    answer_control  (
2   input     sys_clk,
3   input     clk_1Hz,
4   input     host_rst,
5   input     [5:0] key,
6   output    reg   led,
7   output    [3:0] number,
8   output    [3:0] timer
9   );
10  reg       [3:0] num_reg;
11  reg       [3:0] timer_reg;
12  reg       flag;
13  always@(posedge sys_clk or negedge host_rst)
14   if(!host_rst)
15     begin
16       num_reg <= 4'd0;
17       flag <= 1'b1;
18     end
19   else
20     if(flag)
21       begin
22         if(!(&key))
23           begin
24             case(key)
25               6'b011111 :  num_reg = 4'd6;
26               6'b101111 :  num_reg = 4'd5;
27               6'b110111 :  num_reg = 4'd4;
28               6'b111011 :  num_reg = 4'd3;
29               6'b111101 :  num_reg = 4'd2;
30               6'b111110 :  num_reg = 4'd1;
31                  default:  num_reg = 4'hf;
32             endcase
33             flag <= 1'b0;
34           end
35       end
36    else
37      num_reg <= num_reg;
38  always@(posedge clk_1Hz or negedge host_rst)
39    if(!host_rst)
40     begin
41       led <= 1'b0;
42       timer_reg <= 4'd10;
43    end
44   else
```

```
45     begin
46       if(flag == 1'b0)
47         timer_reg <= timer_reg;
48       else if(timer_reg == 4'd0)
49             led <= 1'b1;
50           else
51             timer_reg <= timer_reg - 4'd1;
52     end
53   assign number = num_reg;
54   assign timer = timer_reg;
55   endmodule
```

由于倒计时信号 timer 是 BCD 码，所以需要用到 BCD 码数码管动态显示模块。编程案例九给出了 SEG 码的数码管动态扫描电路，这里在此基础上对程序进行改写，加上 BCD 码转换为 SEG 码的功能。参考程序如代码清单 6-30 所示。

代码清单 6-30　数码管动态显示程序

```
1    module      bcd_display(
2    input       clk_1kHz,
3    input       rst,
4    input       [3:0] bcd_data0,
5    input       [3:0] bcd_data1,
6    input       [3:0] bcd_data2,
7    input       [3:0] bcd_data3,
8    input       [3:0] bcd_data4,
9    input       [3:0] bcd_data5,
10   input       [3:0] bcd_data6,
11   input       [3:0] bcd_data7,
12   output reg[7:0] seg_dig,
13   output reg[7:0] seg_data
14   );
15   reg         [3:0] scan_dig;
16   reg         [3:0] bcd_data;
17   always@(posedge clk_1kHz or negedge rst)
18     begin
19       if(rst == 1'b0)
20         scan_dig <= 4'd0;
21       else begin
22           if(scan_dig == 4'd7)
23             scan_dig <= 4'd0;
24           else
25             scan_dig <= scan_dig + 4'd1;
26           end
27     end
28   always@(posedge clk_1kHz or negedge rst)
29     begin
30       if(rst == 1'b0)
31         begin
32           seg_dig <= 8'b1111_1111;
```

```
33              bcd_data <= 4'hf;
34            end
35          else
36            begin
37              case(scan_dig)
38                4'd0:                     //第一个数码管
39                  begin
40                    seg_dig <= 8'b1111_1110;
41                    bcd_data <= bcd_data0;
42                  end
43                4'd1:                     //第二个数码管
44                  begin
45                    seg_dig <= 8'b1111_1101;
46                    bcd_data <= bcd_data1;
47                  end
48                4'd2:                     //第三个数码管
49                  begin
50                    seg_dig <= 8'b1111_1011;
51                    bcd_data <= bcd_data2;
52                  end
53                4'd3:                     //第四个数码管
54                  begin
55                    seg_dig <= 8'b1111_0111;
56                    bcd_data <= bcd_data3;
57                  end
58                4'd4:                     //第五个数码管
59                  begin
60                    seg_dig <= 8'b1110_1111;
61                    bcd_data <= bcd_data4;
62                  end
63                4'd5:                     //第六个数码管
64                  begin
65                    seg_dig <= 8'b1101_1111;
66                    bcd_data <= bcd_data5;
67                  end
68                4'd6:                     //第七个数码管
69                  begin
70                    seg_dig <= 8'b1011_1111;
71                    bcd_data <= bcd_data6;
72                  end
73                4'd7:                     //第八个数码管
74                  begin
75                    seg_dig <= 8'b0111_1111;
76                    bcd_data <= bcd_data7;
77                  end
78              default:
79                  begin
80                    seg_dig <= 8'b1111_1111;
81                    bcd_data <= 8'hff;
82                  end
83              endcase
```

```
84          end
85      end
86    //BCD码转SEG码
87   always@(bcd_data)
88      begin
89       case(bcd_data)
90         4'd0:   seg_data <= 8'b1100_0000;
91         4'd1:   seg_data <= 8'b1111_1001;
92         4'd2:   seg_data <= 8'b1010_0100;
93         4'd3:   seg_data <= 8'b1011_0000;
94         4'd4:   seg_data <= 8'b1001_1001;
95         4'd5:   seg_data <= 8'b1001_0010;
96         4'd6:   seg_data <= 8'b1000_0010;
97         4'd7:   seg_data <= 8'b1111_1000;
98         4'd8:   seg_data <= 8'b1000_0000;
99         4'd9:   seg_data <= 8'b1001_0000;
100        4'hf:   seg_data <= 8'b1011_1111;
101        default:   seg_data <= 8'b1111_1111;
102     endcase
103   end
104 endmodule
```

时钟分频模块参考编程案例八，以后不再赘述。本实验的顶层模块参考程序如代码清单 6-31 所示。

代码清单 6-31　简易抢答器主程序

```
1    module        responder(
2    input         sys_clk,
3    input         host_rst,
4    input         [5:0]key,
5    output        led,
6    output        [7:0]seg_dig,
7    output        [7:0]seg_data
8    );
9    wire  clk_1Hz;
10   wire  clk_1kHz;
11   wire  [3:0]number;
12   wire  [3:0]timer;
13   //实例化时钟分频模块
14   fre_divider fre_divider_inst(
15   .sys_clk(sys_clk),
16   .rst(host_rst),
17   .clk_1Hz(clk_1Hz),
18   .clk_1kHz(clk_1kHz)
19   );
20   //实例化抢答控制模块
21   answer_control answer_control_inst(
22   .sys_clk(sys_clk),
23   .clk_1Hz(clk_1Hz),
24   .host_rst(host_rst),
```

```
25  .key(key),
26  .led(led),
27  .number(number),
28  .timer(timer)
29  );
30  //实例化数码管动态显示模块
31  bcd_display bcd_display_inst(
32  .clk_1kHz(clk_1kHz),
33  .rst(host_rst),
34  .bcd_data0(timer),
35  .bcd_data1(),
36  .bcd_data2(),
37  .bcd_data3(),
38  .bcd_data4(),
39  .bcd_data5(),
40  .bcd_data6(),
41  .bcd_data7(number),
42  .seg_dig(seg_dig),
43  .seg_data(seg_data)
44  );
45  endmodule
```

6.3.14 编程案例十四：简易数字电子钟设计

1. 编程项目设计要求

(1) 利用 Verilog HDL 编程设计一个简易数字电子钟；

(2) 实现对时、分的校时功能，调整好时间后继续运行；

(3) 要求显示时间范围为 00:00:00～23:59:59，具有复位功能。

2. 实验原理

数字电子钟的设计要明确时、分、秒计数的进制，秒和分计数都是 60 进制，小时计数是 24 进制。采用模块化的设计思想，可将本实验项目分为 3 个模块：时钟分频模块，时、分、秒计时模块，数码管动态显示模块。项目结构框图如图 6-51 所示。

时、分、秒计时模块的输入端除时钟信号 clk_1Hz 和复位信号 rst 之外，还有校分的按键信号 key1 和校时的按键信号 key2；输出端就是时、分、秒的计时输出，它们分别为秒个位 sec1[3:0]、秒十位 sec2[3:0]、特殊符号“-”symbol1、分个位 min1[3:0]、分十位 min2[3:0]、特殊符号“-”symbol2、时个位 hour1[3:0]和时十位 hour2[3:0]。将时、分、秒计数模块命名为“hms_counter”，该模块框图如图 6-52 所示。

3. Verilog 程序设计

时、分、秒计时模块代码的设计思想是在进行计数计时之前，首先判断校时或校分的按键是否被按下，如果被按下，那么需要先对小时或者分钟计数器进行校准；否则，正常执行对秒钟、分钟和时钟的计数计时功能。时、分、秒计时程序参考代码清单 6-32。

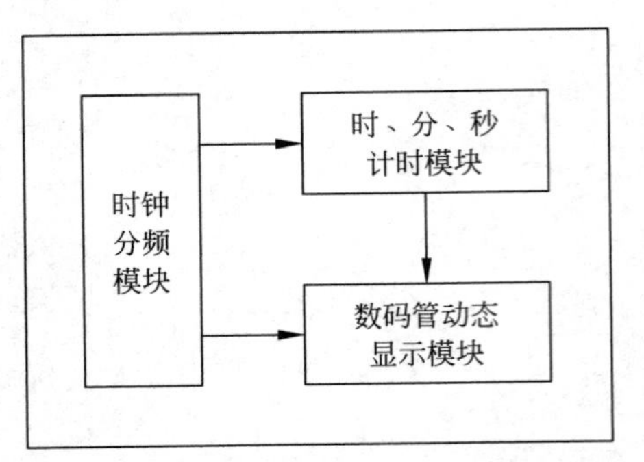

图 6-51　简易数字电子钟结构框图

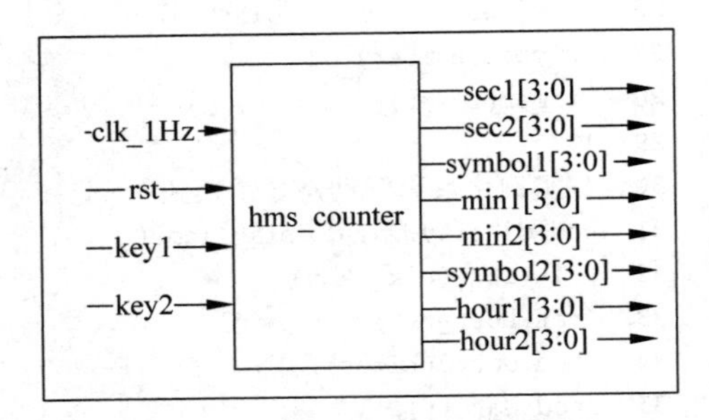

图 6-52　时、分、秒计数模块框图

代码清单 6-32　时、分、秒计时程序

```
1    module      hms_counter(
2    input       clk_1Hz,                          //计时时钟
3    input       rst,
4    input       key1,                             //分钟校时按键
5    input       key2,                             //小时校时按键
6    output      [3:0]sec1,
7    output      [3:0]sec2,
8    output      [3:0]symbol1,
9    output      [3:0]min1,
10   output      [3:0]min2,
11   output      [3:0]symbol2,
12   output      [3:0]hour1,
13   output      [3:0]hour2
14   );
15   reg         [31:0]  timer;
16   always@(posedge clk_1Hz or negedge rst)
17     if(!rst)
18       begin
19         timer[7:0]<= 8'd0;
20         timer[11:8]<= 4'hf;                     //除 0~9 之外随意定义一个常数,只要在后
21                                                 //续的 BCD 码转 SEG 码时转换成符号"－"即可
22         timer[19:12]<= 8'd0;
23         timer[23:20]<= 4'hf;                    //同上
24         timer[31:24]<= 8'd0;
25       end
26      else
27      begin
28         case({key1,key2})
29      2'b01:  begin
30                  timer[15:12]<= timer[15:12] + 4'd1;          //分个位加 1
31                  if(timer[15:12] == 4'd9)
32                    begin
33                      timer[15:12]<= 4'd0;                     //分个位清零
34                          if(timer[19:16] == 4'd5)
35                        timer[19:12]<= 8'd0;
36                          else
```

```
37                          timer[19:16]<= timer[19:16] + 4'd1;          //分十位加 1
38                       end
39                      end
40           2'b10:  begin
41                      timer[27:24]<= timer[27:24] + 4'd1;               //时个位加 1
42                      if(timer[31:28]< 4'd2)
43                          begin
44                            if(timer[27:24] == 4'd9)
45                          begin
46                            timer[27:24]<= 4'd0;                        //时个位清零
47                            timer[31:28]<= timer[31:28] + 4'd1;         //时十位加 1
48                               end
49                          end
50                         else
51                          begin
52                            if(timer[27:24] == 4'd3)
53                          timer[31:24]<= 8'd0;
54                          end
55                        end
56         default: begin
57                   timer[3:0]<= timer[3:0] + 4'd1;                      //秒个位加 1
58                   if(timer[3:0] == 4'd9)
59                    begin
60                     timer[3:0]<= 4'd0;                                 //秒个位清零
61                     timer[7:4]<= timer[7:4] + 4'd1;                    //秒十位加 1
62                     if(timer[7:4] == 4'd5)
63                      begin
64                       timer[7:4]<= 4'd0;                               //秒十位清零
65                       timer[15:12]<= timer[15:12] + 4'd1;              //分个位加 1
66                       if(timer[15:12] == 4'd9)
67                        begin
68                         timer[15:12]<= 4'd0;                           //分个位清零
69                         timer[19:16]<= timer[19:16] + 4'd1;            //分十位加 1
70                         if(timer[19:16] == 4'd5)
71                          begin
72                           timer[19:16]<= 4'd0;                         //分十位清零
73                           timer[27:24]<= timer[27:24] + 4'd1;          //时个位加 1
74                           if(timer[27:24] == 4'd9)
75                            begin
76                             timer[27:24]<= 4'd0;                       //时个位清零
77                             timer[31:28]<= timer[31:28] + 4'd1;        //时十位加 1
78                            end
79                           if((timer[31:28] == 4'd2)&&(timer[27:24] == 4'd3))
80                             timer[31:24]<= 8'd0;
81                            end
82                          end
83                        end
84                      end
85                    end
86        endcase
87     end
```

```
88  assign      sec1[3:0] = timer[3:0];
89  assign      sec2[3:0] = timer[7:4];
90  assign      symbol1[3:0] = timer[11:8];
91  assign      min1[3:0] = timer[15:12];
92  assign      min2[3:0] = timer[19:16];
93  assign      symbol2[3:0] = timer[23:20];
94  assign      hour1[3:0] = timer[27:24];
95  assign      hour2[3:0] = timer[31:28];
96  endmodule
```

数码管动态显示模块的程序代码可参考编程案例十三，以后如遇此模块都不再赘述。本实验项目顶层模块参考程序如代码清单 6-33 所示。

代码清单 6-33　简易数字电子钟主程序

```
1   module      digital_clock(
2   input       sys_clk,
3   input       rst,
4   input       key1,
5   input       key2,
6   output      [7:0]seg_dig,
7   output      [7:0]seg_data
8   );
9   wire        clk_1Hz;
10  wire        clk_1kHz;
11  wire        [3:0] sec1;
12  wire        [3:0] sec2;
13  wire        [3:0] symbol1;
14  wire        [3:0] min1;
15  wire        [3:0] min2;
16  wire        [3:0] symbol2;
17  wire        [3:0] hour1;
18  wire        [3:0] hour2;
19  //实例化时钟分频模块
20  fre_divider fre_divider_inst(
21  .sys_clk(sys_clk),
22  .rst(rst),
23  .clk_1Hz(clk_1Hz),
24  .clk_1kHz(clk_1kHz)
25  );
26  //实例化时、分、秒计时程序
27  hms_counter hms_counter_inst(
28  .clk_1Hz(clk_1Hz),
29  .rst(rst),
30  .key1(key1),                    //分钟校时按键
31  .key2(key2),                    //小时校时按键
32  .sec1(sec1),
33  .sec2(sec2),
34  .symbol1(symbol1),
35  .min1(min1),
36  .min2(min2),
```

```
37 .symbol2(symbol2),
38 .hour1(hour1),
39 .hour2(hour2)
40  );
41 //实例化数码管动态显示模块
42 bcd_display bcd_display_inst(
43 .clk_1kHz(clk_1kHz),
44 .rst(rst),
45 .bcd_data0(sec1),
46 .bcd_data1(sec2),
47 .bcd_data2(symbol1),
48 .bcd_data3(min1),
49 .bcd_data4(min2),
50 .bcd_data5(symbol2),
51 .bcd_data6(hour1),
52 .bcd_data7(hour2),
53 .seg_dig(seg_dig),
54 .seg_data(seg_data)
55 );
56 endmodule
```

6.3.15　编程案例十五：交通灯控制器

1. 编程项目设计要求

(1) 利用 Verilog HDL 编程设计交通灯控制器；

(2) 要求东西方向和南北方向车辆通行时间相同(绿灯 10s，黄灯 3s，红灯 13s)，具有复位功能。

2. 实验原理

无论是东西方向还是南北方向，交通灯的状态都可用以下次序循环来表示，即绿灯→黄灯→红灯→绿灯，只不过两个方向的交通状态相互区别。如果我们用红色、黄色和绿色 LED 分别指示红灯、黄灯和绿灯的交通状态，同时把倒计时结果显示在数码管上，那么交通灯控制器可被划分为 3 个模块：时钟分频模块、倒计时控制模块和数码管动态显示模块，如图 6-53 所示。

倒计时控制模块的输入端有 1Hz 时钟信号 clk_1Hz 和复位信号 rst。考虑到有东西方向和南北方向两个干道，所以其输出端有 4 个：东西方向和南北方向的倒计时输出信号 WE_time[7:0]和 NS_time[7:0]，以及交通灯的指示信号 WE_led 和 NS_led。如果将该模块命名为 countdown_control，可以画出该模块的框图如图 6-54 所示。

3. Verilog 程序设计

倒计时控制模块使用两个并行执行的 always 块，分别控制东西方向和南北方向的倒计时计数，并且这两个 always 块使用同一个时钟信号来保证时间上的同步。使用参数化常数定义“绿灯通行”“黄灯等待”和“红灯停止”三种不同状态，设置相应的状态转换状态机。倒计时控制模块程序参考代码清单 6-34。

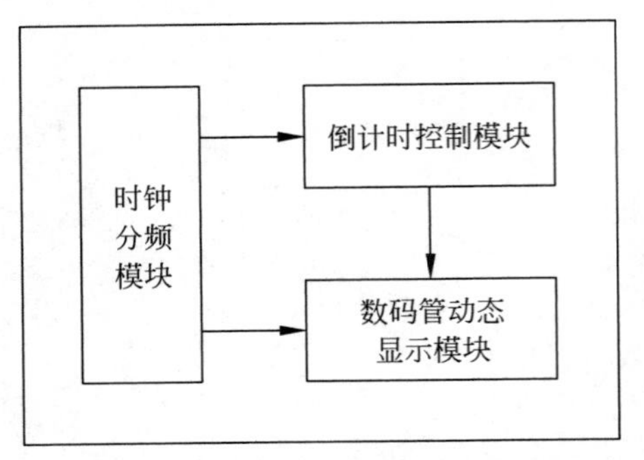

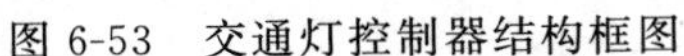
图 6-53 交通灯控制器结构框图

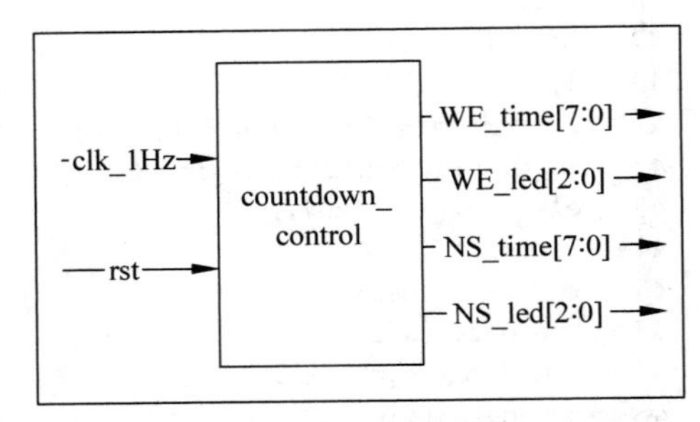

图 6-54 交通灯倒计时控制模块框图

代码清单 6-34 倒计时控制程序

```
1   module      countdown_control(
2   input       clk_1Hz,
3   input       rst,
4   output      reg  [7:0]WE_time,
5   output      reg  [2:0]WE_led,                 //[2]为绿灯,[1]为黄灯,[0]为红灯
6   output      reg  [7:0]NS_time,
7   output      reg  [2:0]NS_led
8   );
9   reg         [3:0] WE_reg;
10  reg         [3:0] NS_reg;
11  parameter   GREEN = 2'd0;                     //定义绿灯状态
12  parameter   AMBER = 2'd1;                     // 定义黄灯状态
13  parameter   RED = 2'd2;                       // 定义红灯状态
14  reg         [1:0] WE_state;
15  reg         [1:0] NS_state;
16  always@(posedge clk_1Hz or negedge rst)       //控制东西方向交通灯的状态
17    if(!rst)
18      begin
19        WE_state <= GREEN;                      //绿灯状态
20        WE_led <= 3'b100;                       //实验板上彩灯为高电平点亮
21        WE_reg <= 4'd10;
22      end
23    else
24      case(WE_state)
25        GREEN:    if(WE_reg == 4'd1)
26                    begin                       //切换到黄灯状态
27                      WE_reg <= 4'd3;  WE_state <= AMBER;  WE_led <= 3'b010;
28                    end
29                  else
30                    WE_reg <= WE_reg - 4'd1;
31        AMBER:  if(WE_reg == 4'd1)
32                    begin                       //切换到红灯状态
33                      WE_reg <= 4'd13;  WE_state <= RED;  WE_led <= 3'b001;
34                    end
35                  else
36                    WE_reg <= WE_reg - 4'd1;
```

```
37         RED:      if(WE_reg == 4'd1)
38                     begin                         //切换到绿灯状态
39                       WE_reg <= 4'd10;  WE_state <= GREEN;  WE_led <= 3'b100;
40                     end
41                   else
42                     WE_reg <= WE_reg - 4'd1;
43         default:    WE_reg <= 4'hf;
44       endcase
45  always@(posedge clk_1Hz or negedge rst)              //控制南北方向交通灯的状态
46     if(!rst)
47       begin
48         NS_state <= RED;                               //红灯状态
49         NS_led <= 3'b001;
50         NS_reg <= 4'd13;
51       end
52     else
53       case(NS_state)
54         GREEN:    if(NS_reg == 4'd1)
55                     begin                         //切换到黄灯状态
56                       NS_reg <= 4'd3;  NS_state <= AMBER; NS_led <= 3'b010;
57                     end
58                   else
59                     NS_reg <= NS_reg - 4'd1;
60         AMBER:   if(NS_reg == 4'd1)
61                     begin                         //切换到红灯状态
62                       NS_reg <= 4'd13;  NS_state <= RED; NS_led <= 3'b001;
63                     end
64                   else
65                     NS_reg <= NS_reg - 4'd1;
66           RED:      if(NS_reg == 4'd1)
67                     begin                         //切换到绿灯状态
68                       NS_reg <= 4'd10;  NS_state <= GREEN; NS_led <= 3'b100;
69                     end
70                   else
71                     NS_reg <= NS_reg - 4'd1;
72         default:      NS_reg <= 4'hf;
73       endcase
74  //将倒计时数据变换成两个数码管显示的时间格式
75  always@(WE_reg)
76    if(WE_reg <= 4'd9)
77      WE_time = {4'd0,WE_reg};
78    else
79      WE_time = {4'd1,(WE_reg - 4'd10)};
80  //同理
81  always@(NS_reg)
82    if(NS_reg <= 4'd9)
83      NS_time = {4'd0,NS_reg};
84    else
85      NS_time = {4'd1,(NS_reg - 4'd10)};
86  endmodule
```

时钟分频模块和动态显示模块程序编写可参照前面的相关编程案例，本实验项目顶层模块参考程序如代码清单 6-35 所示。

代码清单 6-35　交通灯控制器主程序

```
1  module        traffic_light(
2  input         sys_clk,
3  input         rst,
4  output        [7:0]seg_dig,
5  output        [7:0]seg_data,
6  output        [2:0]WE_led,
7  output        [2:0]NS_led
8  );
9  wire          clk_1Hz;
10 wire          clk_1kHz;
11 wire          [7:0]WE_time;
12 wire          [7:0]NS_time;
13 //实例化时钟分频模块
14 fre_divider fre_divider_inst(
15 .sys_clk(sys_clk),
16 .rst(rst),
17 .clk_1Hz(clk_1Hz),
18 .clk_1kHz(clk_1kHz)
19 );
20 //实例化倒计时控制模块
21 countdown_control countdown_control_inst(
22 .clk_1Hz(clk_1Hz),
23 .rst(rst),
24 .WE_time(WE_time),
25 .WE_led(WE_led),
26 .NS_time(NS_time),
27 .NS_led(NS_led)
28 );
29 //实例化数码管动态显示模块
30 bcd_display bcd_display_inst(
31 .clk_1kHz(clk_1kHz),
32 .rst(rst),
33 .bcd_data0(WE_time[3:0]),
34 .bcd_data1(WE_time[7:4]),
35 .bcd_data2(4'ha),
36 .bcd_data3(4'ha),
37 .bcd_data4(4'ha),
38 .bcd_data5(4'ha),
39 .bcd_data6(NS_time[3:0]),
40 .bcd_data7(NS_time[7:4]),
41 .seg_dig(seg_dig),
42 .seg_data(seg_data),
43 );
44 endmodule
```

6.3.16 编程案例十六：直接数字频率合成器

1. 编程项目设计要求

(1) 利用 Verilog HDL 编程实现直接数字频率合成器；

(2) 要求能够实现正弦波、三角波、矩形波或锯齿波中任意一种波形的输出。

2. 实验原理

直接数字频率合成器(DDS)是一种新型频率合成技术，可在给定频带内产生一定间隔的高稳定频率，具有成本低、带宽大、分辨率高、频率转换速度快等优点，被广泛用于电信和电子仪器领域。

DDS 主要由相位累加器、相位调制器、波形数据表 ROM 和数/模转换器(DAC)构成，如图 6-55 所示。相位累加器是整个 DDS 的核心，由 N 位加法器和 N 位寄存器构成，它的输入为频率字 FWORD(简记为 K)，表示相位增量，其数值大小控制信号频率大小。相位累加器在时钟信号的作用下不断地对频率字进行线性累加，其输出的数据就是合成信号的相位。溢出频率就是 DDS 输出信号的频率，用 F_{out} 表示，其计算公式为

$$F_{out} = K \times F_{clk}/2^N \tag{6-2}$$

其中 F_{clk} 为系统时钟的频率。

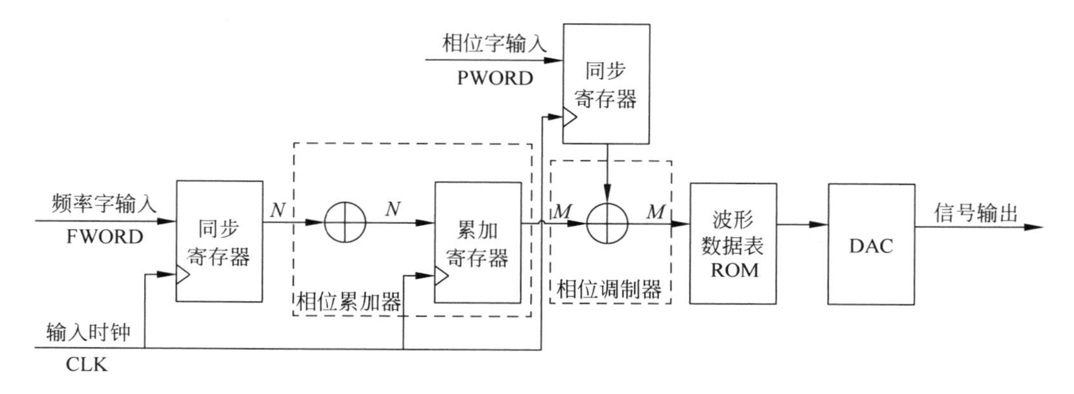

图 6-55 DDS 结构示意图

相位累加器完成相位累加后，将结果输出到相位调制器，在这里加上一个相位字 PWORD(简记为 P)，其数字大小控制信号的相位偏移量大小，主要用于信号的相位调制，不使用此部分也可以去掉。初相位偏移量 θ 可用公式表示为

$$\theta = P \times 2\pi/2^M \tag{6-3}$$

其中 M 为输入 ROM 地址位宽。相位调制器输出位宽 M 一般为 10～16bit，通常小于相位累加器的位宽 N(一般为 24～32bit)，这种截取方法称为截断式用法。虽然 M 越大，信号的输出精度越高，但受限于后续的 DAC 的转换速度和分辨率，过大的 M 使得输出精度未有大的改善，反而会使 ROM 的容量成倍增加，造成资源浪费。相位调制器的输出作为波形存储器的读地址，通过查表的形式输出幅值数据量，由此便完成了从相位到幅值的转换，之后再经过 DAC，将数字信号转换成模拟信号。

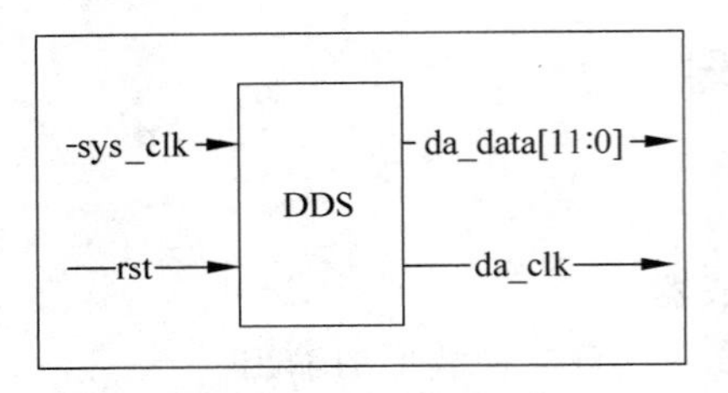

图 6-56 DDS 模块框图

DDS 模块的输入时钟 CLK 为系统时钟 sys_clk，当然也可以是经过倍频之后的高频时钟信号；频率字和相位字的输入可以直接在模块中定义，本次设计不作为模块输入端。此外，输入端通常定义一个全局复位信号 rst，用来初始化所有寄存器。模块的输出端是给 DAC 的数据信号 da_data[11:0]，这里假设后续的 DAC 的位宽为 12bit，同时输出的还有 DAC 的时钟信号 da_clk。将整个模块命名为 DDS，可以画出该模块的框图如图 6-56 所示。

3. Verilog 程序设计

要想实现正弦波、三角波、矩形波或锯齿波的输出，需要事先在波形数据表 ROM 中存入相应的完整的数据波形信号。这里假设我们想要输出正弦波，那么在初始化 ROM-IP 核时，就需要将正弦波的 mif 文件写入其中。生成 mif 文件的方法有很多种，比较常用的是利用 MATLAB 软件，先绘制波形，再对波形进行采样并将采样数据保存为 mif 文件格式。正弦波形采集程序参考代码清单 6-36。

代码清单 6-36 正弦波形采集程序

```
%MATLAB 程序,产生 mif 文件
1   clc;                                                 %清除命令行命令
2   clear all;                                           %清除工作区变量,释放内存空间
3   F1 = 1;                                              %信号频率
4   Fs = 2^11;                                           %采样频率
5   P1 = 0;                                              %信号初始相位
6   N = 2^11;                                            %采样点数
7   t = [0:1/Fs:(N-1)/Fs];                               %采样时刻
8   ADC = 0;                                             %直流分量
9   A = 2^10;                                            %信号幅度
10   %生成正弦波信号
11  s = A * sin(2 * pi * F1 * t  +  pi * P1/180)  +  ADC;
12  plot(s)                                              %绘制图形
13   %创建 MIF 文件
14  file = fopen('sin_wave_2048x12.mif','wt');
15   %写入 MIF 文件头
16  fprintf(file,'%s\n','WIDTH = 12;');                  %位宽
17  fprintf(file,'%s\n\n','DEPTH = 2048;');              %深度
18  fprintf(file,'%s\n','ADDRESS_RADIX = UNS;');         %地址格式
19  fprintf(file,'%s\n\n','DATA_RADIX = DEC;');          %数据格式
20  fprintf(file,'%s\n','CONTENT');                      %地址
21  fprintf(file,'%s\n','BEGIN');                        %开始
22  for i = 1 : N
23  s0(i) = round(s(i));                                 %对小数取整
24  fprintf(file,'\t%g\t',i-1);                          %地址编码
25  fprintf(file,'%s\t',':');                            %冒号
26  fprintf(file,'%d',s0(i));                            %数据写入
27  fprintf(file,'%s\n',';');                            %分号,换行
28  end
```

```
29 fprintf(file,'%s\n','END;');                    %结束
30 fclose(file);
```

假设想要输出正弦波的频率为 500Hz，初始相位为 $\pi/2$，相位累加器的位宽为 32bit，相位调制器的输出位宽为 12bit，代入公式计算出频率字 $K=2^{32}\times500\text{Hz}/50\text{MHz}=42949.67296$，取整数部分为 42949；相位字 $P=(\pi/2)/(2\pi/2^{12})=1024$。DDS 模块参考程序如代码清单 6-37 所示。

代码清单 6-37　DDS 模块程序

```
1  module    DDS(
2  input     sys_clk,
3  input     rst,
4  output    [11:0] da_data,
5  output    da_clk
6  );
7  parameter   fword = 32'd42949;                          //相位累加器单次累加值
8  parameter   pword = 12'd1024;                           //相位偏移量
9  reg  [31:0] freq_count;                                 //相位累加器
10 reg  [11:0] rom_addr;                                   //波形数据表地址
11 always@(posedge sys_clk or negedge rst)                 //频率相位累加器
12 begin
13  if(!rst)
14   freq_count <= 32'h0;
15  else
16   freq_count <= freq_count + fword;
17 end
18 always@(posedge sys_clk or negedge rst)                 //相位调制器
19 begin
20  if(!rst)
21   rom_addr <= 12'h0;
22  else
23   rom_addr <= freq_count[31:20] + pword;                //截断式用法
24 end
25 //调用波形数据表 ROM
26 dds_rom dds_rom_inst(
27 .address(rom_addr),
28 .clock(sys_clk),
29 .q(da_data)
30 );
31 assign da_clk = sys_clk;
32 endmodule
```

6.3.17　编程案例十七：高速 A/D 数据采集测试

1. 编程项目设计要求

(1) 利用 Verilog HDL 编写基于 AD9203 芯片的数据采集驱动程序；

(2) 通过嵌入式逻辑分析仪(SignalTap Ⅱ)观察模/数转换器(ADC)的采样数据。

2. 实验原理

AD9203 是一款单芯片、10 位、40MSPS 模/数转换器(ADC),采用单电源供电,内置一个片内基准电压源。它采用多级差分流水线架构,数据速率达 40MSPS,在整个工作温度范围内保证无失码,输入范围可在 $1V_{p-p}$ 至 $2V_{p-p}$ 之间进行调整,其中 V_{p-p} 表示电压峰峰值。

AD9203 采用一个单时钟输入来控制所有内部转换周期,输出数据格式为标准二进制或二进制补码。超量程(OTR)信号表示溢出状况,可由最高有效位来确定是下溢还是上溢。AD9203 采用 2.7～3.6V 电源供电,非常适合高速便携式应用中的低功耗操作。

AD9203 的时序图如图 6-57 所示。从图中可以看到,对 AD9203 的控制比较简单,只需要提供时钟信号即可,输入的模拟信号在时钟的下降沿被采样,并延时 5.5 个时钟周期后输出,数据在时钟上升沿读入。

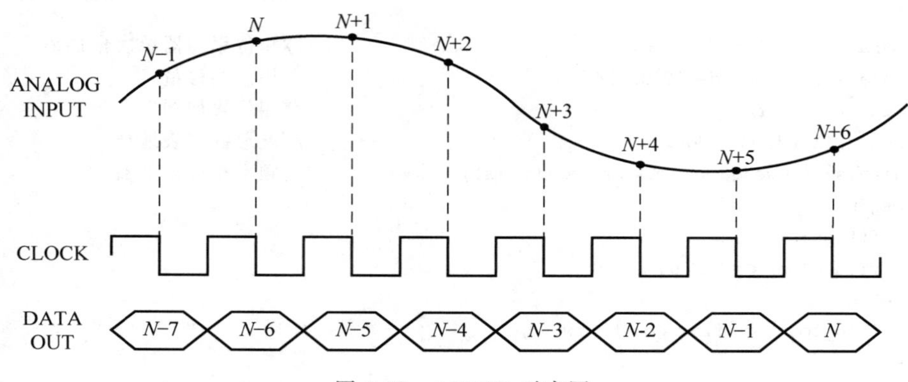

图 6-57　AD9203 时序图

ADC 数据采集模块必不可少的接口有 AD 采样数据 ad_data、ADC 时钟信号 ad_clk。此外,不同的 ADC 还有不同的控制使能或指示信号,如超量程指示信号 ad_otc,可根据实际情况选择应用。在测试之前,还有一个问题需要明确,就是选择什么样的模拟信号作为本实验的被采样信号,比如可用函数信号发生器等外部设备产生模拟信号。这里使用“编程案例十六:直接数字式频率合成器”的 DDS 经过 DAC 产生的波形信号作为本实验的被采样信号,因此就需要在 ADC 模块中添加相应的 DA 输出端口。将整个模块命名为 ADC_9203,该模块的框图如图 6-58 所示。

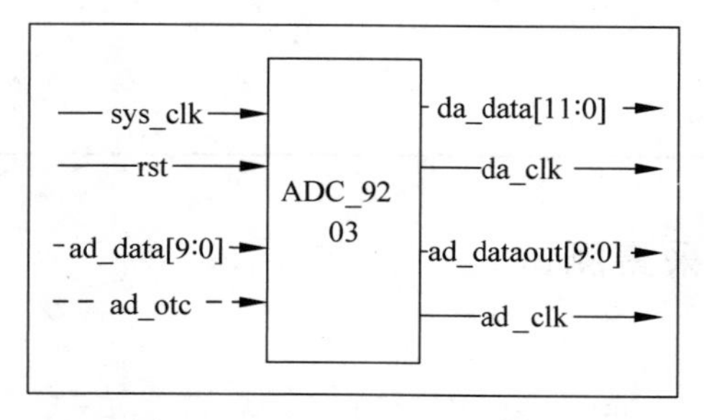

图 6-58　ADC_9203 模块框图

3. Verilog 程序设计

ADC 驱动程序的设计比较简单,只要给模/数转换器相应的采样时钟和使能控制信号,ADC 就输出采集的数据。这里需要注意的是采样时钟的确定。根据奈奎斯特采样定理,本实验被采样的模拟信号频率为 500Hz,所以采样时钟频率至少为 1kHz。在进行程序设计时,通过调用 PLL-IP 核产生 1MHz(远大于 1kHz,满足要求)

时钟信号作为 ADC 的采样信号，参考程序如代码清单 6-38 所示。

代码清单 6-38　ADC_9203 模块程序

```
1    module    ADC_9203(
2    input     sys_clk,
3    input     rst,
4    //DAC 接口
5    output    [11:0]da_data,
6    output    da_clk,
7    //ADC 接口
8    input     [9:0]ad_data,
9    input     ad_otc,                              //AD 超量程指示信号(视情况使用)
10   output    [9:0]ad_dataout,                     //AD 数据输出(测试点输出)
11   output    ad_clk
12   );
13   reg       [9:0] ad_data_r;
14   always@(posedge ad_clk or negedge rst)        //AD 数据采样
15    begin
16     if(!rst)
17      ad_data_r <= 10'd0;
18     else
19      ad_data_r <= ad_data;
20    end
21   assign ad_dataout = ad_data_r;                 //AD 采样数据输出
22   //调用 PLL
23   PLL PLL_inst(
24   .inclk0(sys_clk),
25   .areset(rst),
26   .c0(ad_clk)                                    //输出时钟 1MHz
27   );
28   //调用 DDS
29   DDS DDS_inst(
30   .sys_clk(sys_clk),
31   .rst(rst),
32   .da_data(da_data),
33   .da_clk(da_clk)
34   );
35   endmodule
```

6.3.18　编程案例十八：FIR 数字滤波器

1. 编程项目设计要求

(1) 学习使用 FIR 数字滤波器(IP 核)进行设计应用；

(2) 通过嵌入式逻辑分析仪(SignalTap Ⅱ)观察 FIR 数字滤波器的输出。

2. 实验原理

根据冲激响应的时域特性，用数字逻辑电路构成的数字滤波器可以分为无限长冲激响应滤波器(infinite impulse response,IIR)和有限长冲激响应滤波器(finite impulse response,FIR)。IIR滤波器具有较高精度的幅频特性,但是其相位特性不易控制;而FIR滤波器具有线性相位和固有的稳定性,但是幅频特性精度较低。因此,在实际应用时需要根据不同的场合选择合适类型的滤波器。

FIR滤波器的基本结构如图6-59所示,可以理解为输入信号经过一个分节的延时线,把每一节的输出加权累加,最后得到滤波器的输出。分节延迟的个数就是滤波器的阶数,加权系数就是滤波器的系数,所以阶数和系数是滤波器两个重要的参数。当滤波器的阶数越大,系数的数据位宽越多时,滤波器的性能越好,但同时也会消耗越多的乘法器和加法器,使得FPGA在硬件上越难实现。

为了方便实验观察,本实验先利用DDS产生一个0Hz~250kHz的正弦扫频信号,然后通过ADC来采集该扫频模拟信号,并经过滤波器滤波,最后通过嵌入式逻辑分析仪来观察滤波器的输出。本实验可以在"编程案例十七:高速A/D数据采集测试"的基础上稍加改动来完成,即将DDS输出的固定频率正弦波改为扫频正弦波,再添加一个FIR-IP核的调用,所以本实验的输入和输出接口与编程案例十七基本相同。如果将整个模块命名为fir_test,本实验模块的框图如图6-60所示。

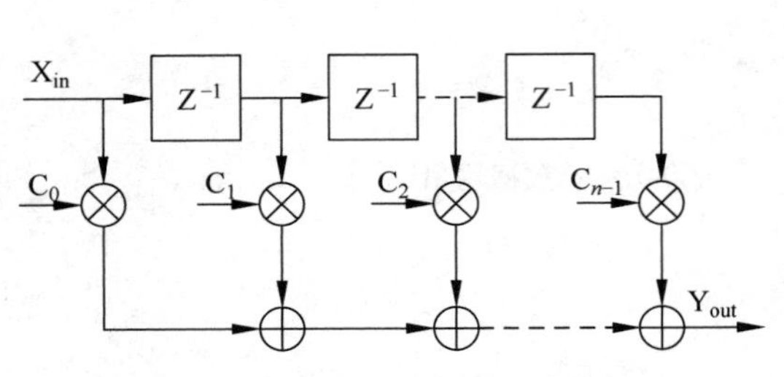

图6-59 FIR滤波器的基本结构

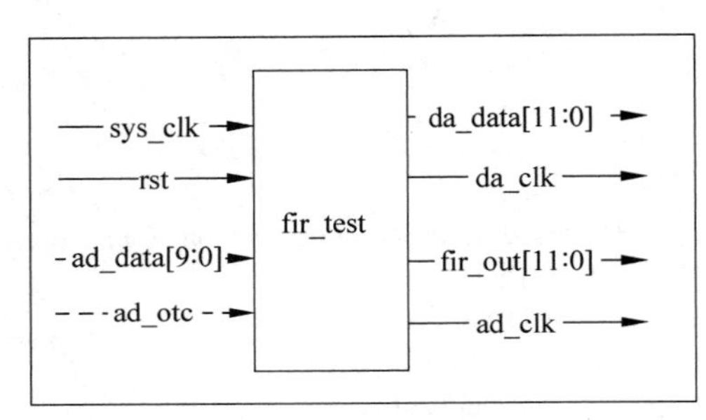

图6-60 fir_test模块框图

3. Verilog程序设计

在Quartus Prime软件调用FIR-IP核之前,首先需要设计滤波器的系数,可以借助MATLAB中的fdatools工具来实现。打开MATLAB,在命令行中输入"fdatool"后,会出现如图6-61所示的窗口,在这里对滤波器的类型、设计方法、阶数、频率等参数进行相关设置,设置完毕后点击下方的"Design Filter"便可以显示滤波器的幅频响应图。本实验将FIR滤波器设置为32阶低通滤波器(Lowpass),采用汉明窗的设计方法,采样频率为1000kHz,通频带为0~100kHz。

点击图6-61左侧第三个功能框设置参数量化,如图6-62所示。默认设置为浮点数,但是在FPGA中计算浮点数会消耗大量逻辑资源,而滤波器的性能却没有太大提高,这并不划算,所以此处一般设置为定点数(Fix-pointed)。然而一旦进行量化,势必会引入量化误差,位数越少误差越大,所以在设计中也要综合考虑。本实验中滤波器选择12位定点数量化,然后点击下方的按钮"Apply"。

滤波器设计完毕,接下来点击菜单栏"File"下的"Export"来导出滤波器的系数,这里我们将滤波器的系数以数组的形式导入到MATLAB的工作区中,名字为"Num"(可自定义),如图6-63所示。

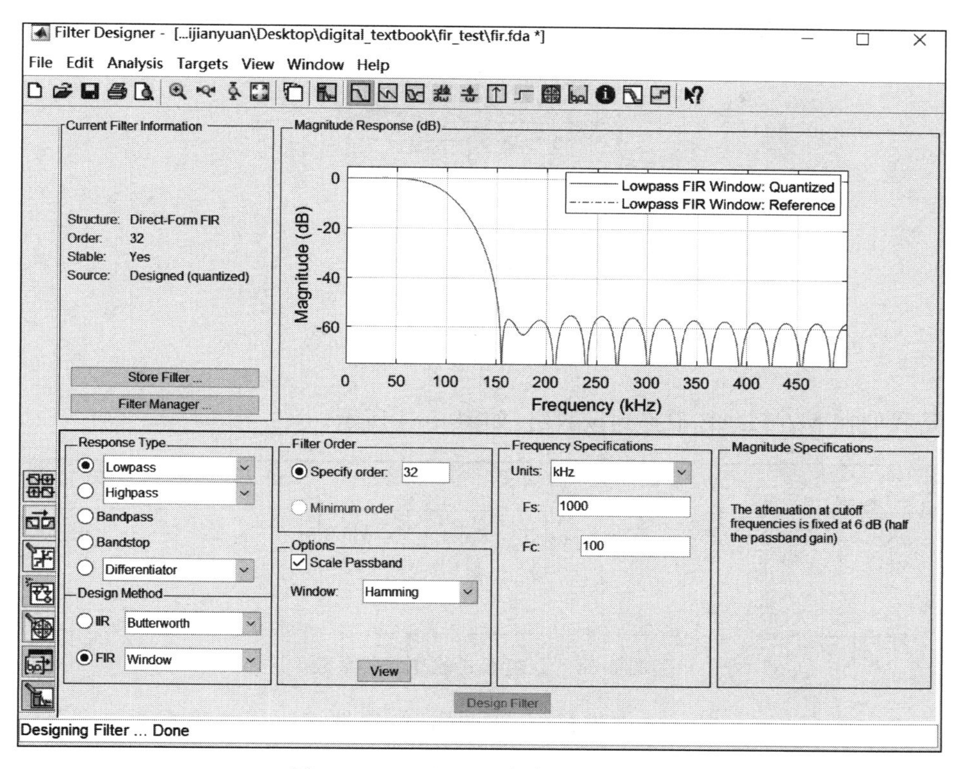

图 6-61　MATLAB 滤波器设计窗口

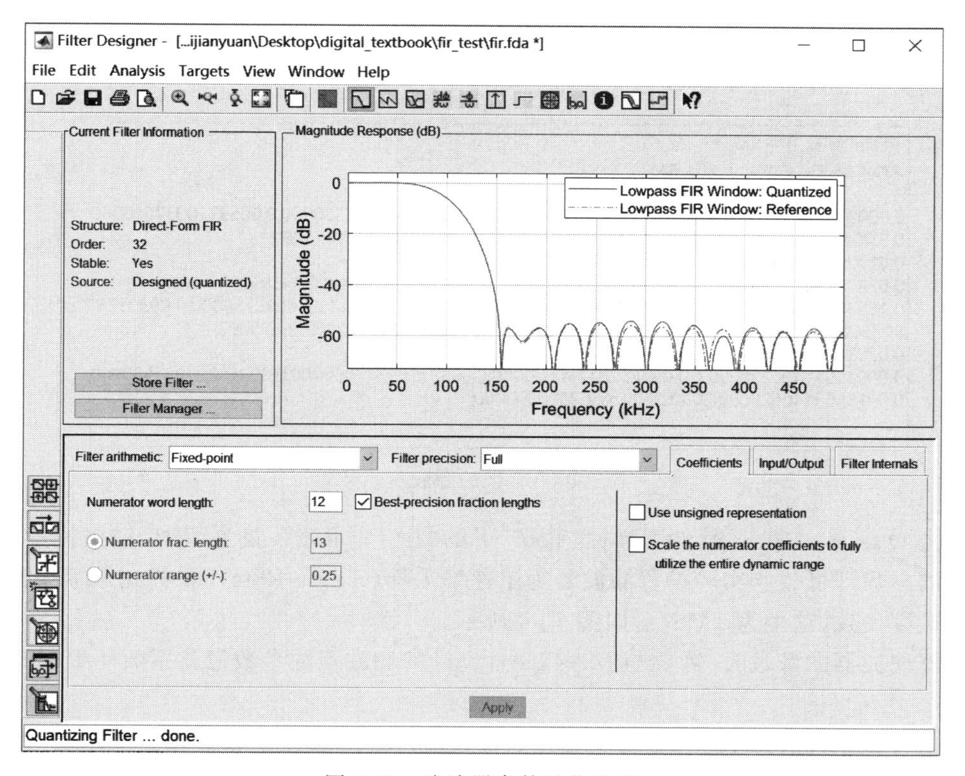

图 6-62　滤波器参数量化设置

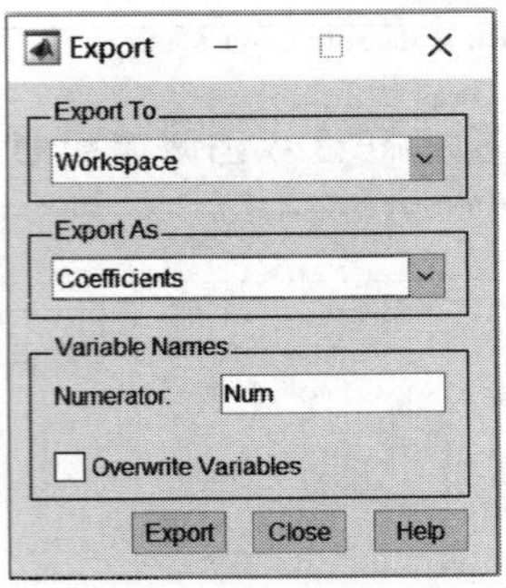

图 6-63 导出滤波器系数

于是我们在 MATLAB 中查到该数组，如图 6-64 所示。

Num12

1x33 double

	1	2	3	4	5	6	7	8	9	10	11
1	-9.7656e-...	0	0.0016	0.0037	0.0054	0.0049	0	-0.0094	-0.0204	-0.0272	-0.0223
2											
3											
4											
5											

图 6-64 数组形式的滤波器系数

由于之后在 Quartus Prime 中进行 IP 核调用时，软件接收导入的系数文件是 txt 文件格式，因此我们还需要将导入到工作区中的系数粘贴到 txt 文件中。特别需要注意的是，此时的系数文件无法在 IP 核调用中使用，因为它的格式不满足软件要求，根据 FIR Ⅱ- IP 核使用手册，两个系数的分隔需要用逗号(comma)、空格(space)或者换行(enter)来完成，合规的系数文件格式如图 6-65 所示。

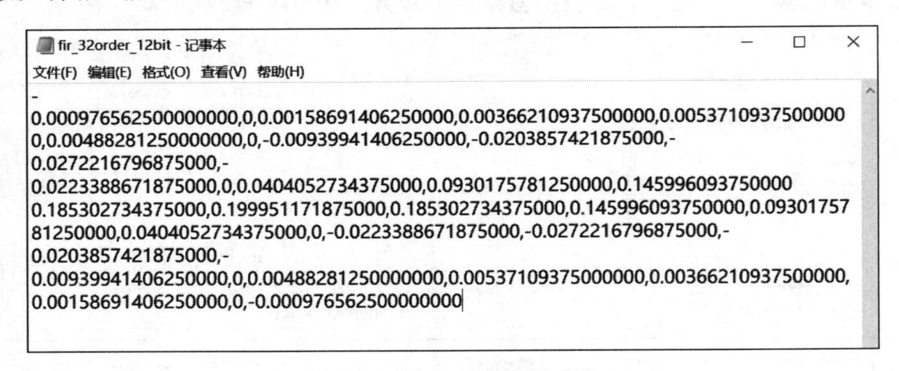
fir_32order_12bit - 记事本

文件(F) 编辑(E) 格式(O) 查看(V) 帮助(H)

-
0.00097656250000000,0,0.0015869140625000,0.0036621093750000,0.0053710937500000
0,0.0048828125000000,0,-0.0093994140625000,-0.0203857421875000,-
0.0272216796875000,-
0.0223388671875000,0,0.0404052734375000,0.0930175781250000,0.145996093750000
0.185302734375000,0.199951171875000,0.185302734375000,0.145996093750000,0.09301757
81250000,0.0404052734375000,0,-0.0223388671875000,-0.0272216796875000,-
0.0203857421875000,-
0.0093994140625000,0,0.0048828125000000,0.0053710937500000,0.0036621093750000,
0.0015869140625000,0,-0.00097656250000000

图 6-65 合规的滤波器系数

点击 Quartus Prime 软件工具栏“Tool”下的“IP Catalog”，找到 FIR，根据提示向导设置相应的参数即可。本实验设置滤波器为单速率采样(Single Rate)、采样速率需要与 ADC 的采样速率一致，这里为 1MS/s，如图 6-66 所示。

设置滤波器的系数时，需要与 MATLAB 设计的滤波器的参数量化系数一致，如图 6-67 所示。

点击“Import from file”，将利用 MATLAB 设计的滤波器系数导入到 FIR-IP 核中，导入成功后可以看到滤波器的幅频响应图，如图 6-68 所示。

Filter Specification | Coefficient Settings | Coefficients | Input/Output Options | Implementation Options | Reconfigurability

Filter Settings

Filter Type: Single Rate

Interpolation Factor: 1

Decimation Factor: 1

Max Number of Channels: 1

Frequency Specification

Clock Rate: 1 MHz

Clock Slack: 0 MHz

Input Sample Rate (MSPS): 1

Coefficient Reload Options

Coefficients Reload

Base Address: 0

Read/Write Mode: Read/Write

Flow Control

Back Pressure Support

图 6-66　滤波器设置对话框

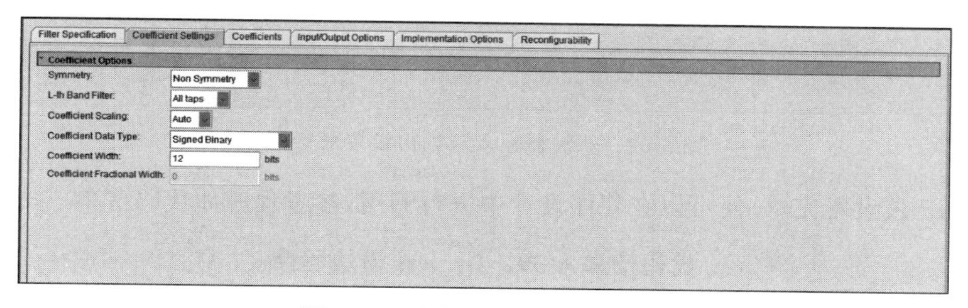

图 6-67　滤波器系数设置对话框

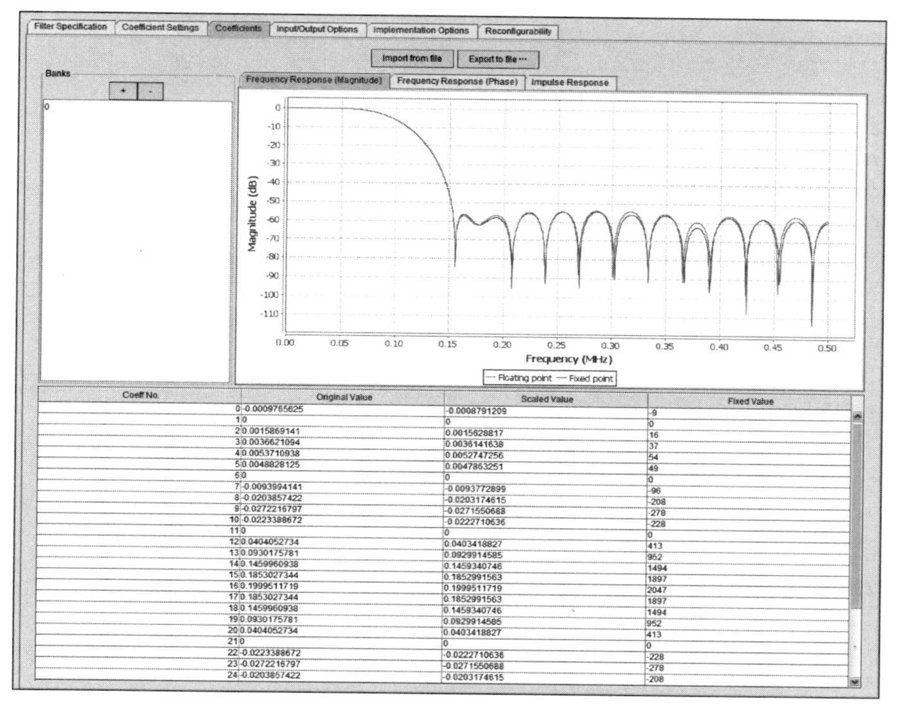

Coeff No.	Original Value	Scaled Value	Fixed Value
0	-0.0009765625	-0.0008791209	-9
1	0	0	0
2	0.0015869141	0.0015628817	16
3	0.0036621094	0.0036141638	37
4	0.0053710938	0.0052747256	54
5	0.0048828125	0.0047863251	49
6	0	0	0
7	-0.0093994141	-0.0093772899	-96
8	-0.0203857422	-0.0203174615	-208
9	-0.0272216797	-0.0271550688	-278
10	-0.0223388672	-0.0222710636	-228
11	0	0	0
12	0.0404052734	0.0403418827	413
13	0.0930175781	0.0929914585	952
14	0.1459960938	0.1459340746	1494
15	0.1853027344	0.1852991563	1897
16	0.1999511719	0.1999511719	2047
17	0.1853027344	0.1852991563	1897
18	0.1459960938	0.1459340746	1494
19	0.0930175781	0.0929914585	952
20	0.0404052734	0.0403418827	413
21	0	0	0
22	-0.0223388672	-0.0222710636	-228
23	-0.0272216797	-0.0271550688	-278
24	-0.0203857422	-0.0203174615	-208

图 6-68　导入滤波器系数对话框

接着设置滤波器的输入和输出方式,这里滤波器输入数据的位宽与 ADC 的输出位宽一致,即 10bit。滤波器输出数据的位宽可采用完全精度,即不截取输出;如果输出要接 DAC 或者为了节省硬件资源,也可以截取输出。这里选择截取高 12 位的输出方式,如图 6-69 所示。

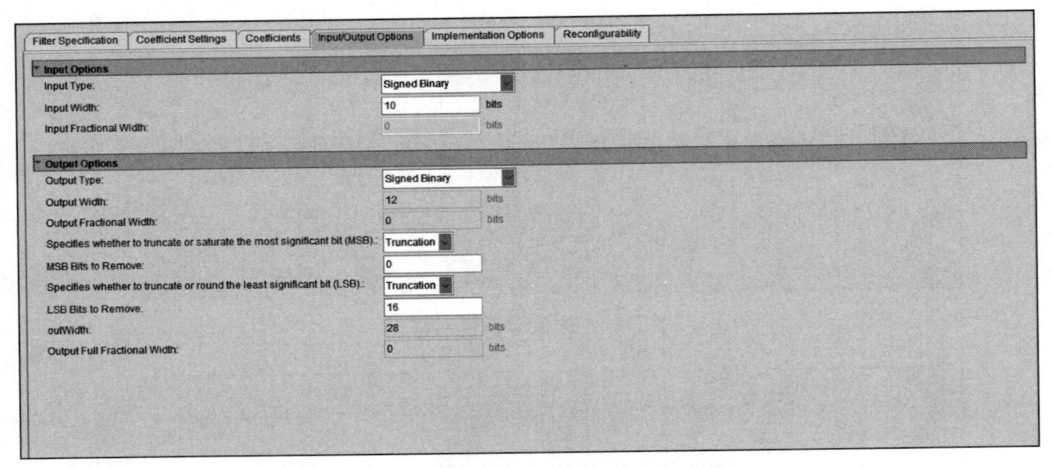

图 6-69　滤波器输入与输出设置对话框

FIR-IP 核设置完毕,便可以在程序设计中进行调用,参考程序如代码清单 6-39 所示。

代码清单 6-39　fir_test 模块程序

```
1   module      fir_test(
2   input       sys_clk,
3   input       rst,
4   //DAC 接口
5   output      [11:0]da_data,
6   output      da_clk,
7   //ADC 接口
8   input       [9:0]ad_data,
9   input       ad_otc,                               //AD 超量程指示信号(视情况使用)
10  output      ad_clk,
11  output      [11:0]fir_out
12  );
13  reg         [9:0] ad_data_r;
14  always@(posedge ad_clk or negedge rst)            //AD 数据采样
15   begin
16    if(!rst)
17     ad_data_r<=10'd0;
18    else
19     ad_data_r<=ad_data;
20   end
21  //调用 PLL
22  PLL PLL_inst(
23  .inclk0(sys_clk),
24  .areset(rst),
25  .c0(ad_clk)                                       //输出时钟 1MHz
```

```
26  );
27  //调用 DDS
28  DDS DDS_inst(
29  .sys_clk(sys_clk),
30  .rst(rst),
31  .da_data(da_data),
32  .da_clk(da_clk)
33  );
34  //调用 FIR 数字滤波器
35  fir fir_inst(
36  .clk(ad_clk),
37  .reset_n(rst),
38  .ast_sink_data(ad_data_r),
39  .ast_source_data(fir_out)
40  );
41  endmodule
```

DDS 扫频模块设计可在编程案例十六中介绍的 DDS 模块程序的基础上改写，参考程序如代码清单 6-40 所示。

代码清单 6-40　DDS 扫频模块程序

```
1   module      DDS(
2   input       sys_clk,
3   input       rst,
4   output      [11:0] da_data,
5   output      da_clk
6   );
7   reg         [31:0]fword;                               //相位累加器
8   parameter     pword = 12'd1024;                        //相位偏移量
9   reg         [31:0] freq_count;                         //相位累加器
10  reg         [11:0] rom_addr;                           //波形数据表地址
11  always@(posedge sys_clk or negedge rst)                //产生 0～250kHz 的扫频正弦波信号
12   begin
13    if(!rst)
14     fword <= 32'd0;
15    else
16     if(fword >= 32'd21474836)
17      fword <= 32'd0;
18     else
19      fword <= fword + 32'd20000;
20   end
21  always@(posedge sys_clk or negedge rst)                //频率相位累加器
22   begin
23    if(!rst)
24     freq_count <= 32'h0;
25    else
26     freq_count <= freq_count + fword;
27   end
28  always@(posedge sys_clk or negedge rst)                //相位调制器
29   begin
```

```
30      if(!rst)
31        rom_addr <= 12'h0;
32      else
33        rom_addr <= freq_count[31:20] + pword;           //截断式用法
34    end
35  //调用波形数据表 ROM
36  dds_rom dds_rom_inst(
37  .address(rom_addr),
38  .clock(sys_clk),
39  .q(da_data)
40  );
41  assign da_clk = sys_clk;
42  endmodule
```

第7章 实验中的常见问题及解决方法

本书注重学生工程实践能力的培养和系统构建思维的养成，从基础验证实验到综合设计性实验，学生都需要利用 Quartus Prime 软件在 FPGA 实验板上进行电路设计与综合测试。在实验过程中或多或少会遇到一些问题，本章针对学生在实验中遇到的常见问题进行梳理，按照“问题概述或报错信息—原因—解决方法—经验积累”的要素总结，学生学习本章内容后可以积累工程经验，还可以在出现问题时快速找到解决办法。

7.1 软件操作常见问题及解决方法

7.1.1 软件窗口界面设置问题

问题概述：将“Project Navigator”或“Messages”窗口关闭。

解决方法：点击 Quartus Prime 17.1 软件主界面中的菜单“View”→“Utility Windows”，选择“Project Navigator”“Messages”或其他需要调出的窗口，如图 7-1 所示。

经验积累：“Project Navigator”是项目导航窗口，可显示当前的目标器件型号、顶层文

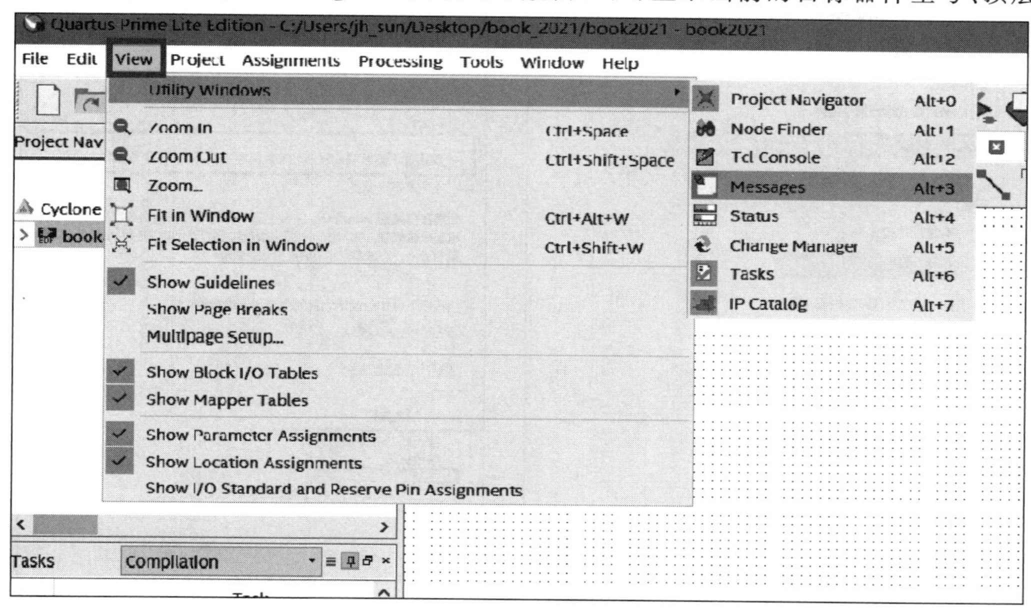

图 7-1 打开“Utility Windows”中的“Messages”信息窗

件、项目文件夹中包含的文件等信息。“Messages”信息窗中能够显示文件的编译情况。这两个窗口的信息对于我们进行实验较为重要，若不小心误关了，可利用上述方法进行解决。

7.1.2 模块中字体显示严重重叠

出错原因：这种情况通常是由于计算机显示屏分辨率设置太高或计算机兼容性问题导致的，如图 7-2 所示。

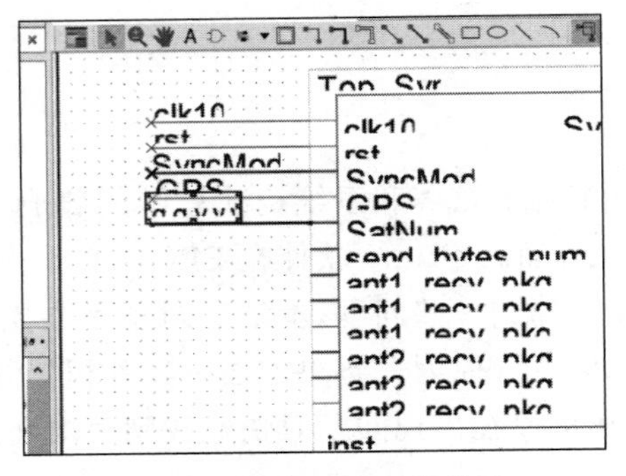

图 7-2 文字重叠现象截图

解决方法：在 Quartus Prime 17.1 软件图标上点击鼠标右键，选择“属性”，在如图 7-3(a)所示的对话框中选择“兼容性”，然后点击“更改高 DPI 设置”，最后将图 7-3(b)所示的两个红框勾选后点击“确定”，重启软件后查看模块是否显示正常。

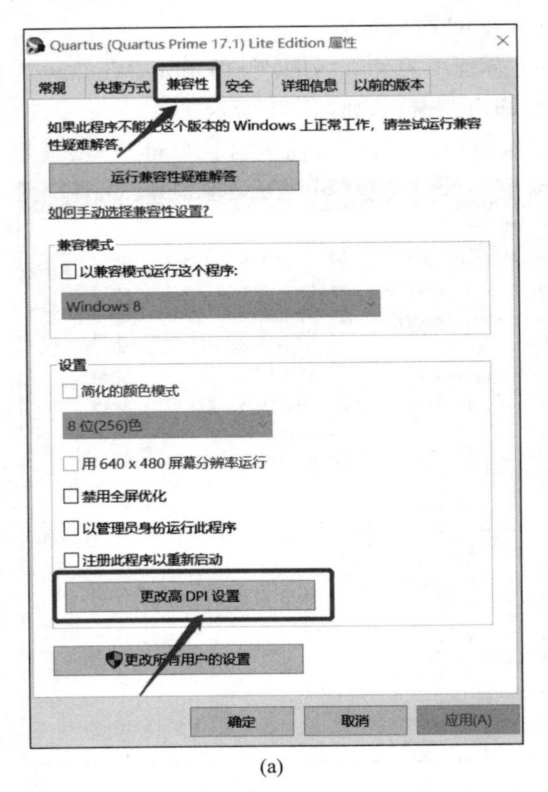

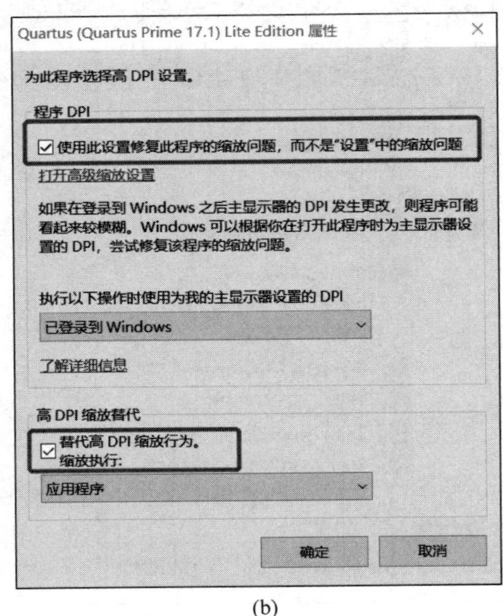

(a) (b)

图 7-3 Quartus Prime 17.1 软件属性设置

7.2　新建工程相关问题及解决方法

7.2.1　新建工程路径中出现乱码

出错原因：新建工程路径出现如图 7-4 所示的乱码。这可能是由于创建路径时存在中文、空格等软件不能识别的字符。

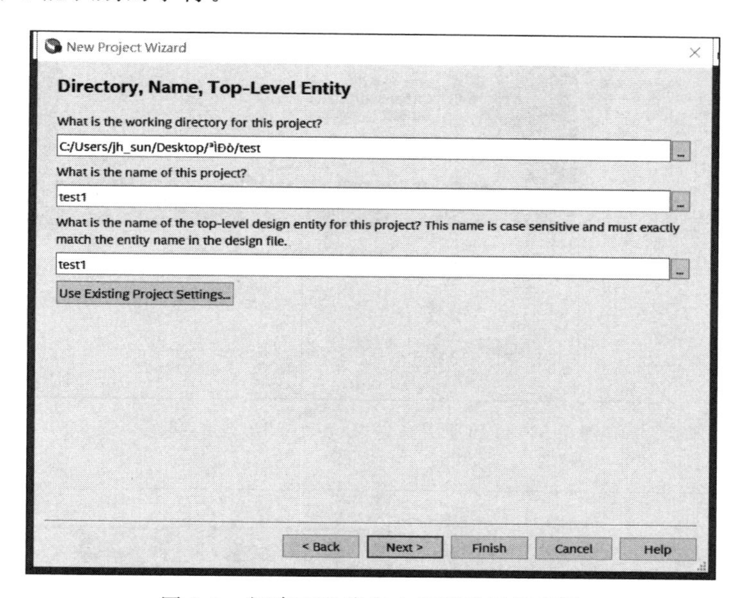

图 7-4　新建工程路径中出现乱码示意图

解决方法：重新创建符合软件工程规范性的路径名，推荐使用英文字母与数字组合方式来命名路径。创建的路径名尽量简单且采用具有一定含义、可读性好的字符。

经验积累：由于我们使用的开发工具对中文的支持性不够完善，所以新建工程创建路径时需注意避免出现中文、空格及特殊字符。

7.2.2　无法打开设计实例

出错原因：打开工程文件后，无法找到顶层文件的设计实例如“book4_2”，如图 7-5 所示，该问题通常是误删了设计实例“book4_2”文件。

解决方法：打开工程文件夹，检查是否有设计实例“book4_2”文件，如没有，可从计算机“回收站”中查找并还原。

经验积累：在删除无用文件时，要仔细核对，避免误操作。

7.2.3　编译等快捷图标为灰色，无法操作

当没有打开工程项目，而是直接打开设计文件时，与设计相关的一些操作，如编译、引脚分配等的快捷图标就会呈灰色，无法对这些功能进行操作，如图 7-6 所示。

解决方法：首先打开该设计文件所需要的工程文件，然后打开设计文件。打开工程文

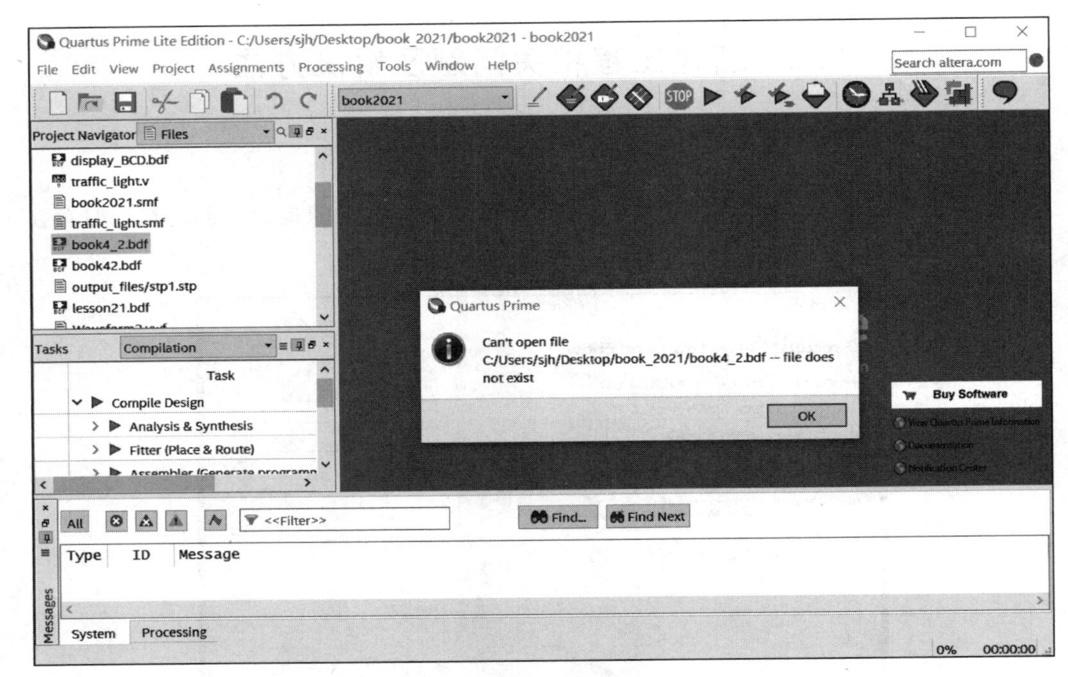

图 7-5　打开顶层文件“book4_2”出现的问题

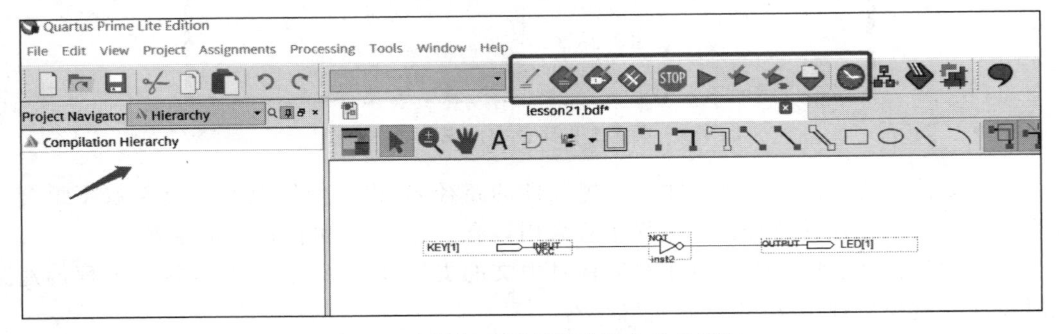

图 7-6　直接打开原理图设计文件的界面

件的具体方法如下：点击菜单“File”→“Open Project”，在弹出的窗口中找到工程文件所在的路径后，点击工程文件，注意工程文件的扩展名为“. qpf”，如图 7-7 所示。

经验积累：利用 Quartus Prime 软件进行开发时，所有的操作均须在工程文件的“统领”下进行。因此，在对设计文件进行修改操作前，首先需要打开已存在的工程或新建工程。可通过检查“Project Navigator”窗口中是否显示 FPGA 型号和当前置顶文件，或快捷操作图标是否为彩色且可操作来判断是否已打开工程文件，如图 7-8 所示。

7.2.4　区分文件类型

在使用软件打开文件时，要先进行文件类型即扩展名筛选，如果对文件的图标和扩展名不熟悉，就不能很快找到想要打开的文件。下面给出常用的文件图标及扩展名，如表 7-1 所示。

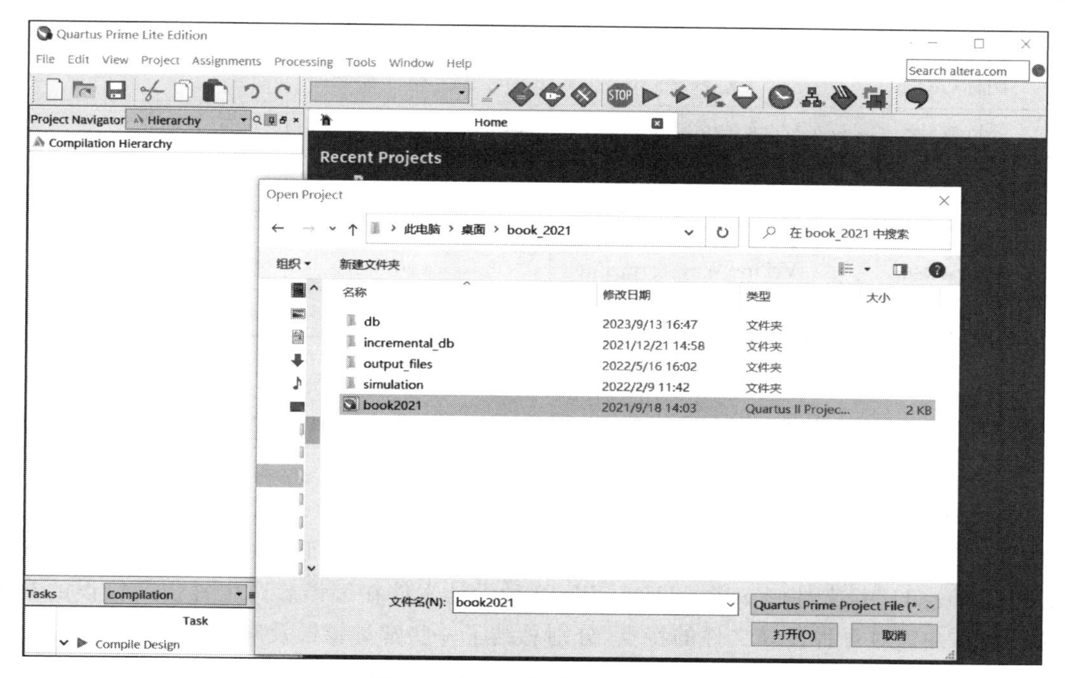

图 7-7　打开已创建的工程文件

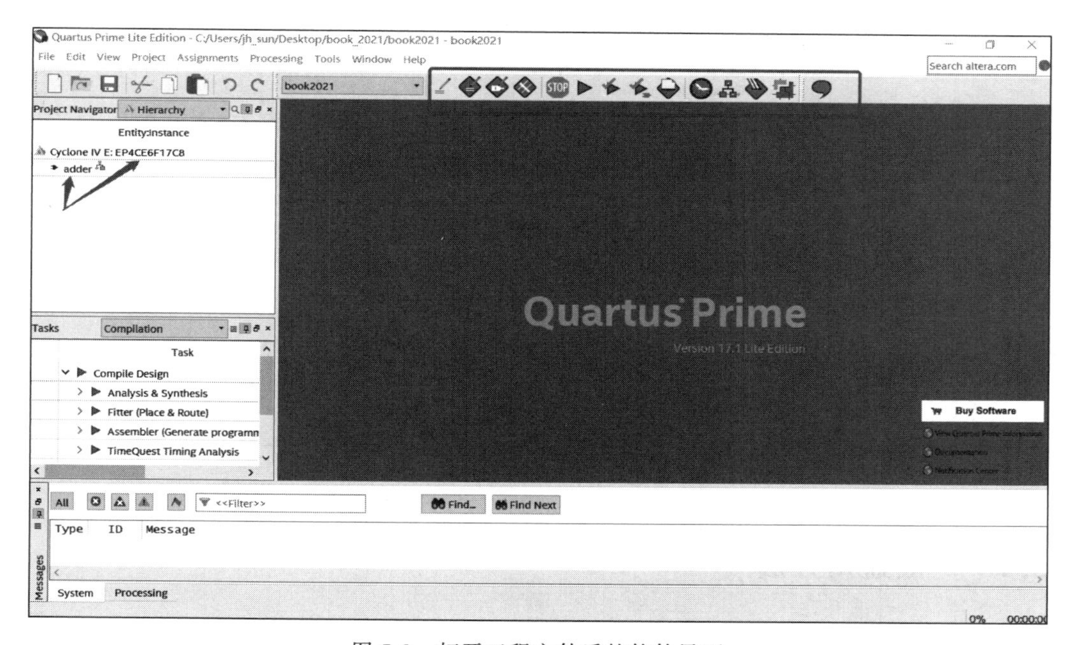

图 7-8　打开工程文件后的软件界面

表 7-1　常用的文件图标和扩展名

图标(示例)	文 件 类 型	扩　展　名	注　　释
book	Quartus Ⅱ Project File	.qpf	工程文件
traffic_light	Block Design File	.bdf	原理图设计文件

续表

图标(示例)	文 件 类 型	扩 展 名	注 释
traffic_light	Block Symbol File	.bsf	块符号文件
traffic_light	State Machine File	.smf	状态机设计文件
traffic_light.v	Verilog Design File	.v	Verilog 设计文件
Waveform	Vector Waveform File	.vwf	波形仿真文件
stp1	SignalTap Ⅱ File	.stp	嵌入式逻辑分析仪文件

7.3 综合编译相关报错及解决方法

Quartus Prime 17.1 软件中涉及的设计文件类型共有 9 种,如图 7-9 所示。本节主要介绍其中的原理图文件(Block Diagram/Schematic File)、状态机文件(State Machine File)以及 Verilog HDL 文件(Verilog HDL File)3 种设计文件在编译后产生警告和错误的常用解决方法,并针对每种设计文件的特点,分别总结了一些常见错误及解决方法。

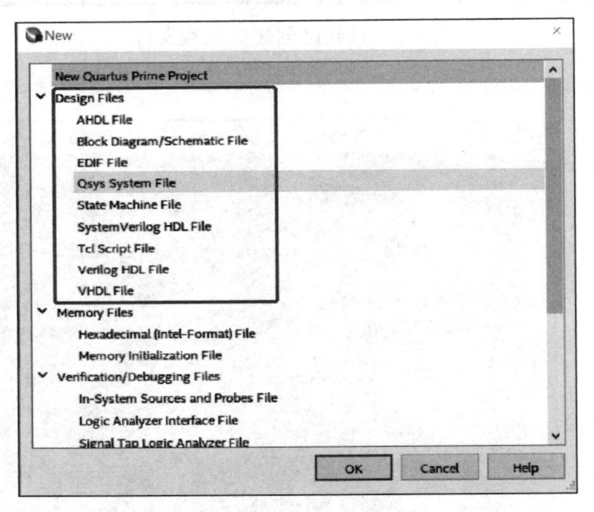

图 7-9 菜单“New”下包含的设计文件类型

7.3.1 一般通用方法

当完成编译操作后,我们应查看“Messages”信息窗口是否出现错误提示信息(红色字体),若存在错误提示信息,就需要我们去解决。首先可以双击第一行红色报错信息,定位到出错位置,然后分析报错原因,进行修改;若无修改思路,可通过查找官方文档资料的方式寻求解决方法。具体方法如下:在保证网络可用的情况下,单击鼠标右键选中警告信息或错误信息,在弹出的菜单栏中选择“Help”,如图 7-10 所示。相关问题的原因(CAUSE)和解决方法(ACTION)会在弹出的网页中显示,如图 7-11 所示。

值得一提的是,编译的错误具有“连锁反应”,即存在一个错误时可能引发多条错误信息

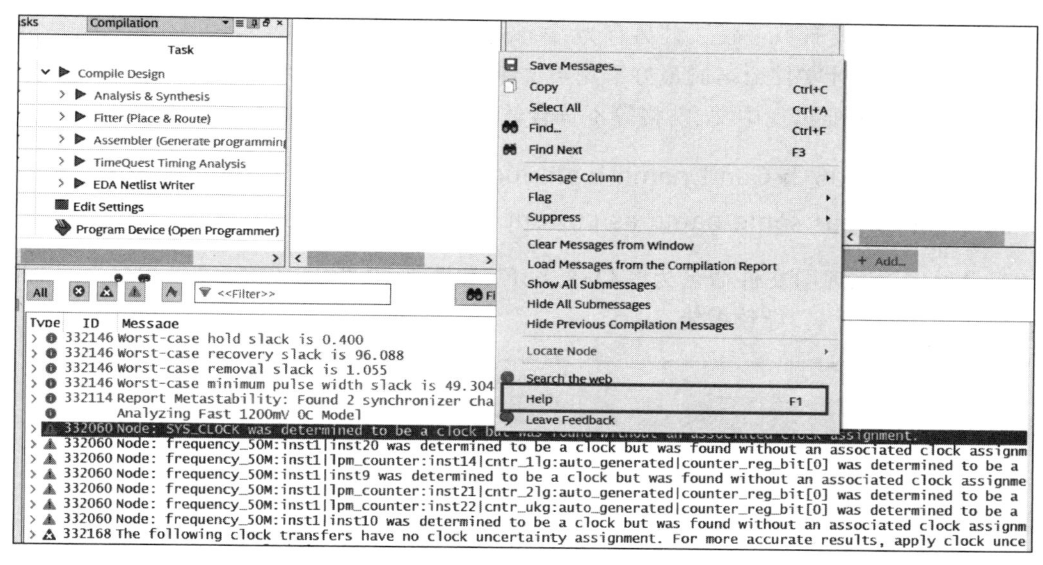

图 7-10　警告或错误的“Help”法寻求解决方案

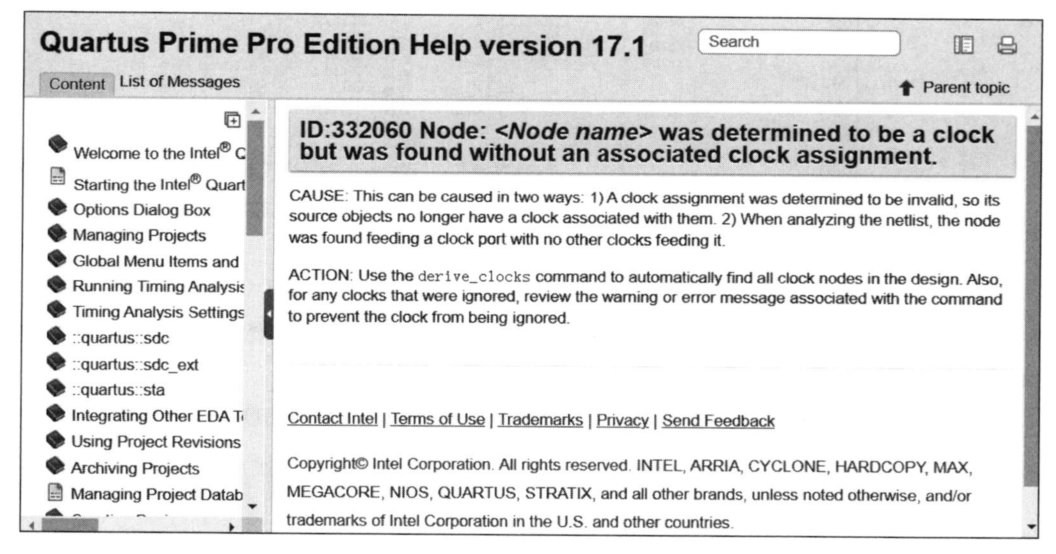

图 7-11　点击“Help”后的提示信息

描述。因此，可先解决“Messages“信息窗中出现的第一个报错问题，然后再次编译查看是否通过；若依然有错误，可重复上述步骤进行调试。

7.3.2　原理图文件设计中的常见编译错误

下面介绍利用原理图文件进行逻辑设计时遇到的一些常见编译错误，分析其原因并给出解决方法。

1. Error (136000): Top-level entity name “lesson2 1” specified for revision “book” contains illegal characters

报错原因：文件名“lesson2 1”存在空格，使得编译出错。

解决方法：将文件“lesson2 1”另存为“lesson2_1”后再次编译。

经验积累：设计文件命名时最好采用英文字母与数字或下画线的常用组合方式。注意设计文件命名时不要出现中文、空格等不符合软件工程规范性的字符。

2. Error (275061): Can't name logic function 74138 of instance “inst”—function has same name as current design file

报错原因：原理图文件命名为“74138. bdf”，如图 7-12 所示，与 Quartus Prime 软件中已有模块“74138”重名，导致报错。

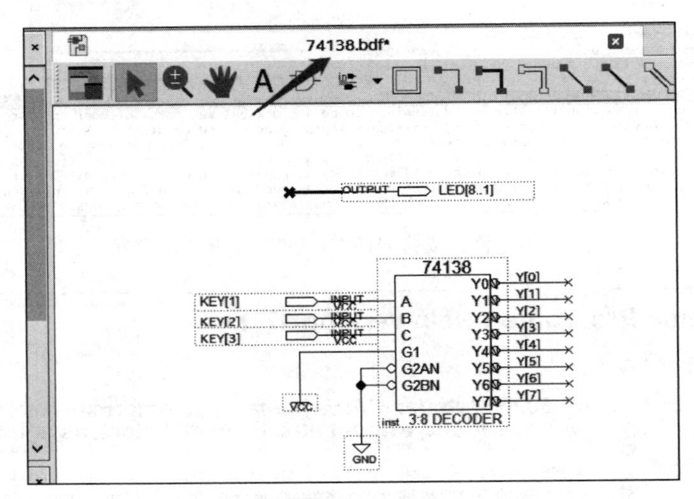

图 7-12　变量译码器测试原理图

解决方法：如将原理图文件“74138. bdf”另存为“encode138. bdf”。需要注意，原理图的文件名不要与 Quartus Prime 软件中已有模块重名，修改文件名后要将原错误命名的文件移除项目(Remove File from Program)并改用新存的文件。

经验积累：设计文件命名不要与 Quartus Prime 软件中已存在的模块重名。

3. Error (12049): Can't compile duplicate declarations of entity “traffic_light” into library “work”
Error(12180): Instance could be entity “traffic_light” in file traffic_light.v compiled in library work
Error(12180): Instance could be entity “traffic_light” in file traffic_light.bdf compiled in library work

报错原因：由于工程中存在两个设计文件名相同的不同类型文件“traffic_light. v”(以 Verilog HDL 语言设计)和“traffic_light. bdf”(以原理图设计)，导致出现无法将实例“traffic_light”重复声明编译到库中的报错。

解决方法：将“traffic_light. v”和“traffic_light. bdf”两个文件中的任一个文件重新命名和保存后再次编译，并且修改文件名后要将原文件移除项目(Remove File from Program)。

经验积累：在同一工程中，不同类型的设计文件不能同名。

4. Error (275032): Can't connect Pin "KEY[1]" to Port "OUT" (ID NOT:inst) directly—both signals are output signals

报错原因：错误地将逻辑门的输入端与"OUTPUT"端子相连，输出端与"INPUT"端子相连，如图 7-13 所示。

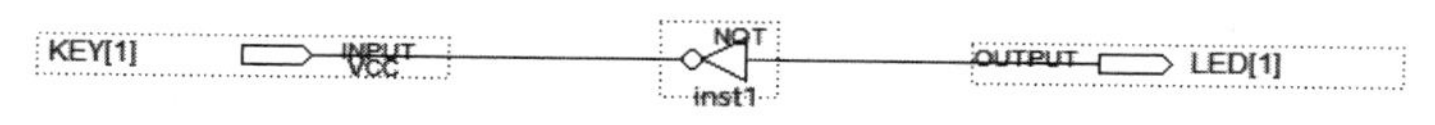

图 7-13　非门测试原理图(错误)

解决方法：将"INPUT"端子与非门的输入端连接，"OUTPUT"端子与非门的输出端连接。更改后的电路如图 7-14 所示。

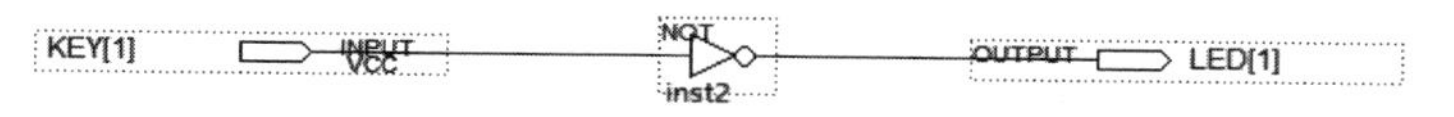

图 7-14　非门测试原理图(正确)

经验积累：在进行电路连接时，要明确逻辑门或模块的输入与输出端，输入端应给入前续信号，经过相应逻辑门或模块的信号会从输出端传出。

5. Error(275046): Illegal name "KEY[3]" —pin name already exists

报错原因：输入端子名称重复时会报错，如图 7-15 所示。

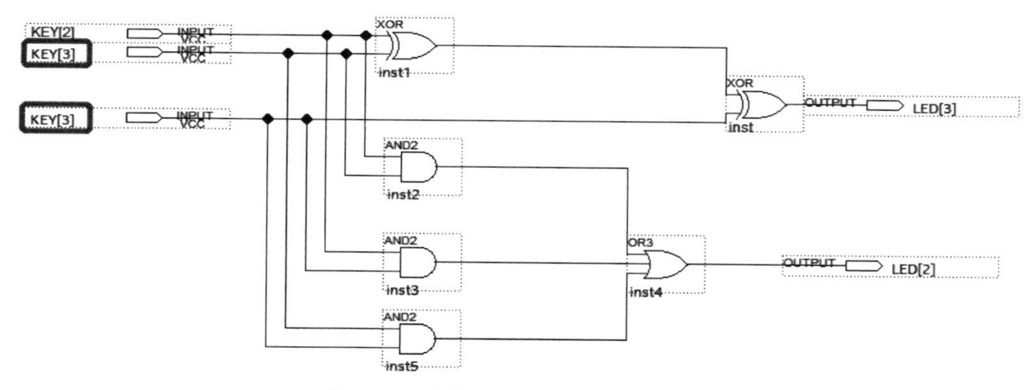

图 7-15　全加器测试原理图(错误 1)

解决方法：检查电路中是否存在重复命名的端子，将重复命名的端子重新命名。在本例中，可将电路图下面的 KEY[3]输入端子名称改为"KEY[4]"，如图 7-16 所示。

经验积累：输入和输出端子都应避免重复命名。

6. Error (12014): Net "gdfx_temp0", which fans out to "inst1", cannot be assigned more than one value

报错原因：许多同学在开始使用软件设计电路时，由于操作不熟练导致不该连接的部分被连接上，这样就产生对某个输入或输出的引脚同时赋了多个值而报错。如图 7-17 所示的电路中，将"KEY[2]"和"KEY[3]"连接在一起导致报错。

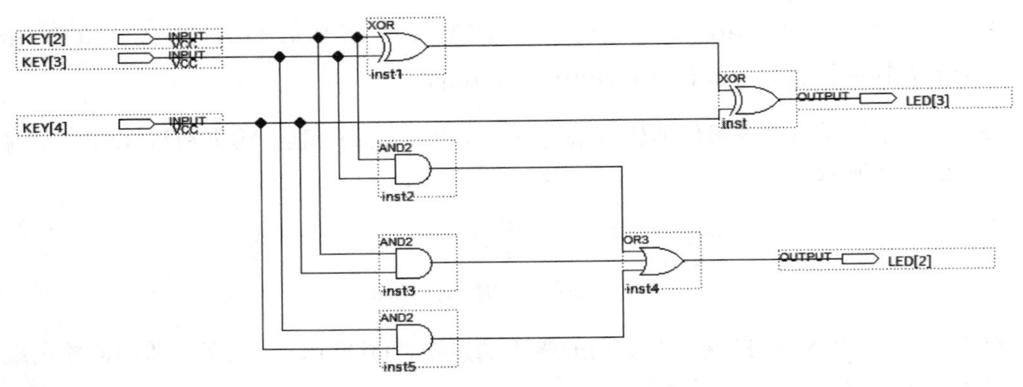

图 7-16　全加器测试原理图(正确)

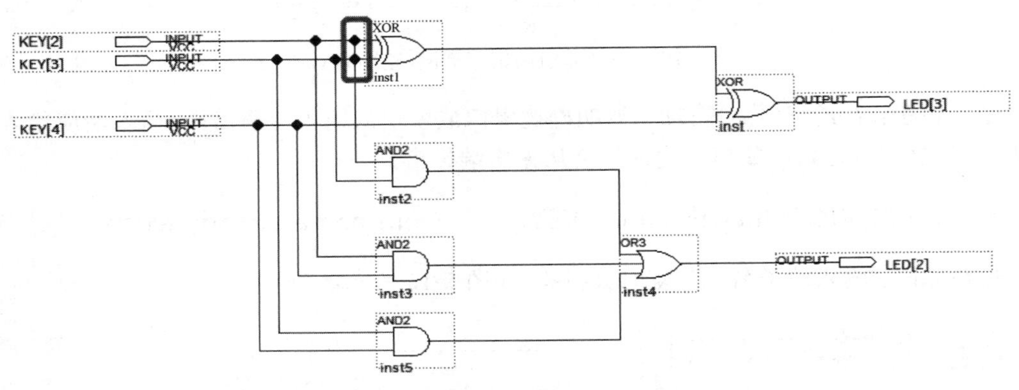

图 7-17　全加器测试原理图(错误 2)

解决方法：根据电路功能，将“KEY[2]”和“KEY[3]”间连线删除，修改后的电路如图 7-16 所示。

经验积累：在进行电路设计连线时，应注意检查连线间的逻辑关系，避免出现误连情况。

7. Error (275051): Bus range for signal pin “LED[8.1]” must be a number

报错原因：总线命名方法不正确，如图 7-18 所示。

解决方法：在利用原理图设计电路中，将输出引脚名称“LED[8.1]”改为“LED[8..1]”，如图 7-19 所示。

经验积累：总线的正确命名方式为“X[a..b]”，其中“X”为总线的名称，“a”为总线的起始数字，“b”为总线的终止数字。

8. Error (275058): Signal “100Hz” drives an input pin

报错原因：如图 7-20 所示，分频模块“book_freq_50M”输出 100Hz 信号驱动了“INPUT”输入引脚。

解决方法：把 74161 模块“CLK”端口接入的输入引脚“INPUT”删掉，再引出一根线并且将此线命名为“100Hz”，这样 74161 模块“CLK”端口就连接到分频模块“book_freq_50M”输出信号线 100Hz 上，如图 7-21 所示。

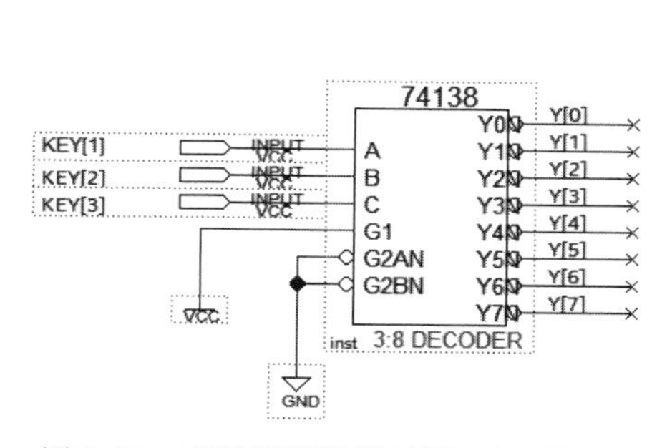

图 7-18　变量译码器测试原理图(错误)

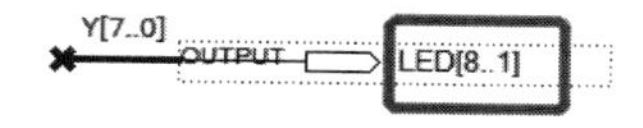

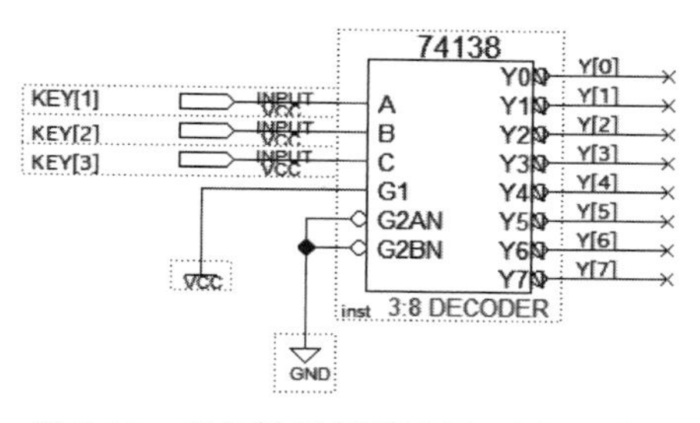

图 7-19　变量译码器测试原理图(正确)

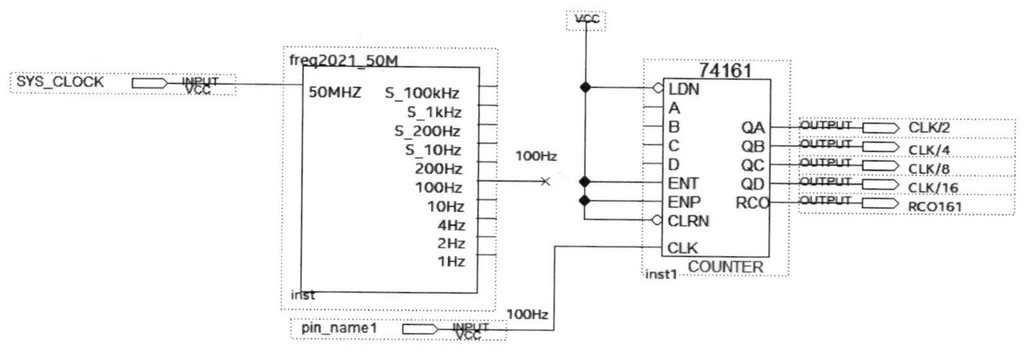

图 7-20　计数器 74161 模块测试原理图(错误)

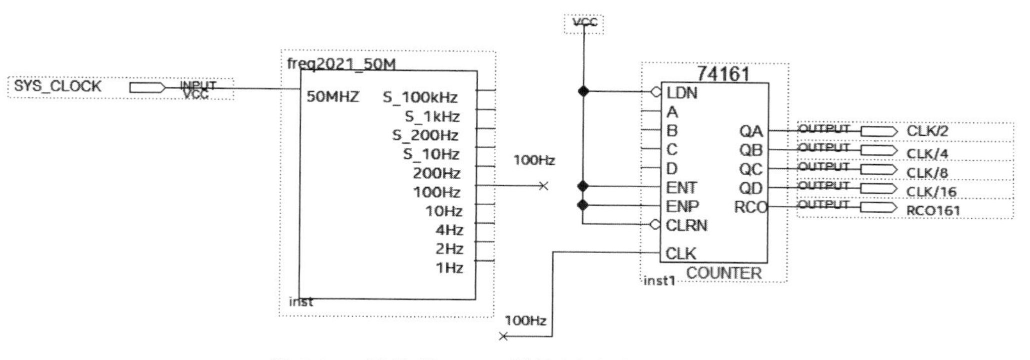

图 7-21　计数器 74161 模块测试原理图(正确)

经验积累：在利用原理图设计电路时，可用连线命名方式进行电路连接。

9. Error (275062): Logic function of type LPM_CONSTANT and instance "inst4" is already defined as a signal name or another logic function

报错原因：插入模块的"inst"序号重复，如图 7-22 与图 7-23 所示。

解决方法：由于一个逻辑电路中每个模块的 inst 序号都是唯一的，所以将其中一个"inst4"修改为图中没出现的 inst 序号，如"inst5"。具体方法是在"inst4"位置上双击鼠标左键，然后重新输入序号，修改完成情况如图 7-24 所示。

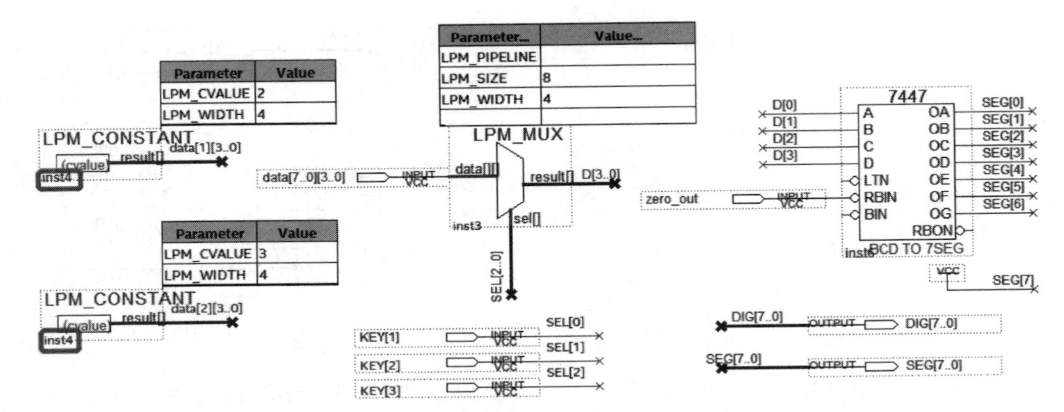

图 7-22　显示译码 7447 模块测试原理图(错误)

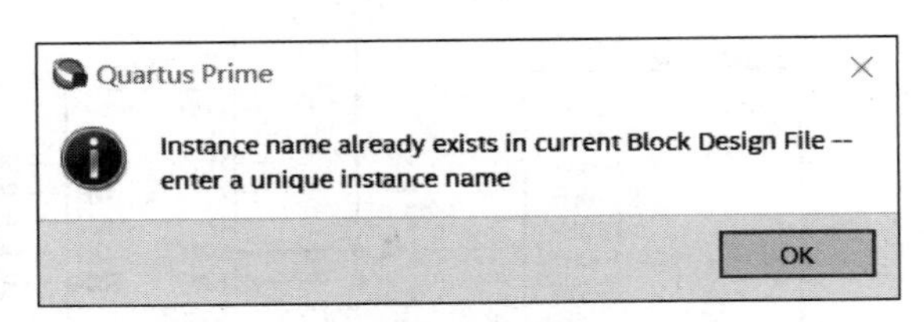

图 7-23　实例名称已存在提示窗口

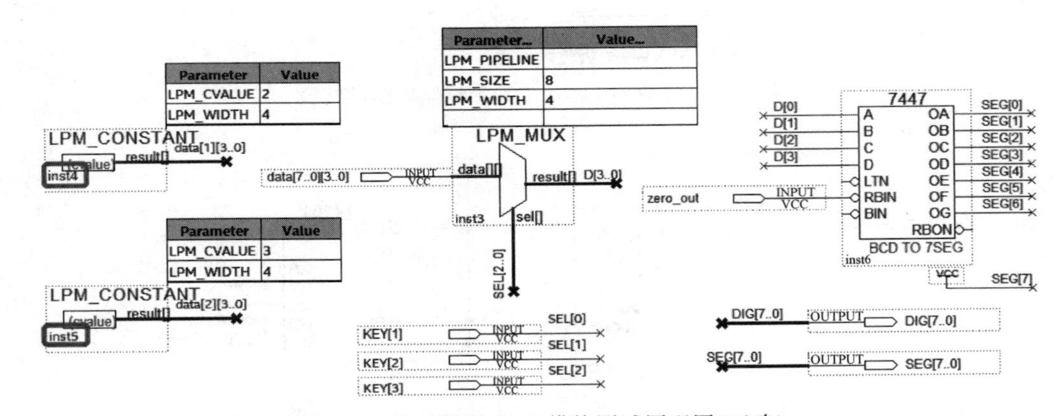

图 7-24　显示译码 7447 模块测试原理图(正确)

经验积累：Quartus Prime 17.1 软件中,“inst+数字”是软件为插入模块分配的序号,有时会存在重复的情况,需要手动更改。

10. Error (12009): Node “SEL[2]” is missing source
    Error (12009): Node “SEL[1]” is missing source
    Error (12009): Node “SEL[0]” is missing source

报错原因：如图 7-25 所示,LPM_MUX 模块的控制端“SEL[2]”“SEL[1]”“SEL[0]”节点缺少源。

解决方法：双击编译窗口中的错误提示语句,系统将错误定位到了图 7-25 的箭头部分。在本电路中,参数化数据选择器模块 LPM_MUX 的“sel[]”端受控于 KEY[1]、KEY[2]和 KEY[3]按

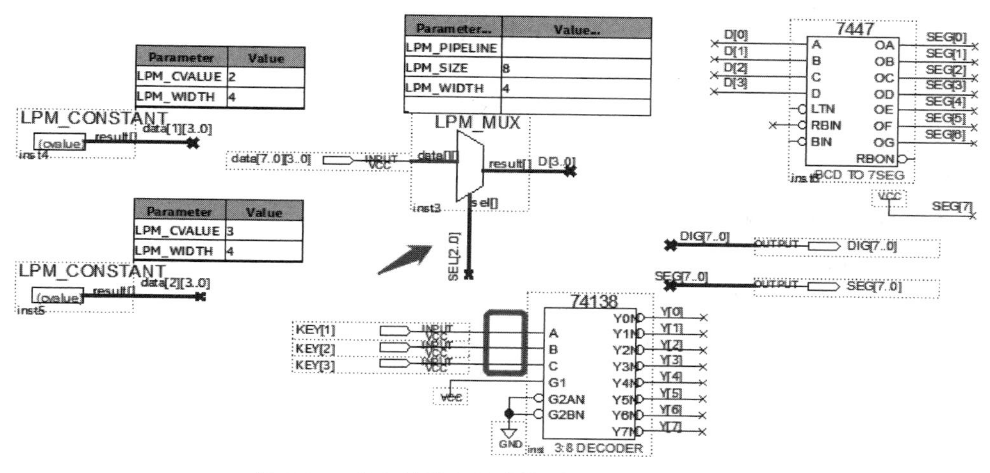

图 7-25　动态显示电路功能测试原理图(错误)

键,因此需要将图中的 KEY[1]、KEY[2]和 KEY[3]与 74138 模块的输入端 C、B、A 间连线进行命名,如图 7-26 所示。

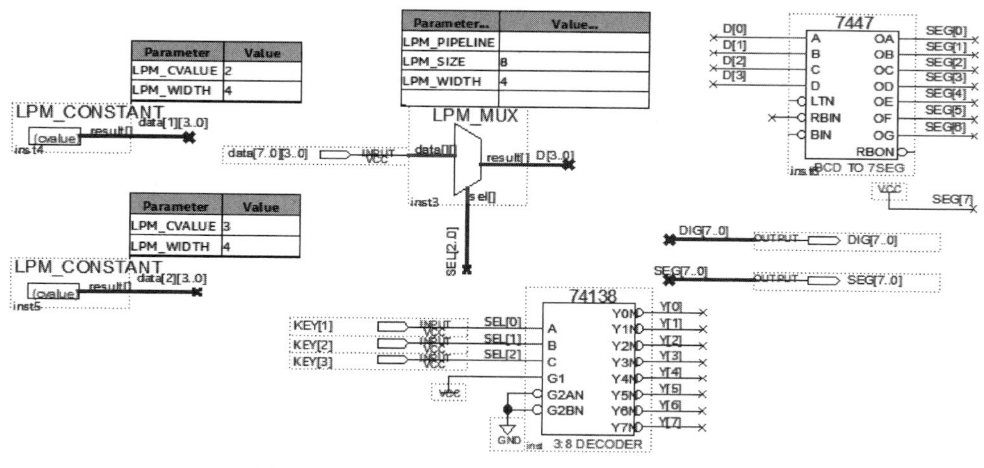

图 7-26　动态显示电路功能测试原理图(正确)

经验积累:"Node '×××' is missing source"报错是我们在设计电路时容易遇到的问题。在遇到这类问题时,应先明确是哪个节点缺少源;然后通过逻辑关系推出该节点应该从电路中哪里接入源,也就是说应该受控于什么信号;最后检查该节点是否与源相连接。若未连接,则需要进行连接,使信号能够顺利传入。

7.3.3　状态机文件设计中的常见编译错误

在数字逻辑电路中,发生先后顺序和时序规律的事件很适合用状态机来描述。对于已经学习过数字逻辑电路相关课程,但还未学习过硬件描述语言的读者,只要能根据逻辑功能画出状态转移图,就可以利用状态机文件相关流程进行逻辑电路设计。下面介绍利用状态机文件进行逻辑电路设计时遇到的一些常见错误,分析其原因,并提出解决方法。

1. Error (154038): State < name > contains multiple outgoing transitions, but one of the transition is always TRUE. As a result, the remaining transitions do not occur

报错原因：状态< name >中包含多个传出转换，但其中一个转换始终为 true，因此其余的状态转换将无法进行。

解决方法：如果状态间的转换需要其他条件触发，需要在状态机向导(State Machine Wizard)中的“Tansitions”部分(箭头所指)将每个状态间的跳转条件在“Transitions”列写明，如图 7-27 所示，并且要确保每个状态传出的转换是相互排斥的。

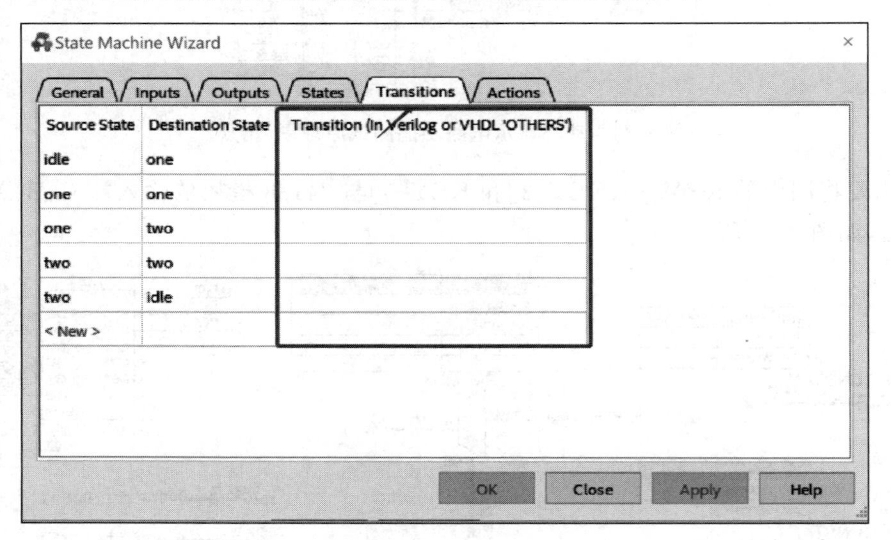

图 7-27　State Machine Wizard 设计 Transitions 窗口

2. Error(154019): State machine does not contain a default state

报错原因：在进行状态机设置时，其中的状态没有包含默认状态，即没有定义初始状态，如图 7-28 所示。

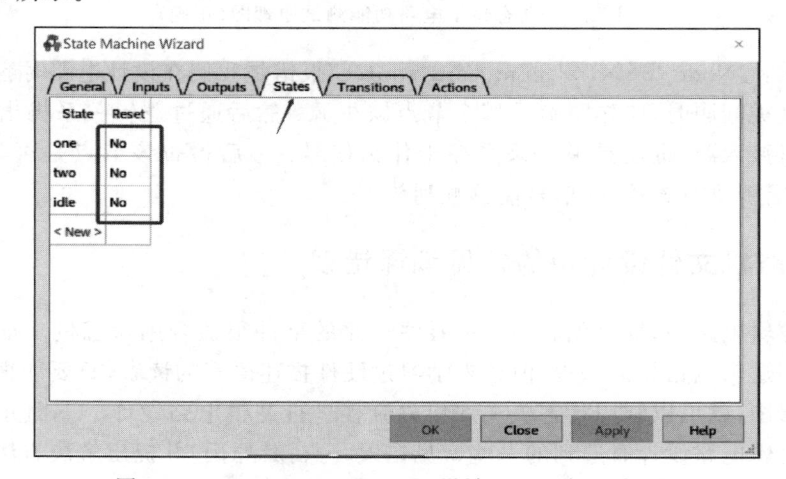

图 7-28　State Machine Wizard 设计 States 窗口(错误)

解决方法：将初始状态对应的“Reset”值设定为“Yes”，如图 7-29 所示。

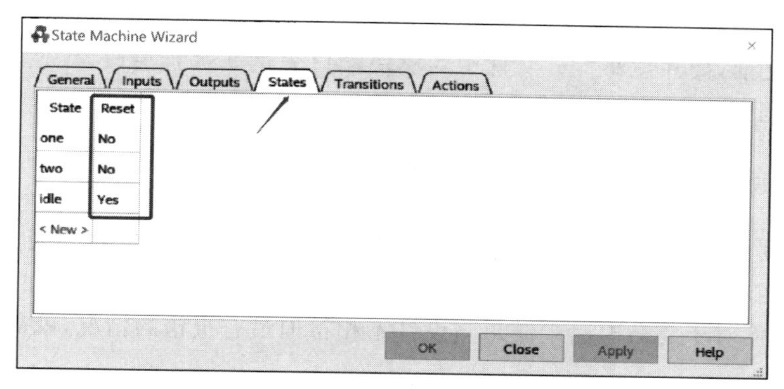

图 7-29　State Machine Wizard 设计 States 窗口（正确）

3. Error (10866): Can't create symbol/include/instantiation/component file for module “cola_machine” with list of ports that includes part select(s), bit select(s), concatenation(s), or explicit port(s)

报错原因：“cola_machine”模块是用一个端口列表声明，包括不是简单标识符的端口表达式，Quartus Prime 软件无法为包含复杂的端口 Verilog 程序生成符号，如图 7-30 所示中行号 24 的情况。

```
18  // synthesis message_off 10175
19
20  `timescale 1ns/1ns
21
22  module cola_machine (
23      sys_rst_n,sys_clk,pi_money,
24      po_cola[2:0]);
25
26      input sys_rst_n;
27      input sys_clk;
28      input pi_money;
29      tri0 sys_rst_n;
30      tri0 pi_money;
31      output [2:0] po_cola;
32      reg [2:0] po_cola;
33      reg [2:0] fstate;
34      reg [2:0] reg_fstate;
35      parameter one=0,two=1,idle=2;
36
37      always @(posedge sys_clk)
38      begin
39          if (sys_clk) begin
```

图 7-30　将状态机转化为 Verilog HDL 语言描述

解决方法：使用简单标识符作为端口表达式，就是将图 7-30 中 Verilog HDL 程序的第 24 行代码改为 “po_cola” 并将该文件保存后，如图 7-31 所示，再进行模块封装。

```
18  // synthesis message_off 10175
19
20  `timescale 1ns/1ns
21
22  module cola_machine (
23      sys_rst_n,sys_clk,pi_money,
24      po_cola);
25
26      input sys_rst_n;
27      input sys_clk;
28      input pi_money;
29      tri0 sys_rst_n;
30      tri0 pi_money;
31      output [2:0] po_cola;
32      reg [2:0] po_cola;
33      reg [2:0] fstate;
34      reg [2:0] reg_fstate;
35      parameter one=0,two=1,idle=2;
36
37      always @(posedge sys_clk)
38      begin
39          if (sys_clk) begin
40              fstate <= reg_fstate;
41          end
42      end
```

图 7-31　更改端口表达式

经验积累：当利用状态机文件完成相应逻辑设计后，可将状态机转化为 Verilog HDL 语言描述的后缀为“.v”的设计文件，再把该文件封装为模块，以方便在原理图设计时调用。但在封装模块之前，要注意将“.v”文件中的模块端口表达式进行更改，仅使用简单标识符，无须将数据位宽列出。

7.3.4 Verilog HDL 文件设计中的常见编译错误

这里介绍利用 Verilog HDL 文件进行逻辑电路设计时遇到的一些常见编译错误，分析其原因并给出相应的解决方法。初学者在实际使用中，如果遇到因不规范的代码造成的报错可作为参考，而对于复杂电路中结果与设计不相符但没有报错的情况，就需要仔细分析逻辑是否正确。

1. Error (12007): Top-level design entity “flow_led” is undefined

报错原因：当顶层设计实体文件名称与设计的 Verilog HDL 文件（.v）或 Verilog Quartus 映射文件（.vqm）模块声明中的实体名称不一致时，可能会出现该报错信息，如图 7-32 所示。

解决方法：修改 Verilog HDL 文件（.v）或 Verilog Quartus 映射文件（.vqm）的模块声明中的实体名称，使其与顶层设计实体文件名称一致，如图 7-33 所示。注意，该名称要求大小写匹配。

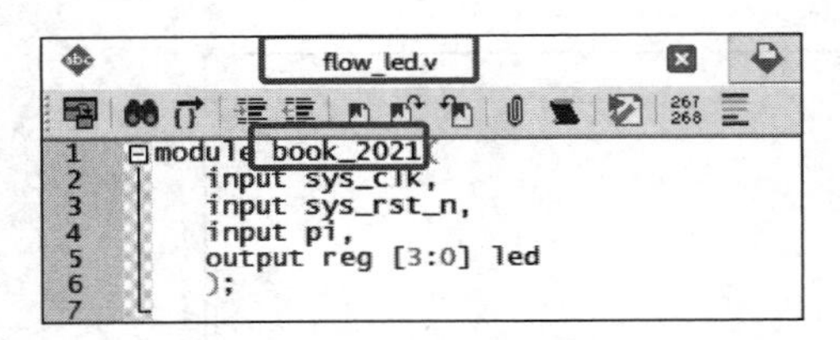

图 7-32 顶层设计实体文件名称与模块实体名称不一致

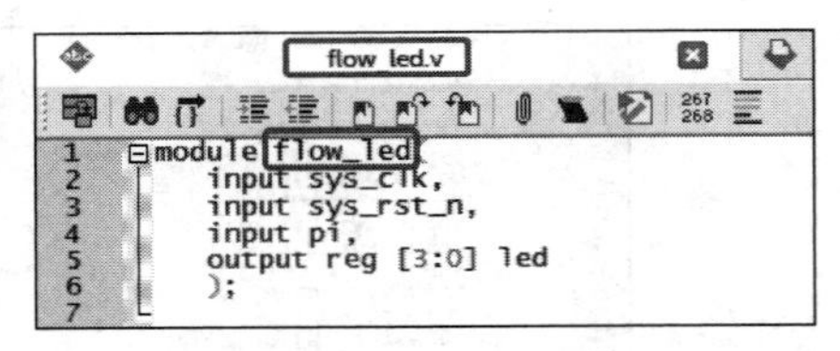

图 7-33 顶层设计实体文件名称与模块实体名称修改一致

2. Error (10161): Verilog HDL error at full_adder.v(8): object “cin” is not declared. Verify the object name is correct. If the name is correct, declare the object

报错原因：报错信息提示的是第 8 行的标识符“cin”未被定义，如图 7-34 所示。由图中的代码可以看出，在第 4 行进行过声明，但是为首字母大写的“Cin”，虽然在英语中表示同一个含义，但是在 Verilog 工具中它们是不同的标识符。

解决方法：将第 4 行的标识符声明与后面代码中出现该标识符的名称进行统一，即将第 4 行代码修改为“input cin,”，或将第 8 行代码修改为“assign{cout,sum}＝a＋b＋Cin;”。

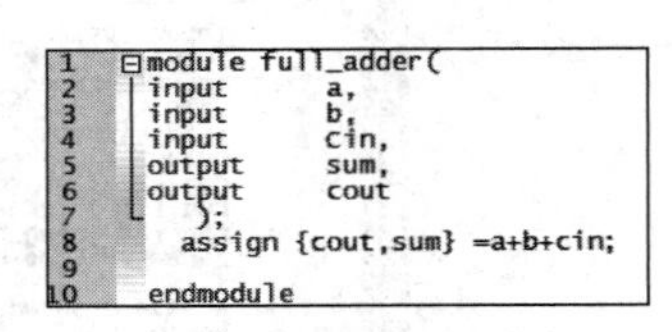

图 7-34 变量名定义大小写字母前后不一致

经验积累：在 Verilog 中进行标识符命名时要符合工程规范性，应尽量避免拼写错误、字母大小写混合使用造成的混乱、标识符的命名与关键字冲突等。

3. Error (10170): Verilog HDL syntax error at flow_led.v(8) near text: “reg”; expecting “;”

报错原因：在 Verilog 设计文件（.v）中，指定关键字附近出现语法错误，此次报错位置在第 8 行“reg”之前缺少用于分隔两个语句的分号“;”，如图 7-35 所示。

```
module flow_led(
    input sys_clk,
    input sys_rst_n,
    input pi,
    output reg [3:0] led
    )

reg  [23:0] counter;

//计数器对系统时钟计数，计时0.2s
always@(posedge sys_clk or negedge sys_rst_n) begin
    if(!sys_rst_n)
        counter<=24'd0;
    else if (counter<24'd1000_0000)
        counter<=counter+1'b1;
    else
        counter<=24'd0;
end
```

图 7-35　语句结尾缺少分号

解决方法：先在代码第 6 行的末尾加上分号“;”，如图 7-36 所示，然后再保存、编译。

```
module flow_led(
    input sys_clk,
    input sys_rst_n,
    input pi,
    output reg [3:0] led
    );

reg  [23:0] counter;

//计数器对系统时钟计数，计时0.2s
always@(posedge sys_clk or negedge sys_rst_n) begin
    if(!sys_rst_n)
        counter<=24'd0;
    else if (counter<24'd1000_0000)
        counter<=counter+1'b1;
    else
        counter<=24'd0;
end
```

图 7-36　对应位置加上分号

经验积累：当出现语法错误的报错信息时，可双击“Messages“信息框中该条报错信息，自动定位到错误位置，结合报错信息检查具体的语法错误并进行更正。注意，代码中所有的标点符号都应是英文字体。

4. Error (10028): Can’t resolve multiple constant drivers for net “xx” at “xxx.v” (21)

报错原因：同一个信号在多个进程中进行赋值，导致并行信号出现冲突。

解决方法：在程序中找出多个进程中同时对该报错变量进行赋值的程序段，进行修改。

经验积累：同一个信号不允许在多个进程中进行赋值，否则为多驱动。FPGA 中进程的并行性决定了多进程不能对同一个对象进行赋值，如不能在两个以上的 always 语句内对同一个变量赋值。

5. Error (10161): Verilog HDL error at flow_led.v(11): object “sys_clk” is not declared. Verify the object name is correct. If the name is correct, declare the object

报错原因：程序中存在未声明的端口名称，如图 7-37 所示，此次报错具体是指在第 11

行用到的端口名称“sys_clk”未声明。

解决方法：在程序中增加“sys_clk”标识符声明，如图 7-38 所示，再保存、编译。

```
1  module flow_led(
2
3      input sys_rst_n,
4      input pi,
5      output reg [3:0] led
6      );
7
8  reg  [23:0] counter;
9
10 //计数器对系统时钟计数，计时0.2s
11 always@(posedge sys_clk or negedge sys_rst_n) begin
12     if(!sys_rst_n)
13         counter<=24'd0;
14     else if (counter<24'd1000_0000)
15         counter<=counter+1'b1;
16     else
17         counter<=24'd0;
18 end
19
```

图 7-37 “sys_clk”端口未声明

```
1  module flow_led(
2      input sys_clk,
3      input sys_rst_n,
4      input pi,
5      output reg [3:0] led
6      );
7
8  reg  [23:0] counter;
9
10 //计数器对系统时钟计数，计时0.2s
11 always@(posedge sys_clk or negedge sys_rst_n) begin
12     if(!sys_rst_n)
13         counter<=24'd0;
14     else if (counter<24'd1000_0000)
15         counter<=counter+1'b1;
16     else
17         counter<=24'd0;
18 end
```

图 7-38 增加端口声明

6. Error (10279): Verilog HDL Port Declaration error at full_adder.v(2): input port(s) cannot be declared with type “reg”

报错原因：在 Verilog HDL 中，输入端口数据类型一般为线网类型，输出端口可定义为线网类型或寄存器类型。图 7-39 中程序输入端口“a”定义的数据类型不正确，输入端口定义为“reg”寄存器类型时编译会报错的。

解决方法：为指定端口声明合适的数据类型。在本例中，需要对输入类型定义为“reg”的部分进行修改，如图 7-40 所示。

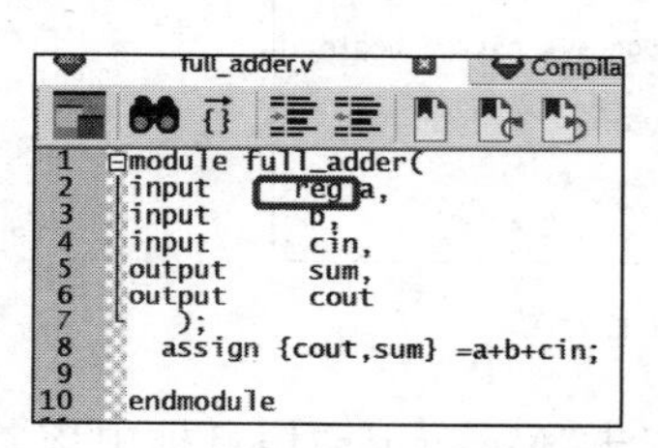

```
1  module full_adder(
2  input     reg a,
3  input         b,
4  input         cin,
5  output        sum,
6  output        cout
7      );
8    assign {cout,sum} =a+b+cin;
9
10 endmodule
```

图 7-39 输入类型定义错误

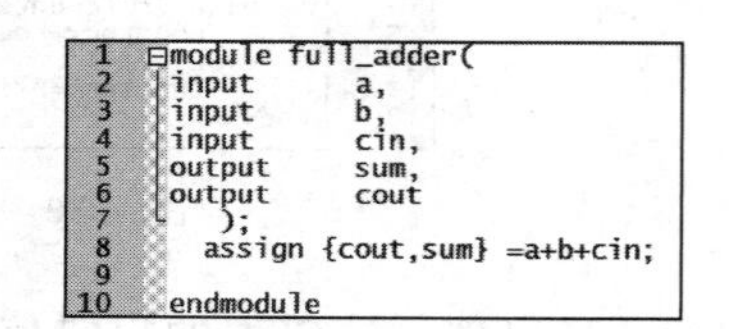

```
1  module full_adder(
2  input         a,
3  input         b,
4  input         cin,
5  output        sum,
6  output        cout
7      );
8    assign {cout,sum} =a+b+cin;
9
10 endmodule
```

图 7-40 输入类型定义修改

经验积累：寄存器类型表示一个抽象的数据存储单位，它只能在 always 语句和 initial 语句中被赋值，并且它的值从一个赋值到另一个赋值过程中被保存下来。

7. Error (10200): Verilog HDL Conditional Statement error at speed_pattern.v(21): cannot match operand(s) in the conditionto the corresponding edges in the enclosing event control of the always construct

报错原因：在 Verilog 设计文件中，关键字 if 与 always 所设定的条件无法匹配，如图 7-41 所示。在本例中就是第 20 行的 always 语句设定条件为“negedge rst”，即需要“rst”下降沿触发，而第 21 行中 if 语句判断条件为“rst”上升沿触发，两处代码逻辑不匹配。

解决方法：由于 always 语句中“rst”选择下降沿触发——“negedge rst”，因此对应 if() 判断语句应改为 if(!rst)，如图 7-42 所示。

经验积累：always 的语句中的信号触发方式要与判断语句中一致。若信号 X 的触发方法为“posedge X”，即上升沿触发，则判断语句应为 if(X)，而非 if(! X)；同样地，若信号

Y 的触发方法是“negedge Y”，即下降沿触发，则判断语句应为 if(!Y)，而非 if(Y)。

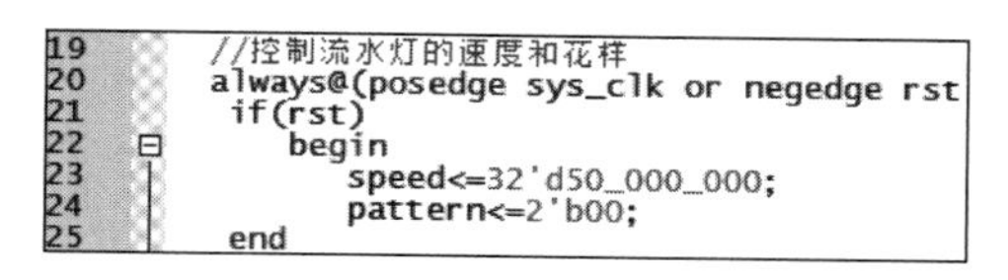

图 7-41　前后代码逻辑不匹配

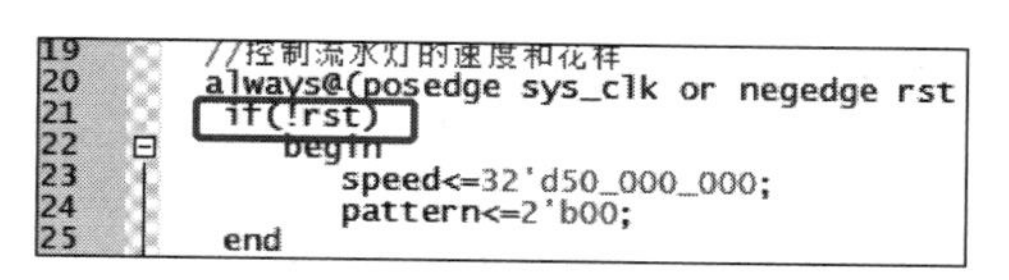

图 7-42　代码修改

8. Error (10122): Verilog HDL Event Control error at speed_pattern.v(39): mixed single- and double-edge expressions are not supported

报错原因：在 always 语句列表中同时定义时钟边沿信号与电平信号，如图 7-43 所示。在本例中，always 语句列表同时定义“posedge sys_clk”(sys_clk 信号上升沿触发)和“rst＝＝0”(rst 信号为低电平有效)。

解决方法：对同一个 always 语句列表中的信号进行修改，改成均为时钟边沿信号或电平信号。修改后的代码如图 7-44 所示。

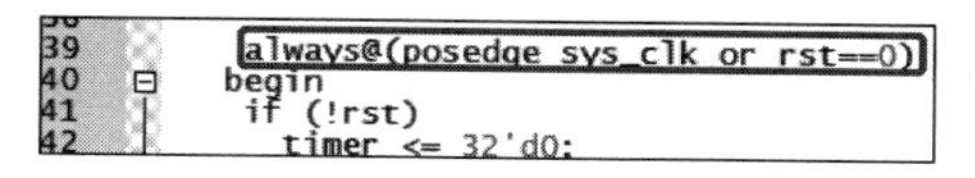

图 7-43　时钟边沿信号与电平信号同时出现

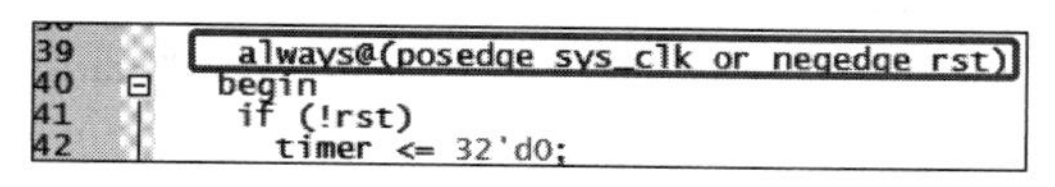

图 7-44　代码修改

经验积累：在 always 语句列表中不能同时定义时钟边沿信号与电平信号。

7.4　仿真调试与测试相关问题及解决方法

7.4.1　ModelSim 联合仿真

Quartus Prime 17.1 软件取消了自带的仿真器，需要在软件中下载安装第三方仿真软件 ModelSim 并进行相关配置后关联起来，进而可实现直接在 Quartus Prime 17.1 软件中进行波形仿真。该部分涉及的仿真测试文件 TestBench 可参考第 6 章有关内容。

下面我们回顾一下利用 Quartus Prime 17.1 软件进行 ModelSim 联合仿真的步骤：设计文件置顶编译后，在 Quartus Prime 17.1 系统界面点击菜单“Tools”→“Launch Simulation Library Compiler”，如图 7-45 所示。在弹出的界面中点击“Start Compilation”，等待编译成功，如图 7-46 所示。

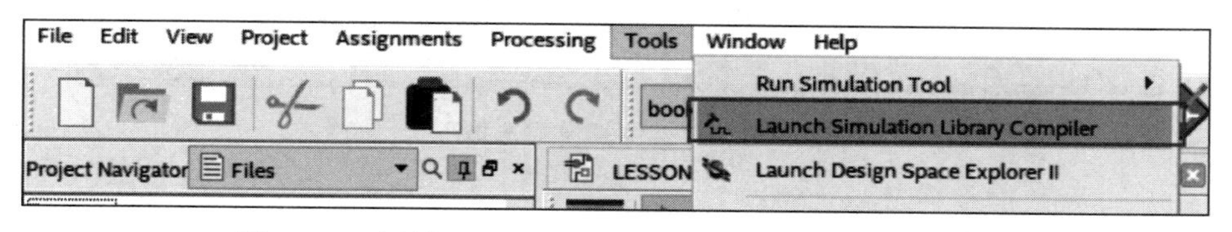

图 7-45　选择“Launch Simulation Library Compiler”命令

点击菜单“File”→“New”，新建“University Program VWF”仿真文件，将所有仿真节点选择完毕后进行保存，可进行功能仿真或时序仿真，如图 7-47 所示。

EDA Simulation Library Compiler - C:/Users/sjh/Desktop/book_2021/book2021 - book2021

Search altera.com

Settings　Messages

Log

```
Info: Start compiling process
Info: Args:  -tool modelsim -language verilog -tool_path C:/modeltech64_10.7/win64 -directory C:/Users/sjh/Desktop/book_2021 -rtl_only
Info: *******************************************************************
Info: Running Quartus Prime Shell
    Info: Version 17.1.0 Build 590 10/25/2017 SJ Lite Edition
    Info: Copyright (C) 2017  Intel Corporation. All rights reserved.
    Info: Your use of Intel Corporation's design tools, logic functions
    Info: and other software and tools, and its AMPP partner logic
    Info: functions, and any output files from any of the foregoing
    Info: (including device programming or simulation files), and any
    Info: associated documentation or information are expressly subject
    Info: to the terms and conditions of the Intel Program License
    Info: Subscription Agreement, the Intel Quartus Prime License Agreement,
    Info: the Intel FPGA IP License Agreement, or other applicable license
    Info: agreement, including, without limitation, that your use is for
    Info: the sole purpose of programming logic devices manufactured by
    Info: Intel and sold by Intel or its authorized distributors.  Please
    Info: refer to the applicable agreement for further details.
    Info: Processing started: Wed Sep 13 23:03:27 2023
Info: Command: quartus_sh --simlib_comp -tool modelsim -language verilog -tool_path C:/modeltech64_10.7/win64 -directory C:/Users/sjh/Desktop/book_2021 -rtl_only
Info: Quartus(args): -tool modelsim -language verilog -tool_path C:/modeltech64_10.7/win64 -directory C:/Users/sjh/Desktop/book_2021 -rtl_only
Info: Changing the current directory to output directory C:/Users/sjh/Desktop/book_2021 ..
Info: Using Path C:/modeltech64_10.7/win64 that was set in EDA Simulation Library Compiler Options
Info: Generating commands to compile library altera_ver ...
Info: Generating commands to compile library lpm_ver ...
Info: Generating commands to compile library sgate_ver ...
Info: Generating commands to compile library altera_mf_ver ...
Info: Generating commands to compile library altera_lnsim_ver ...
Info: Executing command file containing library compilation commands
Info: Reading C:/modeltech64_10.7/tcl/vsim/pref.tcl
Info: # 10.7
Info: # do temp_simlib_comp.tmp
Info: # Model Technology ModelSim SE-64 vlog 10.7 Compiler 2017.12 Dec  7 2017
Info: # Start time: 23:03:33 on Sep 13,2023
Info: # vlog -work altera_ver -vlog01compat c:/intelfpga_lite/17.1/quartus/eda/sim_lib/altera_primitives.v
Info: # -- Compiling module global
```

Start Compilation　Close　Help

0%　00:00:00

图 7-46　点击“Start Compilation”编译按钮

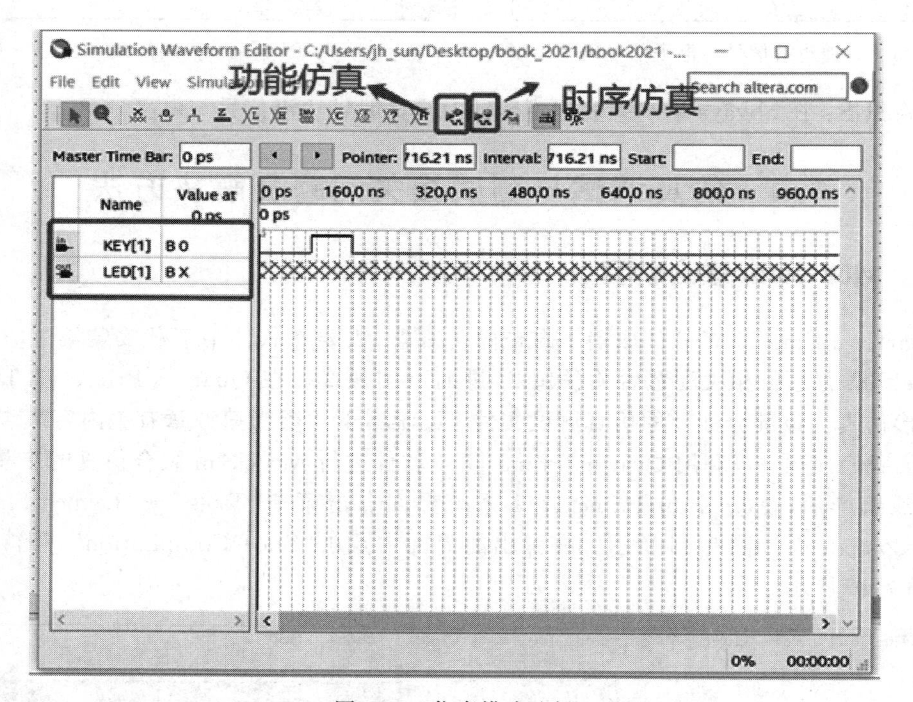

图 7-47　仿真模式选择

7.4.2　仿真文件路径问题

报错原因：在保存仿真文件时，将默认的文件名“Waveform3. vwf”改为“lesson3. vwf”，导致仿真时系统提示无法找到仿真测试文件 TestBench，如图 7-48 所示。

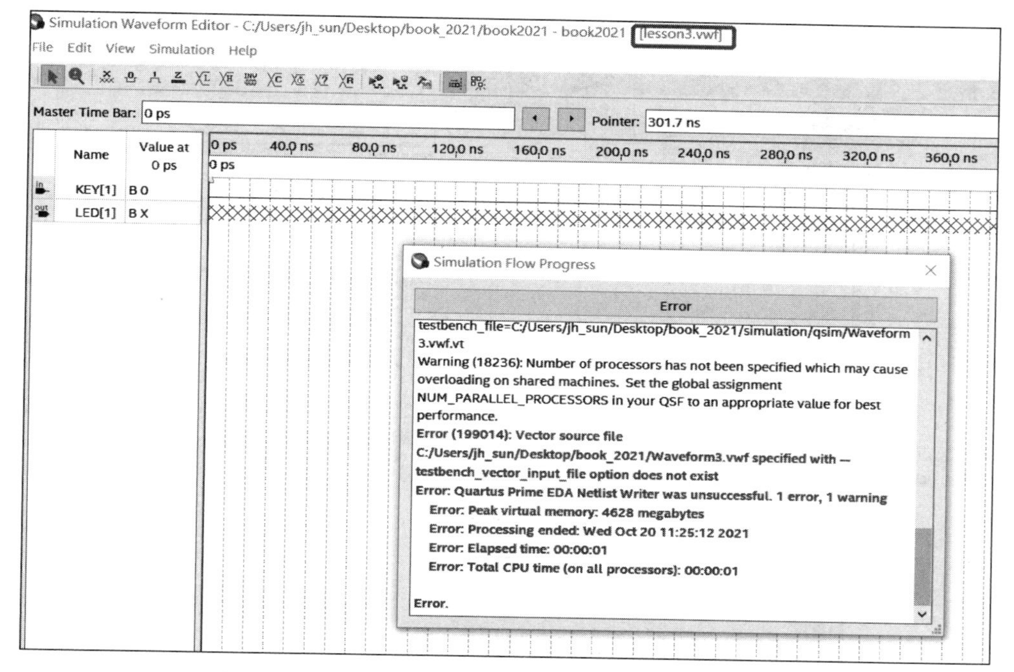

图 7-48　仿真错误提示

解决方法：

(1) 在保存仿真文件“. vwf”时，采用默认的 vwf 文件名并且保存在默认路径，如图 7-49 所示。

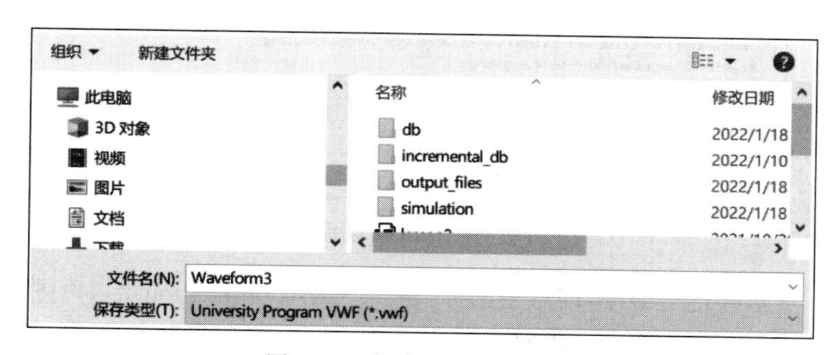

图 7-49　仿真文件保存路径

(2)在 vwf 文件中，利用菜单“Simulation Settings”修改 TestBench 文件路径和仿真文件名称，如图 7-50 所示。

经验积累：在使用 Quartus Prime 17.1 与 ModelSim 进行联合仿真时，系统分配给当前 vmf 文件的默认名称与生成的仿真测试文件 TestBench 具有关联性，注意文件路径和仿真文件名称应保持一致。

7.4.3　未全编译导致无法时序仿真

报错原因：对电路未进行全编译，可进行功能仿真，但不能进行时序仿真，如图 7-51 所示。

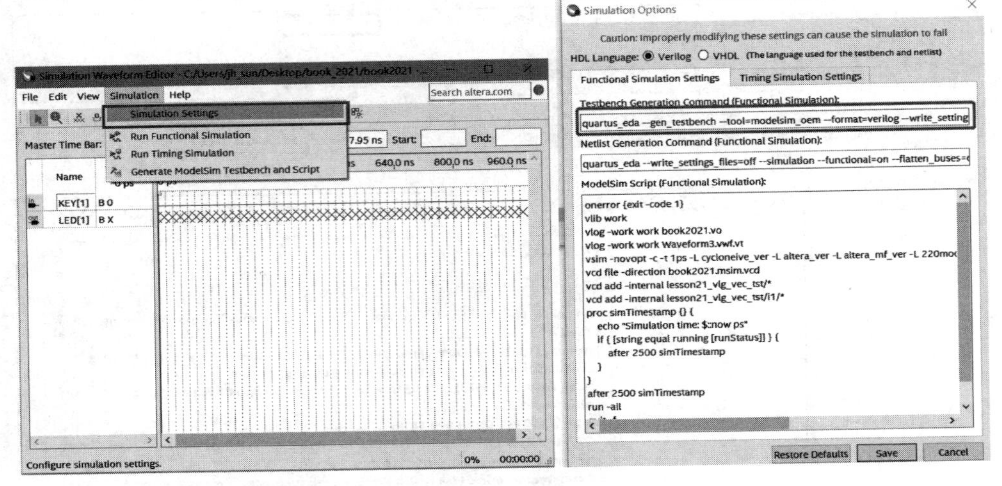

图 7-50　仿真设置

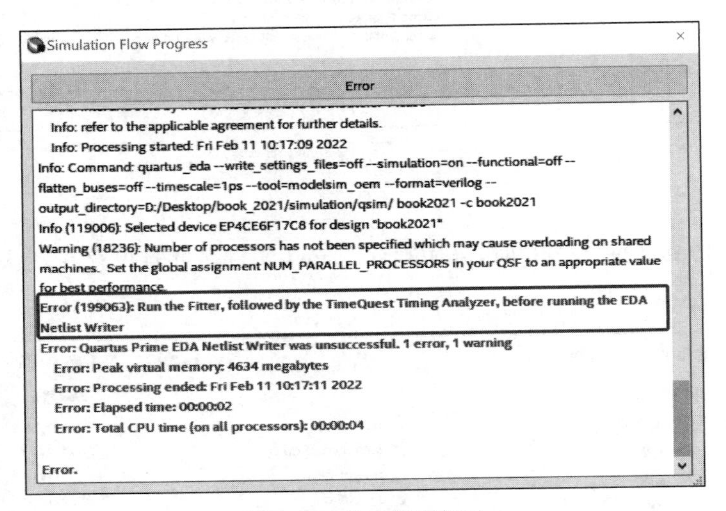

图 7-51　仿真错误提示

解决方法：重新进行全编译，即点击图标“▶”(Start Compilation)后，再进行时序仿真。

经验积累：图标“ ”表示对代码进行分析和综合，可用于检查设计电路语法的正确性，并利用综合器将代码解释为电路的形式，分析与综合成功后，表示没有语法错误产生，此时可进行功能仿真。图标“▶”代表全编译，分析与综合是全编译的一部分，全编译是在分析与综合的基础上，再进行布局与布线，因此编译时间更长。在进行时序仿真和上板验证前一定要进行全编译。

7.5　引脚绑定相关问题及解决方法

7.5.1　弹窗提示引脚分配不成功

报错原因：将同一个引脚号分配给多个引脚时，系统提示该引脚号已被分配，如图 7-52 箭头所示。

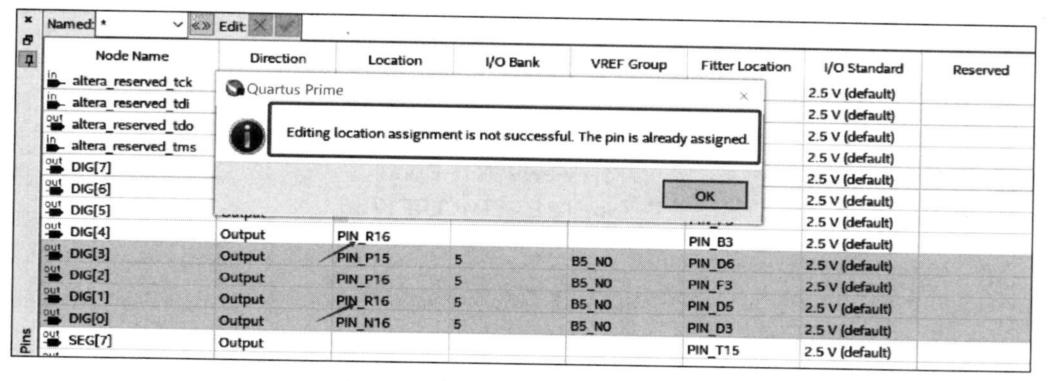

Node Name	Direction	Location	I/O Bank	VREF Group	Fitter Location	I/O Standard	Reserved
altera_reserved_tck						2.5 V (default)	
altera_reserved_tdi						2.5 V (default)	
altera_reserved_tdo						2.5 V (default)	
altera_reserved_tms						2.5 V (default)	
DIG[7]						2.5 V (default)	
DIG[6]						2.5 V (default)	
DIG[5]						2.5 V (default)	
DIG[4]	Output	PIN_R16				2.5 V (default)	
DIG[3]	Output	PIN_P15	5	B5_N0	PIN_B3	2.5 V (default)	
DIG[2]	Output	PIN_P16	5	B5_N0	PIN_D6	2.5 V (default)	
DIG[1]	Output	PIN_R16	5	B5_N0	PIN_F3	2.5 V (default)	
DIG[0]	Output	PIN_N16	5	B5_N0	PIN_D5	2.5 V (default)	
SEG[7]	Output				PIN_D3	2.5 V (default)	

图 7-52　重复分配引脚号的警告弹窗

解决方法：点击弹窗中的“OK”按钮，在需要删除引脚的“Location”位置点击鼠标左键选中，然后在键盘上按下“Delete”键将信息删除，再进行相应管脚分配，如图 7-53 所示。

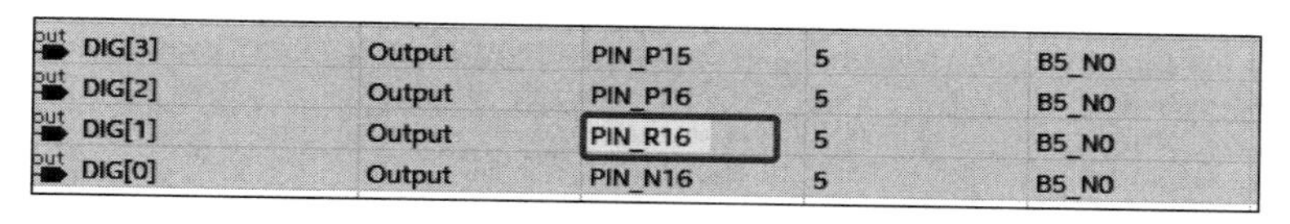

DIG[3]	Output	PIN_P15	5	B5_N0
DIG[2]	Output	PIN_P16	5	B5_N0
DIG[1]	Output	PIN_R16	5	B5_N0
DIG[0]	Output	PIN_N16	5	B5_N0

图 7-53　引脚分配情况

经验积累：进行引脚分配时，要查找厂家给出的实验板卡引脚分配表。如果引脚号分配错误，需要将该引脚号删除后再重新分配。

7.5.2　误关引脚分配列表

当关闭引脚分配列表后，分配引脚窗口如图 7-54 所示。

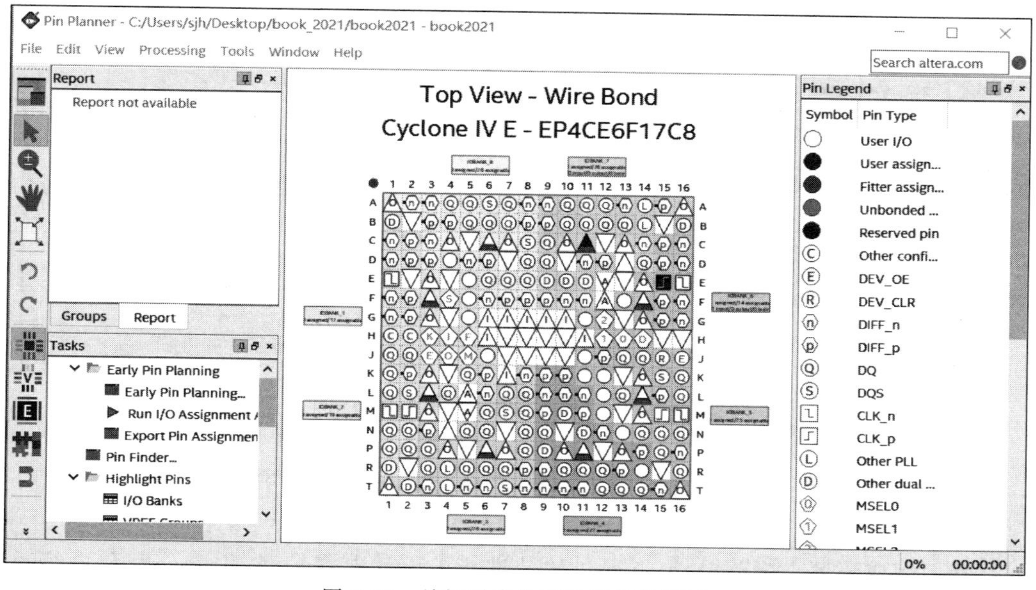

图 7-54　关闭引脚分配列表后的界面

解决方法：点击菜单“View”→“All Pins List”后，即可调出引脚分配列表，如图 7-55 和图 7-56 所示。

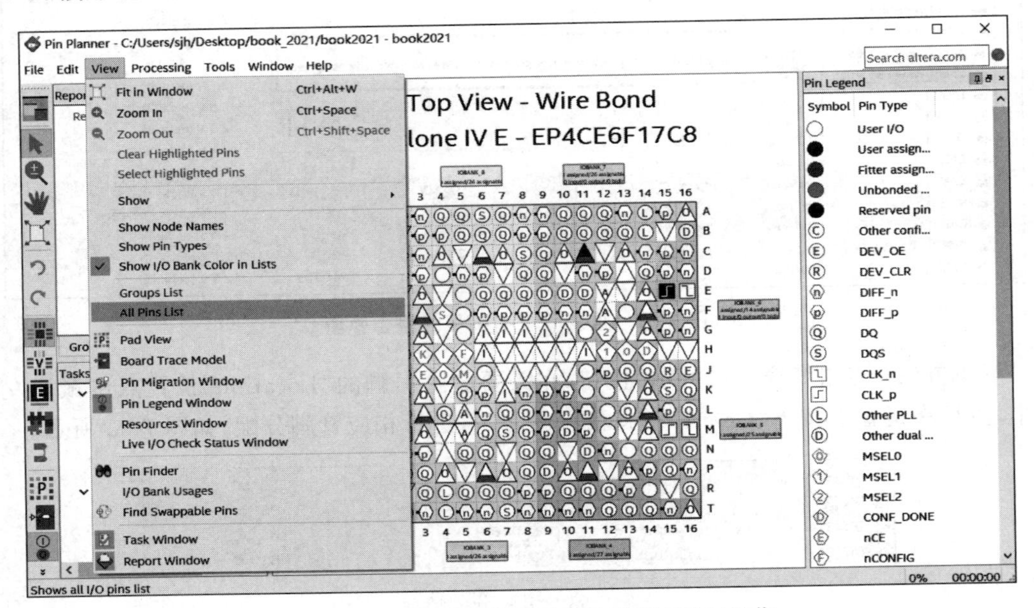

图 7-55　对关闭引脚分配列表后的界面进行操作

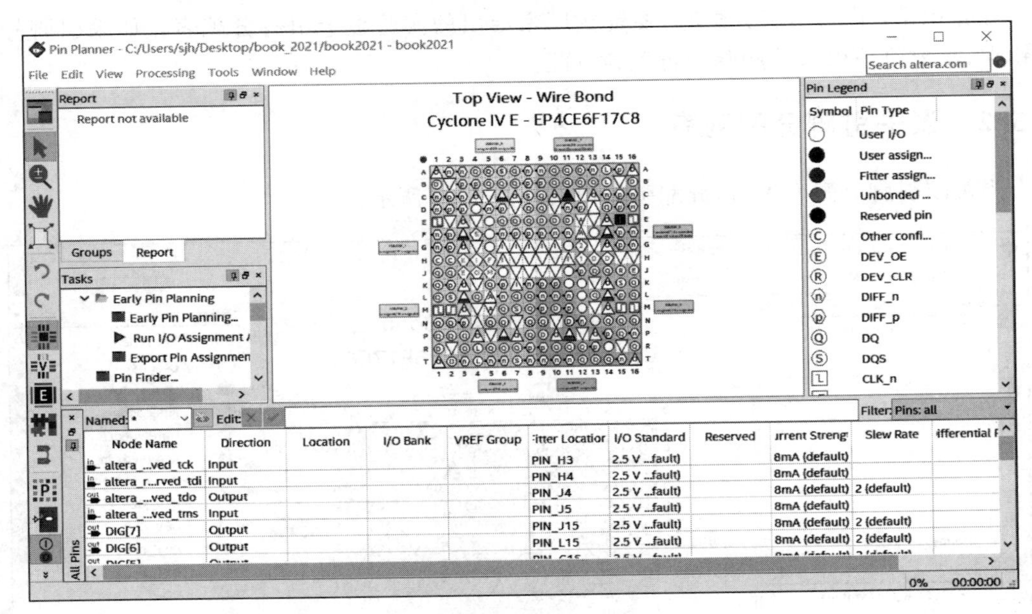

图 7-56　打开引脚分配列表后的界面

7.6　程序下载相关问题及解决方法

当我们完成了逻辑电路设计，并通过软件进行了设计电路编译、引脚分配和再编译后，就可下载到 FPGA 实验板上，进行逻辑电路调试与测试。下面介绍下载测试时遇到的常见问题及其解决方法。

7.6.1　测试程序无法下载到实验板上

一般测试程序下载到实验板上遇到的常见问题及其解决方法如下。

1. 下载时无法找到 USB-Blaster 下载器

此情况下可能有以下几个原因，建议按照介绍顺序进行排查。

(1) 开发板未供电

解决方法：请检查实验板的供电指示灯是否点亮，如果没有点亮，需要按下电源开关。在电源指示灯点亮的情况下，计算机才可以识别到 USB 转串口。

(2) 与计算机相连的 USB 接口无法正常进行通信

解决方法：换个计算机，在其 USB 接口重新插入下载线，可多次尝试，直到能够识别驱动。若还是不能识别，请检查下载线是否出现故障，或更换下载线进行尝试。

(3) USB 驱动程序未安装成功

解决方法：请重新安装 USB-Blaster 驱动程序，详细步骤如下。

首先，单击“此计算机”→“管理”→“设备管理器”，选择“其他设备”后存在标有黄色感叹号的未安装驱动 USB-Blaster 设备，如图 7-57 所示。

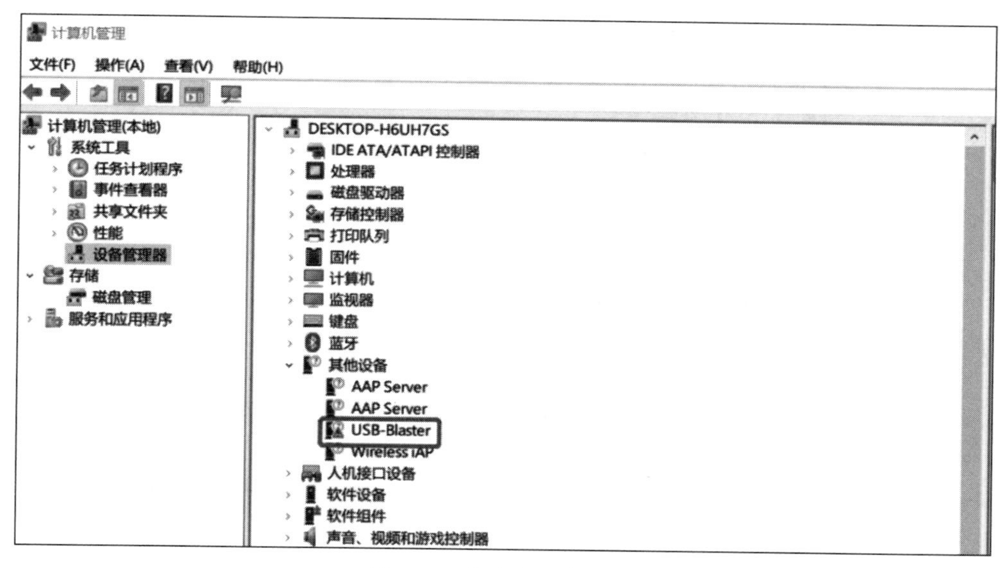

图 7-57　设备管理器界面

然后，单击鼠标右键选择 USB-Blaster 设备，选择“更新驱动软件”→“浏览我的计算机以查找驱动程序”，如图 7-58 所示。

接着，浏览 Quartus Prime 17.1 软件安装文件夹，软件自带 USB-Blaster 驱动程序。一般软件安装在默认路径下，驱动程序在“C:\intelFPGA_lite\17.1\quartus\drivers\usb-blaster”路径下(根据实际的软件安装路径进行选择)，如图 7-59 所示。点击“确定”后会出现是否安装此设备软件的提示窗，选择“安装”，如图 7-60 所示。

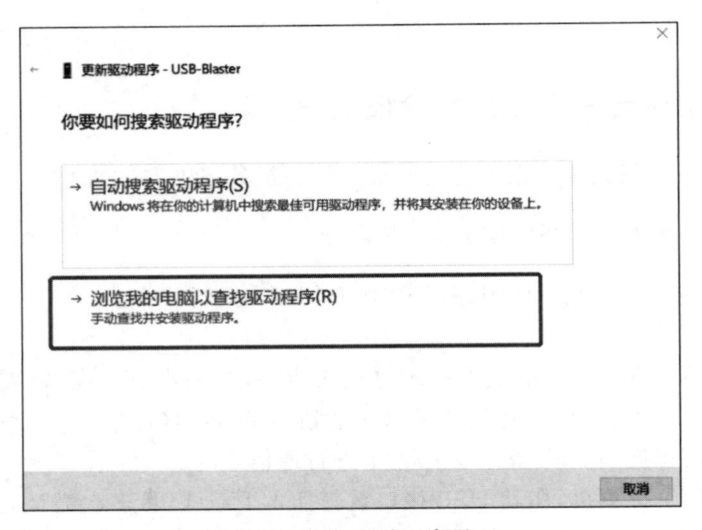

图 7-58 更新驱动程序界面

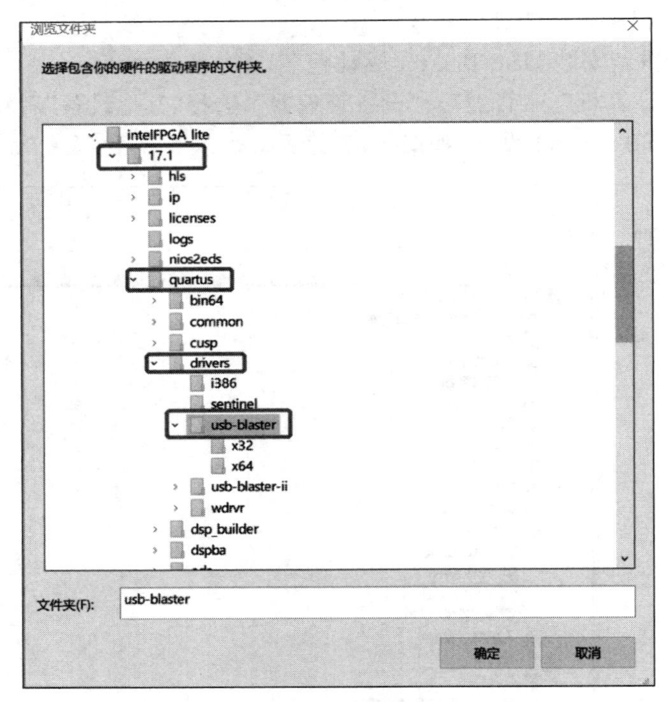

图 7-59 安装驱动程序查找路径

图 7-60 驱动程序安装提示框

最后，单击“下一步”按钮，等待驱动安装。驱动安装成功后返回“设备管理器”，可在“通用串行总线控制器”中查找到“Altera USB-Blaster”，如图 7-61 所示。

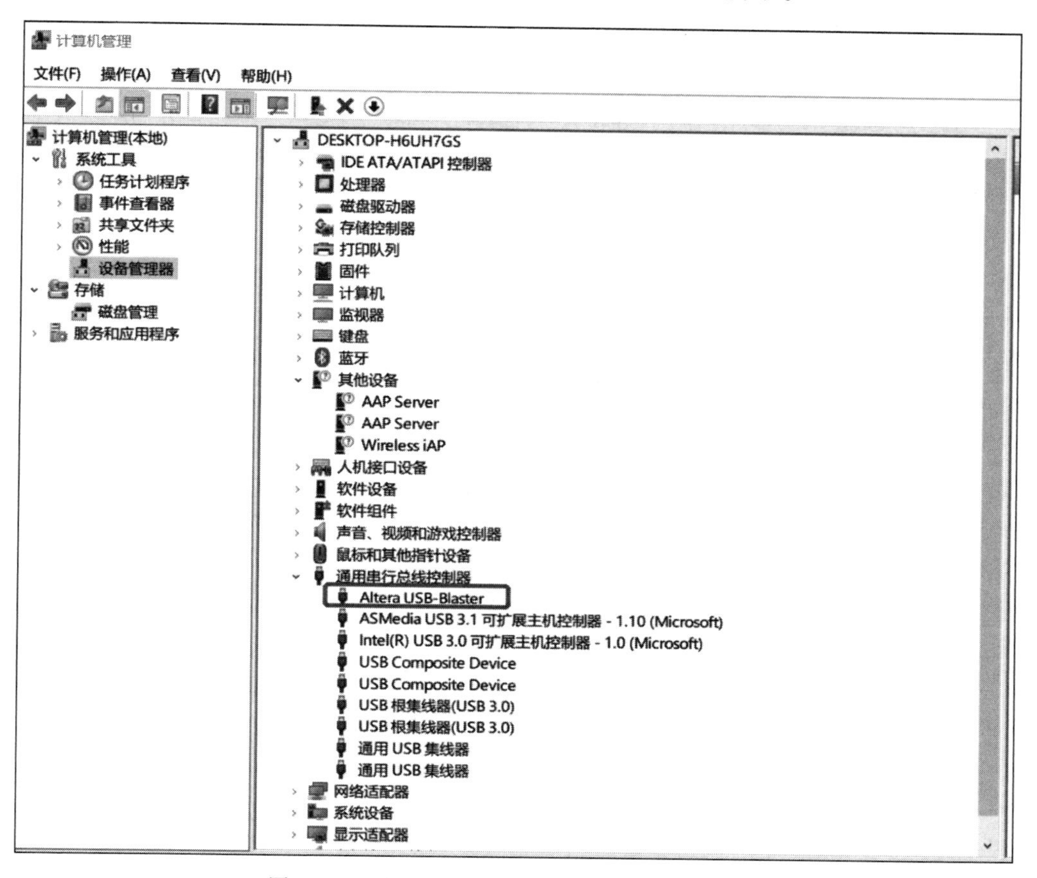

图 7-61　Altera USB-Blaster 驱动程序安装成功

注意：为避免 USB-Blaster 下载器使用不当造成实验板损坏，应按照操作流程来使用。关闭板卡电源后才可改接 USB-Blaster 下载器与 PC 机或板卡的接口。开启板卡电源后，在 Quartus Prime 软件中完成下载与调试，不要在板卡上电期间插拔 USB-Blaster 下载器。

2. 设备型号不匹配导致无法下载

当点击“Start”按钮进行下载时，Progress 进度条一直为“0%(Failed)”，表明下载失败，如图 7-62 所示。

解决方法：首先点击菜单栏“Assignments”→“Device...”，如图 7-63 所示。然后在图 7-64 所示界面中选择与实验板相匹配的芯片型号。需要注意的是，更改芯片型号后需要再编译，然后才能进行下载操作。

3. 下载时出现报错

当点击菜单“Programmer”下载选项，“Messages”信息窗中的“System”出现报错信息时，请对照信息内容判断是否属于下面所列情况。

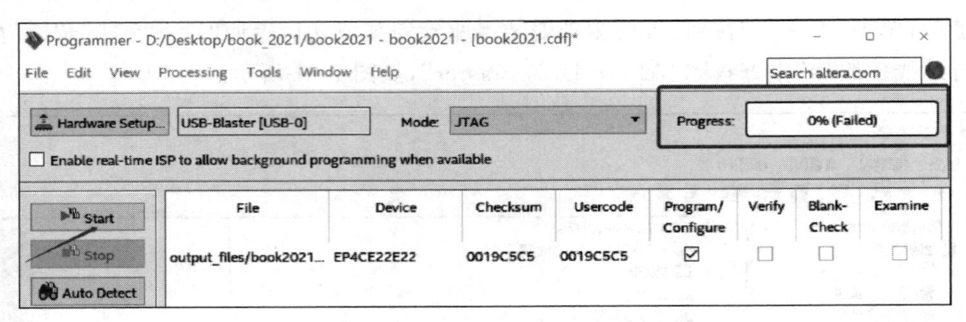

图 7-62 程序下载失败

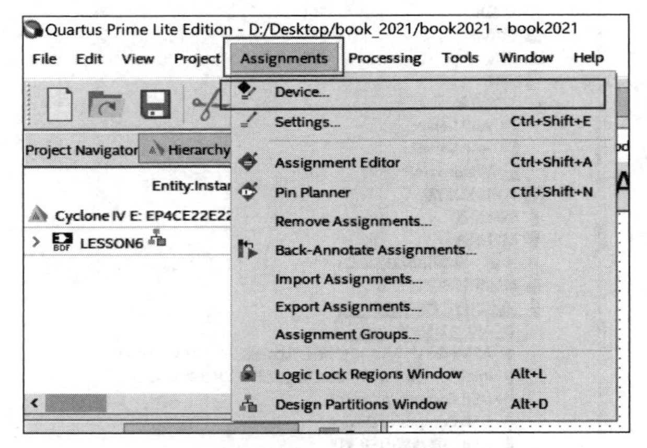

图 7-63 选择“Device...”命令

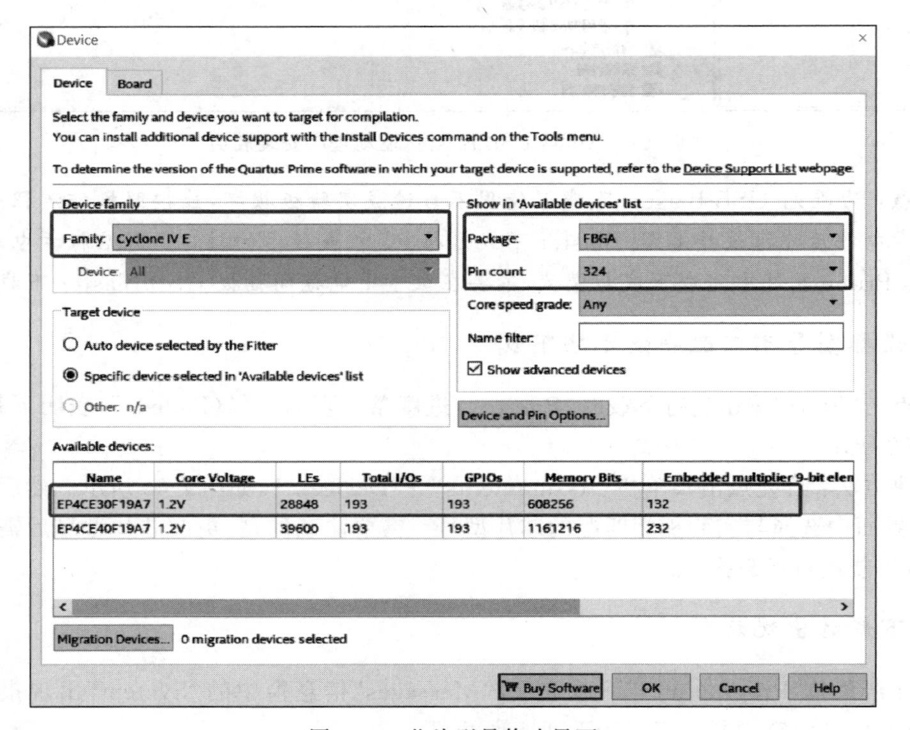

图 7-64 芯片型号修改界面

（1）无法访问JTAG链，出现如下报错信息：

Error (209040)：Can't access JTAG chain

Error (209012)：Operation failed

报错原因：Programmer无法与JTAG链通信，出现该报错的原因可能是实验板未通电、USB-Blaster下载器接错或实验板出现问题等。

解决方法：确保实验板已通电且USB-Blaster下载器连接正确，并检查实验板上的指示灯状态。

（2）下载前未分配引脚，出现如下报错信息：

Error (209015)：Can't configure device. Expected JTAG ID code 0x020F30DD for device 1, but found JTAG ID code 0x020F10DD. Make sure the location of the target device on the circuit board matches the device's location in the device chain in the Chain Description File (. cdf).

Error (209012)：Operation failed

报错原因：该报错通常是在没有分配引脚就直接下载到实验板时产生。

解决方法：点击"Assignments"→"Pin Planner"，查看是否分配引脚。若没有分配，需要进行相应操作后再下载。

7.6.2　设计文件下载到实验板后实验现象与预期不符

当将设计文件下载到实验板后，出现实际现象与预期不相符的情况时，可按照下面列出各条进行排查。

（1）未将待测试电路文件置顶；

（2）下载文件不匹配；

（3）引脚分配不正确；

（4）更改芯片信号后未重新编译；

（5）设计的电路存在逻辑问题。

7.7　SignalTap Ⅱ波形测量相关问题及解决方法

利用嵌入式逻辑分析仪SignalTap Ⅱ对图7-20中的电路进行节点波形测试，需要观察74161模块输出引脚"CLK/2""CLK /4""CLK /8""CLK /16""RCO161"与输入100Hz时钟信号之间的波形关系。下面介绍使用SignalTap Ⅱ进行波形测量时遇到的常见问题及其解决方法。需要注意，修改SignalTap Ⅱ中的任何设置，均需要重新编译、下载到实验板后，再进行波形测量。

7.7.1　SignalTap Ⅱ无法识别下载器和实验板芯片

报错原因：SignalTap Ⅱ无法识别下载器USB Blaster，如图7-65所示。

解决方法：检查计算机与实验板之间是否连接好USB Blaster下载器。若完成硬件连接并且已打开电源开关，还无法正常通信，则可尝试重启实验板。

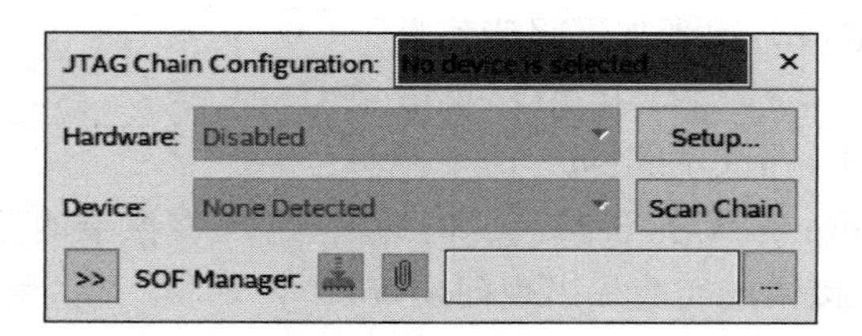

图 7-65 JTAG 链配置

7.7.2 Matching Nodes 列表中无法找到全部待测节点

报错原因：在“Node Finder”窗口中，“Filter”栏测试节点信号筛选设置不合适，如图 7-66 所示。

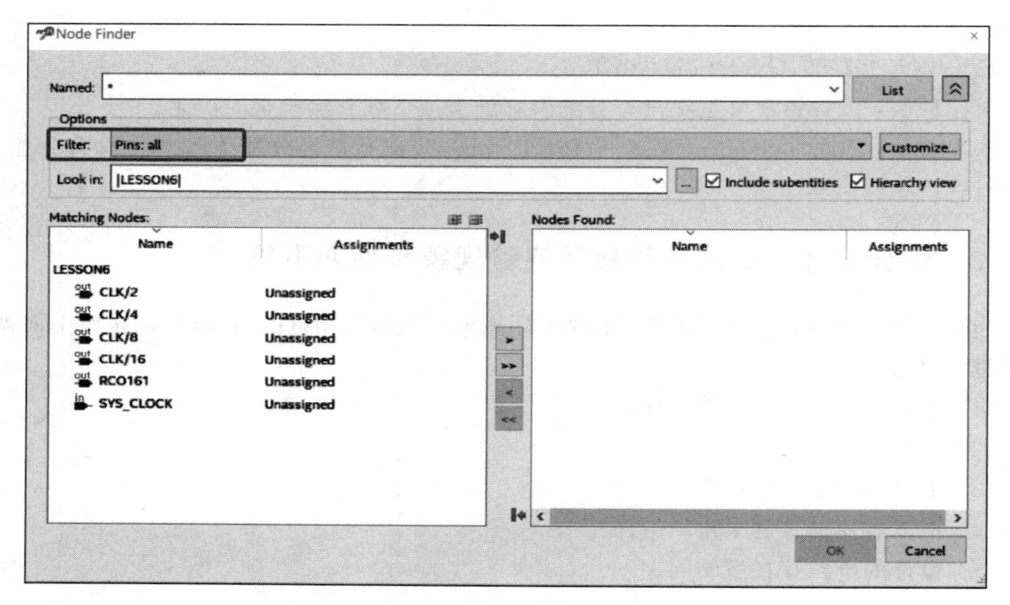

图 7-66 节点发现器界面“Filter”设置不合适

解决方法：将“Filter”处的筛选条件改为“Signal Tap：pre-synthesis”后，再次点击“List”按钮，符合条件的节点将会在“Matching Nodes”列表中显示，如图 7-67 所示。

经验积累：本书中涉及的 SignalTap Ⅱ 测试部分，“Filter”筛选信号类型一般设置为“pre-synthesis”，为综合前信号，可提取到寄存器端口和组合逻辑端口，基本覆盖了我们需要的测试点。

7.7.3 部分测试节点无波形或波形不正确

报错原因：设置的采样时钟频率过低，如图 7-68 所示。此处设置的采样频率为 10Hz，比待测节点的频率 100Hz 还要低，不满足采样定理基本要求，导致漏掉采集点的情况，出现图 7-69 所示不正确的波形。

解决方法：根据采样定理，采样频率应大于信号中最高频率的 2 倍，采样之后的数字信

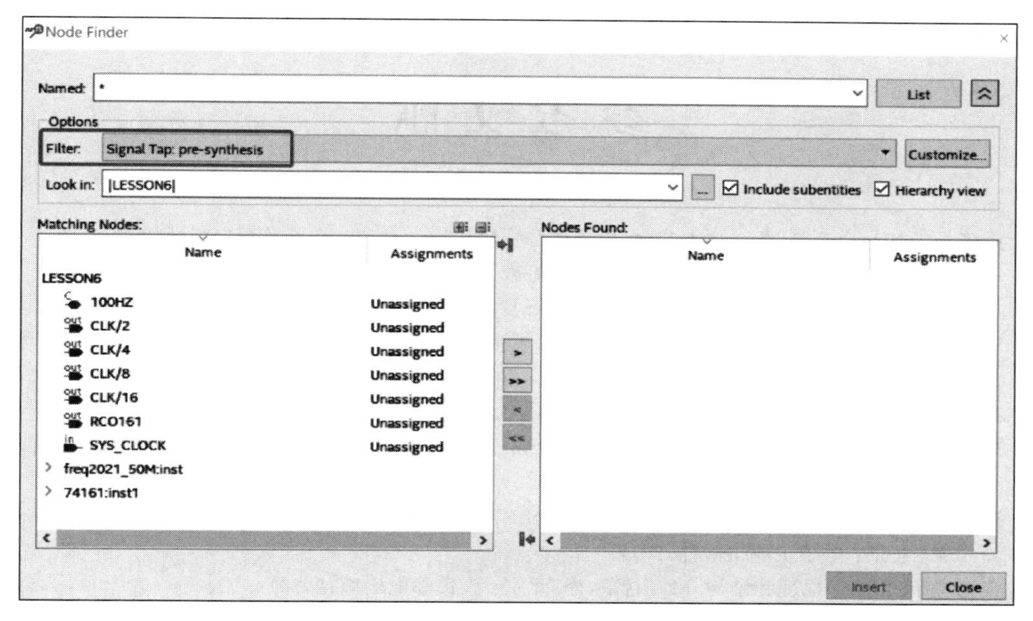

图 7-67　节点发现器界面“Filter”设置合适

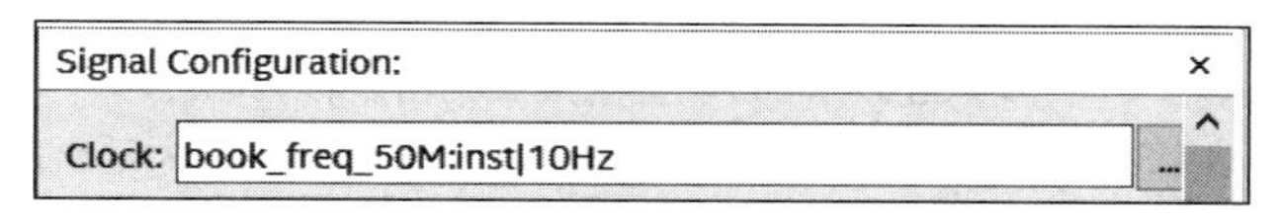

图 7-68　SignalTap Ⅱ采样频率设置过低

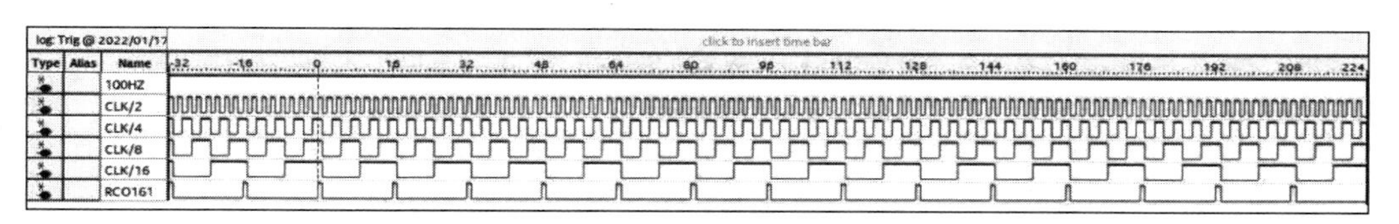

图 7-69　SignalTap Ⅱ采集到的不正确的波形图

号可完整地保留原始信号中的信息。为解决图 7-69 中数据波形出现遗漏采样点的问题，需要修改图 7-68 中“Clock”处的采样频率，此处选择 1kHz 窄脉冲信号“S_1kHz”作为采样信号，修改后的设置如图 7-70 所示。修改无误后的波形测量结果如图 7-71 所示。

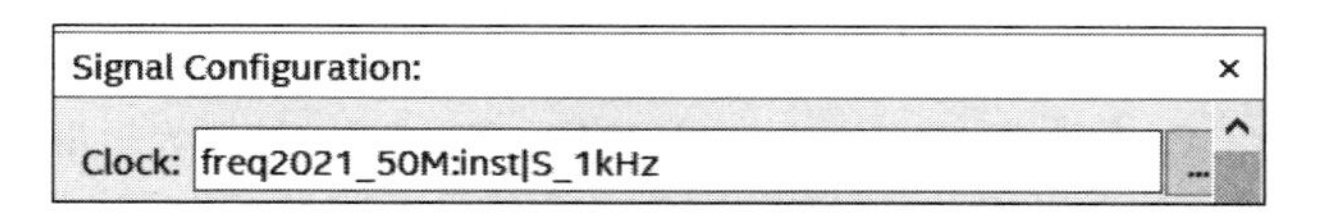

图 7-70　SignalTap Ⅱ采样频率设置

图 7-71　SignalTap Ⅱ采集到的正确的波形图

参考文献

[1] 康华光,邹寿彬,秦臻.电子技术基础(数字部分)[M].5版.北京:高等教育出版社,2006.

[2] 阎石.数字电子技术基础[M].5版.北京:高等教育出版社,2006.

[3] 王源,贾嵩,崔小欣,等.超大规模集成电路分析与设计[M].北京:北京大学出版社,2014.

[4] WESTERN N H E,HARRIS D. CMOS 超大规模集成电路设计[M].汪东,李振涛,毛二坤,等译.3版.北京:中国电力出版社,2005.

[5] 蔡懿慈,周强.超大规模集成电路设计导论[M].北京:清华大学出版社,2005.

[6] BAKER R J,LI H W,BOYEE D E. CMOS 电路设计、布局与仿真(英文版)[M].北京:机械工业出版社,2003.

[7] RABAEY J M,CHANDRAKASAN A,NIKOLIC B.数字集成电路:电路、系统与设计[M].周润德,译.2版.北京:电子工业出版社,2017.

[8] 天野英晴.FPGA 原理和结构[M].赵谦,译.北京:人民邮电出版社,2019.

[9] 刘军,阿东,张洋.原子教你玩 FPGA[M].北京:北京航空航天大学出版社,2019.

[10] 何宾.Intel FPGA 权威设计指南:基于 Quartus Prime Pro 19 集成开发环境[M].北京:电子工业出版社,2020.

[11] 周立功.EDA 实验与实践[M].北京:北京航空航天大学出版社,2007.

[12] 罗长杰,韩绍程.数字逻辑实验与课程设计[M].哈尔滨:哈尔滨工程大学出版社,2017.

[13] SCHERZ P.实用电子元器件与电路基础[M].夏建生,王仲奕,刘晓晖,等译.2版.北京:电子工业出版社,2009.

[14] 数字逻辑电路实验课程组.数字逻辑电路实验[M].北京:北京大学出版社,2008.

[15] 庞志勇,陈弟虎,黄以华.数字集成电路 EDA 设计实验[M].北京:电子工业出版社,2018.

[16] 王术群,肖健平,杨丽.数字电路实验教程(基于 FPGA 平台)[M].武汉:华中科技大学出版社,2020.

[17] 张俊涛.数字电路与逻辑设计[M].2版.北京:清华大学出版社,2017.

[18] 赵权科,王开宇.数字电路实验与课程设计[M].北京:电子工业出版社,2019.

[19] Meyer-Baese U.数字信号处理的 FPGA 实现[M].刘凌,译.3版.北京:清华大学出版社,2011.

[20] 李莉.深入理解 FPGA 电子系统设计[M].北京:清华大学出版社,2020.

[21] 马文来,术守喜.民航飞机电子电气系统与仪表[M].北京:北京航空航天大学出版社,2015.

[22] 王忠礼,王秀琴,夏洪洋.Verilog HDL 数字系统设计入门与应用实例[M].北京:清华大学出版社,2019.

[23] 夏宇闻.Verilog 数字系统设计教程[M].3版.北京:北京航空航天大学出版社,2013.

[24] 潘松,陈龙,黄继业.EDA 技术与 Verilog HDL [M].2版.北京:清华大学出版社,2013.

[25] 何宾,许中璞,韩琛晔.Intel Quartus Prime 数字系统设计权威指南[M].北京:电子工业出版社,2020.

[26] 石侃.详解 FPGA:人工智能时代的驱动引擎[M].北京:清华大学出版社,2021.

[27] 张瑞.FPGA 的人工智能之路:基于 Intel FPGA 开发的入门到实践[M].北京:电子工业出版社,2020.

附录A Quartus Prime 常用模块

表 A1 常用 74 系列模块列表

74 系列模块	实现功能	74 系列模块	实现功能
7400	2 输入端与非门	74151	8 选 1 数据选择器
7402	2 输入端或非门	74153	双 4 选 1 数据选择器
7404	反相器	74155	双 2-4 线译码器
7408	2 输入端与门	74156	双 2-4 线译码器
7410	3 输入端与非门	74158	反相输出四 2 选 1 数据选择器
7411	3 输入端与门	74160	同步 4 位十进制加法计数器
7420	4 输入端与非门	74161	同步 4 位二进制加法计数器
7421	4 输入端与门	74163	同步 4 位二进制加法计数器
7427	3 输入端或非门	74164	八位并行输出移位寄存器
7430	8 输入端与非门	74166	八位并行输入移位寄存器
7432	2 输入端或门	74168	同步 4 位十进制加/减计数器
7442	BCD 码-十进制译码器	74169	同步 4 位二进制加/减计数器
7445	BCD 码-十进制译码器	74173	四位 D 型寄存器
7447	BCD 码-7 段译码器	74174	六 D 触发器
7448	BCD 码-7 段译码器	74175	四 D 触发器
7449	BCD 码-7 段译码器(OC)	74176	可预置十进制计数器
7451	2 路 2-2 输入,2 路 2-3 输入与或非门	74177	可预置二进制计数器
7473	负触发双 JK 触发器	74190	异步 4 位十进制加/减计数器
7474	正触发双 D 触发器	74191	异步 4 位二进制加/减计数器
7475	4 位双稳态锁存器	74192	异步清零 4 位十进制加/减计数器
7485	4 位数字比较器	74193	异步清零 4 位二进制加/减计数器
7486	2 输入端异或门	74194	4 位双向通用移位寄存器
7490	十/二进制计数器	74195	4 位并行通用移位寄存器
7492	12 分频计数器	74196	可预置十进制计数器
74107	带清除双 JK 触发器	74240	八缓冲器(反码三态输出)
74109	正触发双 JK 触发器	74241	八缓冲器(原码三态输出)
74112	负触发双 JK 触发器	74273	带公共时钟复位八 D 触发器
74138	3-8 线译码器	74279	四输出 RS 锁存器
74139	双 2-4 线译码器	74280	9 位奇偶校验发生器
74145	BCD 码-十进制译码器	74283	4 位二进制全加器
74148	8 线 3 线优先编码器	74290	十进制计数器
74147	10 线 4 线 BCD 优先编码器	74293	二/八分频 4 位二进制计数器

续表

74系列模块	实现功能	74系列模块	实现功能
74298	四2输入多路带存储开关	74375	4位双稳态锁存器
74348	三态输出8线3线优先编码器	74378	六D锁存器
74373	三态同相八D锁存器	74390	双十进制计数器
74374	三态反相八D锁存器	74393	双4位加法计数器

表A2 常用参数化模块列表

LPM 参数化模块	实现功能	LPM 参数化模块	实现功能
LPM_INV	参数化反相器	LPM_AND	参数化与门
LPM_OR	参数化或门	LPM_XOR	参数化异或门
LPM_decode	参数化译码器	LPM_mux	参数化数据选择器
LPM_clshift	参数化移位寄存器	LPM_bustri	参数化三态缓冲器
LPM_constant	参数化常数产生器	LPM_compare	参数化比较器
LPM_counter	参数化计数器	LPM_abs	参数化绝对值运算器
LPM_add_sub	参数化加/减运算器	LPM_mult	参数化乘法运算器
LPM_divide	参数化除法器	LPM_dff	参数化D触发器
LPM_tff	参数化T触发器	LPM_rom	参数化ROM
LPM_ram_dp	参数化双端口RAM	LPM_ram_dq	参数化RAM输入/输出端分离
LPM_ram_io	参数化RAM输入/输出端口共用	LPM_shiftreg	参数化移位寄存器
LPM_latch	参数化锁存器	LPM_fifo	参数化高速数据先进先出

表A3 常用宏模块列表

宏模块名称	实现功能	宏模块名称	实现功能
altaccumulate	累加器宏模块	altecc_decoder	译码器宏模块
altecc_encoder	编码器宏模块	altera_mult_add	浮点乘/加宏模块
altfp_abs	绝对值宏模块	altfp_add_sub	浮点加/减宏模块
altfp_compare	比较宏模块	altfp_convert	数据格式转换宏模块
altfp_div	浮点除法宏模块	altfp_exp	浮点指数运算宏模块
altfp_log	浮点对数运算宏模块	altfp_inv	取反宏模块
altfp_inv_sqrt	浮点逆平方根宏模块	altsqrt	平方根宏模块
altmult_complex	复数乘法器宏模块	altmemmult	乘法宏模块

表A4 常用IP核列表

IP核名称	实现功能	IP核名称	实现功能
ALTPLL	锁相环	RAM	随机存储器
ROM	只读存储器	FIFO	先进先出缓存器
FIR	FIR滤波器	FFT	快速傅里叶变换

Quartus Prime 常用文件扩展名

表 B1　Quartus Prime 常用文件扩展名

文件类型	英文全称	扩展名
项目文件	quartus project file	.qpf
原理图文件	block design file	.bdf
生成模块文件	block symbol file	.bsf
Verilog 语言设计文件	Verilog HDL file	.v
VHDL 语言设计文件	VHDL file	.vhd
AHDL 语言设计文件	AHDL file	.tdf
状态机文件	state machine file	.smf
TCL 脚本文件	TCL script file	.tcl
十六进制存储文件	hexadecimal (intel_format)file	.hex
存储器初始化文件	memory initialization file	.mif
系统内源和探测文件	in-system sources and probes file	.spf
逻辑分析仪接口文件	logic analyzer interface file	.lai
嵌入式逻辑分析仪文件	signal tap logic analyzer file	.stp
大学计划 VWF	vector waveform file	.vwf
设计约束文件	synopsys design constraints file	.sdc
文本文件	text file	.txt
ModelSim 仿真测试文件	TestBench file	.vt
SRAM 目标文件	SRAM object file	.sof
编程目标文件	programmer object File	.pof
原始二进制文件	raw binary file	.rbf
Jam 字节编码文件	Jam file	.jam
JTAG 间接配置文件	JTAG indirect configuration file	.jic

附录 [illegible]

Quartus Prime 常用文件扩展名

[illegible] Quartus Prime 常用文件扩展名

扩展名	英文名称	[illegible]
[illegible]	[illegible]	[illegible]